普通高等教育信息安全类国家级特色专业系列规划教材

计算机病毒原理及防范技术

秦志光　张凤荔　刘　峤　编著

马建峰　主审

科学出版社

北　京

内 容 简 介

　　本书主要内容包括计算机病毒概述、计算机病毒的工作机制、计算机病毒的表现、新型计算机病毒的发展趋势、计算机病毒检测技术、典型病毒的防范技术、网络安全、即时通信病毒和移动通信病毒分析、操作系统漏洞攻击和网络钓鱼概述、常用反病毒软件等。

　　本书内容丰富，具有先进性和实用性，既是一本计算机病毒与技术的专著，也是一本计算机病毒与防范技术的教材。

　　本书可作为信息安全、计算机，以及各类信息技术、管理学等专业的大学本科生和硕士研究生的教材或参考书，也可作为从事计算机病毒研究和应用工程开发的科技、管理、工程人员的参考书。

图书在版编目(CIP)数据

计算机病毒原理及防范技术/秦志光,张凤荔,刘峤编著.—北京:科学出版社,2012

(普通高等教育信息安全类国家级特色专业系列规划教材)

ISBN 978-7-03-034432-8

Ⅰ.①计⋯　Ⅱ.①秦⋯②张⋯③刘⋯　Ⅲ.①计算机病毒-防治-高等学校-教材　Ⅳ.①TP309.5

中国版本图书馆 CIP 数据核字(2012)第 105928 号

丛书策划:匡　敏　潘斯斯
责任编辑:潘斯斯　张丽花 / 责任校对:林青梅
责任印制:徐晓晨 / 封面设计:迷底书装

科 学 出 版 社出版

北京东黄城根北街 16 号
邮政编码:100717
http://www.sciencep.com

北京中石油彩色印刷有限责任公司 印刷

科学出版社发行　各地新华书店经销

*

2012 年 6 月第 一 版　开本:787×1092 1/16
2017 年 1 月第五次印刷　印张:16 3/4
字数:438 000

定价:49.80 元

(如有印装质量问题,我社负责调换)

《普通高等教育信息安全类国家级特色专业系列规划教材》
编 委 会

丛 书 序

当今社会,信息已经成为最具活力的生产要素和重要战略资源。信息技术改变着人们的生活和工作方式。信息产业已成为世界第一大产业。信息的获取、处理和安全保障能力成为综合国力的重要组成部分,信息安全已成为影响国家安全、社会稳定和经济发展的决定性因素之一。

目前关于信息安全的定义和内涵,尚未形成一个统一的说法。不同的学者给出了不同的诠释。尽管这些诠释不尽相同,但是其主要内容却是相同的。我们应当从信息系统角度来全面诠释信息安全的内涵。

信息安全学科是综合计算机、电子、通信、数学、物理、生物、管理、法律、教育等学科演绎而成的交叉学科,它与这些学科既有紧密的联系和渊源,又具有本质的不同,从而构成一门独立的学科。

随着学科的交叉发展和产业的整合,各专业方向已彼此渗透交融。如何拓宽专业方向?如何体现专业特色?是当前我国高等学校信息安全类专业在办学方面所迫切需要探讨的问题。教育部高等学校信息安全类专业教学指导委员会起草的《普通高等学校信息安全本科指导性专业规范》,按照"统一与特色相结合,宽口径,最小集合,最低标准,分类指导"的原则,对本专业的核心知识领域和知识单元的覆盖范围作了规定,旨在培养德、智、体等全面发展,掌握自然科学、人文科学基础和信息科学基础知识,系统掌握信息安全学的基本理论、技术和应用知识,并具备科学研究和实际工作能力的信息安全高级专门人才。

教育部为推进"质量工程",自 2007 年 10 月开始,先后三批遴选了国家级特色专业建设点。目前,有十余所高校被批准为信息安全国家级特色专业建设点。在教材建设方面,2008年 10 月,教育部高教司在《关于加强"质量工程"本科特色专业建设的指导性意见》中指出:"教材建设要反映教学内容改革的成果,积极推进教材、教学参考资料和教学课件三位一体的立体化教材建设,选用高质量教材,编写新教材。"为了适应新形势下对信息安全领域人才培养的需求,本届信息安全类专业教学指导委员会经过广泛深入调研,主要依托信息安全专业国家级特色专业建设点,与科学出版社共同组织出版本套《普通高等教育信息安全类国家级特色专业系列规划教材》,旨在贯彻专业规范和教学基本要求,总结和推广各特色专业建设点的教学经验和教学成果,提高我国信息安全专业本科教学的整体水平。

本套丛书在组织编写中,重点突出了以下几方面的特色。

1. 体现专业特色,贯彻专业规范和教学基本要求。依托"国家级特色专业建设点",汇总优秀教学成果,将特色专业教育的内容、国内外科研教学的成果、信息安全专业规范与教学基本要求结合起来,内容安排围绕专业规范,体现核心知识单元与知识点。

2. 按照分类指导原则,满足多层面的需求。针对同一类课程,根据不同的教学层次(普通院校、重点院校或研究型大学、应用型大学)和学时要求(多学时、少学时),涵盖不同范围的拓展知识单元,编写适合不同层面需求的教材。注重与先修课程、后续课程的有机衔接,每本书在重视系统性和完整性的基础上,尽量减少内容重复。

3. 拓宽专业基础,面向工程应用,加强实践环节。注重反映本学科领域的最新成果和发展方向,适当拓宽专业基础知识的范围,以增强所培养人才的适应性;面向工程应用,突出工科特色,反映新技术、新工艺;注重实践环节的设置,以促进学生的实际动手能力和创新能力的培养,真正使教材能够达到培养"厚基础、宽口径、会设计、可操作、能发展"人才的目的。

4. 注重立体化建设。本套丛书除了主教材外,还将逐步配套学习辅导书、教师参考书和多媒体课件等,为任课教师提供丰富的配套教学资源,方便教师教学,同时帮助学生复习与自学,使本套丛书更加易教易学。

本套丛书的编写汇聚了全国高校的优势资源,突出了多层次与适应性、综合性与多样性、前沿性与先进性、理论与实践的结合。在教材的组织和出版过程中得到了相关高校教务处及学院的帮助,在此表示衷心的感谢。

根据信息安全发展战略的要求,我们将对本套丛书不断更新,以保持教材的先进性和适用性。热忱欢迎全国同行以及关注信息安全领域教育及发展前景的广大有识之士对我们的工作提出宝贵意见和建议!

沈昌祥

教育部高等学校信息安全类专业教学指导委员会主任委员

中国工程院院士

2011 年 4 月

前　言

随着计算机及计算机网络的发展,伴随而来的计算机病毒传播问题越来越引起人们的关注。尤其是近年来随着 Internet 的流行,有些计算机病毒借助网络爆发并传播,给广大计算机用户带来了极大的损失,同时也给网络应用安全带来严峻的挑战。面对这种新的形势和挑战,加强对新型计算机病毒的了解和认识就显得尤为重要。目前,"计算机病毒原理及技术"课程作为本科专业教学的一个重要部分,在很多高校都开设了这门课程。为了进一步加深该专业本科生,以及信息管理、计算机应用等相关专业学生对于计算机病毒知识的理解和掌握,提高学生对于计算机病毒的认识和应对能力,本书编者在广泛跟踪最新的计算机病毒技术和反病毒技术进展的基础上,充分吸收了相关技术发展的最新成果,使本书能紧跟业界最新技术的发展步伐和潮流。

本书有两个重要特点:一是在总结归纳计算机病毒工作机制等共性原理的基础上,着重对目前流行的各种典型计算机病毒的原理进行了仔细分析,内容由浅入深,循序渐进,能使读者在较短时间内掌握计算机病毒的基础知识,既能使初学者快速入门,又能使具有一定基础的读者得到进一步提高;二是结合丰富的实例,用通俗、简明的语言讲解了检测和防治各种计算机病毒的方法,一步步引导读者快速掌握反病毒技术的思路和技巧。同时,在每一章后面都附有相应的习题,以便读者对所学知识进一步理解和掌握。

本书共 10 章,主要内容包括计算机病毒概述、计算机病毒的工作机制、计算机病毒的表现、新型计算机病毒的发展趋势、计算机病毒检测技术、典型病毒的防范技术、网络安全、即时通信病毒和移动通信病毒分析、操作系统漏洞攻击和网络钓鱼概述、常用反病毒软件等。本书可作为高等学校信息安全本科专业基础课教材,也可作为信息管理和其他计算机应用专业的选修课教材,同时也适合广大计算机爱好者自学使用。阅读本书时,读者应具有计算机硬件、系统、网络方面的基础知识,并具有计算机方面的实际应用经验。

电子科技大学计算机学院秦志光教授担任本书主编并组织编写、修改、统稿和定稿,同时编写第 1 章,刘峤老师编写第 2~4 章和第 8 章,张凤荔老师编写第 5~6 章,刘彩霞、余圣协助张凤荔老师编写第 7 章、第 9 章和第 10 章。网络与数据安全四川省重点实验室团队的老师和博士生们在本书的编写过程中给予了无私帮助,编者在此致以深切谢意!

由于编者水平有限,书中难免存在不足和疏漏之处,请读者批评指正。编者很希望听到各位老师和读者们使用本书后的反馈意见,以利于我们今后进一步改进。

编　者
2012 年 4 月

目　录

第1章
计算机病毒概述

计算机病毒与医学上的"病毒"相比不完全相同,计算机病毒不是天然存在的,而是某些人利用计算机软、硬件所固有的弱点所编制的、具有特殊功能的程序。计算机病毒是一个程序,或一段可执行代码,它像生物病毒一样具有独特的复制能力,能够很快蔓延,有很强的感染性、一定的潜伏性、特定的触发性和极大的破坏性,又常常难以被根除。随着计算机网络的发展,计算机病毒与计算机网络技术结合,其蔓延的速度更加迅速。

计算机病毒是一个靠修改其他程序,并把自身复制品传染给其他程序的程序。计算机病毒是一种人为的计算机程序,这种程序隐藏在计算机系统的可存取信息资源中,利用计算机系统信息资源进行生存、繁殖,影响和破坏计算机系统的运行。在《中华人民共和国计算机信息系统安全保护条例》中对计算机病毒有明确的定义,病毒指"编制者在计算机程序中插入的破坏计算机功能或者破坏数据,影响计算机使用并且能够自我复制的一组计算机指令或者程序代码"。

计算机的信息需要存取、复制和传送,计算机病毒作为信息的一种形式可以随之繁殖、感染和破坏,并且,当计算机病毒取得控制权之后,它会主动寻找感染目标、广泛传播。随着计算机技术发展得越来越快,计算机病毒技术与计算机反病毒技术的对抗也越来越激烈。从1983年计算机病毒被首次确认以来,直到1987年才开始在世界范围受到普遍的重视,至今全世界已经发现万余种病毒,并且还在快速增加。现在每天都要出现几十种新的计算机病毒,其中很多计算机病毒的破坏性非常大,稍有不慎,就会给计算机用户造成严重的后果。计算机操作系统的弱点往往被计算机病毒利用,所以一方面要提高系统的安全性以预防计算机病毒;另一方面,信息保密的要求又让人在泄密和截获计算机病毒之间无法选择。这样,计算机病毒与反计算机病毒势必成为一个长期的技术对抗过程。计算机病毒主要由反计算机病毒软件来对付,而且反计算机病毒技术将成为一项长期的科研任务。

 ## 1.1 计算机病毒的产生与发展

1.1.1 计算机病毒的起源

计算机病毒的来源多种多样,一般来自玩笑与恶作剧、报复心理、版权保护等方面,有的是计算机工作人员或业余爱好者纯粹为了寻求开心而制造出来的,有的则是软件公司为保护自己的产品不被非法复制而制造的报复性惩罚。还有一种情况就是蓄意破坏,它分为个人行为和政府行为两种:个人行为多为雇员对雇主的报复行为,而政府行为则是有组织的战略战术手段。对病毒的起源有几种说法。

第一种为科学幻想起源说。1977年，美国科普作家托马斯·丁·雷恩推出轰动一时的《P-1的青春》一书，作者构思了一种能够自我复制、利用信息通道传播的计算机程序，并称之为计算机病毒。这是世界上第一个幻想出来的计算机病毒。

第二种为恶作剧起源说。恶作剧者是为了显示一下自己在计算机技术方面的天赋，或是要报复一下他人或单位而编写的计算机病毒，只是和对方开个玩笑。而出发点有些恶意成分的人所编写的病毒的破坏性很大，世界上流行的许多计算机病毒都是恶作剧者的产物。

第三种是游戏程序起源说。20世纪70年代，美国贝尔实验室的计算机程序员为了娱乐，在自己实验室的计算机上编制吃掉对方程序的程序，看谁能先把对方的程序吃光。有人猜测这是世界上第一个计算机病毒。

第四种是软件商保护软件起源说。软件制造商为了处罚那些非法复制者，在软件产品之中加入计算机病毒程序并由一定条件触发并传染。比如Pakistani Brain计算机病毒，该病毒是巴基斯坦的两兄弟为了追踪非法复制其软件的用户而编制的，它只是修改磁盘卷标，把卷标改为Brain以便识别。

归纳起来，计算机系统及Internet的脆弱性是产生计算机病毒的根本技术原因之一，人性心态与人的价值和法制的定位是产生计算机病毒的社会基础，基于政治、军事等方面的特殊目的是计算机病毒应用产生质变的催化剂。现在流行的病毒是人为故意编写的，从大量的统计分析来看，病毒作者主要情况和目的是一些天才的程序员为了表现自己和证明自己的能力，出于对上司的不满，为了好奇，为了报复，为了祝贺和求爱，为了得到控制口令，为了怕软件拿不到报酬而预留的陷阱等。当然也有因政治、军事、宗教、民族、专利等方面的需要而专门编写的病毒软件，其中也包括一些病毒研究机构和黑客的测试病毒软件。

1.1.2　计算机病毒的发展背景

1.计算机病毒的祖先：Core War（磁芯大战）

早在1949年，距离第一部商用计算机的出现还有好几年时，计算机的先驱者冯·诺依曼就在他的一篇论文《复杂自动机组织论》中，提出了计算机程序能够在内存中自我复制的观点，即已把计算机病毒程序的雏形勾勒出来了。但在当时，绝大部分的计算机专家都无法想象这种会自我繁殖的程序是可能实现的，只有少数几个科学家默默地研究冯·诺依曼所提出的概念。直到10年之后，在美国电话电报公司（AT&T）的贝尔实验室中，3个年轻程序员在工作之余想出一种电子游戏叫做Core War（磁芯大战），他们是道格拉斯·麦耀莱（H. Douglas McIlroy）、维特·维索斯基（Victor Vysottsky）及罗伯·莫里斯（Robert T. Morris），当时3人的年纪都只有二十多岁。Core War的玩法如下：双方各编写一套程序，输入同一部计算机中。这两套程序在计算机内存中运行，它们相互追杀。有时它们会放下一些关卡，有时会停下来修复被对方破坏的指令。当它们被困时，可以自己复制自己，逃离险境。因为它们都在计算机的内存（以前均用Core作为内存）中游走，因此叫Core War。这个游戏的特点在于双方的程序进入计算机之后，玩游戏的人只能看着屏幕上显示的战况，而不能做任何更改，一直到某一方的程序被另一方的程序完全"吃掉"为止。

2.计算机病毒的出现

在单机操作时代，每个计算机是互相独立的，如果有某部计算机因受到计算机病毒的感染而失去控制,那么只需把它关掉即可。但是当计算机网络逐渐成为社会结构的一部分之后,一个会自我复制的计算机病毒程序很可能带来无穷的祸害。因此,长久以来,懂得玩"磁芯大战"游戏的计算机工作者都严守一条不成文的规则:不对大众公开这些程序的内容。

这项规则在 1983 年被打破了。科恩•汤普逊(Ken Thompson)是当年的一个杰出计算机得奖人。在颁奖典礼上,他做了一个演讲,不但公开地证实了计算机病毒的存在,而且还告诉所有听众怎样去写自己的计算机病毒程序。1984 年,《科学美国人》Scientific American 月刊的专栏作家杜特尼(A. K. Dewdney)在 5 月写了第一篇讨论 Core War 的文章,并且只要寄上两美金,任何读者都可以收到他所写的有关编写这种程序的要领,并可以在自己家中的计算机上开辟战场。在 1985 年 3 月的《科学美国人》里,杜特尼再次讨论 Core War 和计算机病毒,在该文章中第一次提到"计算机病毒"这个名称。从此,计算机病毒就伴随着计算机的发展而发展起来了。

1.1.3　计算机病毒的发展历史

20 世纪 60 年代初,美国电话电报公司(AT&T)的贝尔实验室 Core War 游戏问世。20 世纪 70 年代早期的大型计算机时代,一些程序员制作了被称为"兔子"的程序,它们在系统中分裂出替身,占用系统资源,影响正常的工作。在一种大型计算机——Univax 1108 系统中,首次出现了一个和现代计算机病毒本质上一样的叫做"流浪的野兽"(Pervading Animal)的程序,该程序可以将自己附着到其他程序的后面。20 世纪 80 年代,独立程序员写了很多游戏或者其他的小程序,并通过电子公告板(BBS)自由地流传,窃取相关账号和密码,由此就诞生了无数的"特洛伊木马病毒"(Trojan Horses)。1982 年,在苹果机上诞生了最早的引导区计算机病毒——"埃尔科克隆者"(Elk Cloner)。

到 1986 年,随着计算机病毒数量的不断增大,计算机病毒的制作技术也逐步提高。计算机病毒是所有软件中最先利用操作系统底层功能,以及最先采用复杂的加密和反跟踪技术的软件之一,计算机病毒技术发展的历史就是软件技术发展的历史。一种新的病毒技术出现后,计算机病毒会迅速发展;接着,反计算机病毒技术的发展又会抑制其流传。操作系统进行升级时,计算机病毒也会调整为新的方式,产生新的计算机病毒技术。

计算机病毒的发展历程可以分为以下 4 个阶段。

第一代病毒(1986~1989 年),这期间出现的病毒称之为传统的病毒,为萌芽与滋生时期。

第二代病毒(1989~1991 年)为混合型病毒,是病毒由简单到复杂、由单纯到成熟的阶段。

第三代病毒(1992~1995 年)为多态性病毒、自我变形病毒,为病毒成熟发展阶段。

第四代病毒(1996~今),随着 Internet 的普及,病毒的流行迅速突破地域的限制而传播。

1. 第一代病毒——病毒的萌芽时期

第一代病毒产生于 1986~1989 年,称为传统的病毒,是计算机病毒的萌芽和滋生时期。由于那时计算机的应用软件少,且大多是单机运行环境,病毒的种类有限,病毒的清除工作相对来说较容易。这一阶段的计算机病毒具有如下的一些特点。

(1)病毒攻击的目标比较单一,传染磁盘引导扇区,或传染可执行文件。

(2)病毒程序主要采取截获系统中断向量的方式监视系统的运行状态,并在一定的条件下对目标进行传染。

(3)病毒传染目标以后的特征比较明显,如磁盘上出现坏扇区、可执行文件的长度增加、文件建立日期时间发生变化等。

(4)病毒程序不具有自我保护的措施。

随着计算机反病毒技术的提高和反病毒产品的不断涌现,病毒编制者也在不断地总结自己的编程技巧和经验,千方百计地逃避反病毒产品的分析、检测和解毒,从而出现了第二代计算机病毒。

2. 第二代病毒——混合型病毒

第二代病毒称为混合型病毒(或"超级病毒"),年限为 1989～1991 年,它是计算机病毒由简单发展到复杂、由单纯走向成熟的阶段。当时计算机局域网开始应用与普及,应用软件开始转向网络环境,网络系统尚未有安全防护的意识,缺乏在网络环境下防御病毒的思想准备与方法对策,使计算机病毒形成了第一次流行高峰。这一阶段的计算机病毒具有如下特点。

(1)病毒攻击的目标趋于混合型,可以感染多个/种目标。

(2)病毒程序采取隐蔽的方法驻留内存和传染目标。

(3)病毒传染目标后没有明显的特征。

(4)病毒程序采取了自我保护措施,如加密技术、反跟踪技术、制造障碍,增加人们剖析和检测病毒、解毒的难度。

(5)出现许多病毒的变种,这些变种病毒较原病毒的传染性更隐蔽,破坏性更大。

这一时期出现的病毒不仅在数量上急剧增加,更重要的是病毒从编制的方式、方法,驻留内存以及对宿主程序的传染方式、方法等方面都有了较大的变化。

3. 第三代病毒——多态性病毒

第三代病毒的产生年限为 1992～1995 年,此类病毒称为"多态性"病毒或"自我变形"病毒。所谓"多态性"或"自我变形",是指此类病毒在每次传染目标时,放入宿主程序中的病毒程序大部分都是可变的,即同一种病毒的多个样本中,病毒程序的代码绝大多数是不同的。

此类病毒的首创者是 Mark Washburn,他是一位反病毒的技术专家,他编写的"1260 病毒"就是一种多态性病毒,该病毒有极强的传染力,被传染的文件被加密,每次传染时都更换加密密钥,而且病毒程序都进行了相当大的改动。他编写此类病毒的目的是为了研究,以证明特征代码检测法不是在任何场合下都是有效的。不幸的是,为研究病毒而发明的此种病毒超出了反病毒的技术范围,流入了病毒技术中。

1992 年上半年,在保加利亚发现了"黑夜复仇者"(Dark Avenger)病毒的变种 MutationDark Avenger,这是世界上最早发现的多态性的实战病毒,它可用独特的加密算法产生几乎无限数量的不同形态的同一病毒。据悉,该病毒作者还散布一种名为"多态性生成器"的软件工具,利用此工具将普通病毒进行编译即可使之变为多态性病毒。

1992 年早期,第一个多态性计算机病毒生成器 MtE 被开发出来,计算机病毒爱好者利用这个生成器生成了很多新的多态计算机病毒。同时,第一个计算机病毒构造工具集(Virus Construction Sets)——"计算机病毒创建库"(Virus Create Library)开发成功,这类工具的典型代表是"计算机病毒制造机"(VCL),它可以在瞬间制造出成千上万种不同的计算机病毒,查解时不能使用传统的特征识别法,需要在宏观上分析指令,解码后才能查解计算机病毒。变体机就是增加解码复杂程度的指令生成机制。这段时期出现了很多非常复杂的计算机病毒,如"死亡坠落"（Night Fall）、"胡桃钳子"（Nutcracker）等，还有一些很有趣的计算机病毒，如"两性体"（Bisexual）、RNMS 等。

国内在 1994 年年底已经发现了多态性病毒——"幽灵"病毒，迫使许多反病毒技术部门开发了相应的检测和消毒产品。

由此可见，第三阶段是病毒的成熟发展阶段。在这一阶段中主要是病毒技术的发展，病毒开始向多维化方向发展，计算机病毒与病毒自身运行的时间、空间和宿主程序紧密相关，这无疑给计算机病毒检测和消除带来困难。

4. 第四代病毒——Windows 和 Internet 环境

20 世纪 90 年代中后期，随着远程网、远程访问服务的开通，病毒的流行迅速突破地域的限制，通过广域网传播至局域网内，再在局域网内传播扩散。

随着 Windows 系统的日益普及，利用 Windows 系统进行传播的计算机病毒开始发展，它们修改 NE、PE 文件，典型的代表是 DS.3873，这类计算机病毒的机制更为复杂，它们利用保护模式和 API 调用接口工作。在 Windows 环境下的计算机病毒有"博扎"（Win95. Boza）、"触角"（Tentacle）、AEP 等。随着微软新的操作系统 Windows 95、Windows NT 和微软办公软件 Office 的流行，计算机病毒制造者不得不面对一个新的环境，他们在这一年中开始使用一些新的感染和隐藏方法，制造出在新的环境下可以自我复制和传播的计算机病毒，在计算机病毒中增加多态、反跟踪等技术手段。随着 Windows Word 功能的增强，使用 Word 宏语言也可以编制计算机病毒，感染 Word 文件。针对微软字处理软件版本 6 和版本 7 的宏病毒"分享欢乐"（Share Fun）随后也出现了，这种计算机病毒的特殊之处在于除了通过字处理文档传播之外，还可以通过微软的邮件程序发送病毒自身。

1996 年下半年，随着国内 Internet 的大量普及和 E-mail 的使用，夹杂于 E-mail 内的 Word 宏病毒已成为当时病毒的主流。由于宏病毒编写简单、破坏性强、清除繁杂，加上微软对 DOC 文档结构没有公开，给直接基于文档结构清除宏病毒带来了诸多不便。从某种意义上来讲，宏病毒对文档的破坏已经不仅仅属于普通病毒的概念，如果放任宏病毒泛滥，不采取强有力的彻底解决方法，宏病毒对中国的信息产业将会产生不测的后果。

这一时期的病毒的最大特点是利用 Internet 作为其主要传播途径，因而病毒传播快、隐蔽性强、破坏性大。新型病毒的出现向以行为规则判定病毒的预防产品、以病毒特征为基础的检测产品以及根据计算机病毒传染宿主程序的方法而消除病毒的反病毒产品提出了挑战，迫使人们在反病毒的技术和产品上进行更新和换代。

随着 Internet 的发展，各种计算机病毒也开始利用 Internet 进行传播，一些携带计算机病毒的数据包和邮件越来越多，出现了使用文件传输协议（FTP）进行传播的蠕虫病毒——"本垒打"（Homer）、"mIRC 蠕虫"、破坏计算机硬件的 CIH、远程控制工具"后门"（Back Orifice）、"网络公共汽车"（NetBus）、"阶段"（Phase）等软件。

随着 Internet 上 Java 的普及，开始出现利用 Java 语言进行传播和资料获取的计算机病毒，典型的代表是 JavaSnake 计算机病毒，还有利用邮件服务器进行传播和破坏的计算机病毒 Mail-Bomb。第一个感染 Java 可执行文件的计算机病毒是"陌生的酿造"（Strange Brew）；名为"兔子"（Rabbit）的计算机病毒则充分利用了 Visual Basic 脚本语言专门为 Internet 所设计的一些特性进行传播；"梅丽莎"（Melissa）病毒利用邮件系统大量复制、传播，造成网络阻塞，甚至瘫痪,还会造成泄密。随着微软 Windows 操作系统逐步. COM 化和脚本化,脚本计算机病毒成为这一时期的主流。脚本计算机病毒和传统的计算机病毒、木马程序相结合,给计算机病毒技术带来了一个新的发展高峰,如"爱虫"就是一种脚本计算机病毒,它通过微软的电子邮件系统进行传播。

到目前为止,反病毒技术已经成为了计算机安全的一种新兴的计算机产业或称反病毒工业。

人类历史进入 21 世纪以来,互联网渗入每一户人家,网络成为人们日常生活和工作的不可缺少的一部分。一个曾经未被人们重视的病毒种类遇到适合的滋生环境而迅速蔓延,这就是蠕虫病毒。蠕虫病毒是一种利用网络服务漏洞而主动攻击的计算机病毒类型。与传统病毒不同,蠕虫不依附在其他文件或媒介上,而是独立存在的病毒程序,利用系统的漏洞通过网络主动传播,可在瞬间传遍全世界。蠕虫已成为目前病毒的主流。这些病毒利用操作系统的漏洞进行进攻型的扩散,不需要任何媒介和操作,用户只要接入互联网络,就有可能被感染,其危害性极大。

综上所述,计算机病毒的发展可以概括如下:世界上第一个计算机病毒于 1983 年 11 月在美国实验室诞生,巴基斯坦两兄弟在 1986 年为追踪非法复制自己软件的人,制造了世界上第一个传染个人计算机兼容机的"巴基斯坦"病毒。计算机病毒 1988 年传入我国。直至 20 世纪 90 年代中期,最流行的病毒仍是引导型病毒和文件型病毒。这类病毒主要感染磁盘引导扇区和可执行文件,采取截获系统中断向量的方式监视系统的运行状态,并在一定的条件下对目标进行传染;目标被感染后,出现磁盘坏扇区,可执行文件的长度、建立日期、时间发生变化等,可通过人工或杀毒软件发现并清除。随着汇编语言的发展,多态性病毒开始大行其道。多态性病毒通常采取加密、反跟踪等自我保护技术,放入宿主程序中的大部分病毒代码都是可变的,每种病毒可以演变出 6 万~4000 亿个形态,像幽灵一样无处不在。由于这一特点,使利用特征码法检测病毒的传统反病毒产品无法检测出此类病毒。1996 年之后,感染 Windows 可执行程序并在 Windows 环境下运行的病毒开始传播,感染 Windows 3. X NE 格式和 Windows 95/98 PE 格式文件,利用保护模式和 API 接口进行破坏活动。随着互联网的普及和远程访问服务的开通,使得病毒的流行迅速突破地域限制。这些病毒能够通过网络自我复制,大量消耗系统资源。在自我复制过程中,它们利用网络机制、协议和软件的漏洞,主动进行网络探测,对目标系统发起攻击,将自身代码植入系统中,并启动代码,从而完成病毒的传播。

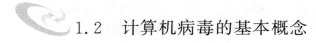

1.2　计算机病毒的基本概念

1.2.1　计算机病毒的一般特征

计算机病毒是指编制或者在计算机程序中插入的破坏计算机功能或者毁坏数据,影响计算机使用,并能自我复制的一组计算机指令或者程序代码。

1. 程序性

计算机病毒具有正常程序的一切特性:可存储性、可执行性。计算机本身绝对不会生成计算机病毒,而程序是由人来编写的,是人为的结果,这就决定了计算机病毒表现形式和破坏行为的多样性和复杂性。程序性是计算机病毒的基本特征,也是最基本的表现形式。

2. 传染性

计算机病毒会通过各种渠道从已被感染的计算机扩散到未被感染的计算机,在某些情况下造成被感染的计算机工作失常甚至瘫痪。计算机病毒一旦进入计算机并得以执行,它会搜寻符合其传染条件的程序或存储介质,确定目标后再将自身代码插入其中,达到自我繁殖的目的。只要一台计算机染毒,病毒会在这台计算机迅速扩散,其中的大量文件会被感染。而被感染的文件又成了新的传染源,再与其他计算机进行数据交换或通过网络接触,病毒会继续进行传染。正常的计算机程序一般是不会将自身的代码强行连接到其他程序之上的,而病毒却能使自身的代码强行传染到一切符合其传染条件而未受到传染的程序之上。计算机病毒可通过各种可能的渠道,如软盘、计算机网络去传染其他的计算机。

3.隐蔽性

即兼容性、程序不可见性(包括任务完成后自杀)。计算机病毒是一种具有很高编程技巧、短小精悍的可执行程序。它通常粘附在正常程序之中或磁盘引导扇区中,或者磁盘上标为坏簇的扇区中,以及一些空闲概率较大的扇区中,这是它的非法可存储性。如果不经过代码分析,病毒程序与正常程序是不容易区别开来的。在没有防护措施的情况下,计算机病毒程序取得系统控制权后,可以在很短的时间里传染大量程序。而且受到传染后,计算机系统通常仍能正常运行,不会使用户感到任何异常。病毒一般只有几百或 1 千字节(KB),而 PC 机对 DOS 文件的存取速度可达每秒几百千字节以上,所以病毒转瞬之间便可将这短短的几百字节附着到正常程序之中,非常不易被察觉。通常一般的病毒程序都夹在正常程序之中或者将自身程序隐藏,很难被用户发现,病毒进入用户计算机后,计算机系统通常仍能正常运行,使用户不会感到任何异常,好像不曾在计算机内发生过什么,而病毒目的只是为了窃取用户系统有价值的信息,在成功完成任务后,自动删除自身程序。

为了达到获取利益的目的,病毒就要做得隐蔽性强,越隐蔽的病毒越难被用户发现,从而越不容易被反病毒公司收集,反病毒公司无法收集到样本就无法查杀病毒。

机器狗病毒被称为 2008 年感染和危害最强的病毒,它采用能突破系统还原卡(硬件)的技术,可以穿透系统还原软件和常见的硬盘保护卡,下载病毒木马程序,而后在被感染的计算机上安插木马和病毒。当感染计算机重启还原后,该样本仍存活在系统中,从而达到长期驻留用户计算机的目的。

4.潜伏性

计算机病毒具有依附于其他媒体而寄生的能力,依靠寄生能力,病毒传染合法的程序和系统后,不立即发作,而是隐藏起来,在用户不察觉的情况下进行传染。病毒的潜伏性越好,它在系统中存在的时间就越长,病毒传染的范围也越广,其危害性也越大。大部分的病毒感染系统之后一般不会马上发作,它可长期隐藏在系统中,只有在满足其特定条件时才启动其表现(破坏)模块。只有这样它才可进行广泛的传播。例如,PETER-2 在每年 2 月 27 日会提 3 个问题,答错后会将硬盘加密;著名的"黑色星期五"在逢 13 号的星期五发作;国内的"上海一号"会在每年三、六、九月的 13 日发作。当然,最令人难忘的便是 26 日发作的 CIH。这些病毒在平时会隐藏得很好,只有在发作日才会露出本来面目。

5.破坏性

任何病毒只要侵入系统,都会对系统及应用程序产生程度不同的影响。轻者会降低计算机工作效率,占用系统资源,重者可导致系统崩溃。依此特性可将病毒分为良性病毒与恶性病毒。良性病毒可能只显示些画面、音乐或无聊的语句,或者根本没有任何破坏动作,但会占用系统资源。这类病毒较多,如 GENP、小球、W-BOOT 等。恶性病毒则有明确的目的,或破坏数据、删除文件或加密磁盘、格式化磁盘,有的对数据造成不可挽回的破坏。这也反映出病毒编制者的险恶用心。

无论何种病毒程序,一旦侵入系统都会对操作系统的运行造成不同程度的影响,即使不直接产生破坏作用的病毒程序也要占用系统资源(如占用内存空间,占用磁盘存储空间以及系统运行时间等)。而绝大多数病毒程序要显示一些文字或图像,影响系统的正常运行,还有一些病毒程序删除文件,加密磁盘中的数据,甚至摧毁整个系统和数据,使之无法恢复,造成无可挽回的损失。因此,病毒程序的副作用轻者降低系统工作效率,重者导致系统崩溃、数据丢失。病毒程序的表现性或破坏性体现了病毒设计者的真正意图。

6. 可触发性

计算机病毒一般都有一个或者几个触发条件,满足其触发条件或者激活病毒的传染机制,使之进行传染;或者激活病毒的表现部分或破坏部分。触发的实质是一种条件的控制,病毒程序可以依据设计者的要求,在一定条件下实施攻击,这个条件可以是输入特定字符,使用特定文件,某个特定日期或特定时刻,或者是病毒内置的计数器达到一定次数等。

7. 不可预见性

从对病毒的检测方面来看,病毒还有不可预见性。不同种类的病毒,它们的代码千差万别,但有些操作是共有的(如驻内存,改中断)。有些人利用病毒的这种共性,制作了声称可查所有病毒的程序。这种程序的确可查出一些新病毒,但由于目前的软件种类极其丰富,且某些正常程序也使用了类似病毒的操作甚至借鉴了某些病毒的技术。使用这种方法对病毒进行检测势必会造成较多的误报情况。而且病毒的制作技术也在不断的提高,编制病毒软件永远超前于反病毒软件。

8. 针对性

针对特定的目标,采用特定的病毒攻击。如果被攻击的用户没有发现,反病毒公司就无法收集到这个病毒,这个病毒将在用户的计算机中长期与杀毒软件共处。

游戏盗号类木马病毒,中毒后自动遍历进程查询是否运行游戏,如果没有则不做进一步行为,一旦发现目标立即动手盗取用户账号及网络游戏虚拟财产。

9. 非授权可执行性

通常,在用户调用执行一个程序时,把系统控制交给这个程序,并分配给它相应的系统资源,如内存等,从而使之能够运行完成用户的需求。因此程序执行的过程对用户是透明的。而计算机病毒是非法程序,正常用户不会明知是病毒程序,而故意调用执行。但由于计算机病毒具有正常程序的一切特性:可存储性、可执行性,它隐藏在合法的程序或数据中,当用户运行正常程序时,病毒伺机窃取到系统的控制权,得以抢先运行,然而此时用户还认为在执行正常程序。

10. 衍生性

小批量:小批量感染用户,反病毒公司可能无法获取病毒样本。

多变种:同一个病毒采用多种免杀技术生成多个变种,使损失降到最小。

自动更新:频繁自动更新自身,使得病毒特征码不断发生变化,即使反病毒公司获取到原来病毒样本,在杀毒软件升级前,病毒已经自动更新,杀毒软件升级后依然无法发现病毒。

杀毒软件的依靠特征码技术查杀病毒,只有获取样本,提取病毒特征后,才能查杀病毒。病毒编写者为了获取经济利益,避免自己的病毒程序被杀毒软件查杀,就采用这种小批量、多变种、自动更新的方式,在病毒数量、更新时间上与杀毒软件抗衡,病毒制造者使得杀毒软件即使升级也无法查杀。

1.2.2 计算机病毒在网络环境下表现的特征

1. 电子邮件已成为病毒快速传播的主要媒介

单机环境的病毒只能通过软盘或光盘在计算机之间传播,在网络中则可以通过网络通信机制迅速扩散。1989 年,FORM 引导区病毒用了整整一年时间才流行起来,1995 年,Concept Macro 宏病毒用了 3 个月就开始盛行,而通过电子邮件,Sircam 病毒一周之内就使全球数以万计的计算机用户受到波及,LoveLetter 的流行仅用了大约 3 天,Code Red 用了大约 90 分钟,Nimda 更是用了不到 30 分钟。电子邮件在为信息社会提供方便的同时,也使计算机病毒找到了一条新的传播途径和载体。这些蠕虫病毒躲藏在电子邮件中,并冠以人们熟悉的姓名、重要提示或者美丽的图案,使用户不会产生任何怀疑,诱骗用户打开邮件及其附件,从而破坏目标系统或者盗取用户的重要数据。

2. 病毒与黑客技术相互融合

病毒结合黑客技术利用系统漏洞对系统进行双重攻击,这类病毒更具伪装性、主动性和破坏性。2001 年引起轩然大波的“尼姆达”、“红色代码”和“求职信”病毒就是典型的黑客型病毒。尤其是利用微软 MIME 漏洞通过邮件进行大范围传播的“求职信”病毒,来势汹汹,变种不断涌现,至今仍在全球疯狂肆虐。2002 年 10 月,极具传播力且呈蔓延扩散之势的“妖怪”病毒甚至能建立后门程序,通过 36794 端口完成启动、列表、终止系统中的进程,记录用户键盘操作,复制、删除文件,格式化硬盘等操作,并将用户信息通过 SMTP 服务器传送给黑客。

3. 病毒采取了诸多自我保护机制

计算机病毒为了能够躲避现有的病毒检测技术,想尽各种办法隐蔽和保护自己,蠕虫病毒更是采取主动抑制杀毒软件的手段,加强对反病毒技术的对抗。例如,变形技术的广泛应用使反病毒厂商的单纯特征码技术完全失去作用;病毒通过获取中断 21H、13H 底层入口的方法,使 Vsafe 等驻留式杀毒软件像哑巴一样缄口不语;加密技术和压缩技术使得通过检查中断向量表、文件长度、时间与日期等参数来发现病毒的常规查毒技术变得不再有效;SHE、结构化异常处理、检测 SoftIce、搜索操作系统特定 API 调用等反跟踪技术的应用,加大了查杀病毒的难度;“双线程自我保护技术”使得“中国黑客”病毒屡屡逃过反病毒产品的查杀;“杀手 13”病毒休眠 200 毫秒就遍历一次系统进程列表,将可识别的反病毒软件进程统统杀掉;“求职信”变种病毒 Worm.Klez.L 甚至还能够抑制“尼姆达”、“红色代码”等著名病毒,只要是阻碍它传播的软件都不放过。笔者在国土资源部安装 NORTON 企业版防病毒软件时,发现很多客户端很难一次安装成功。失败的原因除了因为企业版与原有的单机版存在冲突之外,最主要的原因是这些用户的计算机早已感染了具备抑制反病毒软件能力的蠕虫病毒。

4. 大量采用压缩技术

大部分病毒在原生病毒的基础上,经压缩变形而成,压缩后的病毒内容虽然同原生病毒一模一样,但病毒特征代码已经完全改变,相当于产生了一个新的变种病毒。压缩算法是公开的技术,而压缩文件格式是不公开的,利用这些公开的技术,可以生成无数种他人短期内无法破解的压缩格式,进而也就可以利用原生的病毒,轻松地产生出无穷多种新病毒。例如,普通用户通过互联网就可下载"程序捆绑器"等专用或自制的程序压缩工具,从而制造出大量变种病毒,甚至可在原病毒的基础上加载更多的破坏程序。据统计,2002 年上半年,在新发现的 800 多种病毒当中,采用程序压缩技术的变种病毒约占 70%,而利用捆绑器生成的病毒则以平均每月 1~2 个的速度增加,约占上半年新病毒数量的 1.2%。更严重的是,病毒在被压缩的情况下不会发作,其危害性往往得不到人们的重视,留下了严重的隐患,CIH 病毒的爆发就是一个最好的例证。

5. 影响面广,后果严重

蠕虫病毒轻则降低网络速度,影响工作,重则使计算机崩溃,破坏数据。2001 年,Sircam、"红色代码"、"尼姆达"、"求职信"、"将死者"病毒先后给全世界造成约 7 亿美元的损失。据 Computer Economics 的统计,仅"红色代码"病毒就损失了全球计算机用户 26 亿美元,其中 11 亿美元用于对 100 万台以上的受感染服务器进行清理和对 800 万台以上的其他服务器进行检查。2003 年 1 月 25 日,"SQL 杀手"病毒再次利用微软 SQL Server 2000 的一个系统漏洞,不断向网络释放和扩散,最终形成拒绝服务式攻击,导致全球范围内的互联网瘫痪。

6. 病毒编写越来越简单

病毒自动生产技术的产生,使得对计算机病毒一无所知的用户,也能随心所欲地组合出算法不同、功能各异的计算机病毒。更为严重的是,这类病毒生产软件在互联网上随处可得,使得新病毒出现的频率远远超出了以往任何时候。轰动全球的"库尔尼科娃"病毒就是由一名年仅十几岁、对编程知之甚少的年轻人,利用 VBS/I-WORM 病毒生产机制造出来的。据报道,这种 VBS 病毒生产机已经被人们从互联网上下载了 15 万次以上。

7. 恶意网页给传统的病毒定义带来了新的挑战

随着 Internet 的逐步普及,又出现了能够摆脱平台依赖性的"恶意网页",它们以 ActiveX 技术和 Java Applet 为载体,潜伏在 HTML 网页里面,用户只要浏览这类网页,恶意程序就会悄然自动下载到硬盘中。虽然它们不能够自我复制,又不具传染性,也没有远程文件来控制,但却带有极强的破坏性和欺骗性。

1.2.3 计算机病毒的生命周期

计算机病毒的产生过程主要可分为:程序设计→传播→潜伏→触发→运行→实行攻击。计算机病毒拥有一个生命周期,即从生成作为其生命周期的开始到被完全清除作为其生命周期的结束。下面简要描述计算机病毒生命周期的各个阶段。

1. 孕育期

一些计算机黑客们会将含有计算机病毒的档案放在容易散播的地方,如 BBS 站点、Internet 的 FTP 站点,甚至是公司或是学校的网站中。

2. 潜伏感染期

在潜伏期中,计算机病毒会不断地繁殖与传染。一个完整的病毒拥有很长的潜伏期,如此一来病毒就有更多的时间去传染到更多的地方、更多的用户,一旦发作将会造成更大的危害。

例如,世界知名的"米开朗基罗"病毒,在每年 3 月 6 日发作前,有整整一年的潜伏期。再如现在的"爱虫"病毒。

在一种计算机病毒制造出来后,计算机病毒的编写者将其复制并确认其已被传播出去。通常所采用的办法是感染一个流行的程序,再将其放入 BBS 站点、校园和其他大型组织当中,并分发其复制物。

3.发病期

当一切条件形成之后,病毒就开始产生破坏动作。有些病毒会在某些特定的日期发作,有些则由自己的倒数计时装置来决定发病的时间。虽然有些病毒并没有发病时的破坏动作,但是它们仍然会占据一些系统资源,从而降低系统运行的速度。

带有破坏机制的计算机病毒会在达到某一特定条件时发作,一旦遇上某种条件,如某个日期或出现了用户采取的某特定行为,计算机病毒此时就被激活了。没有感染程序的计算机病毒属于没有激活,这时计算机病毒的危害也在暗中占据着存储空间。

4.发现期

当一个计算机病毒被检测到并被隔离出来后,就被送到计算机安全协会或反计算机病毒厂家,在那里计算机病毒被通报和描述给反计算机病毒研究工作者。通常发现计算机病毒是在计算机病毒成为计算机社会的灾难之前完成的。

5.消化期

在这一阶段,反计算机病毒开发人员修改他们的软件以使其可以检测到新发现的计算机病毒。这段时间的长短取决于开发人员的素质和计算机病毒的类型。

6.消亡期

若是所有用户都安装了最新版的杀毒软件,那么已知的计算机病毒都将被扫除。这样没有什么计算机病毒可以广泛地传播,但有一些计算机病毒在消失之前有一个很长的消亡期。至今,还没有哪种计算机病毒已经完全消失,但是处于消亡期的某些计算机病毒已经在很长时间里不再是一个重要的威胁了。

1.2.4　计算机病毒的传播途径

计算机病毒必须要"搭载"到计算机上才能感染系统,通常它们是附加在某个文件上。计算机病毒的传播主要通过文件复制、文件传送、文件执行等方式进行,文件复制与文件传送需要传输媒介,文件执行则是病毒感染的必然途径(Word、Excel 等宏病毒通过 Word、Excel 调用间接执行)。因此,病毒传播与文件传播媒体的变化有着直接关系。随着计算机技术的发展和进化,计算机病毒的传播途径大概可以分成以下几种。

第一种途径:通过可移动存储设备来传播。这些设备包括硬盘、U 盘、CD、磁带等。

第二种途径:通过网页浏览传播。网页病毒是一些非法网站在其网页中嵌入恶意代码,这些代码一般是利用浏览器的漏洞,在用户的计算机中自动执行传播病毒。

第三种途径:通过网络主动传播。主要有蠕虫病毒。

第四种途径:通过电子邮件传播,病毒一般附着在邮件的附件中,当打开附件时,病毒就会被激活。

第五种途径:通过 QQ、MSN 等即时通信软件和点对点通信系统或无线通道传播。

第六种途径:与网络"钓鱼"相结合。

第七种途径:通过手机等移动通信设备传播。随着智能手机的普及和 3G 时代的到来,利用手机可以轻松上网,无线通信网络将成为病毒传播的新平台。

其他未知途径:计算机工业的发展在为人类提供更多、更快捷的传输信息方式的同时,也为计算机病毒的传播提供了新的传播途径。

Internet 开拓性的发展使病毒可能成为灾难,病毒的传播更迅速,反病毒的任务更加艰巨。网络使用的简易性和开放性使得这种威胁越来越严重,新技术、新病毒使得几乎所有人在不知情时就成为病毒扩散的载体或传播者。

1.2.5 计算机感染上病毒的一般症状

计算机感染病毒后,系统内部会发生某些变化,并在一定条件下表现出来。计算机病毒传染和发作的症状取决于计算机病毒程序设计人员和所感染的对象,可能的症状包括系统引导出现异常现象、执行文件时出现异常现象、使用外部设备时出现异常现象和使用命令时出现异常现象等。一般主要症状如下。

(1)机器不能引导启动,系统死机频繁。

(2)系统运行异常,包括系统运行速度下降,系统参数发生改变,磁盘操作异常,系统自动生成一些特殊文件,配置文件改变,硬盘分区找不到了,磁盘存储容量异常或减少,数据丢失,系统内发出异常的声音等。

(3)文件系统异常,包括文件长度和日期发生变化,读写、执行程序文件无法执行,上不了网,杀毒软件无法升级,文档打不开,内存可用空间异常变化或减少等。

(4)系统输出异常,包括计算机屏幕显示异常,显示器上出现一些不正常的画面或信息,文件或软件不能运行或出现怪异的图形或字符等。

不同种类的计算机病毒发作时有不同症状,新的病毒不断出现,迫使我们要不断发现不同病毒的新症状。在互联网状态下,有很多和网络相关的异常现象发生。

1.3 计算机病毒的分类

从第一种计算机病毒问世以来,伴随着计算机技术、信息技术及其应用的突飞猛进,也促使了计算机病毒技术的发展,风格、特征迥异的各类计算机病毒大有"日增三百、层出不穷"、计算机病毒技术有"一日千里、群魔乱舞"之势。面对这种纷繁杂乱的表面现象,着眼于不同的角度来审视这些病毒,对计算机病毒会有不同的分类方法,按照计算机病毒的特点及特性,计算机病毒的分类方法有许多种。

比如,由于计算机病毒具有触发性的特点,按照计算机病毒激活的时间来分类,计算机病毒可分为定时的和随机的两类:定时计算机病毒仅在某一特定时间才发作,而随机计算机病毒一般不是由时钟来激活的。

1.3.1 按照病毒的破坏情况分类

1. 良性计算机病毒

良性计算机病毒是指不包含有立即对计算机系统产生直接破坏作用的代码。这类计算机病毒为了表现其存在,只是不停地进行扩散,从一台计算机传染到另一台计算机,并不破坏计算机内的数据。有些人对这类计算机病毒的传染不以为然,认为这只是恶作剧,没什么关系。其实良性、恶性都是相对而言的。良性计算机病毒取得系统控制权后,会导致整个系统运行效率降低,系统可用内存总数减少,使某些应用程序不能运行。它还会与操作系统和应用程序争抢 CPU 的控制权,不时导致整个系统死锁,给正常操作带来麻烦。有时系统内还会出现几种计算机病毒交叉感染的现象,一个文件不停地反复被几种计算机病毒所感染。例如,原来只有 10KB 的文件变成约 90KB,就是由于被几种计算机病毒反复感染了数十次所致。这不仅消耗掉了大量宝贵的磁盘存储空间,而且整个计算机系统也由于多种计算机病毒寄生于其中而无法正常工作。因此也不能轻视所谓良性计算机病毒对计算机系统造成的损害。

2. 恶性计算机病毒

恶性计算机病毒就是指包含有损伤和破坏计算机系统的操作的代码,其传染或发作时会对系统产生直接的破坏作用。这类计算机病毒很多,如"米开朗基罗"病毒,当它发作时,硬盘的前 17 个扇区将被彻底破坏,使整个硬盘上的数据无法被恢复,造成的损失是无法挽回的。有的计算机病毒还会对硬盘做格式化等破坏。这些操作代码都是刻意编写进计算机病毒的,这是其本性之一,因此恶性计算机病毒是很危险的,应当注意防范。所幸防计算机病毒系统可以通过监控系统内的这类异常动作识别出计算机病毒的存在与否,或至少可以发出警报提醒用户注意。

1.3.2 按照病毒攻击的系统分类

1. 攻击 DOS 系统的病毒

这类计算机病毒出现最早、最多,变种也最多,尽管 DOS 病毒技术在 1995 年以后基本上处于停滞状态,但是 DOS 系统类病毒的数量和传播仍然在发展。

2. 攻击 Windows 系统的病毒

从 1995 年开始,Windows 逐渐取代 DOS 成为微型计算机的主流操作系统。由于 Windows 的图形用户界面(GUI)和多任务操作系统深受用户的欢迎,使其成为计算机病毒攻击的主要对象。Windows 系统的病毒日益增多。

3. 攻击 UNIX 系统的病毒

当前,UNIX 系统应用非常广泛,并且许多大型的操作系统均采用 UNIX 作为其主要的操作系统,所以 UNIX 系统计算机病毒随之出现,它对信息处理系统也是一个严重的威胁。

4. 攻击 OS/2 系统的病毒

世界上已经发现了第一个攻击 OS/2 系统的计算机病毒,它虽然简单,但也是一个不祥之兆。

5. 攻击 Macintosh 系统的病毒

这类病毒的例子出现在苹果机上。Mac OS 上曾有过 3 个低危病毒;在 Mac OS X 上前段时间有个通过 iChat 传播的低危病毒。越来越多的证据表明,网络罪犯(虽然仍集中于主要攻击微软平台)越来越有兴趣开始创造机会攻击 Mac 计算机,看看是否能为其带来经济收益。例如一种木马病毒,利用 Apple Remote Desktop agent(ARD)上新发现的弱点,以名为 ASthtv05 的汇编 AppleScript 的形式或以名为 AStht_v06 的捆绑应用程序的形式来传播。该 ARD 允许木马病毒以 root 的形式运行。

6. 攻击其他操作系统的病毒

在目前主流智能手机操作系统中,安卓系统已成为智能手机病毒的"重灾区"。数据显示,自 2010 年 6 月至今,谷歌安卓平台上的恶意软件数量已经激增了 400%。最近的几次染毒事件包括:2011 年 2 月,"安卓吸费王"恶意扣费软件连续植入超过 100 款应用软件中进行传播;2011 年 5 月,"安卓蠕虫群"恶意软件强势来袭,一旦用户手机被入侵就会自动外发大量扣费短信。

1.3.3 按照病毒的寄生部位或传染对象分类

传染性是计算机病毒的本质属性,根据寄生部位或传染对象分类,计算机病毒有两种。

1. 引导区传染的病毒

磁盘引导区传染的计算机病毒主要是用计算机病毒的全部或部分逻辑取代正常的引导记录,而将正常的引导记录隐藏在磁盘的其他地方。由于引导区是磁盘能正常使用的先决条件,因此这种计算机病毒在运行的一开始(如系统启动)就能获得控制权,其传染性较大。由于在磁盘的引导区内存储着需要使用的重要信息,如果对磁盘上被移走的正常引导记录不进行保护,则在运行过程中就会导致引导记录被破坏。

2. 可执行程序传染的病毒

可执行程序传染的计算机病毒通常寄生在可执行程序中,一旦程序被执行,计算机病毒也就被激活,而且计算机病毒程序首先被执行,并将自身驻留内存,然后设置触发条件,进行传染。程序的另外一种形式是操作系统提供的系统运行环境,病毒利用操作系统中所提供的一些程序及程序模块寄生并传染,病毒作为操作系统的一部分,只要计算机开始工作,计算机病毒就处在随时被触发的状态,而操作系统的开放性和不绝对完善性增加了这类计算机病毒出现的可能性与传染性。

1.3.4 按照病毒攻击的对象分类

1. 攻击微型机的病毒

这是世界上传染最为广泛的一种计算机病毒,是由于微型计算机及其操作系统、软硬件资源的开放性和应用的广泛性决定的。

2. 攻击小型机的病毒

小型机的应用范围是极为广泛的,可以作为网络的一个节点机,也可以作为小型计算机网络的主机,使得小型机已成为病毒攻击的目标。1988 年 11 月 Internet 受到 worm 程序的攻击,这使得人们认识到小型机也同样不能免遭计算机病毒的攻击。

3. 攻击中、大型机的病毒

随着计算机工作站应用的日趋广泛,攻击计算机工作站的计算机病毒的出现也是对信息系统的一大威胁。

4. 攻击计算机网络的病毒

在计算机网络得到空前应用的今天,在 Internet 上出现的网络病毒已经是屡见不鲜。

1.3.5　按照病毒的连接方式分类

由于计算机病毒本身必须有一个攻击对象以实现对计算机系统的攻击,因此计算机病毒所攻击的对象是计算机系统可执行的部分。按照病毒对计算机系统内可执行模块的不同攻击形式分类,计算机病毒有以下几种。

1.源码型病毒

这种计算机病毒能攻击用高级语言编写的程序,并在高级语言所编写的程序编译前插入到源程序中,使其经编译成为合法程序的一部分。新型的源码型病毒可以用汇编语言编写,也可以用高级语言或宏命令编写,目前大多数源码型病毒采用 Java\VBS\ACTIVEX 等网络编程语言编写。

2.嵌入型病毒

这种计算机病毒是将自身嵌入到现有程序中,把病毒的主体程序与其攻击的对象以插入的方式链接。嵌入型病毒在保证该病毒优先获得运行控制权且其宿主程序不因该病毒的非首、尾插入而"卡死"的前提下,将宿主程序在恰当之处"拦腰截断"。这种病毒难以编写,一般情况下难以发现,一旦侵入宿主程序后也较难消除。

3.外壳型病毒

这种计算机病毒将其自身包围在主程序的四周,在实施攻击时,并不改变其攻击目标(即病毒的宿主程序),而是将病毒自身依附于宿主程序的头部或尾部。染上这种病毒的可执行文件一旦运行,首先执行这段病毒程序,达到不断复制的目的。由于它的不断繁殖,使计算机工作效率大大降低,最终造成死机。

4.操作系统型病毒

这种计算机病毒用它自己的程序意图加入或取代部分操作系统进行工作,主要针对磁盘的引导扇区和文件表分别进行攻击,在计算机运行过程中,能够经常捕获到 CPU 的控制权,在得到 CPU 的控制权时进行病毒传播,并在特定条件下发作。该类病毒的上述活动是悄悄完成的,很难被发觉,因而有很大的危险性。

5.定时炸弹型病毒

许多微机上配有供系统时钟用的扩充板,扩充板上有可充电电池和 CMOS 存储器,定时炸弹型病毒可避开 DOS 的中断调用,通过低层硬件访问对 CMOS 进行读写。因而这类程序利用这一地方作为传染、触发、破坏的标志,甚至干脆将病毒程序的一部分寄生到这个地方,因为这个地方有锂电池为它提供保护,不会因关机或断电而丢失,所以这类病毒十分危险。

1.3.6　按照病毒的寄生方式分类

1.覆盖式寄生病毒

覆盖式寄生病毒把病毒自身的程序代码部分或全部覆盖在宿主程序上,破坏宿主程序的部分或全部功能。

2.链接式寄生病毒

链接式寄生病毒将自身的程序代码通过链接的方式依附于其宿主程序的首部、中间或尾部,而不破坏宿主程序。

3. 填充式寄生病毒

填充式寄生病毒将自身的程序代码侵占其宿主程序的空闲存储空间,而不破坏宿主程序的存储空间。

4. 转储式寄生病毒

转储式寄生病毒是改变其宿主程序代码的存储位置,使病毒自身的程序代码侵占宿主程序的存储空间。

1.3.7 按照病毒特有的算法分类

根据计算机病毒特有的算法,计算机病毒可以划分为如下几种。

1. 伴随型病毒

这类计算机病毒并不改变原来文件内容、日期及属性,根据算法产生原来文件的伴随体,具有同样的名字和不同的扩展名并把病毒写入其中,当系统加载该文件时,伴随体优先被执行,再由伴随体加载执行原来的文件。在非 DOS 操作系统中,一些伴随型病毒利用操作系统的描述语言进行工作。

2. "蠕虫"型病毒

这类计算机病毒通过计算机网络传播,不改变文件和资料信息,利用网络从一台计算机的内存传播到其他计算机的内存,寻找计算网络地址,将自身的计算机病毒通过网络发送。有时它们在系统中存在,一般除了内存外它不占用其他资源。

3. 寄生型病毒

除了伴随型病毒和"蠕虫"型病毒,其他计算机病毒均可称为寄生型病毒,它们以不同的寄生方式存在计算机系统中,通过系统的功能进行传播,按算法可分为如下几种。

(1)练习型病毒:由于病毒程序的自身缺陷而产生的不能进行很好的传播的病毒,如一些在调试阶段的计算机病毒。

(2)诡秘型病毒:通过设备技术和文件缓冲区比较高级的技术产生的病毒,利用空闲的数据区进行工作。

(3)变形病毒(又称幽灵病毒):使用一个复杂的算法,使自己每传播一份都具有不同的内容和长度,一般的作法是由一段混有无关指令的解码算法和被变化过的计算机病毒体组成。

1.3.8 按照病毒存在的媒体分类

根据病毒存在的媒体,病毒可以划分为网络病毒、文件病毒、引导型病毒。

1. 引导型病毒

引导型病毒感染启动扇区(boot)和硬盘的系统引导扇区(MBR),它是利用操作系统的引导模块放在某个固定的位置,并且控制权的转交方式是以物理地址为依据,而不是以操作系统引导区的内容为依据,因而计算机病毒占据该物理位置即可获得控制权,而将真正的引导区内容转移或替换,待计算机病毒程序被执行后,将控制权交给真正的引导区内容,使得这个带计算机病毒的系统看似正常运转,而计算机病毒已隐藏在系统中伺机传染、发作。有的计算机病毒会潜伏一段时间,等到所设置的日期到时才发作。

2. 文件型病毒

文件型病毒感染计算机中的文件,大多数的文件型病毒都会把它们自己的程序代码复制到其宿主程序的开头或结尾处,也有病毒是直接改写"受害文件"的程序码。感染病毒的文件被执行后,计算机病毒通常会趁机再对下一个文件进行感染。文件型病毒分为源码型病毒、嵌入型病毒和外壳型病毒。

混合型病毒综合了系统型和文件型病毒的特性,此种计算机病毒通过两种方式来感染,更增强了其传染性以及存活率。

3. 网络病毒

1)木马病毒和蠕虫病毒

网络病毒从类型上分主要有木马病毒和蠕虫病毒。木马病毒实际上是一种后门程序,常常潜伏在操作系统中监视用户的各种操作,窃取用户 QQ、传奇游戏和网上银行的账号和密码。蠕虫病毒是一种更先进的病毒,可以通过多种方式进行传播,甚至是利用操作系统和应用程序的漏洞主动进行攻击。每种蠕虫都包含一个扫描功能模块负责探测存在漏洞的主机,在网络中扫描到存在该漏洞的计算机后就马上传播出去。

2)邮件型病毒和漏洞型病毒

按网络病毒的传播途径划分又可分为邮件型病毒和漏洞型病毒。前者是通过电子邮件进行传播的,病毒将自身隐藏在邮件的附件中,并伪造虚假信息欺骗用户打开该附件从而感染病毒。有的邮件型病毒是利用浏览器的漏洞来实现的,这时用户即使没有打开邮件中的病毒附件而仅仅浏览了邮件内容,由于浏览器存在漏洞也会让病毒乘虚而入。漏洞型病毒会利用操作系统的漏洞进入用户的计算机,如 2004 年风靡全球的"冲击波"和"振荡波"病毒就是漏洞型病毒,它们导致了全世界网络计算机的瘫痪,造成了巨大的经济损失。

3)间谍软件

间谍软件是一种能够在用户不知情的情况下,在其计算机上安装后门、收集用户信息的软件。它能够削弱用户对其使用经验、隐私和系统安全的物质控制能力;使用用户的系统资源,包括安装在计算机上的程序;或者搜集、使用、散播用户的个人信息或敏感信息。

间谍软件是一个灰色区域,所以并没有一个明确的定义。然而,正如其名字所暗示的一样,它通常被泛泛地定义为从计算机上搜集信息,并在未得到该计算机用户许可时便将信息传递到第三方的软件,包括监视击键,搜集机密信息(密码、信用卡号、PIN 码等),获取电子邮件地址,跟踪浏览习惯等。间谍软件还有一个副产品,在其影响下这些行为不可避免地影响网络性能,减慢系统速度,进而影响整个商业进程。

4)网络"钓鱼"陷阱

网络"钓鱼"陷阱是采用伪造合法机构的电子邮件的方式骗取用户打开邮件提供的链接并在其页面中输入自己的私人信息。而网址嫁接则是采用另一种方式来实现同一个目的。在网址嫁接方式中,网络犯罪分子会采用间谍软件、键盘记录器、域名欺骗、域名劫持或者域名缓存等手段获取用户的个人信息。

在网络发展的同时病毒也在发展,现在的病毒已经不是传统意义上的单一病毒,往往一个病毒载体身兼数职,自身就是文件型、木马型、漏洞型和邮件型的混合体了。

4.即时通信病毒

即时通信所拥有的实时性、跨平台性、成本低、效率高等诸多优势,使之成为网民们最喜爱的网络沟通方式之一。但随着 MSN、QQ 等即时通信用户呈几何级数增长,老病毒、新病毒纷纷"下海",群指 IM 软件。即时通信(IM)类病毒是指主要指通过即时通信软件(如 MSN、QQ等)向用户的联系人自动发送恶意消息或自身文件来达到传播目的的蠕虫等病毒。IM 类病毒通常有两种工作模式:一种是自动发送恶意文本消息,这些消息一般都包含一个或多个网址,指向恶意网页,收到消息的用户一旦点击打开了恶意网页就会自动从恶意网站上下载并运行病毒程序;另一种是利用即时通信软件的文件传送功能,将自身直接发送出去。

1.3.9 按照病毒的"作案"方式分类

计算机病毒的"作案"方式五花八门,按照危害程度的不同对计算机病毒进行如下分类。

1.暗藏型病毒

暗藏型病毒进入计算机系统后能够潜伏下来,到预定时间或特定事件发生时,再出来为非作歹。

2.杀手型病毒

杀手型病毒也叫"暗杀型病毒",这种计算机病毒进入计算机后,专门篡改和毁伤某一个或某一组特定的文件、数据,而且"作案"后不留任何痕迹。

3.霸道型病毒

霸道型病毒能够中断整个计算机的工作,迫使信息系统瘫痪。

4.超载型病毒

超载型病毒进入计算机后能大量复制和繁殖,抢占内存和硬盘空间,使计算机因"超载"而无法工作。

5.间谍型病毒

间谍型病毒能从计算机中寻找特定信息和数据,并将其发送到指定的地点,借此窃取情报。

6.强制隔离型病毒

强制隔离型病毒主要用来破坏计算机网络系统的整体功能,使各个子系统与控制中心以及各子系统间相互隔离,进而造成整个系统被肢解而瘫痪。

7.欺骗型病毒

欺骗型病毒能打入系统内部,对系统程序进行删改或给对立方系统注入假情报,造成其决策失误。

8.干扰型病毒

干扰型病毒通过对计算机系统或工作环境进行干扰和破坏,达到消耗系统资源、降低处理速度、干扰系统运行、破坏计算机的各种文件和数据的目的,从而使其不能正常工作。

这种计算机病毒常见的主要有 4 种作案方式:一是网游盗号类病毒,利用键盘钩子、内存截取或封包截取等技术盗取网络游戏玩家的游戏账号、密码、角色等级等信息;二是将病毒埋种在恶意网页中,利用即时聊天工具、播放器甚至搜索工具等应用软件存在的漏洞进行传播,严重威胁用户信息安全;三是由病毒引发的各类网络欺诈,特别是黑客伪装腾讯 QQ 发布虚假中奖信息的广告,引诱用户点击并提示用户缴纳所谓的"手续费",从而达到非法敛财的目的;四是各种 BOT 类病毒组建"僵尸网络",使染毒计算机接受服务器端的远程控制,导致许多用户不知不觉地成为黑客作案的帮凶。

1.3.10 Linux 平台下的病毒分类

1996 年的 Staog 是 Linux 系统下的第一个病毒,它出自澳大利亚一个叫 VLAD 的组织。Staog 病毒是用汇编语言编写的,专门感染二进制文件,并通过三种方式尝试得到 root 权限,它向世人揭示了 Linux 可能被病毒感染的潜在危险。2001 年 3 月,美国 SANS 学院的全球事故分析中心发现,一种新的针对使用 Linux 系统的蠕虫病毒正通过互联网迅速蔓延,它有可能对用户的计算机系统造成严重破坏。这种蠕虫病毒被命名为"狮子"病毒,危险性很大,"狮子"病毒能通过电子邮件把一些密码和配置文件发送到一个位于 china.com 的域名上,一旦计算机被彻底感染,"狮子"病毒就会强迫计算机在互联网上搜寻别的受害者。连接到局域网和广域网的 Linux 系统越来越多,会有更多受攻击的可能,因为很多 Linux 病毒正在快速地扩散着。Linux 平台下的病毒可以分成以下几类。

1. 可执行文件型病毒

可执行文件型病毒是指能够寄生在文件中的、以文件为主要感染对象的病毒。病毒制造者们无论使用什么武器,汇编或者 C,要感染 ELF 文件格式都是轻而易举的事情。这类病毒如 Lindose,当其发现一个 ELF 文件时,它将检查被感染的机器类型是否为 Intel 80386,如果是,则查找该文件中是否有一部分的大小大于 2 784B(或十六进制 AEO),如果满足这些条件,病毒将用自身代码覆盖它并添加宿主文件的相应部分的代码,同时将宿主文件的入口点指向病毒代码部分。一个名为 Alexander Bartolich 的学生发表了一篇名为《如何编写一个 Linux 的病毒》的文章,详细描述了如何制作一个感染在 Linux/i386 上的 ELF 可执行文件的寄生文件病毒。有了这样具启发性的、在网上发布的文档,基于 Linux 的病毒数量将会增长的更快,特别是当 Linux 的应用越来越广泛的时候。

2. 蠕虫病毒

1988 年 Morris 蠕虫爆发后,Eugene H. Spafford 为了区分蠕虫和病毒,给出了蠕虫的技术角度的定义:"计算机蠕虫可以独立运行,并能把自身的一个包含所有功能的版本传播到另外的计算机上。"(Worm is a program that can run by itself and can propagate a fully working version of itself to other machines.)。在 Linux 平台下,蠕虫病毒极为猖獗,像利用系统漏洞进行传播的 ramen、lion、Slapper 等都感染了大量的 Linux 系统,给其造成了巨大的损失。它们就是开放源代码世界的 nimda,红色代码。在未来,这种蠕虫病毒仍然会愈演愈烈,随着 Linux 系统广泛应用,蠕虫病毒的传播程度和破坏能力也会随之增加。

3. 脚本病毒

目前出现比较多的是使用 shell 脚本语言编写的病毒。此类病毒编写较为简单,但是破坏力相当惊人。我们知道,Linux 系统中有许多以.sh 结尾的脚本文件,而一个短短十数行的 shell 脚本就可以在短时间内遍历整个硬盘中的所有脚本文件,对其进行感染。因此病毒制造者不需要具有很高深的知识,就可以轻易地编写出这样的病毒,对系统进行破坏,其破坏性可能是删除文件,破坏系统正常运行,也可能是下载一个木马到系统中等。

4.后门程序

在广义的病毒定义概念中,后门也已经纳入了病毒的范畴。活跃在 Windows 系统中的后门这一入侵者的利器在 Linux 平台下同样极为活跃。从增加系统超级用户账号的简单后门,到利用系统服务加载,共享库文件注射,rootkit 工具包,甚至可装载内核模块(LKM)。Linux 平台下的后门技术发展非常成熟,隐蔽性强,难以清除,是 Linux 系统管理员极为头疼的问题。

病毒、蠕虫和木马基本上意味着自动化的黑客行为,也许被病毒攻击比被黑客攻击更可能发生。直接的黑客攻击目标一般是服务器,而病毒是等机会的麻烦制造者。如果网络系统包含了 Linux 系统,特别危险的是服务器,不要在做出反应之前等待寻找 Linux 病毒、蠕虫和木马是否存在。应做一些调查然后选择一个适合你系统的防毒产品,它们能帮助防止病毒的传播。至于 Linux 平台病毒在未来的发展,一切皆有可能。Windows 系统下的病毒发展史,也有可能在 Linux 系统上重演,这取决于 Linux 系统的发展。

1.3.11 网络病毒

在计算机网络日益发展和普及的今天,互联网使利用网络的人们"相隔天涯,如在咫尺",在享受现代信息技术巨大进步的同时,网络也为计算机病毒的传播提供了新的"高速公路"。世界各国人们的正常工作和生活因计算机病毒的感染和攻击而受到严重的影响。病毒从出现之日起就给 IT 行业带来了巨大的损伤,随着 IT 技术的不断发展和网络技术的更新,病毒在感染性、流行性、欺骗性、危害性、潜伏性和顽固性等几个方面也越来越强。

按照网络病毒的传播途径划分可分为邮件型病毒和漏洞性病毒。邮件病毒是通过电子邮件进行传播的,病毒将自身隐藏在邮件的附件中并伪造虚假信息欺骗用户打开该附件从而感染病毒,有的邮件性病毒利用是浏览器的漏洞来实现的,用户即使没有打开邮件中的病毒附件而仅仅浏览了邮件内容,由于浏览器存在漏洞也会让病毒乘虚而入。漏洞型病毒则更加可怕,目前应用最广泛的 Windows 操作系统的漏洞非常多,每隔一段时间微软都会发布安全补丁弥补漏洞。因此即使你没有运行非法软件、没有打开邮件浏览,只要你连接到网络中,漏洞型病毒就会利用操作系统的漏洞进入你的计算机。

在互联网环境下的计算机病毒的发展有自身的特点。

1.传播网络化

在互联网环境下,通过网络应用(如电子邮件、文件下载、网页浏览)进行传播已经成为计算机病毒传播的主要方式,如"爱虫"、"红色代码"、"尼姆达"等病毒都选择了网络作为主要传播途径。

2.利用操作系统和应用程序的漏洞

利用操作系统和应用程序的漏洞进行传播的病毒主要有"红色代码"和"尼姆达"。由于 IE 浏览器的漏洞,使得感染了"尼姆达"病毒的邮件在不手工打开附件的情况下病毒就能激活,"红色代码"则是利用了微软 IIS 服务器软件的漏洞来传播。

3.传播方式多样

病毒传播方式多样化,如"尼姆达"病毒,可利用的传播途径包括文件、电子邮件、Web 服务器、网络共享等。

4.病毒制作技术新

许多新病毒是利用当前最新的编程语言与编程技术实现的,易于修改以产生新的变种,从而逃避反病毒软件的搜索。另外,新病毒利用 Java、ActiveX、VB Script 等技术,可以潜伏在 HTML 页面里,在上网浏览时触发。Kakworm 病毒被发现后,它的感染率一直居高不下,就是由于它利用 ActiveX 控件中存在的缺陷传播,装有 IE5 或 Office 2000 的计算机都可能被感染。一旦这种病毒被赋予了其他计算机病毒的恶毒的特性,它所造成的危害很有可能超过任何现有的计算机病毒。

5.诱惑性

现在的计算机病毒充分利用人们的好奇心理,例如,曾经肆虐一时的"裸妻"病毒,其主题就是英文的"裸妻",邮件正文为"我的妻子从未这样",邮件附件中携带一个名为"裸妻"的可执行文件,用户执行这个文件,病毒就被激活。又如"库尔尼科娃"病毒的流行是利用"网坛美女"库尔尼科娃的魅力来吸引人们的注意。

6.病毒形式多样化

通过对病毒的分析显示,虽然新病毒不断产生,但较早的病毒发作仍很普遍,并向卡通图片、ICQ 等方面发展。此外,新病毒更善于伪装,如主题会在传播中改变,许多病毒会伪装成常用程序,或者将病毒代码写入文件内部,长度却不发生变化,用来麻痹计算机用户。主页病毒的附件并非一个 HTML 文档,而是一个恶意的 VB 脚本程序,一旦执行后,就会向用户地址簿中的所有电子邮件地址发送带毒的电子邮件副本。

7.危害多样化

传统的病毒主要攻击单机,而"红色代码"和"尼姆达"都会造成网络拥堵甚至瘫痪,直接危害到网络系统。另一个危害来自病毒在攻击对象系统上开了后门,对某些部门而言,开启了后门会带来危害,如泄密等,所造成的危害可能会超过病毒本身。

正是由于计算机病毒的这些特性,导致了新一代网络杀毒软件的出现,正所谓矛尖必然盾利。

习　　题

1.简述计算机病毒的发展。
2.计算机病毒与生物病毒的本质区别是什么?
3.给出计算机病毒的基本特征。
4.分析计算机病毒家族的演化过程,以及此过程和计算机技术发展的关系。
5.给出你认为合理的计算机病毒的分类方法和类型。
6.分析各种不同的计算机病毒在计算机系统中的破坏行为。

第 2 章
计算机病毒的工作机制

从本质上来看,病毒是一段人为编制的计算机程序代码,病毒程序可以执行其他程序所能执行的一切功能。但是与普通程序的不同之处在于:病毒必须将自身附着在其他程序上。由于病毒的附着性,当附有病毒的文件被复制或从一个用户传送到另一个用户时,病毒就随同文件一起传播,因此和生物病毒一样,计算机病毒有独特的复制能力,由此计算机病毒可以很快地传播,又常常难以清除。病毒程序所依附的其他程序被称为宿主程序。当用户运行宿主程序时,病毒程序被激活,并开始执行。一旦病毒程序被执行,将对计算机的正常使用造成破坏,使得计算机无法正常使用甚至整个操作系统瘫痪。此外,由于病毒程序不是独立存在的,而是隐藏在其他可执行的程序之中,因而计算机病毒既有破坏性,又有传染性和潜伏性。因此,为了更好地把握病毒的本质,有必要深入了解计算机病毒的工作机制。

2.1 计算机病毒的工作过程

要完整地理解计算机病毒的工作机制,有必要全面了解病毒程序在生成后,从传播到表现的一系列工作过程(经历了哪些环节,每个阶段的特点是什么)。

从计算机病毒的传播环节来看,病毒的传播依赖如下几个要素。

(1)传染源:病毒总是依附于某些存储介质(如硬盘、软盘、移动硬盘、动态网页等),这些被病毒感染的存储介质就构成了病毒工作流程的第一个环节——传染源。

(2)传染媒介:病毒传染的媒介由具体的环境决定,可以是计算机网络(以动态网页或电子邮件附件的形式),也可以是可移动的存储介质(如软盘、U 盘等)。

(3)病毒激活:通常病毒程序的激活是指程序被装入内存得到运行机会。但某些特殊的病毒在装入内存后仍然处于潜伏期(表现得如同正常的程序进程),还需要特殊的触发条件刺激,一旦触发条件得到满足,病毒才被真正激活。激活后的病毒开始执行其有效负载(如完成自我复制和执行各种破坏操作)。

(4)病毒触发:一些病毒在激活后并不立即产生破坏效应,而是需要一定的触发机制来完成二次激活。这个触发条件是由病毒制造者在编写病毒时就预先设定好的,因此在实际生活中我们看到的触发条件可能是多种多样的,既可以根据用户的操作系统、软硬件平台和使用习惯进行设置,也可以通过网络指令远程触发。

(5)病毒表现:通常计算机病毒的表现是指病毒执行其有效载荷时表现出来的行为(无论这种行为是否具有破坏性,有些病毒以恶作剧和科学实验为目的,并不一定造成用户系统的破坏结果)。无论是否具有恶意和破坏性,计算机病毒在执行有效载荷的阶段一定会有所表现,这也是病毒的主要目的之一。随着软件工程和互联网技术的发展,计算机病毒的表现也日趋多样化,甚至可以说,只要存在系统漏洞的地方就会有相应的病毒表现形式。随着软件系统日趋复杂化,可以预见将来病毒的表现形式会更加丰富。

(6)病毒传播:计算机病毒之所以被称为"病毒",是因为它具有与生物学上的病毒类似的感染和传播能力,这也是衡量一个病毒性能的重要指标。通过特定的传染机制,病毒程序能够将自身的副本传递给目标对象,从而实现广泛传播。

在了解了病毒传播环节后,再从计算机病毒程序的生命周期来看,病毒的生命周期一般会经历 4 个阶段:潜伏阶段、传染阶段、触发阶段和发作阶段。该过程如图 2-1 所示。

在潜伏阶段,病毒程序处于休眠状态,通常用户觉察不到病毒的存在。但并非所有病毒均会经历潜伏阶段。如果某些事件发生(如特定的日期、某个特定的程序被执行等),病毒就会被激活,从而进入传染阶段。处于传染阶段的病毒,将感染其他程序——将自身程序复制到其他程序或者磁盘的某个区域上。经过传染阶段,病毒程序已经具备运行的条件,一旦病毒被激活,则进入触发阶段。在触发阶段,病毒执行某种特定功能从而达到既定的目标。病毒在触发条件成熟时即可发作。处于发作阶段的病毒将为了既定目的而运行(如破坏文件、感染其他程序等)。

为了实现病毒生命周期的转换,病毒程序必须具有相应的功能模块。病毒程序的典型组成包括引导模块、传染模块和表现模块,如图 2-2 所示。

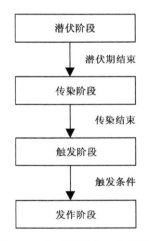

图 2-1　病毒程序的生命周期

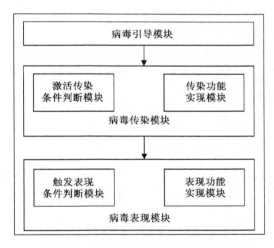

图 2-2　病毒程序的典型组成示意图

2.1.1　计算机病毒的引导模块

计算机病毒引导模块主要实现将计算机病毒程序引入计算机内存,并使得传染和表现模块处于活动状态。为了避免计算机病毒程序被清除(如杀毒程序的处理等),引导模块需要提供自保护功能,从而避免在内存中的自身代码被覆盖或清除。一旦引导模块将计算机病毒程序引入内存,它还将为传染模块和表现模块设置相应的启动条件,以便在适当的时候或者合适的条件下激活传染模块或者触发表现模块。

2.1.2　计算机病毒的感染模块

计算机病毒传染模块有两个功能:其一是依据引导模块设置的传染条件,判断当前系统环

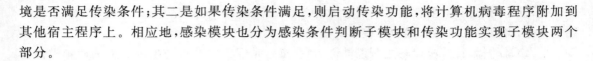

境是否满足传染条件;其二是如果传染条件满足,则启动传染功能,将计算机病毒程序附加到其他宿主程序上。相应地,感染模块也分为感染条件判断子模块和传染功能实现子模块两个部分。

2.1.3　计算机病毒的表现模块

与计算机病毒传染模块相似,其表现模块功能也包括两个部分:其一是根据引导模块设置的触发条件,判断当前系统环境是否满足所需要的触发条件;其二是一旦触发条件满足,则启动计算机病毒程序,按照预定的计划执行(如删除程序、盗取数据等)。因此,表现模块包含两个子模块:表现条件判断子模块和表现功能实现子模块。前者判断激活条件是否满足,而后者则实现功能。需要说明的是,并非所有计算机病毒程序都需要上述 3 个模块,如引导型计算机病毒没有表现模块,而某些文件型计算机病毒则没有引导模块。计算机病毒程序的典型组成用伪代码描述如下:

```
BootingModel()/* 引导模块 * /
{
 将计算机病毒程序寄生于宿主程序中;
 启动自保护功能;
 设置传染条件;
 设置激活条件;
 加载计算机程序;
 计算机病毒程序随着宿主程序的运行而进入系统;
}
InfectingModel()/* 传染模块 * /
{
 按照计算机病毒目标实现传染功能;
     }
BehavingModel()/* 表现模块 * /
{
 按照计算机病毒目标实现表现功能;
}
main()/* 计算机病毒主程序 * /
{
BootingModel();
 while(1)
 {
     寻找感染对象;
     If(如果感染条件不满足)
       continue;
     InfectingModel();
     if(激活条件不满足)
       continue;
```

```
    behavingModel();
    运行宿主程序;
    if(计算机病毒程序需要退出)
      exit();
    }
  }
```

在以下各小节中,将分别介绍计算机病毒程序的引导机制、感染机制和激活机制,并分析相应的程序代码设计。

 ## 2.2　计算机病毒的引导机制

2.2.1　计算机病毒的寄生对象

作为一种特殊程序,计算机病毒必须从存储体进入内存才能实现其预定功能。因此,计算机病毒在存储体中的寄生位置,一定是可以被激活的部分,这包括硬盘的引导扇区、可执行程序或文件的可执行区域。以运行 Windows 操作系统的计算机为例,其启动过程可简述如下:

首先是计算机的只读存储器(ROM)中固化的基本输入/输出系统(BIOS)被执行。当 BIOS 运行结束后,根据系统设置的启动顺序分别从软盘、硬盘、光盘或 USB 启动系统。如果是从硬盘引导系统,BIOS 将读取硬盘上的主引导记录(MBR),并执行其中的主引导程序。主引导程序运行后,从硬盘分区表中找到第一个活动分区,读取并执行这个分区的分区引导记录(也叫做逻辑引导记录)。分区引导记录完成读取和执行操作系统中的基本系统文件IO. SYS。IO. SYS 在初始化系统参数之后,Windows 操作系统继续执行 DOS 和图形用户界面(GUI)的引导和初始化工作,并最终完成操作系统的执行。

在计算机执行程序的过程中,任何一步都可能遭受计算机病毒的攻击,从而使得计算机病毒程序将自身代码寄生在其中。因此,根据计算机病毒可能攻击的位置,其寄生对象主要有如下几种。

1.计算机硬盘的主引导扇区

这类计算机病毒感染硬盘的主引导扇区,而该扇区与操作系统无关。

2.计算机磁盘逻辑分析引导扇区

任何操作系统都有个自举过程,例如,DOS 在启动时,由系统读入引导扇区记录并执行它,以将 DOS 读入内存。计算机病毒程序就是利用了这一点,将计算机病毒代码覆盖引导扇区,而将引导扇区数据移动到磁盘的其他空间,并将这些扇区标志为坏簇。这样,一旦系统初始化,计算机病毒代码首先被执行,从而使得计算机病毒被激活。计算机病毒开始运行时,它首先将自身复制到内存的高端并占据该范围,然后设置触发条件,最后再引导操作系统的正常启动。此后,一旦触发条件成熟(如一个磁盘读或写的请求到达),计算机病毒就被触发。

3.可执行程序

这种计算机病毒寄生在正常的可执行程序中(如.EXE 文件),一旦程序被执行计算机病毒就被激活。激活后,计算机病毒程序首先被执行:它将自身常驻内存,然后按照需要设置触发条件,也可能立即进行传染,但一般不做表现,做完这些工作后,开始执行正常的程序。此外,计算机病毒程序也可能在执行正常程序之后再设置触发条件。

2.2.2 计算机病毒的寄生方式

计算机病毒的寄生方式有两种:一种是替代法;另一种是链接法。所谓替代法是指计算机病毒程序用自己的部分或全部指令代码,替代磁盘引导扇区或文件中的全部或部分内容。所谓链接法则是指计算机病毒程序将自身代码作为正常程序的一部分与原有正常程序链接在一起,计算机病毒链接的位置可能在正常程序的首部、尾部或中间。寄生在磁盘引导扇区的计算机病毒一般采取替代法,而寄生在可执行文件中的计算机病毒一般采用链接法。这两种寄生方式分别如图 2-3 和图 2-4 所示。

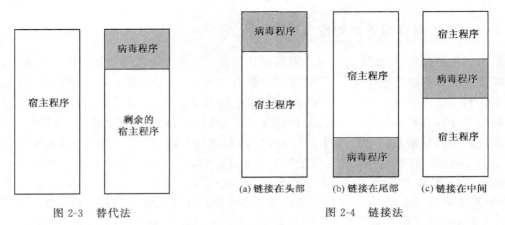

图 2-3 替代法   图 2-4 链接法

2.2.3 计算机病毒的引导过程

计算机病毒的引导过程一般包括以下 3 方面。

1. 驻留内存

计算机病毒若要发挥其破坏作用,一般要驻留内存。为此,就必须开辟所用内存空间或覆盖系统占用的部分内存空间。需要注意的是,有的计算机病毒不驻留内存(如网络计算机病毒)。

2. 获取系统控制权

在计算机病毒程序驻留内存后,必须使有关部分取代或扩充系统的原有功能,并窃取系统的控制权。此后计算机病毒程序依据其设计思想,隐蔽自己,等待时机,在条件成熟时,再进行传染和破坏。

3. 恢复系统功能

计算机病毒为隐蔽自己,驻留内存后还要恢复系统,使系统不会死机或出现异常表现,即不能让用户发现计算机病毒的存在,只有这样才能在时机成熟后,再实施感染和破坏。有的计算机病毒在加载之前可能进行动态反跟踪和计算机病毒体解密等操作,对于后者,一般的反计算机病毒软件很难检测或清除计算机病毒代码。

对于寄生在磁盘引导扇区的计算机病毒来说,计算机病毒引导程序占据了原系统引导程序的位置。为了不影响系统的运行,计算机病毒程序需要把原系统引导程序搬移到磁盘某个特定的地方。因此一旦系统启动,计算机病毒引导模块首先被自动装入内存并获得执行权,然后该引导程序负责将计算机病毒程序的传染模块和发作模块装入内存的适当位置,并采取常驻内存等技术以保证这两个模块不会被覆盖,接着对这两个模块设定某种激活方式,使之在适当的时候获得执行权。处理完这些工作后,计算机病毒引导模块再将原系统引导模块装入内存,使系统完成其他正常的引导过程。

　　对于寄生在可执行文件中的计算机病毒来说,计算机病毒程序一般会修改原有可执行文件,使该文件一旦执行首先转入计算机病毒程序引导模块,该引导模块也是要完成把计算机病毒程序的其他两个模块驻留内存及初始化的工作,然后把执行权交给可执行文件,使该可执行文件正常执行(实际上是在带毒的状态下运行,但是对于一般用户来说不会发现之前的一系列额外过程)。

　　引导区病毒较为常见,其中有代表性的有以下几种。

　　20 世纪 80 年代后期,巴基斯坦有两个以编软件为生的兄弟,他们为了打击那些盗版软件的使用者,设计出了一个名为"巴基斯坦智囊"的计算机病毒,该计算机病毒只传染软盘引导。1988~1989 年,中国也相继出现了能感染硬盘和软盘引导区的 Stoned(石头)计算机病毒,该计算机病毒体代码中有明显的标志"Your PC is now Stoned!"、"LEGALISE MARIJUA-NA!",也称为"大麻"计算机病毒。该计算机病毒感染软硬盘 0 面 0 道 1 扇区,并修改部分中断向量表。该计算机病毒不隐藏也不加密自身代码,所以很容易被查出和清除。类似这种特性的还有"小球"、"Azusa/Hong-Kong/2708"和 Michaelangelo 等计算机病毒,这些都是由国外传染进来的。而国产的有 Bloody、Torch 和 Disk Killer 等计算机病毒,实际上它们大多数是 Stoned 计算机病毒的翻版。

　　以上类型的计算机病毒将在后续章节中详细介绍,这里不赘述。

2.3　计算机病毒的传染机制

2.3.1　计算机病毒的传染方式

　　所谓计算机病毒传染,是指计算机病毒程序由一个信息载体(如软盘)传播到另一个信息载体(如硬盘),或由一个系统进入另一个系统的过程。其中传播计算机病毒的信息载体被称为计算机病毒载体,它是计算机病毒代码存储的地方。常见的计算机病毒载体包括磁盘、光盘或磁带等。但是,只有载体还不足以使计算机病毒得到传播。计算机病毒完成传播有以下两种方式:

　　一种方式是计算机病毒的被动传染。在这种方式中,用户在复制磁盘或文件时,把一个计算机病毒由一个信息载体复制到另一个信息载体上。当然,也可能通过网络上的信息传递,把一个计算机病毒程序从一方传递到另一方。

　　另外一种方式是计算机病毒的主动传染。在这种传染方式中,计算机病毒以计算机系统的运行以及计算机病毒程序处于激活状态为先决条件。在计算机病毒处于激活的状态下,只要传染条件满足,计算机病毒程序能主动地把计算机病毒自身传染给另一个载体或另一个系统。主动传染方式是危害性比较大的一种方式。

　　此外,按照计算机病毒传染的时间性,其传染方式也可分为立即传染和伺机传染。立即传染是计算机病毒在被执行的瞬间,抢在宿主程序开始执行前,立即感染磁盘上的其他程序,然后再执行宿主程序。伺机传染是计算机病毒驻留内存并检查当前系统环境是否满足传染条件,如果传染条件满足则传染磁盘上的程序;否则,继续驻留内存,等待传染时机成熟后再传染其他程序。

2.3.2　计算机病毒的传染过程

　　对于计算机病毒的被动传染,其传染过程是随着复制磁盘或文件工作的进行而进行的。

　　而对于计算机病毒的主动传染,其传染过程是:在系统运行时,计算机病毒通过计算机病毒载体即系统的外存储器进入系统的内存储器,常驻内存,并在系统内存中监视系统的运行。在计算机病毒引导模块将计算机病毒传染模块驻留内存的过程中,通常还要修改系统中断向量入口地址(如 INT 13H 或 INT 21H),使该中断向量指向计算机病毒程序传染模块。这样,一旦系统执行磁盘读写操作或系统功能调用,计算机病毒传染模块就被激活,传染模块在判断传染条件满足的条件下,利用系统 INT 13H 读写磁盘中断把计算机病毒自身传染给被读写的磁盘或被加载的程序,也就是实施计算机病毒的传染,然后再转移到原中断服务程序执行原有的操作。

　　可执行文件感染计算机病毒后再去感染新的可执行文件,可执行文件.COM 或.EXE 感染上了计算机病毒,如"黑色星期五"计算机病毒,它是在执行被传染的文件时进入内存的,一旦进入内存,便开始监视系统的运行。

　　1.发现被传染的目标

　　当它发现被传染的目标时,进行如下操作:

　　(1)对运行的可执行文件特定地址的标识位信息进行判断,确定是否已感染了计算机病毒。

　　(2)当条件满足时,利用 INT 13H 将计算机病毒插入可执行文件的首部、尾部或中间,并存入空间大的磁盘中。

　　(3)完成传染后,继续监视系统的运行,寻找新的攻击目标。

　　2.操作系统型计算机病毒的传染过程

　　操作系统型计算机病毒是怎样进行传染的呢?

　　正常的计算机 DOS 启动过程如下:

　　(1)加电开机后进入系统的检测程序,并执行该程序,对系统的基本设备进行检测。

　　(2)检测正常后从系统盘 0 面 0 道 1 扇区(即逻辑 0 扇区)读入 boot 引导程序到内存的 0000:7C00 处。

　　(3)转入 boot 执行之。

　　(4)boot 判断是否为系统盘,如果不是系统盘则提示:

　　　　non-system disk or disk error

　　　　Replace and strike any key when ready

　　否则,读入 IBM BIO.COM 和 IBM DOS.COM 两个隐含文件。

（5）执行 IBM BIO. COM 和 IBM DOS. COM 两个隐含文件，将 COMMAND. COM 装入内存。

（6）系统正常运行，DOS 启动成功。

已感染了计算机病毒的系统的启动过程如下。

（1）将 boot 区中的计算机病毒代码读入内存的 0000:7C00 处。

（2）计算机病毒将自身全部代码读入内存的某一安全地区，常驻内存，监视系统的运行。

（3）修改 INT 13H 中断服务处理程序的入口地址，使之指向计算机病毒控制模块并执行之。因为任何一种计算机病毒要感染软盘或者硬盘，都离不开对磁盘的读写操作，修改 INT 13H 中断服务程序的入口地址是一项必不可少的操作。

（4）计算机病毒程序全部被读入内存后再将正常的 boot 内容读入内存的 0000:7C00 处，进行正常的启动过程。

（5）计算机病毒程序伺机等待，随时准备感染新的系统盘或非系统盘。

如果发现有可攻击的对象，计算机病毒还要进行下列的工作。

（1）将目标盘的引导扇区读入内存，判别该盘是否被传染了计算机病毒。

（2）当满足传染条件时，则将计算机病毒的全部或者一部分写入 boot 区，把正常的磁盘的引导区程序写入磁盘特定位置。

（3）返回正常的 INT 13H 中断服务处理程序，完成对目标盘的传染。

2.3.3　系统型计算机病毒传染机理

计算机软硬盘的配置和使用情况是不同的。软盘容量小，可以方便地移动交换使用，在计算机运行过程中可能多次更换软盘；硬盘作为固定设备安装在计算机内部使用，大多数计算机配备一只硬盘。系统型计算机病毒针对软硬盘的不同特点采用了不同的传染方式。

系统型计算机病毒利用在开机引导时窃取的 INT 13H 控制权，在计算机整个运行过程中随时监视软盘操作情况，利用读写软盘的时机读出软盘引导区，判断软盘是否染毒，如未感染就按计算机病毒的寄生方式把原引导区写到软盘另一位置，把计算机病毒写入软盘第一个扇区，从而完成对软盘的传染。染毒的软盘在软件交流中又会传染其他计算机。由于在每个读写阶段计算机病毒都要读引导区，既影响计算机工作效率，又容易因驱动器频繁寻道而造成磁盘物理损伤。

系统型计算机病毒对硬盘的传染往往是通过在计算机上第一次使用带毒软盘进行的，具体步骤与软盘传染相似，也是读出引导区判断后写入计算机病毒。

2.3.4　文件型计算机病毒传染机理

当执行被染毒的 .COM 或 .EXE 可执行文件时，计算机病毒便驻入内存。一旦计算机病毒驻入内存，便开始监视系统的运行。当它发现被传染的目标时，进行如下操作。

（1）对运行的可执行文件特定地址的标识位信息进行判断，确定是否已感染了计算机病毒。

（2）当条件满足，利用 INT 13H 将计算机病毒插入可执行文件的首部、尾部或中间，并存入磁盘中。

（3）完成传染后，继续监视系统的运行，寻找新的攻击目标。

文件型计算机病毒通过与磁盘文件有关的操作进行传染，主要的传染途径如下。

（1）加载执行文件。文件型计算机病毒驻内存后，通过其所截获的 INT 21 中断检查每一个加载运行的可执行文件进行传染。加载传染方式是每次传染一个文件，即只传染用户运行的那个文件，传染不到那些用户没有使用的文件。

（2）列目录过程。一些计算机病毒编制者可能感到加载传染方式每次传染一个文件速度较慢，于是制造出通过列目录传染的计算机病毒。在用户列硬盘目录的时候，计算机病毒检查每一个文件的扩展名，如果是可执行文件就调用计算机病毒的传染模块进行传染。这样计算机病毒可以一次传染硬盘一个子目录下的全部可执行文件。DIR 是最常用的 DOS 命令，每次传染的文件多，所以计算机病毒的扩散速度很快，往往在短时间内传遍整个硬盘。

对于软盘而言，由于读写速度比硬盘慢得多，如果一次传染多个文件所费时间较长，容易被用户发现，所以计算机病毒"忍痛"放弃了一些传染机会，采用列一次目录只传染一个文件的方式。

（3）创建文件过程。创建文件是 DOS 内部的一项操作，功能是在磁盘上建立一个新文件。目前已经发现利用创建文件过程把计算机病毒附加到新文件上去的计算机病毒，这种传染方式更为隐蔽狡猾。因为加载传染和列目录传染都是计算机病毒感染磁盘上原有的文件，细心的用户往往会发现文件染毒前后长度的变化，则计算机病毒暴露了踪迹。而创建文件的传染手段却造成了新文件生来带毒的结果。虽然一般用户很少创建一个可执行文件，但经常使用各种编译、连接工具的计算机专业工作者应该注意文件型计算机病毒发展的这一动向，特别是在商品软件最后生成阶段应严防此类计算机病毒。

2.4 计算机病毒的触发机制

感染、潜伏、可触发和破坏是计算机病毒的基本特性。感染使计算机病毒得以传播，破坏性体现了计算机病毒的杀伤能力。由于感染范围广，众多计算机病毒的破坏行为可能给用户以重创。但是，感染和破坏行为总是使系统或多或少地出现异常，频繁的感染和破坏会使计算机病毒暴露，而不破坏、不感染又会使计算机病毒失去杀伤力。可触发性是介于计算机病毒的攻击性和潜伏性之间的调整杠杆，可以控制计算机病毒感染和破坏的频度，兼顾杀伤力和潜伏性。

过于苛刻的触发条件，可能使计算机病毒有好的潜伏性，但不易传播，只具有低杀伤力；而过于宽松的触发条件将导致计算机病毒频繁感染与破坏，容易暴露，导致用户做反计算机病毒处理，也不能有大的杀伤力。

计算机病毒在传染和发作之前，往往要判断某些特定条件是否满足，满足则传染或发作，否则不传染或不发作或只传染不发作，这个条件就是计算机病毒的触发条件。

实际上计算机病毒采用的触发条件花样繁多，而且还在不断更新。

目前计算机病毒采用的触发条件主要有以下几种。

1. 日期触发

许多计算机病毒采用日期作为触发条件。日期触发大体包括特定日期触发、月份触发和前半年后半年触发等。臭名昭著的 CIH 病毒就是 4 月 26 日发作的。

2. 时间触发

时间触发包括特定的时间触发、染毒后累计工作时间触发和文件最后写入时间触发等。

3. 键盘触发

有些计算机病毒监视用户的击键动作,当发现计算机病毒预定的键入时,计算机病毒被激活,进行某些特定操作。键盘触发包括击键次数触发、组合键触发和热启动触发等。

4. 感染触发

许多计算机病毒的感染需要某些条件触发,而且相当数量的计算机病毒又将与感染有关的信息反过来作为破坏行为的触发条件,称为感染触发。它包括运行感染文件个数触发、感染序数触发、感染磁盘数触发和感染失败触发等。

5. 启动触发

计算机病毒对机器的启动次数计数进行监测,并将此值作为触发条件的触发方式称为启动触发。

6. 访问磁盘次数触发

计算机病毒对磁盘 I/O 访问的次数进行计数,以预定次数作为触发条件的触发方式称为访问磁盘次数触发。

7. 调用中断功能触发

计算机病毒对中断调用次数计数,以预定次数作为触发条件的触发方式称为调用中断功能触发。

8. CPU 型号/主板型号触发

计算机病毒能识别运行环境的 CPU 型号/主板型号,以预定 CPU 型号/主板型号作为触发条件。不过这种计算机病毒的触发方式比较少见。

被计算机病毒使用的触发条件是多种多样的,而且往往是不只使用上面所述的某一个条件,而是使用由多个条件组合起来的触发条件。大多数计算机病毒的组合触发条件是基于时间的,再辅以读、写盘操作,按键操作以及其他条件。例如,"侵略者"计算机病毒的触发时间是当开机后机器运行时间和计算机病毒传染个数成某个比例时,恰好按 CTRL＋ALT＋DEL 组合键试图重新启动系统,则计算机病毒发作。

计算机病毒中有关触发机制的编码是其敏感部分。剖析计算机病毒时,如果搞清了计算机病毒的触发机制,可以修改此部分代码,使计算机病毒失效,就可以产生没有潜伏性的极为外露的计算机病毒样本,供反计算机病毒研究使用。

2.5　计算机病毒的破坏机制

破坏机制在设计原则、工作原理上与传染机制基本相同。它也是通过修改某一中断向量入口地址(一般为时钟中断 INT 8H,或与时钟中断有关的其他中断,如 INT 1CH),使该中断向量指向计算机病毒程序的破坏模块。这样,当系统或被加载的程序访问该中断向量时,计算机病毒破坏模块便被激活,在判断设定条件满足的情况下,对系统或磁盘上的文件进行破坏活动。这种破坏活动不一定都是删除磁盘文件,有时可能是显示一串无用的提示信息,例如,在用感染了"大麻"计算机病毒的系统盘进行启动时,屏幕上会出现"Your PC is now Stoned!"的提示;有的计算机病毒在发作时,会干扰系统或用户的正常工作。例如,"小球"计算机病毒在发作时,屏幕上会出现一个上下来回滚动的小球;而有的计算机病毒一旦发作,就会造成系统死机或删除磁盘文件;再如,"黑色星期五"计算机病毒在激活状态下,只要判断当天既是 13 号又是星期五,其破坏模块即把当前感染该计算机病毒的程序从磁盘上删除。

计算机病毒的破坏机制在后续章节中还将结合具体的病毒类型做详细分析,这里不赘述。

2.6　计算机病毒的传播机制

一般来说,计算机网络的基本构成包括网络服务器和网络节点站(包括有盘工作站、无盘工作站和远程工作站)。计算机病毒一般首先通过有盘工作站借助软盘和硬盘进入网络,然后开始在网上传播。具体地说,其传播方式如下。

(1)计算机病毒直接从有盘站复制到服务器中。

(2)计算机病毒先传染工作站,在工作站内存驻留,等运行网络盘内程序时再传染给服务器。

(3)计算机病毒先传染工作站,在工作站内存驻留,在计算机病毒运行时直接通过映像路径传染到服务器中。

(4)如果远程工作站已被计算机病毒侵入,计算机病毒也可以通过通信中的数据交换进入网络服务器中。

由以上计算机病毒在网络中的传播方式可见,在网络环境下,网络计算机病毒除了具有可传播性、可执行性、破坏性和可触发性等计算机病毒的共性外,还具有如下一些新的特点。

(1)感染速度快。在单机环境下,计算机病毒只能通过软盘从一台计算机传染到另一台,而在网络中则可以通过网络通信机制进行迅速扩散。根据测定,一个计算机网络在正常使用情况下,只要有一台工作站有计算机病毒,就可在几十分钟内将网上的数百台计算机全部感染。

(2)扩散面广。由于计算机病毒在网络中扩散得非常快,扩散范围很大,不但能迅速传染局域网内所有计算机,还能通过远程工作站将计算机病毒在一瞬间传播到千里之外。

 习　　题

1.简述通常情况下计算机病毒的工作步骤。

2.分析计算机病毒的寄生对象。

3.计算机病毒的寄生方式有哪几种？如何区别它们的特点？

4.分析计算机病毒的引导过程。

5.分析计算机病毒的传染方式。

6.简述计算机病毒的传染过程。

7.给出系统型和文件型计算机病毒的不同感染过程。

8.分析计算机病毒的触发机制。

9.分析计算机病毒的破坏机制。

10.分析计算机病毒的传播机制。

第3章
计算机病毒的表现

计算机病毒入侵对计算机系统的危害和影响如此之大,必须及时发现并予以清除。发现和清除得越早则危害越小越主动,越晚则危害越大越被动。计算机感染病毒后有何表现呢?怎样认定计算机被计算机病毒感染?这需要一定的计算机病毒知识和计算机使用经验。通常要由用户根据曾经发生过的各种异常情况,进行仔细的观察、分析和研究,然后做出正确的判断。计算机病毒是客观存在的,客观存在的事物总有它的特性,计算机病毒也不例外。从实质上说,计算机病毒是一段程序代码,虽然它可能隐藏得很好,但也会留下许多痕迹。通过对这些蛛丝马迹的分析,我们就能发现计算机病毒的存在了。

本书第2章在介绍计算机病毒的工作流程时曾经提到,计算机病毒的本质特征在于它所包含的有效载荷是一定要有所表现的,这也是病毒设计的主要目的之一。这个特性就决定了计算机病毒是可以被发现的。计算机病毒是诱发系统故障最重要的原因之一,计算机病毒一旦进入系统,或者潜伏,或者发作,迟早会产生一些特殊的迹象或异常表现,从而成为判断是否感染计算机病毒的依据。根据计算机病毒感染和发作的阶段,可以将计算机病毒的表现分为三大类,即计算机病毒发作前、发作时和发作后的表现。

 ## 3.1 计算机病毒发作前的表现

计算机病毒发作前,是指从计算机病毒感染计算机系统、潜伏在系统内开始,一直到激发条件满足、计算机病毒发作之前的一个阶段。在这个阶段,计算机病毒的行为主要是以潜伏、传播为主。计算机病毒会以各式各样的手法来隐藏自己,在不被发现的同时又自我复制,以各种手段进行传播。下面讨论一下计算机病毒发作前一些常见的表现。

3.1.1 计算机经常无缘无故死机

计算机病毒感染了计算机系统后,将自身驻留在系统内并修改中断处理程序等行为,会引起系统工作不稳定,以致造成死机现象发生。

3.1.2 操作系统无法正常启动

关机后再启动,操作系统报告缺少必要的启动文件,或启动文件被破坏,系统无法启动。这些很可能是由于计算机病毒感染系统文件,使得文件结构发生变化,无法被操作系统加载、引导所引起的。

3.1.3 运行速度异常

运行速度是计算机数据处理能力,包括文字处理能力和图像处理能力的重要技术指标。

计算机内置资源的配置水准高低,决定计算机运行速度的快慢。一台计算机的运行速度是从出厂之日起便决定了的。引起计算机系统运行速度异常的原因有很多,例如,同时启用了大量的应用程序,使得计算机运行速度减慢。另外,程序混乱、磁盘损坏、文件卷标改动、数据存储区域改动和外接设备故障等都可能引起系统运行速度异常。由计算机病毒引起的运行速度异常主要分为以下两类。

一类是由于计算机病毒占用了大量的系统资源,造成系统资源不足,运行变慢。应用程序出错也可能耗费大量的内存,从而引起运行变慢。但通常情况下如果是应用程序出错,重启后系统运行速度应可以恢复正常。而由计算机病毒引起的运行变慢,重启后系统运行依然很慢。另外,存储空间显著缩小也会影响速度。细心的用户会对存储空间的多少、可用空间的容量等数据都心中有数。如果系统突然因为磁盘爆满而引起系统速度缓慢,这时需要查明原因。如果没有连续地向磁盘写入大量文件,则很有可能是计算机病毒所为。计算机病毒发作时常常生产大量的文件,从而占据大量的磁盘空间。为了不被用户觉察,计算机病毒生成的文件常常是隐藏文件。用许多莫名其妙的数据或字符填满磁盘空间是计算机病毒危害的常有现象。有些计算机病毒则不断把磁盘上的簇标记损坏,也会使磁盘的可用存储空间迅速减少。如"小球"和"巴基斯坦智囊"计算机病毒同时传染系统后,会随着系统的反复启动不断地在系统上制造坏簇,从而使磁盘的可用空间迅速减少。

另一类系统性能下降是由传染引导区的计算机病毒引起的,由于在系统引导过程中需要完成计算机病毒的自我加载,会在系统的功能入口处引入计算机病毒传染模块与表现模块,必然使得系统启动速度减慢,但这种现象很不容易被察觉。

在硬件设备没有损坏或更换的情况下,本来运行速度很快的计算机,运行同样的应用程序时速度明显变慢,而且重启后依然很慢,这时就要怀疑是否染上了计算机病毒了。

3.1.4 内存不足的错误

某个以前能够正常运行的程序,在程序启动的时候报系统内存不足,或者使用应用程序中的某个功能时报内存不足,这可能是因为计算机病毒驻留后占用了系统中大量的内存空间,使得可用内存空间减小。需要注意的是,在 Windows 95/98 环境下,记事本程序所能够编辑的文本文件不超过 64KB,如果用"复制"、"粘贴"操作粘贴一段很长的文字到记事本程序中,也会报"内存不足,不能完成操作"的错误,但这不是计算机病毒在作怪。

3.1.5 打印、通信及主机接口发生异常

打印机、调制调解器等外接设备是计算机系统的重要组成部分,它们使人机对话变得高效、富于灵性,使计算机的功能得以充分开发应用,使用起来很方便。

不少用户对于计算机这些外接设备也会受到计算机病毒感染觉得不可理解,以至于计算机病毒来袭时毫无思想准备,一味地往机械故障、运行故障方面怀疑,殊不知计算机病毒对外接设备的感染和破坏也是常有的事情。计算机病毒作为一种应用程序,与其他应用程序如 Windows 软件、文字编辑软件和学习软件等一样,除具有计算机病毒危害外,都以现有计算机技术为支撑基础,都为计算机所接受,也包括外接设备,因此计算机病毒的传染性、潜伏性、破坏性对打印和通信方面的外接设备也同样适用。

在硬件没有更改或者是损坏的情况下,以前工作正常的打印机,近期发现无法进行打印操

作,或打印出来的是乱码,或是串口设备无法正常工作,例如调制解调器不拨号,这些都很可能是计算机病毒驻留内存后占用了打印端口或串行通信端口的中断服务程序,使之不能正常工作的表现。

计算机病毒引起的打印与通信异常实际上都是计算机病毒对主机接口的破坏造成的。方便适用的接口是充分发挥计算机资源、实现人机交流的重要技术措施。从计算机系统安全出发,接口也是安全周界的标志,接口以内的系统安全为计算机内部安全周界,接口以外的系统安全为外部安全周界。可见接口对于用户和安全的重要性。

计算机病毒对接口的危害,归根结底在于干扰和破坏人机交流,破坏系统安全。外设与主机的接口很多,例如 COM、LPT、USB 和 PS2 等。计算机病毒对接口中断服务程序的破坏,影响了系统外设正常的工作。Win32.Bugbear.B 是一种用微软 Visual C++ 写成的 E-mail 蠕虫病毒。该蠕虫通过电子邮件进行传播。系统感染该计算机病毒后,该计算机病毒会遍历所有共享资源,并尝试像复制到磁盘一样将共享资源复制到打印机中,这可能会导致在本地局域网的打印机打印出垃圾信息。HongKong 计算机病毒会驻留内存并使内存减少 1K。该计算机病毒发作时封闭 COM1 及 LPT1 接口,使得位于该接口的外部设备无法与计算机通信。TYPO 计算机病毒会感染当前目录下的.COM 文件,使文件增加 867 字节,同时修改接口参数,使得打印频频出错。

3.1.6　无意中要求对软盘进行写操作

在计算机使用者没有进行任何读、写软盘的操作时,操作系统却提示软驱中没有插入软盘,或者要求在读取、复制写保护的软盘上的文件时打开软盘的写保护,这些很可能是计算机病毒在偷偷地向软盘传染。这实际上是计算机病毒的一种 BUG,它在向软盘传染计算机病毒时没有检查软驱中是否有盘就试图向里面写内容。

需要注意的是,在很多情形下操作系统都会自动地读写软盘,不一定都是计算机病毒造成的。如操作系统中可能设置了"每次启动计算机时都搜索新的软盘驱动器",或者在程序运行过程中,曾经从软驱读过数据,这些也有可能导致关机前读软驱。

3.1.7　以前能正常运行的应用程序经常死机或者出现非法错误

在硬件和操作系统没有进行改动的情况下,以前能够正常运行的应用程序产生非法错误以及死机的情况明显增加,这可能是计算机病毒感染应用程序后破坏了应用程序本身的正常功能,或者是由计算机病毒程序存在着兼容性方面的问题所造成的。

3.1.8　系统文件的时间、日期和大小发生变化

这是最明显的计算机病毒感染迹象。计算机病毒感染应用程序文件后,会将自身隐藏在原始文件的后面,文件大小大多会有所增加,文件的访问和修改日期及时间也会被改成感染时的时间。尤其是对那些系统文件,绝大多数情况下人们是不会修改它们的,除非是进行系统升级或打补丁。而对应用程序常常使用到的数据文件,文件大小和修改日期、时间可能是会改变的,这些倒并不一定都是计算机病毒在作怪。

文件型计算机病毒在计算机病毒总量中占有很大的比例,文件大小不同,包括可执行程序文件在内的应用程序文件通常都不受磁盘空间限制,这为计算机病毒程序的依附和隐藏提供

了方便。目前市场上流行的计算机高级语言和其他编程语言很多,利用这些语言编写出的适合不同用户需求的应用软件层出不穷,它们良莠不齐,计算机病毒就会乘机攻入。需要说明的是,除文件型计算机病毒外,引导型计算机病毒、混合型计算机病毒都能使文件发生异常变化。计算机感染病毒后,文件可能出现以下异常情况。

1)根目录下文件异常

由于计算机病毒对正常程序的干扰,使根目录下多出一个或多个莫名其妙的文件,它们有时是隐藏文件。

Pentagon 属于引导型计算机病毒,其驻留内存,传染软盘和硬盘的主引导扇区,篡改引导扇区内容,同时在根目录下会多出一个名为 PENTAGON.TXT 的文件。

Machosoft 属于文件型计算机病毒,具有自身加密功能,不驻留内存,.COM 文件和.EXE 文件被该计算机病毒感染后,根目录下多出一个名为 IBMNETIO.SYS 的隐含文件。

2)文件扩展名异常

文件被计算机病毒感染后,文件的扩展名常常被改变,因而造成系统引导混乱。

文件被 Burger 计算机病毒感染后长度不变,其一次只传染一个.COM 文件,在盘上 .COM 文件全都被感染后,开始对.EXE 文件发难,并将.EXE 文件改为.COM 文件。

3)可执行文件执行时出现错误

这类计算机病毒作者的目的在于破坏可执行文件,干扰系统的正常运行。

OW 计算机病毒感染当前目录下扩展名的第一个字母为 c 的任何文件。其一次只感染一个文件,不驻留内存。如果找不到符合条件的感染文件,就在屏幕上显示错误信息。文件受其感染后均遭破坏。

4)文件大小异常

计算机病毒对攻击的文件通过加密、隐藏和移位等方法改变文件的长度,大多数情况下使文件字节增加,但也有使文件字节减少的情况,有的文件则看起来无任何变化。

Telecom 计算机病毒传染.COM 文件,使其长度增加 3 700 字节,增加的字节被计算机病毒隐藏起来,用 DIR 命令检查时,文件大小无异常变化。

DIR2 计算机病毒驻留内存,感染所有.EXE 文件和.COM 文件。计算机病毒采用加密技术,把文件的大小、日期和时间等原始资料进行复制,以应付 DIR 命令的检查,使其看起来一切完好如初。当用干净盘启动机器后,再用 DIR 命令检查,会发现文件大小仅剩 1024 字节。

5)文件日期、时间异常

文件的日期和时间是指文件生成或者文件被修改时的具体日期和时间。在计算机日志和计算机审计中,文件的生成、修改日期和时间是重要的资料,计算机病毒对日期和时间的篡改其实也是对计算机日志和审计的篡改。

Dust 计算机病毒不改变被感染文件的长度,计算机病毒将当前目录下.COM 文件的开头部分用计算机病毒程序覆盖。调用执行程序时,计算机病毒首先跳出来发难,在屏幕上显示乱七八糟的文字。被感染文件的日期和时间全部被改变。

Macgyver 计算机病毒驻留内存并使内存减少 3KB,感染硬盘分区表及.EXE 文件,但不感染 boot 区。文件被感染后长度增加几千字节,日期增加 100 年,同时,插入一支莫名其妙的乐曲。

3.1.9　宏病毒的表现现象

当运行 Word、打开 Word 文档后,该文件另存时只能以模板方式保存而无法另存为一个 doc 文档,这往往是由于打开的 Word 文档中感染了 Word 宏病毒的缘故。虽然宏病毒会感染 doc 文档文件和 dot 模板文件,但被它感染的 doc 文档属性必然会被改为模板而不是文档,而且,用户在另存文档时,也无法将该文档转换为其他方式,而只能用模板方式存盘。如果发现 Word 文档莫名其妙地以模板文件存盘,则很可能是感染了宏病毒。

另外,大多数宏病毒中包含有 AutoOpen、AutoClose、AutoNew 和 AutoExit 等自动宏,通过这些自动宏,宏病毒取得文档(模板)操作控制权。有些宏病毒通过 FileOpen、FileClose、FileNew 和 FileExit 等宏控制文件操作。因而可以通过查看模板中是否有这些宏来断定是否有宏病毒。在 Word 中选择"工具"菜单中的"宏"命令,再在弹出的级联菜单中选择"宏"。在"宏的位置"下拉列表框中选择要查看的模板,就可以在"宏名"下拉列表框中看到该模板所含有的宏。

宏病毒的传染通常是 Word 在打开一个带宏病毒的文档或模板时,激活了计算机病毒宏。计算机病毒宏将自身复制到 Word 通用模板中,以后在打开或关闭文件时,宏病毒就会把计算机病毒复制到该文件中。为了简化操作,在进行文档编排的时候,用户可能会自定义一些宏。但是,如果发现通用模板(Normal.dot)中有 AutoOpen 等自动宏、FileSave 等文件操作宏或一些怪名字的宏,而自己又没有加载特殊模板,这就有可能是感染计算机宏病毒了。因为大多数用户的通用模板中是没有宏的。

宏病毒通常伴随着非法存盘操作。如果发现打开一个文档时,它未经任何改动,立即就有存盘操作,有可能是 Word 带有计算机病毒。因为,宏病毒中总是含有对文档读写操作的宏指令。

宏病毒很容易被制造出来,所以它也非常普遍。要清除宏病毒必须清除掉 normal.dot,大多数计算机病毒查杀软件都有这种功能。有些宏病毒设计者很狡猾,他将计算机病毒体驻留在其他 dot 文件中。例如,BMH 计算机病毒,它不仅感染普通模板,还会创建一个叫做 SNrml.dot 的文件,放置到\Office\Startup 目录中。即使防计算机病毒软件清除了 normal.dot 文件,对 BMH 计算机病毒也没有影响,因为该计算机病毒可以通过 SNrml.dot 来继续感染系统。要想彻底清除这种计算机病毒,必须清除掉 normal.dot 和 SNrml.dot 这两个文件。

3.1.10　磁盘空间迅速减少

使用者没有安装新的应用程序,而系统可用的磁盘空间却迅速减少,这可能是计算机病毒感染造成的。需要注意的是,经常浏览网页、回收站中的文件过多、临时文件夹下的文件数量过多过大和计算机系统有过意外断电等情况,也可能会造成可用的磁盘空间迅速减少。另一种情况是 Windows 系统下的内存交换文件的增长,在 Windows 系统下内存交换文件会随着应用程序运行的时间和进程的数量增加而增长,一般不会减少,而且同时运行的应用程序数量越多,内存交换文件就越大。

3.1.11　网络驱动器卷或共享目录无法调用

使用者对于有读权限的网络驱动器卷、共享目录等无法打开、浏览,或者对有写权限的网络驱动器卷、共享目录等无法创建、修改文件。虽然目前还很少有纯粹针对网络驱动器卷和共享目录的计算机病毒,但已有的计算机病毒的某些行为可能会影响对网络驱动器卷和共享目录的正常访问。

3.1.12　陌生人发来的电子邮件

当收到陌生人发来的电子邮件时,尤其是那些标题很具诱惑力的邮件,如一则笑话,或者一封情书等,又带有附件的电子邮件,使用者要警觉是否染毒。当然,这些电子邮件要与广告电子邮件、垃圾电子邮件和电子邮件炸弹区分开。一般来说,广告电子邮件有很明确的推销目的,会有它推销的产品介绍,垃圾电子邮件的内容要么自成章回,要么根本没有价值,这两种电子邮件大多是不会携带附件的。电子邮件炸弹虽然也带有附件,但附件一般都很大,少则上兆字节,多的有几十兆甚至上百兆字节,而电子邮件计算机病毒的附件大多是脚本程序,通常不会超过 100KB。当然,电子邮件炸弹在一定意义上也可以看成是一种黑客程序,是一种计算机病毒。

电子邮件附件计算机病毒通常利用双扩展名来隐藏自己,Windows 系统默认隐藏已知文件类型的扩展名,所以当收件人收到诸如 *. txt. exe、*. rtf. scr、*. doc. com 和 *. HTM. pif 等形式的邮件附件时,常常误以为收到的文件后缀为 *. txt、*. rtf、*. doc 和 *. HTM,而很可能毫无防备地打开这些文件,从而不知不觉地感染了计算机病毒。

有些电子邮件是以 ZIP 压缩包的形式来传播的。以前人们普遍的观念认为 ZIP 压缩中一般不会有计算机病毒,从而受好奇心的驱使对压缩包进行解压而感染计算机病毒。I-Worm/Mimail(邮米计算机病毒)就是一个压缩文件,计算机病毒的大小是 16KB。它可以感染 Windows 9X、Windows NT、Windows 2000、Windows XP 以及 Windows ME 等流行的操作系统。

要预防通过电子邮件感染计算机病毒,必须注意不要轻易打开陌生人的邮件附件,并且在文件夹选项中,设置不隐藏已知类型文件的后缀名。另外,启动邮件计算机病毒防火墙也是非常重要的手段。

3.1.13　自动链接到一些陌生的网站

使用者在没有上网时,计算机会自动拨号并连接到 Internet 上一个陌生的站点,或者在上网的时候发现网络速度特别慢,存在陌生的网络链接,这种链接大多是黑客程序将收集到的计算机系统的信息"悄悄地"发回某个特定的网址,大家可以通过 Netstat 命令查看当前建立的网络链接,再比照访问的网站来发现问题。需要注意的是有些网页中有一些脚本程序会自动链接到一些网页评比站点,或者是广告站点,这时候也会有陌生的网络链接出现。当然,这种情况也可以认为是非法的。

综上所述,一般的系统故障是有别于计算机病毒感染的,系统故障大多只符合上面所涉及的一点或两点现象,而计算机病毒感染所出现的现象会多得多。根据上述描述的现象,就可以初步判断计算机和网络是否感染了计算机病毒。

3.2　计算机病毒发作时的表现

计算机病毒发作时是指满足计算机病毒发作的条件,计算机病毒程序开始进行破坏行为的阶段。计算机病毒发作时的表现各不相同,这与编写计算机病毒者的心态、所采用的技术手段等有密切的关系。

以下列举了一些计算机病毒发作时常见的表现。

3.2.1　显示器屏幕异常

显示器是计算机给用户反馈信息最主要的工具。计算机感染病毒后出现在显示器屏幕上的异常现象多种多样,大体分为如下几种情况。

(1)屏幕显示突然消失,或者时而显示,时而消失,类似于电源接触不良,但却不是。主机电源显示完全正常,电压稳定。有时屏幕显示内容丢失后找不回来,症状又类似于突然断电文件丢失。PCBB 计算机病毒感染计算机后,每按 9、5、7 键,屏幕显示就会全部消失。Cascade 计算机病毒发作时,屏幕上的字符犹如雨点一般纷纷掉落,堆积在屏幕底部,屏幕显示异常,还有滚动、扭曲、错位、快速翻屏或慢速度翻屏等现象,这些都是计算机病毒发作时的异常现象。

(2)个别字符空缺。Zero Bug 计算机病毒进入系统后,每当调用 copy 命令时,就会感染所有的.COM 文件。这时,屏幕上所有的 0 字符变成空缺,同时破坏运行程序、覆盖磁盘文件或改变系统的运行速度。VGA FLIP 计算机病毒发作时屏幕上的字符、画面上下颠倒,无法阅读。

(3)篡改字符或画面颜色,使其面目全非。Ambulance 计算机病毒具有自身加密功能,能骗过杀毒工具的检测,感染.COM 文件。这时,在屏幕上会出现一辆救护车,救护车驶过之处的字符变成黄色。

(4)屏幕上出现异常图案。AIDS 计算机病毒传染.COM 文件,不驻留内存,发作时屏幕上出现全屏彩色五环图案,之后屏幕及硬盘数据全部丢失。"1575"计算机病毒发作时在屏幕上出现毛毛虫。"小球"计算机病毒发作时会从屏幕上方不断掉落下来小球图形。单纯地产生图像的计算机病毒大多也是"良性"计算机病毒,只是在发作时破坏用户的显示界面,干扰用户的正常工作。

(5)屏幕出现异常信息。Story 计算机病毒发作时从根目录开始搜索所有子目录,符合某些条件的.COM 文件均可能被传染。该病毒一次只感染 3 个文件,不能重复感染,4 分 50 秒后屏幕上以反白方式出现一段故事。Fumanchu 计算机病毒进入计算机系统后,感染.COM 和.EXE 文件。随着键盘的敲击,屏幕上出现一些恶意的语言,与此同时屏幕上还显示:"The world will hear from me again"。

(6)屏幕出现强迫接受的游戏。Cuisine 计算机病毒进入计算机系统后,当执行 DIR 命令时,所有.COM 文件被感染。每年的 1 月 15 日、4 月 15 日和 8 月 15 日发作,发作时在屏幕上出现一种老虎赌博机,强迫操作者与之对赌,并警告不要关机,此时文件分配表已遭破坏。若 5 局中用户获胜,文件分配表恢复正常,否则所有磁盘数据将全部丢失。

3.2.2　声音异常

常见的声音异常有如下两种情况。

一种情况是用户设置的声音异常。其根据需要和个人喜好在计算机启动、关闭切换程序后、菜单调出、程序完成产生结果和操作失误时出现。错误程序或其他运行过程中,用户往往设置一定声音作为提示、提醒或警告,这是人和机器对话的一种方式。遭受计算机病毒感染后,上述声音可能出现异常,变成了刺耳的噪音、凄厉的悲号或沉重的叹息等。另一种情况是在计算机运行中或每运行到某一时刻,忽然插进一些奇怪的声音、音符或是一句话、一声叹息,也可能是一支歌曲或一组歌曲。出于计算机病毒作者的好恶,或为宣泄某种情感,计算机病毒作者可能设置的声音几乎是任意的,叹息声、尖叫声、咒骂声、用电子发声器模拟生成的各样奇怪声音都有可能发生。

最著名的恶作剧式的计算机病毒是外国的"扬基"计算机病毒(Yankee)、Music bug 计算机病毒和中国的"浏阳河"计算机病毒。"扬基"计算机病毒每天下午 5 时整发作,利用计算机内置的扬声器播出美国名曲 *Yankee*;Music Bug 计算机病毒每隔一定时间便播出一些靡靡之音;而"浏阳河"计算机病毒是当系统时钟为 9 月 9 日时演奏歌曲《浏阳河》,当系统时钟为 12 月 26 日时则演奏《东方红》的旋律。这类计算机病毒大多属于"良性"计算机病毒,只是在发作时发出音乐和占用处理器资源而已。

3.2.3 硬盘灯不断闪烁

硬盘灯闪烁说明有硬盘读写操作。当对硬盘有持续大量的操作时,硬盘的灯就会不断闪烁,如格式化或者写入很大的文件时。有时候对某个硬盘扇区或文件进行反复读取也会造成硬盘灯不断闪烁。有的计算机病毒会在发作时对硬盘进行格式化,或者写入许多垃圾文件,或反复读取某个文件,致使硬盘上的数据遭到损失。具有这类发作现象的计算机病毒大多是"恶性"计算机病毒。

需要指出的是,有些是计算机病毒发作的明显现象,例如提示一些不相干的话、播放音乐或者显示特定的图像等。有些现象则很难直接判定是否是计算机病毒的表现现象,例如硬盘灯不断闪烁。在同时运行多个内存占用大的应用程序,如 3D max、Adobe Premiere 等,而计算机本身性能又相对较弱的情况下,在启动和切换应用程序的时候也会出现硬盘不停地工作,硬盘灯不断闪烁的现象。

3.2.4 进行游戏算法

有些恶作剧式的计算机病毒发作时,采取某些算法简单的游戏来中断用户的工作,一定要玩赢了才让用户继续工作。例如,曾经流行一时的"台湾一号"宏病毒,在系统日期为 13 日时发作,弹出对话框,要求用户做算术题。这类计算机病毒一般属于"良性"计算机病毒,但其中也有那种在用户输了后就进行破坏的"恶性"计算机病毒。

3.2.5 Windows 桌面图标发生变化

这一般也是恶作剧式的计算机病毒发作时的表现现象。把 Windows 默认的图标改成其他样式的图标,或者将其他应用程序、快捷方式的图标改成 Windows 默认图标样式,起到迷惑用户的作用。

"恶鹰"(Worm. Beagle)计算机病毒及其变种(如 Worm. Beagle. b、Worm. Beagle. c、Worm. Beagle. d、Worm. Beagle. e、Worm. Beagle. f 和 Worm. Beagle. g 等)就使用了不同的图标。其中 Worm. Beagle. c 和 Worm. Beagle. d 使用的是微软 Office Excel 电子表格的图标,Worm. Beagle. e 使用的是文本文件的图标,Worm. Beagle. f 和 Worm. Beagle. g 使用的是文件夹的图标。

3.2.6　计算机突然死机或重启

　　有些计算机病毒程序由于兼容性上存在问题,其代码没有经过严格测试,在发作时会造成意想不到的情况:或者是计算机病毒在 Autoexec.bat 文件中添加了一句"Format c"之类的语句,需要系统重启后才能实施破坏;或者是计算机病毒破坏了重要的系统文件,造成系统必需的服务进程无法正常运行,从而引起系统死机或重启。

　　2004 年,十大计算机病毒之一"振荡波"(Sasser)计算机病毒被首次发现,短短一个星期时间之内就感染了全球 1 800 万台计算机。它利用微软公司公布的 Lsass 漏洞进行传播,可感染 Windows NT/XP/2003 等操作系统。因为它会导致 LSASS.EXE 崩溃,所以系统不断弹出一个提示框,然后倒计时重启。

3.2.7　自动发送电子邮件

　　大多数电子邮件计算机病毒都采用自动发送电子邮件的方法作为传播的手段,也有的电子邮件计算机病毒在某一特定时刻向同一个邮件服务器发送大量无用的信件,以达到阻塞该邮件服务器的正常服务的目的。

　　给全球造成巨大灾害的 Mydoom 计算机病毒及其变种在短时间内层出不穷,无辜的网民成了受害者。据相关机构统计,Mydoom 计算机病毒在出现后的 36 小时内就在 Internet 上发出了约 1 亿封带毒的电子邮件。而 Worm.Netsky(网络天空)则超过 Mydoom 的计算机病毒邮件数量,该计算机病毒会从硬盘中的.dbx、.doc、.txt 和.HTML 等类型文件中搜集电子邮件地址,然后使用其自带的 SMTP 引擎将计算机病毒体作为附件发送给这些电子邮件地址。

　　这些计算机病毒邮件的发送人地址都是伪装的地址,Sobig(好大)计算机病毒甚至将发送人地址设为雅虎的技术支持信箱 support@yahoo.com。

　　计算机病毒除了采用电子邮件作为传播的手段外,有些还通过电子邮件盗取被感染计算机上的秘密信息,例如各种账号及密码、私人文件等。"网银大盗"计算机病毒的出现曾一度引起人们对网上银行交易安全问题的恐慌,安全公司甚至发布警告,要求用户在那一段时期内中断网上支付和交易活动。"网银大盗"专门盗取工商银行个人网上银行账户及密码,然后通过自带的 SMTP 发信模块,以电子邮件的形式把记录的用户信息发到木马作者指定信箱中,再利用转账、网上支付等手段窃取用户网上银行中的存款。

　　电子邮件计算机病毒最大的危害还在于其自动发出的电子邮件数量通常非常大,以至于占据了 Internet 大量的带宽和存储空间,造成了网络的拥塞。2003 年出现的"大无极"电子邮件计算机病毒是有史以来传播速度最快的计算机病毒之一,它可以把遭到计算机病毒感染的计算机变成一台发送垃圾电子邮件的机器,每分钟发送多达 300 封含有计算机病毒的电子邮件。这一计算机病毒瞬间繁殖的特性,会导致网络带宽被迅速占用,严重影响了企业及个人正常的网络应用,甚至造成部分 Internet 主干线的拥塞。

3.2.8　鼠标、键盘失控

　　有的计算机病毒在运行时,会篡改键盘输入,使用户在键盘上键入的字符和屏幕上显示的字符不一致,或者使键盘上的功能键对应的功能发生错乱。有的计算机病毒甚至会"肆无忌惮"地封锁键盘、鼠标功能入口,造成系统根本无法响应用户的键盘和鼠标操作。这些都是较为明显的系统染毒症状。例如,Attention(注意病毒)驻留内存后,每按一个键,喇叭就响一声。

计算机系统受到了黑客程序的控制也会使得键盘、鼠标失控。当没有对计算机进行任何操作,也没有运行任何演示程序、屏幕保护程序时,但屏幕上的鼠标自己在动,应用程序自己在运行,字符自动被输入,这就是受遥控的现象,大多数情况下是因为黑客程序操控了用户的计算机。从广义上说这也是计算机病毒发作的一种现象。

3.2.9 被感染系统的服务端口被打开

通过 Netstat 观察系统打开的服务端口,若发现有异常的端口被打开,就很有可能是计算机病毒打开的后门服务端口。

"恶鹰"(Worm. Beagle)计算机病毒感染系统后,就会在被感染的系统中开启后门,在 TCP 端口 2745 上进行监听,等待黑客连接。

如果发现系统出现异常服务端口被开启的现象,需要及时地关闭服务端口,或利用防火墙阻止对这个端口的服务请求。

3.2.10 反计算机病毒软件无法正常工作

很多计算机病毒在感染系统后,为了防止自身被反计算机病毒软件查杀,往往会破坏反计算机病毒软件的程序文件,或者阻止反计算机病毒软件的启用及升级。

例如,"灾飞"(Worm. Zafi)计算机病毒利用电子邮件进行传播,传播时能够穿过防火墙和反计算机病毒软件的拦截,感染系统后会终止大量反计算机病毒软件的运行,并用计算机病毒体去替换反计算机病毒软件的主程序。计算机病毒还会禁止运行系统程序(如 Regedit、Msconfig 和 Task),以防止用户手动终止计算机病毒的进程,并对指定网站发动 DoS 攻击。

3.3 计算机病毒发作后的表现

通常情况下,计算机病毒的发作都会给计算机系统带来破坏性的后果,那种只是恶作剧式的"良性"计算机病毒只是计算机病毒家族中的很小一部分。

以下列举了一些恶性计算机病毒发作后所造成的后果。

3.3.1 硬盘无法启动,数据丢失

计算机病毒破坏硬盘的引导扇区后,就无法从硬盘启动计算机系统了。有些计算机病毒修改了硬盘的关键内容(如文件分配表、根目录区等),使得原先保存在硬盘上的数据几乎完全丢失。

有些计算机病毒破坏硬盘是通过修改 Autoexec. bat 文件进行的。这个文件在每次系统重新启动的时候都会被自动运行。计算机病毒在 Autoexec. bat 文件中增加"Format C:"一项,导致计算机重新启动时格式化硬盘。在计算机系统稳定工作后,一般很少会有用户去注意 Autoexec. bat 文件的变化。计算机病毒通过修改这个文件从而达到破坏系统的目的。

PolyBoot(也叫 WYX. B)是一种典型的感染主引导扇区和第一硬盘 DOS 引导区的内存驻留型和加密引导型计算机病毒,它也能感染软盘的引导区。这种计算机病毒会把最初的引

导区存储在不同位置,这取决于它是在 DBR、MBR,还是软盘的引导区。它不会感染和破坏任何文件,但一旦发作,将破坏硬盘的主引导区,使所有的硬盘分区及用户数据丢失。感染对象可以是任何操作系统,包括 Windows、UNIX、Linux 和 Macintosh 等。

3.3.2　文件、文件目录丢失或被破坏

有些计算机病毒在发作时会删除或破坏硬盘上的文档,造成数据丢失。被破坏、删除的文件包括各种类型:文本文件、可执行文件、目录文件,甚至是系统文件。

文本文件被破坏会造成用户数据的丢失;可执行文件被破坏会使得程序无法正常的运行。

目录文件被破坏有两种情况:一种就是确实将目录结构破坏,将目录扇区作为普通扇区,填写一些无意义的数据,使其再也无法恢复;另一种情况是将真正的目录区转移到硬盘的其他扇区中,只要内存中存在该计算机病毒,就能够将正确的目录扇区读出,并在应用程序需要访问该目录的时候提供正确的目录项,这就使得从表面上看来与正常情况没有两样。但是一旦内存中没有该计算机病毒,那么通常的目录访问方式将无法访问到原先的目录扇区。这种破坏还是能够被恢复的。

系统文件是非常重要的,系统文件被破坏后,操作系统就不能正常工作。正常情况下系统文件是不会被删除或修改的,除非对计算机操作系统进行了升级。但是某些计算机病毒发作时删除了系统文件,或者破坏了系统文件,使得以后无法正常启动计算机系统。通常容易受攻击的系统文件有 Command.com、Emm386.exe、Win.com、Kernel.exe 和 User.exe 等。

3.3.3　数据密级异常

一些技术含量很高、很狡猾的计算机病毒进入系统后,不仅能将自身加密,还能将磁盘数据、文件加密,或者将已经加密的数据、文件解密。还有些计算机病毒利用加密算法,将加密密钥保存在计算机病毒程序体内或其他隐蔽的地方,而对被感染的文件加密。如果内存中驻留有这种计算机病毒,那么在系统访问被感染的文件时它自动将文档解密,使得用户察觉不到。一旦这种计算机病毒被清除,那么被加密的文档就很难被恢复了。结果是使用户无法解读自己的磁盘数据和文件,或者使自己的保密数据、文件被公开化。

AIDS Information Trojan 计算机病毒驻留在 DOS 区内,用被它感染的系统盘启动机器90 次后,硬盘就被密钥锁死,使计算机无法读写。

GPI 病毒通过网上服务器在网上快速传播。当 Novell 的网络常驻程序 IPX 及 NETX被启动后,计算机病毒感染.COM 和.EXE 文件,同时把用户的网络访问权限改为最高权限。这样改动以后将出现两种情况:一是计算机病毒作者可以直接进入受感染的计算机系统的最高访问区,调用或修改任何保密级很高的数据和信息,如账号、口令以及用户存储的其他重要资料和信息等,使用户无密可保;二是被该计算机病毒感染的用户也有了网络的最高访问权限。

3.3.4　使部分可软件升级的主板的 BIOS 程序混乱

这种情况类似于 CIH 计算机病毒发作后的现象,系统主板上的 BIOS 被计算机病毒改写、破坏,使得系统主板无法正常工作,从而使计算机系统报废。

3.3.5　网络瘫痪

很多计算机病毒为了能够实现自动复制或传播,往往在其发作后会向其他主机发送大量的数据包以扫描网络中其他主机存在的漏洞,一旦发现某一主机上有可利用的漏洞,就将自身复制与传播过去,伺机发作表现并继续发出大量数据包进行漏洞扫描。还有一些通过电子邮件传播的计算机病毒发作后也会发送大量的电子邮件。这些由计算机病毒产生的网络流量往往占据大量的网络带宽,引起网络瘫痪,使得网络无法提供正常的服务。

"冲击波"计算机病毒之后,曾出现了一个被称为"冲击波杀手"的计算机病毒。这一计算机病毒会试图上网下载 RPC 漏洞补丁并运行,并且试图清除用户计算机中的"冲击波"计算机病毒,另外,该计算机病毒在 2004 年后自动将自己从计算机中删除。这一计算机病毒的目的是想要清除"冲击波"计算机病毒,然后再自动消失,但是由于计算机病毒编写方面存在缺陷,该计算机病毒在传播过程中会导致网络交通严重堵塞,在这个方面,其危害甚至远远超过了"冲击波"计算机病毒本身。

3.3.6　其他异常现象

有些计算机病毒在发作时,其破坏作用不明显或者副作用会很缓慢地表现出来。有些计算机病毒甚至对系统没有任何的破坏表现,因此通常很难被人发现,但这种计算机病毒的传播与复制必定要占据一定的磁盘空间。Duild 计算机病毒不驻留内存,感染当前目录下的.COM文件,文件长度不变,除占据一定磁盘空间外,没有其他的表现和破坏。发现于以色列的"什么也不做"计算机病毒,感染当前目录的.COM 文件,使其增加 6 000 字节,除此之外什么也不做,因此又称"隐士"计算机病毒。不同的计算机病毒的破坏力度和表现手法各不相同,使计算机系统出现种种异常情况,也反映出计算机病毒作者的某种目的。在计算机运行时,一旦出现异常情况都应该考虑可能有计算机病毒入侵,以便及时检测清除,避免造成重大损害。

对有些异常现象,如屏幕上突然冒出一段征婚广告,用户可以立刻意识到是有计算机病毒入侵;对于有些异常现象,如硬盘被锁,不能读写,用户可能误认为是机电故障,如磁盘偏离、磁头磨损、电压不稳和电器接触不良等。正确判断故障原因、尽快排除故障的办法是增加专业知识,积累经验,及时向专家咨询请教。

通过上面的介绍,我们可以了解到防杀计算机病毒软件必须要实时化,在计算机病毒进入系统时要立即报警并清除,这样才能确保系统安全,待计算机病毒发作后再去杀毒,那就为时已晚了。

习　　题

1.分析计算机病毒发作前的表现现象,列举出你所知道的计算机病毒发作前的表现现象。
2.分析计算机病毒发作时的表现现象,并针对不同的症状给出应对策略。
3.简述 CIH 计算机病毒发作时的表现现象以及可能造成的破坏。
4.举例说明不同的计算机病毒发作后可能引起的计算机异常。
5.讨论最近计算机病毒不同阶段的表现现象。

第4章
新型计算机病毒的发展趋势

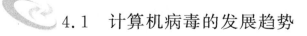 4.1　计算机病毒的发展趋势

Internet 的迅速发展,扩大了人类的信息交流,也为计算机病毒的传播打开了方便之门。信息资源的共享大大提高了社会生产力,但同时也给计算机病毒创造了更大的繁衍空间,而且扩大了计算机病毒的传播和危害范围。现在平均每天都有十几种甚至更多的新计算机病毒在网上被发现,而且在网络上计算机病毒的传播速度是单机的几十倍,每年会有 98% 的企事业机构不同程度地遭到网络计算机病毒的攻击。

随着网络的发展,计算机病毒有了新变化,显现出一些新的特点。只有对计算机病毒的新动向、新特点以及新技术有全面的了解,才能跟踪日新月异的计算机病毒技术发展趋势,使反计算机病毒技术朝着更高效的目标迈进,才能更有效地在网络上禁毒,保证网络的安全运行。

来自 Internet 实验室的相关数据显示,现在每年的宽带用户数量都比上年增长 1 000 多万,绝大多数用户因为宽带上网而受到计算机病毒威胁。宽带越来越"宽",直接导致木马病毒、间谍软件、垃圾邮件和网页恶意程序等计算机病毒以更加惊人的速度传播。

计算机病毒寄生于速度,只有速度才能赋予它巨大的能量,因此,网络理所当然地成为计算机病毒的最佳媒介。

从某种意义上说,21 世纪是计算机病毒与反计算机病毒大斗法的时代,"红色代码"、"齿轮先生"和"尼姆达"计算机病毒的登场似乎已经证明了这一点。就像当时在 DOS 环境下计算机病毒的发展一样,针对 Windows 操作系统的计算机病毒的发展也是从简单到复杂,现在的 Windows 操作系统下的计算机病毒已经非常完善了,它们使用高级语言编写,利用了 Windows 操作系统的种种漏洞,使用先进的加密和隐藏算法,甚至可以直接对杀毒软件进行攻击。而随着 Internet 时代的到来,计算机病毒似乎开始了新一轮的进化,脚本语言计算机病毒从最早的充满错误,没有任何隐藏措施发展到今天与传统计算机病毒紧密结合,包含了复杂的加密、解密算法。未来的计算机病毒只会越来越复杂,越来越隐蔽,计算机病毒技术的发展对杀毒软件提出了巨大的挑战。在 21 世纪,计算机病毒呈现出网络化、人性化、隐蔽化、多样化、平民化和智能化的发展趋势。

4.1.1　网络化

与传统的计算机病毒不同的是,许多新的计算机病毒(恶意程序)是利用当前最新的基于 Internet 的编程语言与编程技术实现的,易于修改以产生新的变种,从而逃避反计算机病毒软件的搜索。例如,"爱虫"计算机病毒是用 VBScript 语言编写的,只要通过 Windows 操作系统下自带的编辑软件修改计算机病毒代码中的一部分,就能轻而易举地制造出计算机病毒变种,

以躲避反计算机病毒软件的追击。另外,新计算机病毒利用 Java、ActiveX 和 VBScript 等技术,可以潜伏在 HTML 页面里,在上网浏览时触发。Kakworm 计算机病毒虽然早就被发现,但它的感染率一直居高不下,就是由于它利用 ActiveX 控件中存在的缺陷传播,装有 IE 5 或 Office 2000 的计算机都可能被感染。这个计算机病毒的出现使原来不打开带毒邮件附件而直接删除的防邮件计算机病毒方法完全失效。更加令人担心的是,一旦这种计算机病毒被赋予其他计算机病毒的恶毒特性,造成的危害很有可能超过任何现有的计算机病毒。由于计算机病毒的网络化,造成现在计算机病毒的传播速度超过了最大胆的想象,24 小时之内,计算机病毒可以传播到世界上的任何一个角落。

4.1.2 人性化

病毒制造者充分利用了心理学的知识,着重针对人类的心理如好奇、贪婪等制造出种种计算机病毒,其主题、文件名称更人性化和极具诱惑性。例如,最近出现的 My-babypic 计算机病毒,就是通过可爱宝宝的照片传播计算机病毒的。

4.1.3 隐蔽化

相比较而言,新一代计算机病毒更善于隐藏自己、伪装自己,其主题会在传播中改变,或者使用极具诱惑性的主题、附件名。许多计算机病毒会伪装成常用程序,或者将计算机病毒代码写入文件内部而长度不发生变化,使用户防不胜防。主页计算机病毒的附件 homepage. HT-ML.vbs 并非一个 HTML 文档,而是一个恶意的 VB 脚本程序,一旦执行了它,就会向用户地址簿中的所有电子邮件地址发送带病毒的电子邮件副本。再例如"维罗纳"计算机病毒,它将计算机病毒写入邮件正文,而且主题、附件名极具诱惑性,主题众多,更替频繁,使用户麻痹大意而被感染。而 Matrix 等计算机病毒会自动隐藏、变形,甚至阻止受害用户访问反计算机病毒网站和向计算机病毒记录的反计算机病毒地址发送电子邮件,无法下载经过更新、升级后的相应杀毒软件或发布计算机病毒警告消息。还有的计算机病毒在本地没有代码,代码存储于远程的计算机上,使杀毒软件更难以发现计算机病毒的踪迹。

4.1.4 多样化

新计算机病毒层出不穷,老计算机病毒也充满活力,并呈现多样化的趋势。对 1999 年普遍发作的计算机病毒分析显示,虽然新计算机病毒不断产生,但较早的计算机病毒发作仍很普遍。1999 年报道最多的计算机病毒是 1996 年就首次发现并到处传播的宏病毒 Laroux。新计算机病毒可以是可执行程序、脚本文件和 HTML 网页等多种形式,并正向电子邮件、网上贺卡、卡通图片、ICQ 和 OICQ 等发展。更为棘手的是,新计算机病毒的手段更加阴狠,破坏性更强。据计算机经济研究中心的报告显示,在 2000 年 5 月,"爱虫"计算机病毒大流行的最初 5 天,就造成了 67 亿美元的损失。而该中心 1999 年的统计数据显示,到 1999 年末计算机病毒造成的总损失才达 120 亿美元。

4.1.5 平民化

由于脚本语言的广泛使用,专用计算机病毒生成工具的流行,计算机病毒制造已经变成了"小学生的游戏"。以前的计算机病毒制作者都是专家,编写计算机病毒在于表现自己高超的技术,但是,现在的计算机病毒制作者利用部分相关资源,很容易就制作出计算机病毒。例如,"库尔尼科娃"计算机病毒的设计者只是下载并修改了 vbs 蠕虫孵化器,就制造出了"库尔尼科娃"计算机病毒。据报道,vbs 蠕虫孵化器被人们从 Internet 上下载了 1.5 万次以上。正是由于这类工具太容易得到,使得现在新计算机病毒出现的频率超出以往任何时候。

从目前来看,计算机病毒只是破坏计算机系统,造成财产损失,对人体没有什么伤害,但随着计算机技术的发展,计算机病毒可能突破这个局限,不仅破坏软件、硬件和系统,也可能对人体造成伤害,成为人类生活中的一种特殊的计算机病毒。

4.1.6　智能化

随着智能化的计算机发展,计算机病毒也具有智能化,发作的条件可能因人而异。此计算机病毒可能在对外设、硬件实施物理性破坏(例如击穿显像管、烧坏 CPU、发生电路火灾等)的同时,也对人体实施攻击。此类计算机病毒可能通过视屏攻击人的眼睛,通过声音使人致聋,也可能产生微波来伤害人体。前苏联计算机放电触死国际象棋大师就是一个预演,国际象棋大师和一个具有智能化的计算机器人下棋,大师连赢二局,第三局开始时,当大师触动计算机按键时,计算机器人恼羞成怒,积蓄上万伏的高压,放电触死了大师。

还有一类计算机病毒可能被隐藏于军事系统部门或军用装备武器中,在发生战争时,由于原子弹武器的冲击而激活发作,使指挥作战系统趋于瘫痪,无法工作,战争一方不战而败。更有甚者,有些装备武器在计算机病毒的干扰指挥下,可能发生相反的作用,反过来攻击自己。

目前多媒体网络技术已是一个热门话题,这里的多媒体也不过是声、像、视频、动画和文本等多种媒体的组合,主要是对人的眼、耳作用的媒体技术,在不久的将来,媒体技术将突破眼、耳的限制,加入触觉、嗅觉和味觉等。目前正在研制电子嗅觉鼻,不久的将来,就会投入到计算机中使用。当前网络也主要是一种有线传输系统,并且受带宽、语种等局限,将来网络会突破这种局限,实现卫星电波宽带传送,就像过去的广播、电视由有线变为无线一样。

随着如此多的新技术的发展,计算机病毒将会进入人的日常生活,能与自然界中的病毒相提并论,对人体造成更大危害,它也将与自然界中的病毒合作,在更大范围内传染疾病,例如,通过网络传染流行感冒等。此时的计算机病毒可能不再攻击计算机系统,而是攻击人类,对人类形成危害。计算机病毒发展了,同时反计算机病毒技术也会更加发达,只有足够地了解计算机病毒的特点和技术,反计算机病毒技术才能有针对性地适时消除这些计算机病毒,使计算机更好地为人类服务。

在中国,2004 年计算机病毒通过光盘、磁盘等存储介质传播的比例持续下降,通过网络下载、浏览以及即时通信工具进行传播和破坏的数量明显上升。利用局域网传播病毒呈现较为明显的上升趋势,这是由于计算机病毒目前都可以通过局域网共享,或者利用系统弱口令在局域网中进行传播。如何加强局域网的安全是今后需要注意的问题,要防止片面认为安全威胁主要来自于外网,而忽略内网的安全防范,导致内网一个系统遭受计算机病毒攻击后,迅速扩散,感染内网中的其他系统。计算机病毒传播的网络化趋势更加明显,Internet 下载、浏览网站和电子邮件成为计算机病毒传播的重要途径,由此感染的用户数量明显增加。同时,计算机病毒与网络入侵和黑客技术进一步融合,利用网络和操作系统漏洞进行传播的计算机病毒的危害和影响突出,引发了近年来中国规模比较大的计算机病毒疫情。从调查来看,计算机病毒仍然是中国信息网络安全的主要威胁。上网用户对信息网络整体安全的防范意识薄弱和防范能力不足,是计算机病毒传播率居高不下的重要原因。

 ## 4.2　新型计算机病毒发展的主要特点

　　21世纪以来,流行计算机病毒开始体现出与以往计算机病毒截然不同的特征和发展方向,呈现综合性的特点,功能越来越强大。它可以感染引导区、可执行文件,更主要的是与网络结合,通过电子邮件、局域网、聊天软件,甚至浏览网页等多种途径进行传播,同时还兼有黑客后门功能,进行密码猜测,实施远程控制,并且终止反计算机病毒软件和防火墙的运行。更令人防不胜防的是,计算机病毒常常利用操作系统的漏洞进行感染和破坏,就连相当规模的杀毒公司对此也无可奈何,只有依靠操作系统的发行公司不断推出各种各样的"补丁"程序来解决。此外,计算机病毒的欺骗性也有所增强,常利用邮件、QQ、手机、信使服务和BBS等通信方式发送含有计算机病毒的网址,以各种吸引人的话题和内容诱骗用户上当。

　　现在计算机病毒在很多方面改变了人们对它的看法,而且还改变了人们对计算机病毒预防的看法。有了互联网和操作系统的漏洞,计算机病毒可谓防不胜防。从由Happytime到Goner的发展趋势来看,现在的计算机病毒已经由从前的单一传播、单种行为,变成依赖互联网传播,集电子邮件、文件传染等多种传播方式于一体,融黑客、木马等多种攻击手段于一身的广义的"新病毒"。这些计算机病毒往往同时具有两个以上的传播方法和攻击手段,一经爆发即在网络上快速传播,难以遏制,加之与黑客技术的融合,潜在的威胁和造成的损失会更大。

4.2.1　新型计算机病毒的主要特点

　　通过与传统计算机病毒的分析对照,我们不难发现新一代计算机病毒的主要特点。

　　1.利用系统漏洞成为计算机病毒有力的传播方式

　　随着群发邮件计算机病毒的广泛传播,预计今后将会出现更多类似的Windows群发邮件计算机病毒。其部分原因在于全球使用Windows平台和Microsoft Office的用户越来越多。CodeRed、Nimda、WantJob和BinLaden等计算机病毒都是利用微软公司的漏洞而进行主动传播的。尤其是Nimda、WantJob、BinLaden等病毒利用微软公司的Iframe ExecCommand漏洞,使没有给IE打补丁的用户会自动运行该计算机病毒,即使没有点击,只要浏览或预览染毒邮件也会中毒。在Windows 32计算机病毒占据主导地位的情况下,对UNIX系统的攻击也越来越多。它们使用电子邮件或Internet传播计算机病毒,计算机病毒编写者试图让他们的代码传播得更远更广。

　　2.局域网内快速传播

　　新型计算机病毒与Internet和Intranet更加紧密地结合,利用一切可以利用的方式(如邮件、局域网、远程管理和即时通信工具等)进行传播。虽然FunLove计算机病毒就初具局域网传播的特性,但是Nimda和WantJob才算让人们真正见识到,局域网的方便快捷被用在计算机病毒传播上会更可怕。Nimda不仅能通过局域网向其他计算机写入大量具有迷惑性的带毒文件,还会让已中毒的计算机完全共享所有资源,造成交叉感染。一旦在局域网中有一台计算机染上了Nimda计算机病毒,那么这种攻击将会无穷无尽。

3. 以多种方式快速传播

现在的计算机病毒一般都有两种以上的传播方式：可以通过文件感染，也可以与网络更加紧密地结合，即利用一切可以利用的方式，如邮件、局域网、远程管理和即时通信工具（如 ICQ）等进行传播，甚至可以利用后门进行传播。由于计算机病毒主要通过网络传播，因此，一种新计算机病毒出现后，可以迅速地通过 Internet 传播到世界各地。例如，"爱虫"计算机病毒在一两天内就迅速传播到世界的主要计算机网络，并造成欧美国家的计算机网络瘫痪。

4. 欺骗性增强

由于计算机病毒的感染速度极快，所以许多计算机病毒不再追求隐藏性，而是更加注重欺骗性。用户只要一不小心，就会被计算机病毒感染，而一旦有计算机感染，计算机病毒就会大规模爆发。同时，更多病毒试图用欺骗手段，偷窃计算机用户的钱财和机密信息。其中最泛滥的就是"小邮差变种 J"（Mimail. J）计算机病毒，它冒充来自 PayPal 在线支付网站的信息，骗取用户的信用卡和密码等信息。过去计算机病毒想方设法隐藏自己，生怕被发现后无可逃匿，而现在计算机与外面的联系四通八达，病毒可以通过文件传染，也可以通过邮件传播，还可以通过局域网传播，甚至可以利用 IIS 的 Unicode 后门进行传播。

5. 大量消耗系统与网络资源

后门特洛伊木马的数量在大大增加，它们利用操作系统的漏洞，使黑客能够移植远程访问工具（RAT）。这些 RAT 使黑客能够远程控制受感染的计算机。2003 年最盛行的特洛伊木马包括 Graybird（它伪装成微软公司 Windows 系统的安全漏洞补丁文件）和 Sysbug（它伪装成色情照片给成千上万的用户发送垃圾邮件）。特洛伊木马的扩散极快，不再追求隐藏性，而更加注重欺骗性。计算机感染了 Nimda、WantJob 和 BinLaden 等计算机病毒后，计算机病毒会不断遍历磁盘，分配内存，导致系统资源很快被消耗殆尽。感染上这类计算机病毒最明显的特点是计算机速度变慢，硬盘有高速转动的震动声，硬盘空间减少。而且，CodeRed、Nimda 和 WantJob 等计算机病毒都会疯狂地利用网络散播自己，往往会造成网络阻塞。大量消耗系统与网络资源是近来新一代计算机病毒的共同特点。

6. 更广泛的混合性特征

所有的计算机病毒都具有混合性特征，集文件感染和蠕虫、木马、黑客程序的特点于一身，破坏性大大增强。还有部分计算机病毒是双体结构，运行后分成两部分，一个负责远程传播（包括 E-mail 和局域网传播），另一个负责本地传播，大大增强了计算机病毒的感染性。WantJob 和 BinLaden 计算机病毒都是双体结构。即时工具传播计算机病毒也具有此类特性，Goner 计算机病毒能利用 ICQ 传文件的功能向别的计算机散播计算机病毒体，这也许会是继邮件计算机病毒之后的又一个大量散播计算机病毒的途径。现在即时通信工具用户群很广，用户往往在聊天时，一不小心就会中了计算机病毒的圈套。这些计算机病毒往往难以防范。

7. 计算机病毒与黑客技术的融合

计算机病毒与黑客技术的融合表现在垃圾邮件和计算机病毒编写者正联手采用小邮差变种 E（Mimail. E）和小邮差变种 H（Mimail. H）蠕虫，将被感染的计算机作为发射台，发起针对几个反垃圾邮件网站的拒绝服务攻击。一些特洛伊木马（包括新的 My Doom、Regate. A 和 Dmomize. A 特洛伊等）允许垃圾邮件发送者通过无辜用户作为第三方计算机来发送垃圾邮件,而用户自己根本不知道。据估计,全球 30％的垃圾邮件发自被利用者的计算机,包括红色代码Ⅱ、尼姆达等都与黑客技术相结合,从而能远程调用染毒计算机上的数据,使计算机病毒的危害剧增。计算机病毒的制造者利用网络的某些特性可以对目标计算机在部分条件下进行远程启动,例如,WantJob 计算机病毒在部分条件下可以远程启动,也是该计算机病毒独具特色的危害点。远程启动是网络管理的一种有效手段,也被 NT 系统所支持,一旦计算机病毒成功地利用了这一点,它只需感染局域网中的一台计算机即可把危害扩散至整个局域网。

8. 计算机病毒出现频度高,计算机病毒生成工具多,计算机病毒的变种多

目前,很多计算机病毒使用高级语言编写,如"爱虫"是脚本语言计算机病毒,"美丽杀"是宏病毒。它们容易编写,并且很容易被修改,从而生成很多计算机病毒变种。"爱虫"计算机病毒在十几天中,即出现了三十多种变种。"美丽杀"计算机病毒也能生成三四种变种,并且此后很多宏病毒都模仿了"美丽杀"计算机病毒的感染机理。这些变种计算机病毒的主要感染和破坏的机理与母本计算机病毒一致,只是某些代码做了改变。更令人担心的是人们很容易就可以在网上获得计算机病毒的各种生产工具,只要修改一下下载的计算机病毒生成器便可成批地生成新的计算机病毒,因此新计算机病毒的出现频度超出以往的任何时候。

9. 难于控制和彻底根治,容易引起多次疫情

新一代计算机病毒一旦在网络中传播、蔓延,就很难控制,往往准备采取防护措施的时候,可能就已经遭受计算机病毒的侵袭。除非关闭网络服务,但是这样做很难被人接受,因为关闭网络服务可能会造成更大的损失。由于网络连通的普遍性和计算机病毒感染的爆发性,计算机病毒很难被彻底根治。整个网络上,只要有一台计算机没有清除计算机病毒,或重新感染,计算机病毒就会迅速蔓延到整个网络,再次造成危害。"美丽杀"计算机病毒最早在 1999 年 3 月爆发,人们花了很多精力和财力才控制住了它。但是,2003 年在美国它又死灰复燃,再一次形成疫情,造成破坏。之所以出现这种情况,一是由于人们放松了警惕性,新投入使用的系统未安装防计算机病毒系统;二是使用了保存的旧的染毒文档,激活了计算机病毒,以致再次流行。

下面将重点分析新型计算机病毒的几个特点。

4.2.2 基于 Windows 的计算机病毒

随着微软公司 Windows 操作系统的市场占有率居高不下,使得针对这些系统的计算机病毒数量越来越多,近年来,计算机病毒绝大多数都是针对 Windows 操作系统的。

另外一个很重要的原因是 Windows 操作系统本身也存在比较多的安全漏洞,微软公司 1999 年发布的 Windows 补丁程序是 1998 年的两倍。其 Internet Explorer 浏览器、Web 服务器、Windows NT 以及邮件系统都存在许多漏洞,而且随着微软公司操作系统新版本的不断发布,其补丁数还会不断增加。

1. 什么是 Windows 计算机病毒

Windows 计算机病毒是指能感染 Windows 可执行程序并可在 Windows 系统中运行的一类计算机病毒。有相当一部分 DOS 计算机病毒可在 Windows 系统的 DOS 窗口下运行、传

播和破坏,但它们还不是 Windows 计算机病毒。Windows 计算机病毒按其感染的对象又可分为感染 NE 格式(Windows 3.X)可执行程序的 Windows 3.X 计算机病毒和感染 PE 格式(Windows 95 以上)可执行程序的计算机病毒。

2. 为什么 Windows 计算机病毒这么多

基于 Windows 的计算机病毒越来越多,一方面是因为 Windows 操作系统出现多年,人们对其认识越来越深,并且随着其功能越强系统越庞大,不可避免地会出现更多错误、漏洞;另一方面也有源码保密的原因,Windows 系统除内核外还包括用户界面(UI)以及大量的应用软件,这些大量的软件、UI 等都可能会导致更多的 Windcws 技术漏洞。而 Linux 系统的核心很小,开放源码的设计可以让网络应用更加安全可靠。因此,目前出现的计算机病毒和攻击工具,大多数都是针对 Windows 系统的,较少有计算机病毒可以感染 Linux 系统。

危害系统主机的非授权主机进程表现形式为计算机病毒、木马、蠕虫、后门和漏洞等。以下分析并简单比较主机不安全因素的影响及范围。

(1)病毒程序。病毒程序一般都比较小巧,表现为强传染性,会传染它所能访问的文件系统中的文件。绝大多数计算机病毒发作后会影响系统运行速度,有的会恶意地破坏计算机软件,甚至硬件,例如,CIH 计算机病毒发作后会清除 BIOS 内容,使计算机无法启动。美国权威反计算机病毒机构 ACSA 在 2003 年第六届亚洲反计算机病毒协会年会(AVAR2003)上提交的一份计算机病毒疫情调查报告指出,世界上共有 8 万多种基于 Windows 系统的计算机病毒。而由于 Linux/UNIX 或是专有系统的文件系统权限机制,及其完全不存在"盗版"的开放源码形式的软件发布,计算机病毒无法在这些系统上传播,特别是其产品是经过精心裁减的开放源码的嵌入式操作系统,计算机病毒是不可能存在于这种系统上的。

(2)蠕虫。蠕虫是利用网络进行传播的程序,此类程序有合法的,但大多数是非法的。这类程序利用主机提供的服务的缺陷攻击目标机,目标机一旦被感染后,一般会随机选择一段 IP 地址进行扫描,找到下一个有缺陷的目标进行攻击。此类程序对于网络危害很大,常常导致 Internet 大阻塞。此类程序最早于 UNIX 系统上出现,在近 10 年以内有针对 UNIX/Linux 系统的此类程序出现过,如针对 DNS 解析的服务程序 BIND 的 Lion 蠕虫。2000 年以后,大多数蠕虫以 Windows 系统为攻击对象,例如"冲击波"、"振荡波"等。

(3)木马。木马是网络程序攻击成功后有意放置的程序,用于与外面的攻击程序接口,以非法访问被攻击主机为目的。木马绝大多数也是基于 Windows 系统的。

(4)后门。后门是写系统或网络服务程序的公司或是个人放置于系统内的,以进行非法访问为目的的一类代码。此类程序只存在于不开放源码的操作系统之中。

(5)漏洞。漏洞是指由于程序编写过程中的失误,导致系统被非法访问。在有很大数量用户进行代码分析、测试的开放源码系统中,漏洞就会很少。

通过以上 5 个方面的论述可知,虽然 Windows 作为桌面办公系统十分普及,但是其安全性明显要低于基于 Linux 开放源码设计的系统。

3. Windows 系统与计算机病毒的斗争

Windows 系统从诞生那天起,就注定了要和计算机病毒进行斗争。这么多年来,计算机病毒没有彻底击垮 Windows 系统,Windows 系统也无法把计算机病毒拒之门外。

现在 Windows XP 系统的补丁已经出到了 SP2,计算机病毒的技术水平也在不断提高。

就在微软公司公布 XP SP2 下载的当天,IBM 公司内部论坛出现了一个具有警告性的建议,考虑到兼容性的问题,IBM 公司建议员工暂时不要下载 SP2。

Windows 系统只有通过不断升级、完善,才可以减少受计算机病毒骚扰的机会。就像 TruSecure 公司的科学家拉斯·库珀所讲的一样,尽管最终 Windows XP SP2 的漏洞会被发现,但可以肯定的是,要攻击 Windows XP 系统将比以前困难得多,因为 Windows 操作系统的安全门槛随着 SP2 的发布已经提高。

4.2.3 新型计算机病毒的传播途径

最初计算机病毒主要是通过软盘、硬盘等可移动磁盘传播,但随着新技术的发展,现在计算机病毒已经可以通过大容量移动磁盘(ZIP、JAZ)、光盘、网络、Internet 和电子邮件等多种方式传播,而且仅 Internet 的传播方式就包括 WWW 浏览、IRC 聊天、FTP 下载和 BBS 论坛等。

由于 Internet 已经遍及世界每一个角落,接入 Internet 的任何两台计算机都可以进行通信,因此,也为计算机病毒的传播打开了方便之门。借助于 Internet 的便利,现在的计算机病毒传播速度已远非原先可比,尤其是一些蠕虫病毒,它们借助于电子邮件系统,几乎以不可思议的速度传播,以 I Love You(情书)病毒为例,2000 年 5 月 4 日凌晨计算机病毒在菲律宾开始发作,到傍晚已经感染到了地球另一端美国的数十万台计算机,这样的速度也许连计算机病毒编制者都料想不到。

1. 传播途径

计算机病毒的传染性是计算机病毒最基本的特性,是计算机病毒赖以生存繁殖的条件,如果计算机病毒没有传播渠道,则其破坏性小,扩散面窄,难以造成大面积流行。

计算机病毒必须要"搭载"到计算机上才能感染系统,通常它们是附加在某个文件上。

计算机病毒的传播主要通过文件复制、文件传送和文件执行等方式进行,文件复制与文件传送需要传输媒介,文件执行则是计算机病毒感染的必然途径(Word、Excel 等宏病毒通过 Word、Excel 调用间接地执行),因此,计算机病毒传播与文件传播媒体的变化有着直接关系。

据有关资料报道,计算机病毒的出现是在 20 世纪 70 年代,那时由于计算机还未普及,所以计算机病毒造成的破坏和对社会公众造成的影响还不太大。1986 年"巴基斯坦智囊"病毒的广泛传播,则把计算机病毒对计算机的威胁实实在在地摆在了人们的面前。1987 年"黑色星期五"大规模肆虐于全世界各国的 IBM PC 及其兼容机之中,造成了人们相当大的恐慌。这些计算机病毒如同其他计算机病毒一样,最基本的特性就是它的传染性。通过认真研究各种计算机病毒的传染途径,有的放矢地采取有效措施,必定能在对抗计算机病毒的斗争中占据有利地位,更好地防止计算机病毒对计算机系统的侵袭。下面来分析现今计算机病毒的主要传播途径。

(1)软盘。软盘作为最常用的交换媒介,在计算机应用的早期对计算机病毒的传播发挥了巨大的作用,因那时计算机应用比较简单,可执行文件和数据文件系统都较小,许多执行文件均通过软盘复制、安装,这样计算机病毒就能通过软盘传播文件型计算机病毒。另外,在软盘列目录或引导机器时,引导区计算机病毒会在软盘与硬盘引导区进行感染,因此软盘也成了计算机病毒主要寄生的"温床"。

(2)光盘。光盘容量大,存储了大量的可执行文件,大量的计算机病毒就有可能藏身于光盘,由于只读式光盘不能进行写操作,因此光盘上的计算机病毒不能清除。在以谋利为目的的非法盗版软件的制作过程中,不可能为计算机病毒防护担负专门责任,也决不会有真正可靠可行的技术保障避免计算机病毒的传入、传染、流行和扩散。当前,盗版光盘的泛滥给计算机病毒的传播带来了极大的便利。

(3)硬盘。由于带病毒的硬盘或移动硬盘在本地或移到其他地方使用、维修等,这就给病毒传染、再扩散创造了更多的可乘之机。

(4)BBS。电子布告栏(BBS)因为上站容易、投资少,因此深受大众用户的喜爱。BBS是由计算机爱好者自发组织的通信站点,用户可以在BBS上进行文件交换(包括自由软件、游戏和自编程序等)。由于BBS站一般没有严格的安全管理,亦无任何限制,这样就给一些计算机病毒程序编写者提供了传播计算机病毒的场所。各城市BBS站间通过中心站进行传送,传播面较广。随着BBS在国内的普及,计算机病毒的传播又增加了新的介质。

(5)网络。Internet的风靡给计算机病毒的传播增加了新的途径,并已成为第一传播途径。Internet开拓性的发展使计算机病毒可能发展为灾难,计算机病毒的传播更迅速,反计算机病毒的任务更加艰巨。Internet带来两种不同的安全威胁:一种威胁来自文件下载,这些被浏览的或是通过FTP下载的文件中可能存在计算机病毒;另一种威胁来自电子邮件,大多数Internet邮件系统提供了在网络间传送附带格式化文档邮件的功能,因此,被传染计算机病毒的文档或文件就可能通过网关和邮件服务器进入企业网络。网络使用的简易性和开放性使得这种威胁越来越严重。

当前,Internet上计算机病毒的最新趋势如下。

● 不法分子或好事之徒制作的匿名个人网页直接提供了下载大批计算机病毒活样本的便利途径。
● 用于学术研究的计算机病毒样本提供机构同样可以成为别有用心的人的使用工具。有很多有关计算机病毒制作研究讨论的学术性质的电子论文、期刊、杂志及相关的网上学术交流活动,如计算机病毒制造协会年会等,网络匿名登录的方式使这些有可能成为国内外任何想成为新的计算机病毒制造者学习、借鉴、盗用和抄袭的目标与对象。
● 散见于网站上的计算机病毒制作工具、向导和程序等,使得无编程经验和基础的人能够制造新计算机病毒。
● 新技术、新计算机病毒使得几乎所有人在无意中成为计算机病毒扩散的载体或传播者。

上面讨论了计算机病毒的最新传染渠道,随着各种反计算机病毒技术的发展和人们对计算机病毒各种特性的了解,通过对各条传播途径的严格控制,来自计算机病毒的侵扰会越来越少。

2. 计算机病毒传播呈现多样性

根据 ICSA(国际计算机安全联合会)的计算机病毒发展趋势报告,因为各种新形态计算机病毒的猖獗,加上传播媒介的多元化,导致现今的病毒问题比以往更为严重。由于各种多元化传播媒介的推波助澜,计算机病毒出现的形式也越来越多元化,症状也越来越诡异多变。在过去一段时间内,除了人们熟知的电子邮件计算机病毒以外,又出现了很多在别的平台下传播的计算机病毒新种类。

从计算机病毒的传播机理分析可知,只要是能够进行数据交换的介质,都可能成为计算机病毒传播的途径,计算机病毒传播日益呈现多样化趋势。

1）隐藏在即时通信软件中的计算机病毒

即时通信（Instant Messenger，IM）软件可以说是目前上网用户使用率最高的软件，无论是老牌的 ICQ，还是国内用户量第一的腾讯 QQ，以及微软公司的 MSN Messenger，都是大众关注的焦点。它已经从原来纯娱乐休闲工具变成生活工作的必备工具。越来越多的网络公司、软件公司开始涉入其中。由于用户数量众多，再加上即时通信软件本身的安全缺陷，导致其成为计算机病毒的攻击目标。事实上，臭名昭著、造成上百亿美元损失的"求职信"（Worm.Klez）计算机病毒就是第一个通过 ICQ 进行传播的恶性蠕虫，它可以遍历本地 ICQ 中的联络人清单来传播自身。而更多的对即时通信软件形成安全隐患的计算机病毒还在陆续发现中，并有愈演愈烈的态势。

根据腾讯公司给出的资料，现在 QQ 的注册用户数已经将近两亿，每日同时在线的用户数达到百万之多。也正是由于这个原因，使得 QQ 成为计算机病毒制造者关注的目标，逐渐成为计算机病毒制造者理想的传播工具。反计算机病毒公司宣称，截至目前，通过 QQ 来进行传播的计算机病毒已达上百种，例如，"爱情森林"系列计算机病毒和"QQ 尾巴"计算机病毒等。

目前看来，大部分计算机病毒的目的都是为了宣传和传播个人网站，这类计算机病毒的发作原理是利用了 Windows 操作系统本身的应用程序通信机制以及 IE 部分版本的漏洞，严格来说并非是 QQ 本身的安全机制漏洞所致。QQ 软件的用户群体主要以青少年为主，以娱乐交友为目的，好友之间经常会发一些有趣的网页链接。QQ 计算机病毒就是利用了这一点，向QQ 在线好友发送隐藏了计算机病毒的网页链接，诱使对方点击来达到传播自身的目的。

国内虽然还是 QQ 占据聊天软件的主流，但是 MSN Messenger 继承了微软公司软件一贯的功能强大、简单易用和界面友好的特点，又与 Windows 操作系统完美结合，发展也非常迅速，但随之而来的就是无孔不入的计算机病毒，例如，"MSN 射手"计算机病毒和 W32.HLLW.Henpeck 病毒。MSN Messenger 的用户数量仍然在飞速发展之中，可以预见未来很有可能会出现更多的依靠 MSN Messenger 进行传播的计算机病毒。

即时通信软件之所以受到计算机病毒制造者青睐的原因主要在于：一是用户数量庞大，有利于计算机病毒的迅速传播；二是内建有联系人清单，使得计算机病毒可以方便地获取传播目标。这些特性都能被计算机病毒利用来传播自身。用户在收到好友发过来的可疑信息时，千万不要随意点击，应当首先确定是否真的是好友所发。

2）在 IRC 中的计算机病毒

IRC 是英文 Internet Relay Chat 的缩写，1988 年起源于芬兰，已广泛应用于全世界 60 多个国家，它是 talk 的替代工具，但功能远远超过 talk。IRC 是多用户、多频道的讨论系统，许多用户可以在一个被称为 Channel 的地方就某一话题交谈或私谈。它允许整个 Internet 的用户们之间做即时的交谈，每个 IRC 的使用者都有一个 Nickname，所有的沟通就在他们所在的 Channel 内以不同的 Nickname 交谈。在 IRC 的频道中，聊天非常方便，并可以通过 DCC 的方式给在线用户传送文件。但计算机病毒也看中了这一点，开始利用 IRC 的 DCC 功能传播。利用 IRC 来传播的计算机病毒可以说是数不胜数，这些计算机病毒大部分都是利用 IRC 客户端提供的 DCC 功能来传播自身，感染了计算机病毒的机器将会向 IRC 频道里的所有用户传输计算机病毒文件，诱骗用户接收文件并执行。有的则采取向在线用户发送如"由于您的计算机感染了计算机病毒，请下载位于这一网址（URL）的程序清除计算机病毒。否则，今后您将无法加入这一在线聊天系统"这样的信息，以达到传播计算机病毒的目的。通常感染了这类计算机病毒后,典型的计算机病毒发作现象是用户的计算机会主动连接某个 IRC 服务器,一旦连接成功,该服务器的管理员就可以控制用户机器,进行 SYN 洪水攻击、端口扫描、加入 Channel、踢人、自动更新以及其他植入木马的破坏活动。也就是说,用户的计算机在受到破坏的同时,还将成为计算机病毒向其他用户发起攻击的工具。

要防范通过 IRC 传播的计算机病毒,就要注意不要随意从陌生的站点下载可疑文件并执行,而且轻易不要在 IRC 频道内接收别的用户发送的文件,以免计算机受到损害。

3)点对点计算机病毒

P2P,即对等 Internet 技术(点对点网络技术),它让用户可以直接连接到其他用户的计算机,进行文件共享与交换。每天全球有成千上万的网民在通过 P2P 软件交换资源、共享文件。由于这种新兴的技术还很不完善,因此存在着很大的安全隐患。由于不经过中继服务器,使用起来更加随意,所以许多计算机病毒制造者开始编写依赖于 P2P 技术的计算机病毒。据有关专家分析,这种 P2P 计算机病毒会像 QQ 计算机病毒一样越来越多,而且主要是以偷取用户信息为目的,所以用户应该特别小心。这种计算机病毒通常具有的特征是把自己复制到用户的共享目录下,并且伪装成一个注册机或者软件破解程序,以达到诱骗 P2P 用户下载该计算机病毒文件并运行的目的。部分破坏力比较强的 P2P 计算机病毒甚至会将用户计算机内的文件大量删除。由于人们在处理 P2P 文件时,不像操作 E-mail 或者 Internet 其他的操作一样慎重,使得 P2P 面临严重的危险。P2P 无疑是计算机病毒的滋生地,人们互相发送文件,却很少考虑安全的事情。安全与应用永远都是一对矛盾,一些对安全有较高需求的用户,对于 P2P 软件可谓又爱又恨。在没有更好的措施解决 P2P 安全问题之前,用户还不得不面对这种计算机病毒的威胁,在通过 P2P 获取的文件的同时必须提高对计算机病毒的警惕。

从理论上来讲,只要是通过网络进行的行为,都有受到计算机病毒威胁的危险。在信息技术飞速发展的今天,虽然目前手机计算机病毒、无线计算机病毒都还处于萌芽发展阶段,但当这些技术开始普及之后,可以预见,一定会有相应平台下的计算机病毒出现。

随着 WAP 和信息家电的普及,手机和信息家电将逐步复杂和智能化。同时,手机、信息家电和 Internet 的结合日益紧密,使我们不得不考虑将来是否真的会产生手机和信息家电计算机病毒。在理论上说,这些信息产品的复杂度越高,和网络联系越紧密,这些信息产品的软件部分开放的程度也就会越高,那么,利用软件缺陷制造和传播计算机病毒的几率也就越大。

在网络环境中,用户必须随时保持自己的安全意识,不要轻易执行可疑的文件。

4.2.4　新型计算机病毒的危害

CIH 计算机病毒在全球造成的损失估计是 10 亿美元,而受 2000 年 5 月 I Love You(情书)计算机病毒的影响,全球的损失估计高达 100 亿美元。对于某个行业的用户,计算机病毒造成的损失又如何呢?

据来自 Compuware/ABC 的报告,系统每停机一小时,包括证券公司、信用卡公司、电视机构、国际航运公司、邮购公司在内,其损失都在 650 万美元以上。

1. 计算机病毒肆虐

2004 年,一种计算机病毒通过 Internet 传播,感染运行 Windows 2000 和 Windows XP 的系统,受害者主要都是那些没有注意到警示并下载一个补丁程序的人(这个程序早就出现在微软公司的网站上)。这种"蠕虫"计算机病毒很快就被杀毒公司发现,并取名为"振荡波",因为它攻击并躲藏在本地安全授权子系统(简称 LSASS)里。

"振荡波"袭击了台湾地区邮政部门的计算机;在香港行政区的医院和政府部门,工作人员眼睁睁地看着自己的计算机不断崩溃、重启,或者速度奇慢无比;"振荡波"还影响了澳大利亚铁路网的一部分,使成千上万的旅客滞留站台;某些德国银行和邮局被迫改用手工完成各种业务;英国海事和海岸警备局的计算机无法运转,工作人员不得不用纸条来记录事故;"振荡波"还袭击了欧盟委员会布鲁塞尔总部的 1 200 台计算机;一家芬兰银行不得不把所有 120 家分行关闭了数个小时;德尔塔航空公司亚特兰大总部的计算机系统在近 7 小时内无法正常使用,大约 40 个航班被迫取消或延误。仅仅在德国,2004 年 5 月份的第一个星期(也就是"振荡波"迅速传播的时候),微软公司德国总部的热线电话就从每周 400 个猛增到 3.5 万个,补丁程序的下载次数也从每周的 3 万次上升到 160 万次。

据有关部门估计,2004 年 5 月 1 日~3 日,第一次"振荡波"计算机病毒爆发在我国造成了 10 万~20 万用户被感染;从 5 月 8 日开始的第二次计算机病毒爆发,给全国用户造成的损失已远远超过上一次,估计当时全国有至少 55 万台计算机被感染,相关的经济损失已经超过 8 000 万。

2.计算机病毒与 IT 共存

时至今日,令人谈虎色变的计算机病毒已经成了 IT 新经济不可或缺的要素了。因为正是有了形形色色的网络安全需求,所以就有了网络安全市场。

海外有关数据显示,全球每月产生新计算机病毒 300 种,一年就达到了 4 000~5 000 种。2001 年,全球因计算机病毒泛滥而遭受了 129 亿美元的经济损失,2002 年这个数字上升到了 160 亿美元。著名的"尼姆达"计算机病毒在全球感染了 80 万台计算机,造成直接经济损失 6 350 万美元。1998 年 3 月"美丽莎"(Melissa)计算机病毒出现,这是第一个大规模通过电子邮件传染计算机的计算机病毒;后来爆发于我国台湾地区的 CIH、Sircam 计算机病毒造成了 11.5 亿美元的损失。

网络的出现,尤其是宽带网络的广泛应用,使得蠕虫计算机病毒泛滥。最早出现的以磁盘为介质的计算机病毒传播形式在 1997 年达到高峰,之后便步步下滑,以网络传播为主的电子邮件计算机病毒和包括即时通信计算机病毒在内的非邮件网络计算机病毒比例日升,总数达到全部病毒的九成多。

过去计算机病毒入侵的手段很有限,后来出现了猜密码的程序,有了密码攻击、分组窃听和 IP 地址欺骗等技巧。进入 21 世纪,又发展出了拒绝服务(DDoS)、中间攻击、应用层面攻击、未授权访问和特洛伊木马(Trojan hourse)等多种方式。

专家针对计算机病毒推荐三大防范措施:第一是及时关注微软公司官方网站公布的系统漏洞,下载正式补丁(有些非正式的补丁是伪装过的计算机病毒);第二,是购买专业杀毒软件厂商的软件及其后台服务,及时升级(过去是购买软件,现在要提倡购买服务,定制服务,用户按一个按键即可,网络后台千万个用户共享专业人士提供的网络安全服务;网络安全要转型成 IT 服务,目前市场还有不少空白点);第三,也是最为实用的办法,就是定期备份计算机上的重要文件。

4.2.5 电子邮件成为计算机病毒传播的主要媒介

由于电子邮件可附带任何类型的文件,因此几乎所有类型的计算机病毒都可通过它来进行快速传播。而且,随着计算机病毒编制技术的不断发展,通过此种方式传播计算机病毒变得更加容易。名为 BubbleBoy 的计算机病毒无需打开附件就能够感染用户的计算机系统,事实上,该计算机病毒根本就没有附件,它是一个 HTML 格式的文件,如果用户的邮件可自动打开 HTML 格式的邮件,则该计算机病毒就会立刻感染用户的系统。

通过 E-mail 进行传播的计算机病毒主要有如下两个重要特点。

(1)传播速度快、传播范围广。

(2)破坏力大、破坏性强。

例如,2000 年的 5 月 4 日,"爱虫"计算机病毒爆发的第一天,便有 6 万台以上计算机被感染。在其后的短短一个星期里,Internet 便经历了一场罕见的"计算机病毒风暴"。绝大多数通过 E-mail 传播的计算机病毒都有自我复制的能力,这正是它们的危险之处。它们能够主动选择用户邮箱地址簿中的地址发送邮件或在用户发送邮件时,将被计算机病毒感染的文件附到邮件上一起发送。这种呈指数增长的传播速度可以使计算机病毒在很短的时间内传遍整个 Internet。在破坏力方面,其远远超过单机染毒的破坏性。一台计算机上的计算机病毒通过网络在极短的时间内就可迅速感染与之相连的众多计算机,造成整个网络的瘫痪。

4.2.6　新型计算机病毒的最主要载体

现在出现的大多数计算机病毒不再以存储介质为主要的传播载体,网络成为计算机病毒传播的主要载体。

当计算机病毒于 1983 年 11 月在美国计算机专家的实验室里产生的时候,计算机网络还只是在科学界使用。直到 1994 年,计算机网络才真正在美国实现商业化的运作。在 1994 年以前,计算机病毒的传播载体主要是软盘。1998 年年底出现了 Happy99 计算机病毒,该计算机病毒是网络蠕虫计算机病毒的始祖,从此,计算机病毒几乎完全与软盘脱离关系。计算机病毒的传播越来越依靠网络,1998 年以后出现的影响比较大的计算机病毒,几乎都利用了网络使其传播到全世界的每一个角落。

目前,网络已成为我们传送文件的主要方式,因此,计算机病毒也就不再依靠传统的传播方式,网络成为计算机病毒传播的最主要载体,这里面有两层含义。

第一,计算机病毒的传播被动地利用了网络。例如,CIH 计算机病毒完全是一款传统的计算机病毒,但是,它依附在其他程序上面通过网络进行传播。

第二,计算机病毒主动利用网络传播。如 FunLove、"尼姆达"计算机病毒等,这些计算机病毒直接利用了网络特征,甚至如果没有网络,这些计算机病毒完全没有发挥的余地。这也是今后计算机病毒最常见的特征。

1. 网络蠕虫成为最主要和破坏力最大的计算机病毒类型

当网络应用日益广泛以后,计算机病毒不会再关注传统的传播介质,因此,网络蠕虫成为计算机病毒制造者的首选(也有人认为蠕虫并不是计算机病毒,蠕虫和计算机病毒是有分别的,参见 Internet 标准 RFC2828)。除了借助网络具有传播广、速度快的优点以外,蠕虫的一些特征也促使计算机病毒制造者特别中意这种计算机病毒类型。

(1)蠕虫计算机病毒主要利用系统漏洞进行传播,在控制系统的同时,为系统打开后门。因此,计算机病毒制造者特别是有黑客趋向的计算机病毒制造者会特别中意这种计算机病毒。

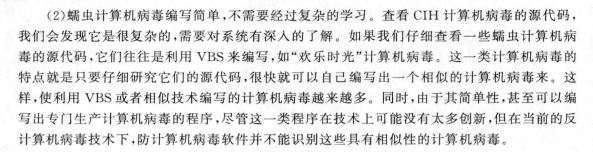

（2）蠕虫计算机病毒编写简单,不需要经过复杂的学习。查看 CIH 计算机病毒的源代码,我们会发现它是很复杂的,需要对系统有深入的了解。如果我们仔细查看一些蠕虫计算机病毒的源代码,它们往往是利用 VBS 来编写,如"欢乐时光"计算机病毒。这一类计算机病毒的特点就是只要仔细研究它们的源代码,很快就可以自己编写出一个相似的计算机病毒来。这样,使利用 VBS 或者相似技术编写的计算机病毒越来越多。同时,由于其简单性,甚至可以编写出专门生产计算机病毒的程序,尽管这一类程序在技术上可能没太多创新,但在当前的反计算机病毒技术下,防计算机病毒软件并不能识别这些具有相似性的计算机病毒。

2.恶意网页、木马和计算机病毒

现在已经有很多恶意网页使用了新技术,使这些恶意网页具有以下特点。

（1）在用户（浏览者）不知道的情况下,修改用户的浏览器选项,包括首页、搜索选项、浏览器标题栏、浏览器右键菜单和浏览器工具菜单等,以达到使浏览者再次访问该网页的目的。这一类的网页没有对用户的文件资料和硬件造成损害,但是给用户浏览网页造成不便。

（2）修改用户（浏览者）注册表选项,锁定注册表,修改系统启动选项,以及在用户桌面生成网页快捷访问方式。这一类的网页,目的也是迫使用户访问其网页,但是,在客观上已经造成了对用户的恶意干扰甚至破坏。

（3）格式化用户硬盘。这样的网页在理论上已经可以实现,但在实际的网络上,似乎还没有大规模的出现或者没有像以上提到的那些恶意网页那样广泛。现在网上的一些使用此技术的网站,往往是一些纯技术的网站,出于分析该技术的目的使用。

以上提到的 3 种情况,就使用技术而言是相似甚至相同的,都是使用了 IE 的 ActiveX 漏洞,但现在的杀毒软件一般没有防范此类恶意网页的功能,因此很多用户的计算机遭到了恶意网页的修改。

在当前的计算机病毒定义下,我们不能称恶意网页为计算机病毒,因为它少了计算机病毒最明显得一个特征,就是不能自我复制。当然,也不能称这种恶意网页为木马,因为它没有远程文件来控制。而在实际中,我们往往感觉这就是计算机病毒,那么,我们该管恶意网页叫什么呢? 可能这也是我们需要考虑的一个问题,计算机病毒的定义在当前的网络环境下,是否应当有适当的变化或者发展呢?

在没有木马以前,计算机病毒的危害比较直接,那就是简单的破坏。有了木马以后,控制端的人可以通过木马来控制计算机。"尼姆达"计算机病毒没有木马最直接的特征,但是,感染"尼姆达"计算机病毒的计算机也会留下漏洞。可能不久就会看到木马与计算机病毒的结合体了。

 ## 4.3 新型计算机病毒的主要技术

4.3.1 ActiveX 与 Java

传统型计算机病毒的共同特色就是一定有一个"宿主"程序,所谓宿主程序就是指那些让计算机病毒藏身的地方。最常见的就是一些可执行文件,如后缀名为.EXE 及.COM 的文件。但是由于微软公司的 Word 越来越流行,且 Word 所提供的宏功能又很强,使用 Word 宏编写出来的计算机病毒越来越多,因此后缀名为.doc 的文件也会成为宿主程序。这些年来,宏病毒发展得十分迅速,如 Taiwan NO.1 计算机病毒。相对于传统计算机病毒,新型计算机病毒完全不需要宿主程序。

事实上,如果 Internet 上的网页只是单纯用 HTML 编写,则要传播计算机病毒的机会就非常小了。但是,为了让网页看起来更生动,更漂亮,许多语言被大量使用,如 Java 和 ActiveX。这两种语言都相继地被利用,成为新型计算机病毒的温床。

传统型计算机病毒寄生在可执行的程序代码中,并伺机对系统进行破坏,因为计算机病毒本身就是一段可执行的程序代码,因此以往都是存在于可执行文件中。而新型计算机病毒是利用编写网页所用的 Java 或 ActiveX 语言编写出一些可执行的程序,而当使用者浏览网页时,就会下载它们并在系统里执行。

现在,ActiveX 和 Java 语言可以让人们欣赏到动感十足的网页,可是新的危机却悄然而至,因为 Internet 已成为新型计算机病毒的最佳传媒。新型计算机病毒不需要像传统计算机病毒那样先要找个宿主程序感染,等待特定条件成熟后才开始破坏工作,而是使人防不胜防,它侵入硬盘,删除或破坏文件,更有甚者会让计算机完全瘫痪。Java 和 ActiveX 语言的执行方式是把程序代码写在网页上,当连上这个网站时,浏览器就把这些程序代码抓下来,然后用户自己的系统资源去执行它。如此一来,用户就会在不知情的情况下,执行了一些来路不明的程序。

有一个 ActiveX 控件计算机病毒被称为 Exploder,它会关闭 Windows 95 系统,且如果计算机有省电保护的 BIOS 时,它还会自动关掉计算机。尽管其感染后果并不十分严重,但这个控制功能却说明了这些新计算机病毒的控制能力有多强。任何工作站,不管是 Mac、PC、UNIX 或是 VAX,甚至在工作站及 Internet 之间有防火墙存在的情况下,仍然有被感染的危险。

更严重的是,像这样具有破坏性的不只是 Active X 语言而已,Java 语言也被认为有类似的情形出现。由 Java 语言所编写的 Application macros、Navigator plug-ins 及 Macintosh 应用程序等都可能包含恶意程序代码。

诸如此类的计算机病毒感染过程,比传统的计算机病毒感染的层面大得多。计算机病毒过去被认定为是一段恶意代码,而它的扩散是通过自我复制并经由可执行文件所感染的,而现在有些计算机病毒却是由于用户在未知情况下所执行的一些操作而感染传播的,例如,从 FTP 下载文件或读取 E-mail 的附件等。隐藏在 ActiveX 控件及 Java Applets 下的计算机病毒,它的传播方式并不需要使用者执行一些特别的操作,所以现在,即使随意在网站间浏览也可能会有危险。

4.3.2　计算机病毒驻留内存技术

一个程序要得以运行,首先要由操作系统把它从存储介质上调入内存中,然后才能运行它,以完成计算或处理任务。在个人计算机环境中,被运行的程序通常是从软盘或硬盘中调入内存中的。除了特别设计的内存驻留型程序外,一般的程序在运行结束之后,就将其在运行期间占用的内存全部返回给系统,让下一个运行的程序使用。

计算机病毒是一种特别设计的程序,因此它使用内存的方式与常规程序使用内存的方式很有共同之处,但也有其特点,这要按计算机病毒的类型来讨论。研究这个问题有利于对计算机病毒的诊治。

1.引导型病毒的驻留内存技术

引导型计算机病毒是在计算机启动时从磁盘的引导扇区被 ROM BIOS 中的引导程序读入内存的。正常的引导扇区被 ROM BIOS 读入内存后,该扇区中的引导程序在完成对 DOS 系统的加载之后,就被自动覆盖了,其在内存中是不会留下任何踪迹的。而引导型计算机病毒则不会像正常引导程序那样被覆盖,否则 DOS 系统刚刚加载成功,而计算机病毒体就已被覆盖无法继续去传染了。因此,各种引导型计算机病毒全都是驻留内存型的,检测程序可以通过各种方法发现引导型计算机病毒在内存中的栖身之处。"小球"、"大麻"和"米开朗琪罗"等各种引导型计算机病毒的共同特性,就是在把控制权转交到正常引导程序做进一步的系统启动操作之前,首先把自身搬移到内存的高端,即 RAM 区的最高端,为以后进一步做传染操作找到一块栖身之地。常见的程序有如下的形式:

```
PUSH CS
POP DS
XOR SI,SI
XOR DI,DI
MOV CX,0200
CLD
REPZ
MOVSB
```

这几句汇编语句用于完成计算机病毒代码的搬移,其他的方法还可以用 MOV 语句或 STO SB 语句。认识了这种代码,对于识别计算机病毒,特别是未知的新计算机病毒会有帮助的。要注意,这里没有列出给附加段寄存器 ES 赋初值的汇编语句。段寄存器 ES 指向内存高端地址,而具体的地址因计算机及计算机病毒类型的不同而不同。

引导型计算机病毒被加载到内存,自动搬移到内存高端时,DOS 系统还没有被加载,内存的管理是靠 ROM BIOS 进行的。ROM BIOS 的数据区中有一个单元记录着计算机中的全部可用 RAM 容量,以 KB 为单位。作为计算机兼容性指标,内存地址 0:413(或写成 40:13,均以十六进制表示)的两个字节组成字就是内存容量记录单元。DOS 也是根据这个字来计算可用内存容量的。在 640KB 基本内存的计算机上,这个字应为 280H,在基本内存为 512KB 的计算机上,这个字应为 200H。

引导型计算机病毒利用修改这个单元来减小 DOS 可用内存空间,自身隐藏在被裁减下来的高端内存中。计算机病毒程序修改 ROM BIOS 数据单元 40:13 的方法有多种,这里就不再一一列出了。

引导型计算机病毒占据高端内存的大小各有不同,例如:

- "小球"计算机病毒,2KB;
- "大麻"计算机病毒,2KB;
- "6.4"计算机病毒,2KB;
- "香港"计算机病毒,1KB;
- SSI 2631KB GenP,2KB;
- "巴基斯坦智囊"计算机病毒,7KB。

由于 40:13 单元是以 KB 为单位的可用 RAM 总数,故 40:13 单元的值减 1,计算机病毒就能占用 1KB 内存,40:13 单元的值减 2,计算机病毒就能占用 2KB 内存。

引导型计算机病毒总是以驻留内存的形式进行感染的。利用 DOS 的 CHKDSK 程序或 PCTOOLS 程序可以发现计算机可用内存总数减少,用 Debug 程序则不仅可以发现内存减少了,还能发现计算机病毒在内存的具体位置,还能确诊是何种计算机病毒以及隐藏在哪里。

当发现计算机可用的 RAM 不足时,就像计算机工作不正常不一定是由计算机病毒造成的一样,并不能断定减少了的内存一定是被计算机病毒占用了,应仔细查证原因,不必立刻下结论。

2. 文件型计算机病毒不驻留内存的特征

与引导型计算机病毒不同,当文件型计算机病毒能被加载到内存时,内存已在 DOS 的管理之下了。文件型计算机病毒按使用内存的方式也可以划分成两类:一类是驻留内存的计算机病毒,另一类是不驻留内存的计算机病毒。其中驻留内存的计算机病毒占已知计算机病毒总数的一大半。

不驻留内存的计算机病毒有"维也纳 DOS648"、Taiwan、Syslock、W13 等,这些不驻留内存的计算机病毒既可以只感染.COM 型文件也可以只感染.EXE 型文件。它们采用的感染方法是只要被运行一次,就在磁盘里寻找一个未被该计算机病毒感染过的文件进行感染。当程序运行完后,计算机病毒代码连同载体程序一起离开内存,不在内存中留下任何痕迹。这一类计算机病毒是比较隐蔽的,但其传染和扩散的速度相对于内存驻留型来说是稍差一些的。检测这类计算机病毒要到磁盘文件中去查找而不必在内存中查找。

3. 文件型计算机病毒驻留内存特征

驻留内存的文件型计算机病毒有很多,如"1575"、DIR2、"4096"、"新世纪"、"中国炸弹"和"旅行者 1202"等。这类计算机病毒中有的只传染.COM 型文件的,有的只传染.EXE 型文件,有的.COM、.EXE 两种文件都传染,还有的除文件外还感染主引导扇区。这些文件型计算机病毒与引导型计算机病毒有很大差别,驻留内存的地址不仅有高端 RAM 区的,还有低端 RAM 区的,而且驻留内存的方式和与 DOS 的连接方式也是多种多样。

通过 DOS 的中断调用 27H 和系统功能调用 31H,文件型计算机病毒可以驻留在内存中。这种情况下,计算机病毒就驻留在它被系统调入内存时所在的位置,往往是在内存的低端,像其他 TSR 内存驻留程序一样。用 DOS 的 MEM 程序和 PCtools 中的 MI 内存信息显示程序或其他内存信息显示程序,不仅可以看到这类程序驻留在内存中,而且还可以检查出这类程序接管了哪些系统中断向量。需要注意的是,某些采用 STEALTH 隐形技术的计算机病毒不修改 DOS 中断也能进行传染工作。

与"1808"这种利用 DOS 中断驻留内存的计算机病毒不一样,很多新出现的计算机病毒采用了直接修改 MCB 的方法,以不易被 MEM、MI 和计算机病毒防范软件察觉的方式驻留内存。因为计算机病毒防范软件可以通过接管 DOS 中断 21H 的方法来过滤所有驻留内存的申请,为躲避监视,计算机病毒采用了更隐蔽的技术。修改 MCB 的操作仅用 30 条汇编语句就可以完成,而且这是在计算机病毒体内完成的,系统无法感知到计算机病毒的这一系列转瞬间完成的操作,故往往可以躲开计算机病毒防范软件的监视。利用直接修改 MCB 的技术,计算机病毒可以驻留在内存的低端,像常规 TSR 程序一样,也可以将自身搬到高端 RAM 去,这样既不易被内存信息显示程序查到,又使 DOS 察觉不到可用总内存减少。"1575"、"4096"等计算机病毒都是这样处理驻留内存问题的。

知道了驻留型计算机病毒的手段,计算机病毒防范软件就能找到更好的对付它们的方法。常规的程序需要内存空间时,都是名正言顺地通过 DOS 中断申请内存,而不必采用这种得不到系统支持的、不安全的和偷偷摸摸的手段来自行管理内存。检测到这种行为,应考虑是否有计算机病毒使用 STEALTH 技术的可能,辅以 Activity Trap 行为跟踪等计算机病毒防范技术,往往能准确地判定内存中的计算机病毒。

4.3.3 修改中断向量表技术

随着计算机硬件技术的发展,286、386 等 AT 级计算机都配置了 1MB 以上的内存,虽然在 DOS 直接管理之下仍然只有 640KB 的可用 RAM 空间,但越来越多的程序注意到 1MB 以上高位 RAM 区的丰富资源,并利用 EMS 和 XMS 等扩展内存管理规范或自行管理的方法去使用扩展内存。某些新计算机病毒也在向这方面发展,它把自身装到更隐蔽的地方进行感染和破坏活动。计算机病毒防范软件在内存中扫描计算机病毒踪迹时不应忘掉可能躲藏于扩展内存中的计算机病毒。

除少数引导型计算机病毒和驻留内存的文件型计算机病毒外,大多数病毒都要修改中断向量表,以达到把计算机病毒代码挂接入系统的目的。计算机病毒进行传染的前提条件是要能够被激活,整个计算机系统必须处于运行状态,计算机病毒在计算机基本保持能工作的状态情况下以用户不易察觉的方式进行传染。计算机病毒挂接在系统中,用户进行正常的操作,例如用 DIR 命令列磁盘文件目录,用 COPY 命令复制磁盘文件或执行程序时,隐藏在内存中的计算机病毒在系统完成操作之前就进行了传染操作。

对引导型计算机病毒来讲,磁盘输入输出中断 13H 是其传染磁盘的唯一通道。引导型计算机病毒往往很简短、精练,能藏身于一个扇区内,即长度小于 512 字节,像 SSI 计算机病毒只有 263 字节。在这样短小的程序里显然不会有复杂的处理能力,通过把计算机病毒体内的传染模块链入 13H 磁盘读写中断服务程序中,就可以在用户利用正常系统服务时感染软盘和硬盘。引导型计算机病毒被装入内存时是在引导阶段,所有的中断向量均指向位于 ROMBIOS 中的中断服务程序。因此,计算机病毒在此时不可能利用某种嵌入技术来达到既能链入系统中又不修改中断向量的目的。

既然中断向量被计算机病毒程序所替换了,在中断向量表中就应该能找到计算机病毒修改的痕迹。中断 13H 是引导型计算机病毒必须用到的入口,在得到控制之后,计算机病毒先驻留到内存高端,接着修改 13H 中断向量,使之指向计算机病毒体。这时,用户应能看到被计算机病毒改动过的中断向量。在 DOS 版本 1.0~2.X 的环境下,用户可以清楚地看到计算机病毒的磁盘感染代码是由 13H 中断向量所指向的。而在 DOS 版本 3.X 以后的环境中,DOS 的 IBMBIO.COM 扩展了 13H 中断,并修改了该中断向量,使用户只能看到指向 DOS 的中断向量而看不到原来的中断向量。

修改中断向量可以有多种方法,DOS 提倡使用可靠的系统调用的方法。很多种文件型计算机病毒也都是用这种方法进行中断向量的获取和设置,以将计算机病毒的传染模块和表现模块连入系统。但在引导型计算机病毒进行其初始化时,DOS 尚未加载,因此引导型计算机病毒只能用直接存取的方法修改中断向量表。但是,值得注意的是,一些采用了 STEALTH

技术的计算机病毒,如 DIR2 病毒,为躲避计算机病毒防范系统的跟踪,根本不去修改中断向量也能将自身连接到系统中,并能在一次感染过程中将一个目录中的所有能被传染的文件都传染上。因此,计算机病毒防范系统不能只把注意力集中在对中断向量表的跟踪上,而应提供更全面的防护。

从另一个角度讲,计算机病毒能利用这么多的技术去钻 DOS 系统的漏洞,令人有防不胜防的感觉,说明 DOS 系统的安全防护功能比较简陋和脆弱。很多行之有效的计算机病毒防范技术应该集成到 DOS 系统中去,使之在增强其他功能的同时也增强抗计算机病毒的安全功能。

4.3.4　计算机病毒隐藏技术

在计算机病毒对信息系统产生危害的同时,各种反计算机病毒技术得到迅速发展,为了对抗反计算机病毒技术,计算机病毒本身也在寻求各种技术,隐藏技术就是为了保证计算机病毒自身的存活周期而采用的重要技术。

军事上的"隐形"技术是使飞机不在敌方的防御雷达屏幕上显现成形,从而可以隐蔽地深入到敌人内部进行攻击的技术。与此类似,当计算机病毒采用特殊的"隐藏"技术后,可以在计算机病毒进入内存后,使计算机的用户几乎感觉不到它的存在。采用这种"隐藏"技术的计算机病毒可以有以下几种表现形式。

(1)这种计算机病毒进入内存后,若计算机用户不用专用软件或专门手段去检查,则几乎感觉不到因计算机病毒驻留内存而引起的内存可用容量的减少。

(2)计算机病毒感染了正常文件后,该文件的日期和时间不发生变化。因此用 DIR 命令查看目录时,看不到某个文件因被计算机病毒改写过而造成的日期、时间上的变化。

(3)计算机病毒在内存中时,用 DIR 命令看不见因计算机病毒的感染而引起的文件长度的增加。

(4)计算机病毒在内存中时,若查看被该计算机病毒感染的文件,则看不到计算机病毒的程序代码,只看到原来正常文件的程序代码。这就给人以错觉,好像该文件并没有发生变化,没有计算机病毒代码附在上面一样。

(5)计算机病毒在内存中时,若查看被计算机病毒感染的引导扇区,则只会看到正常的引导扇区,而看不到实际上处于引导扇区位置的计算机病毒程序。

(6)计算机病毒在内存中时,计算机病毒防范程序和其他工具程序检查不出中断向量被计算机病毒所接管,但实际上计算机病毒代码已连接到系统的中断服务程序中了。

对付"隐形"计算机病毒最好的办法就是在未受计算机病毒感染的环境下去观察它。

从隐藏机制上来划分,计算机病毒隐藏技术主要分为两类,即静态隐藏技术和动态隐藏技术。静态隐藏技术是指计算机病毒代码依附在宿主程序上时所拥有的固有的隐蔽性,它一般由父计算机病毒在感染目标程序时,依照目标程序的特性,产生特定的子计算机病毒,使其能隐蔽在宿主程序中而不被发现;动态隐藏技术则是指计算机病毒代码在驻留、运行和发作期间所拥有的隐蔽性,此时计算机病毒利用操作系统的功能或漏洞,在后台执行监视和感染的功能,防止被一般的内存或进程管理程序发现。

计算机病毒与操作系统息息相关,其隐藏技术也随着操作系统的不断更新和计算机编程技术的不断变化而发展。早期的静态隐藏方法比较少,主要是通过清除感染程序所留下的痕迹,从而达到隐蔽计算机病毒的目的。而早期的动态隐藏方法则主要是靠夺取系统控制权和防止被 Debug 等调试工具跟踪,使得分析者无法动态跟踪计算机病毒程序的运行。另外,计算机病毒修改系统错误处理中断服务程序,防止计算机病毒引起异常而被用户发现,从而实现动态隐藏。

随着 Windows 操作系统的普及应用,各种新的计算机病毒隐藏技术也在不断发展,其中静态隐藏技术在这场计算机病毒技术变革中变化最大,出现了碎片技术、插入性计算机病毒技术等,以实现将计算机病毒与宿主程序融为一体,以及发展加密技术、多态变形技术等来消除计算机病毒代码的特征段从而达到隐藏自身的目的。

动态隐藏技术的发展主要是在原有技术的基础上进行了改良,例如反跟踪技术由早期的反 Debug 跟踪技术转型为反 SoftIce 为代表的 Windows 环境下系统级调试器的技术、反采用 Microsoft 提供的 DBGHELP.DLL 库实现的用户级调试器的技术等。同时,计算机病毒在内存中隐蔽获取运行权的技术也由当初挂接系统中断改变为以运用 VxD 技术和创建、挂接系统进程、线程为主的技术,以防止被进程管理程序发现。为了在代码运行期间不被动态监视反计算机病毒软件察觉,甚至发展出了以控制系统时间片分配为目的超级计算机病毒技术。

1. 静态隐藏技术

1)秘密行动法

任何计算机病毒都希望在被感染的计算机中隐藏起来不被发现,而这也是定义一个计算机病毒行为的主要方面之一,因为计算机病毒都只有在不被发现的情况下,才能实施其破坏行为。为了达到这个目的,许多最新发现的计算机病毒使用了各种不同的技术来躲避反计算机病毒软件的检验,而这些技术与最新的反计算机病毒软件所使用的技术相似。

静态隐藏技术中一个最常用、最知名的技术被称为"秘密行动"法,这个技术的关键就是把计算机病毒留下的有可能被立即发现的痕迹掩盖掉。这些痕迹包括被感染文件莫名其妙的增大或文件建立时间的改变等。由于它们太明显,很容易被用户发现,所以很多计算机病毒的制造者都会使用一种技术来截取从磁盘上读取文件的服务程序,通过这种技术就能使得已被改动过的文件大小和创建时间看上去与改动前一样,这样就能骗过使用者,使他们放松警惕。

早期计算机病毒隐藏主要是通过清除感染程序所留下的痕迹,恢复宿主文件的特征,向查询信息的用户返回虚假信息,从而达到隐蔽计算机病毒的目的。常见的方法是:保存由计算机病毒存在而引起变化的引导区、FAT 表、中断向量表等,在用户查询时,返回正常信息。

随着 Windows 操作系统的普及应用,各种新的计算机病毒隐藏技术也在不断发展。计算机病毒除了可以通过修改服务程序来隐藏自己外,现在又出现了其他的隐藏方法,其中具有代表性的技术就是碎片技术。

早期的计算机病毒在感染宿主程序时,总是要把自己附加到宿主程序的头部或尾部,使宿主程序的文件长度发生变化,这使得计算机病毒很容易暴露自身。而由 CIH 率先采用的碎片技术,完全抛弃了以前的计算机病毒的感染方式,它利用 Windows 环境 PE 可执行文件分段存储,而各段有一些没有使用的剩余空间这一特征,将自身分割成小块,见缝插针,将自己隐藏在内存空隙中,从而彻底消除了计算机病毒改变文件长度的缺陷。

在"秘密行动"法问世以后,由于常驻内存反计算机病毒软件的出现,一种名为"钻隧道"的方法又被开发了出来。常驻内存反计算机病毒软件能防止计算机病毒对计算机的破坏,它们能阻止计算机病毒向磁盘的引导区和其他敏感区写入数据,以及实施对应用程序的修改和格式化硬盘等破坏活动。而"钻隧道"法能直接取得并使用为系统服务的原始内存地址,由此绕开常驻内存的反计算机病毒过滤器,这样计算机病毒感染文件的时候就不会被反计算机病毒软件发现了。

2)自加密技术

计算机病毒采用自加密技术就是为了防止被计算机病毒检测程序扫描出来,也为了防止被轻易地反汇编出来。据资料统计,在已发现的各种计算机病毒中,近 10%的计算机病毒使用了自加密技术。

计算机病毒采用普通的加密就能防止被反汇编进行静态分析,使得分析者无法在不运行的情况下,阅读加密过的计算机病毒。同时,由于加密会改变计算机病毒代码,在一定程度上掩盖了计算机病毒的特征字符串,能够保护计算机病毒不被采用特征字符串搜索法的杀毒程序发现。但是,由于这种加密在执行时需要解密,所以在其引导模块中有一段较为固定的解密程序,而这往往是计算机病毒的特征代码,容易被反计算机病毒软件利用,隐蔽性不强。

有些计算机病毒为了保护自己,不但对磁盘上的静态计算机病毒加密,而且进驻内存后的动态计算机病毒也处在加密状态,CPU 每次寻址到计算机病毒处时要运行一段解密程序,把加密的计算机病毒解密成合法的 CPU 指令再执行。而计算机病毒运行结束时,再用一段程序对计算机病毒重新加密,这样 CPU 就得额外执行数千条甚至上万条指令。

从被加密的内容上划分,自加密分成信息加密、数据加密和程序代码加密 3 种。某一种特定的计算机病毒并不一定具备该模型的每一个部分,但都有传染模块,所以才被称为计算机病毒。其他部分在计算机病毒体内可能是很完整的,也可能是根本不存在的,还有可能几种功能全集中在一起,既是传染模块又是破坏模块。有的计算机病毒具有严格的时间条件判断,有的则根本不对任何条件进行判断。

按照这种分类,对内部信息加密和对自身数据加密都可归到数据加密。这种计算机病毒大多是将信息和数据加密后传染到磁盘的引导扇区上和磁盘文件中,当计算机病毒检测程序或其他工具程序检查到它们时,不容易发现计算机病毒的存在。举例来说,"大麻"计算机病毒是不加密的,当检查到引导扇区时,若发现有下列字符串,则很容易使人们联想到可能有计算机病毒存在。

Your PC is now Stoned! LEGALISE MARIJUANA!

若"大麻"计算机病毒将这条信息加密后存放起来,就不大容易被直接观察到。引导型的"6.4"计算机病毒就是这样处理的。该计算机病毒发作时将在屏幕上显示的字符串用异或操作的方式加密存储。该加密方法很简单,在该计算机病毒体内能看到几个连续的数字 7,这会使一般用户察觉到引导扇区与以前不一样,但不易断定其是否为计算机病毒。这种显示信息加密的方法只能在一定程度上保护计算机病毒,因为性能良好的计算机病毒防范软件在扫描计算机病毒时是不把显示信息作为判断计算机病毒条件的,而是依赖于计算机病毒的代码、计算机病毒的行为,只有这样才能不发生漏检、错判的情况。

作为数据加密的另一个例子,文件型计算机病毒"1575"是另一个典型。"1575"不对显示信息加密,而对其内部的文件名加密。在直接判读"1575"代码时,看不到任何 ASCII 字符串,当深入分析时,发现"1575"把下列字符串进行了加密:

C：COMMAND.COM

"1575"在得到运行权力后,首先对该字符串解密并感染硬盘上的 COMMAND. COM 程序,这样只要启动,"1575"自然随系统文件 COMMAND. COM 进入内存,这就大大提高了它的传染能力。

作为自我保护和防止被分析的手段,程序加密是被广泛使用的技术。计算机病毒使用了加密技术后,对计算机病毒防范人员来讲,分析和破译计算机病毒的代码及清除计算机病毒等工作都增加了很多困难。但计算机病毒要运行和传染时,计算机病毒体还是以明文方式即以不加密形式存在于内存中的,这就是计算机病毒的薄弱之处,这也是我们分析和理解其工作原理的机会。

对于做了代码加密的自加密计算机病毒,大多数是对计算机病毒体自身加密,另有少数还对被感染的文件加密,为清除计算机病毒工作增添了额外的麻烦。"中国炸弹"(Chinese Bomb)就是这样一种计算机病毒。该计算机病毒对原文件中的前 6 个字节进行了修改,并将其以加密形式存放在计算机病毒体内。要恢复被感染的文件,必须经解密才能获得原文件头的那 6 字节。

常见的程序自加密的计算机病毒(如"1701/1704")对计算机病毒体进行了加密,作为加密密钥的一部分使用了被感染的原文件长度,这使每个被感染的程序几乎不使用相同的密钥,进行清除计算机病毒工作时要从计算机病毒体内提取有关信息。

3)Mutation Engine 多态技术

作为自加密的高级形式,有一种被称为 Mutation Engine 多态技术,它也代表计算机病毒技术的最新进展。

多态技术又被称为变形引擎技术。采用多态技术编写的计算机病毒是计算机病毒里的"千面人",它们采用特殊的加密技术,每感染一个对象,放入宿主程序的代码都不相同,几乎没有任何特征代码串,从而能有效对抗采用特征串搜索法的杀毒软件的查杀。国际上第一例大范围传播和破坏的多态计算机病毒是 TEQUTLA 计算机病毒,从该计算机病毒的出现到对应杀毒软件的产生,研究人员共花费了 9 个月的时间,可见这一隐藏技术的效果和难度。可以预见,多态技术将是未来计算机病毒对抗技术研究的焦点。

一般自加密的计算机病毒只是利用一条或几条语句对计算机病毒程序进行了代码变换,变换前和变换后的字节有着一一对应的关系。如果把计算机病毒的传染比喻为生物病毒的繁殖过程,可以看到,计算机病毒每传染出新的一代,父代和子代都是用同一种方式工作。不加密的计算机病毒不论传染出多少代,其程序代码全是一样的,对这类不具有自加密本领的计算机病毒,检测和清除都是很容易的,即只要分析一个样本,就可以一劳永逸地检测和清除所有这种被分析过的计算机病毒。对具有自加密本领的计算机病毒,只要分析出加密机制,从计算机病毒体内提取加密和解密密钥,也可以有效地对这类计算机病毒进行检测和清除。即使对于"1701/1704"这种使用不同密钥进行自加密的计算机病毒,由于其密钥位于计算机病毒体内的固定区域,计算机病毒程序代码间的相对位置关系并没有因为使用了不同的加密密钥而有所变化,因此检测和清除这类计算机病毒也不是很困难的事。不管这种计算机病毒传染出多少代,仍然是子代按照祖代的方式工作,程序代码并不发生变化。

而当某些计算机病毒编制者通过修改某种计算机病毒的代码,使其能够躲过现有计算机病毒检测程序时,这种新出现的计算机病毒可以称为是原来计算机病毒的变形。当这种变形了的计算机病毒继承了原父本计算机病毒的主要特征时,就被称为是其父本计算机病毒的一个变种。现在流行的许多计算机病毒都是以前某种计算机病毒的变种。有些计算机病毒的变种非常多,已经形成了一个计算机病毒家族。

当某种计算机病毒的变形已经具备了新的、足以区别于其父本计算机病毒的特征时,这个计算机病毒就变成一种新的计算机病毒,而不再被称为变种了。

在前述计算机病毒变种和新出现的计算机病毒代码之间,存在着一个共同的特点,即计算机病毒代码本身的延续性,子代和父代,子代和祖代的代码是一致的,不会发生变化的。某种计算机病毒和它的变种之间出现的代码变化是人为制造出来的,而不是由代码本身的机制形成的。没有计算机病毒编制者的人为工作,计算机病毒的变种和新种计算机病毒是不会自动产生出来的。

采用 Mutation Engine 变形技术的计算机病毒则是不同于以往的、具有自加密功能的新一代计算机病毒。Mutation Engine 是一种程序变形器,它可以使程序代码本身发生变化,而保持原有功能。利用计算得到的密钥,变形机产生的程序代码可以有很多种变化。当计算机病毒采用了这种技术时,就像生物病毒会产生自我变异一样,也会变成一种具有自我变异功能的计算机病毒。这种计算机病毒程序可以衍变出各种变种的计算机病毒,且这种变化不是由人工干预生成的,而是由程序自身机制决定的。单从程序设计的角度讲,这是一项很有意义的新技术,使计算机软件这一人类思想的凝聚产物变成了一种具有某种"生命"形式的"活"的东西。但从保卫计算机系统安全的计算机病毒防范技术人员角度来看,这种变形计算机病毒却是个不容易对付的敌手。

国外报刊曾报道过这类变形计算机病毒。在已知的 Mutation Engine 变形机中,保加利亚的 Dark Avenger 变形机是较为著名的。这类变形计算机病毒每感染出下一代计算机病毒,其程序代码就会完全发生变化,计算机病毒防范软件如果用以往的特征串扫描的办法就不适用了。因此,计算机病毒防范技术不能再停留在等待被计算机病毒感染,然后用查计算机病毒软件扫描计算机病毒,最后再杀计算机病毒这样被动的状态,而应该用主动防御的方法,用计算机病毒行为跟踪的方法,在计算机病毒要进行传染、要进行破坏的时候发出警报并及时阻止计算机病毒的任何有害操作。这就是针对计算机病毒行为发展起来的预警系统的工作原理,英语上称之为 Activity Trap 技术。

4)插入性病毒技术

一般计算机病毒感染文件时,或者将计算机病毒代码放在文件头部,或者放在尾部,虽然可能对宿主代码做某些改变,但从总体上说,计算机病毒与宿主程序有明确的界限。插入性计算机病毒在不了解宿主程序的功能及结构的前提下,能够将宿主程序在适当处拦腰截断,在宿主程序的中部插入计算机病毒程序,并且做到使计算机病毒能获得运行权,计算机病毒和宿主程序互相不被卡死。编写此类计算机病毒相当困难,但是其隐藏效果好,可以使计算机病毒与宿主程序融为一体,大大增强了其隐蔽性。第一例采用此技术的计算机病毒在保加利亚发现,虽然感染的只是简单的.COM 型文件,但它的出现证明了插入性技术在原理上是完全可行的。

2.动态隐藏技术

1)反 Debug 跟踪技术

计算机病毒采用反跟踪的目的,就是要提高计算机病毒程序的防破译能力和伪装能力。常规程序使用的反跟踪技术在计算机病毒程序中都可以利用,而且计算机病毒的传染模块都是工作在中断情况下,即都是中断服务程序的一部分。因此,当计算机病毒利用了反跟踪措施后,对分析计算机病毒工作机理的计算机病毒防范研究人员来讲确实是增添了困难。

DOS 中有一个功能强大的动态跟踪调试软件 Debug,它能够实现对程序的跟踪和逐条运行,其实这是利用了单步中断和断点中断。早期的大多数跟踪调试软件都利用了这两个中断。

单步中断(INT1)是由机器内部状态引起的一种中断,当系统标志寄存器的 TF 标志(单步跟踪标志)被置位时,就会自动产生一次单步中断,使得 CPU 能在执行一条指令后停下来,并显示各寄存器的内容。

断点中断(INT3)是一种软中断,软中断又称为自陷指令,当 CPU 执行到自陷指令时,就进入断点中断服务程序,由断点中断服务程序完成对断点处各寄存器内容的显示。

通过对单步中断和断点中断的合理组合,可以产生强大的动态调试跟踪功能。计算机病毒通过对这两种功能的破坏来达到隐藏自身的目的。

计算机病毒抑制跟踪中断的具体方法有很多。系统的单步中断和断点中断服务程序,在系统向量表中这两个中断的中断向量分别为 1 和 3,中断服务程序的入口地址分别存放在 0000:0004 和 0000:000C 起始的 4 字节中。计算机病毒可以通过修改这些单元中的内容来破坏跟踪中断。有些计算机病毒甚至在这些单元中放入惩罚性程序的入口地址来破坏跟踪。

除了抑制中断,计算机病毒还采用了其他一些技术反 Debug 跟踪。常见的有封锁键盘输入、封锁屏幕输出等。

"1575"计算机病毒就是常见的计算机病毒中采用反跟踪措施的一个例子。"1575"计算机病毒将堆栈指针指向处于中断向量表中的 INT 0～INT 3 区域,以阻止利用 Debug 等程序调试软件对其代码进行跟踪。因为在计算机系统中,中断 0～中断 3 是一类特殊的中断,这 4 个中断的功能是被强制约定的,如果这 4 个中断向量的内容被破坏,则执行到相应功能时系统就无法正常运行。这 4 个中断的功能如下:

- 中断 0 是除零中断。
- 中断 1 是单步中断,是专为程序调试而设立的中断。各种程序调试软件都使用这个中断。
- 中断 2 是不可屏蔽中断 NMI。
- 中断 3 是断点中断,也是专为程序调试而设立的中断。

单步中断与断点中断相结合,是进行程序调试的有力手段。Debug 程序的 T 命令用到单步中断,G 命令用到断点中断。

"1575"计算机病毒破坏了堆栈寄存器的指向,将其引向这几个中断向量处,如果没分析清楚"1575"计算机病毒设置的是哪几条反跟踪措施指令的作用,只用 Debug 去跟踪执行"1575"计算机病毒的程序代码,肯定是进行不下去的。

由此可见,要对付这类采取反跟踪技术的计算机病毒,不仅要有关于计算机病毒的知识,还要具有关于 DOS 系统的知识和关于计算机结构的知识。

2)检测系统调试寄存器

在早期的操作系统中,调试跟踪程序主要是通过 Debug 工具。而现在的操作系统中出现了很多功能强大的系统级调试工具,SoftIce 就是 Windows 系统下较为常用的一款系统级调试器,具有强大的动态调试功能。系统级调试器很多,TRW2000、SmartCheck、OllyDbg 和 IDag 都是优秀的系统级调试器。

检测 SoftIce 等系统级调试器,其方法有很多,主要以驱动方式实现。用户级调试器具有以下两个特征。

(1)用户级调试器是采用 Microsoft 公司提供的 D3GHELP. DLL 库来实现对软件跟踪调试的。

(2)调试的软件的父进程为调试器。

所以可以采用如下的方法来检测：

- 计算机病毒通过调用 API 函数 IsDebuggerPresent(或是直接采用 IsDebuggerPresent 的反汇编代码,以防查毒者拦截对该函数的调用)来检测是否有用户级调试器存在。
- 监测调试寄存器的方法。Intel 公司自 80386 以来,在 CPU 内部引入了 Dr0～Dr7 八个调试寄存器,专门用于程序的调试工作,调试寄存器中存放的是重要的调试信息。计算机病毒可以通过破坏调试寄存器内容的方法破坏系统级调试器的工作,从而达到隐藏自己的目的。
- 设置 SEH 进行反跟踪。SEH(Structured Exception Handling),即结构化异常处理,是操作系统提供给程序设计者的强有力的处理程序错误或异常的武器。系统出现异常或错误时就会调用相关的 SEH 句柄来进行异常处理,所以可以在 SEH 异常处理句柄中写入防调试的代码,例如清空 Drx 调试寄存器等来进行反跟踪。

如果计算机病毒通过软件对调试器的检测操作,很容易被拦截,所以计算机病毒通常将保护判断加在驱动程序中。因为驱动程序在访问系统资源时受到的限制比普通应用程序少得多,所以计算机病毒能够更加有效地隐藏自己。

3)进程注入技术

计算机病毒为了驻留系统,早期采用的方法是自己修改内存控制块,申请一块内存供自己藏身,这种方法容易被内存查看程序发现。在 Windows 环境下,没有了内存控制块,而内存也是被 Windows 统一集中管理,为了解决这一问题,进程注入技术把计算机病毒作为一个线程,即一个其他应用程序的线程,把计算机病毒注入其系统应用程序如 Explore.exe 的地址空间,而这个应用程序对于系统来说,是一个绝对安全的程序,这样在驻留内存的同时就达到了隐藏的效果。

4)超级计算机病毒技术

超级计算机病毒技术是一种很先进的计算机病毒技术。超级计算机病毒技术是在计算机病毒进行感染、破坏时,使得计算机病毒预防工具无法获得运行机会的计算机病毒技术。超级计算机病毒技术目前还只是概念技术,已经有人提出了 VxD 方式的运行模式,面对这项技术,一般的软件或反计算机病毒工具都将失效。

VxD(虚拟设备驱动)是 Microsoft 公司专门为 Windows 系统制订的设备驱动程序接口规范。通俗地说,VxD 程序有点类似于 DOS 系统中的设备驱动程序,专门用于管理系统所加载的各种设备,例如 Windows 系统为了管理最常用的鼠标,就会加载一个鼠标虚拟设备驱动程序(通常是 mouse VxD)。之所以将它称为"虚拟设备驱动",是因为 VxD 不仅仅适用于硬件设备,同样也适用于按照 VxD 规范所编制的各种软件"设备"。

有很多应用软件都需要使用 VxD 机制来实现某些比较特殊的功能,例如最常见的 VCD 软解压工具,使用 VxD 程序能够有效改善视频回放效果。很多计算机病毒也利用 VxD 机制,这是因为 VxD 程序具有比其他类型应用程序更高的优先级,而且更靠近系统底层资源,只有这样,计算机病毒才有可能全面、彻底地控制系统资源。实际上,许多 Windows 系统底层功能只能在 VxD 中调用,应用程序如果要使用这些底层功能就必须编个 VxD 作为中介。VxD 作为应用程序在系统中的一个代理,应用程序通过它来完成任何自己本身做不到的事情,通过这一手段,Windows 系统为普通应用程序留下了扩充接口。很不幸,这一技术同样为计算机病毒所利用,CIH 计算机病毒正是利用了 VxD 技术,才得以驻留内存、传染执行文件、毁坏硬盘和 FlashBIOS。另一方面,防计算机病毒软件对计算机病毒的实时监控也利用了 VxD,例如为了获得对系统中所有文件 I/O 操作的实时监视,防计算机病毒软件通过 VxD 技术来截获所有与文件 I/O 操作有关的系统调用。

4.3.5　对抗计算机病毒防范系统技术

计算机病毒采用的另一项技术是专门对抗计算机病毒防范系统。当这类计算机病毒在传染的过程中发现磁盘上有某些著名的计算机病毒防范软件或在文件中查找到这些软件的公司名时,就删除这些文件或使计算机死锁。

国外还有出售计算机病毒库和计算机病毒开发工具包的,这些工具内含有构成计算机病毒的各种基本模块。利用下拉式菜单和弹出式窗口等方便的人机接口,使用者可以编辑各种想植入计算机病毒体的信息,选择所需的计算机病毒工作方式,设置各种判断发作和破坏的条件以及攻击对象等。使用这种开发工具,可以在数分钟之内就创造出一种计算机病毒来。

4.3.6　技术的遗传与结合

计算机病毒技术的发展,也就是计算机最新技术的发展。当一种最新的技术或者计算机系统出现的时候,计算机病毒总会找到这些技术的薄弱点进行利用。同时,计算机病毒制造者们还会不断吸取已经发现的计算机病毒技术,试图将这些技术融合在一起,制造更加具有破坏力的新计算机病毒。

在"尼姆达"病毒的身上,我们看到了这种趋势。"尼姆达"病毒在传播方式上,同时利用了以下几种有名计算机病毒的传播方式。

(1)FunLove 的共享传播方式:这是"尼姆达"病毒传播的主要方式之一,利用计算机病毒的扫描功能,找出网络上完全共享的资源,然后进入这些资源,将该计算机的磁盘进行共享,继续寻找类似资源。

(2)利用邮件计算机病毒的特点传播自己。

(3)利用系统软件漏洞传播自己。

综上所述,病毒技术的发展可谓日新月异,要想使计算机免受计算机病毒的滋扰,最根本的解决办法就是提高计算机自身的安全措施,这样才能让采用各种层出不穷新技术的计算机病毒无"技"可施。

 习　　　题

1.简述新型计算机病毒的发展趋势。

2.简述 Java 和 ActiveX 的特征及应用场合。

3.分析新型计算机病毒有哪些代表性的技术。

4.简述计算机病毒隐藏技术有哪些。

第 5 章
计算机病毒检测技术

5.1 计算机反病毒技术的发展历程

随着计算机技术的发展,计算机病毒技术与计算机反病毒技术的对抗越来越尖锐。据反病毒厂商的数据统计,现在基本上每天都要出现几千种,甚至上万种新病毒和病毒变种。

20 世纪 80 年代末,各种基于行为、通过捕获典型中断调用来监控病毒破坏行为的防病毒卡和 TSR 常驻内存技术(如 Vsafe、Dog 等工具)风靡全国。但是由于其在单任务的 DOS 系统下运行,从而降低了系统性能,由于在 Windows 系统下存在严重的兼容性等问题,所以它逐渐淡出了市场。随着网络和操作系统的发展,人们对计算机病毒有了更新的认识,病毒防治理念也从原有的单纯"杀毒"上升到"杀防结合"层面,可以说,计算机病毒的蔓延导致了计算机反病毒技术的发展。

第一代反计算机病毒技术是采取单纯的计算机病毒特征判断,将计算机病毒从带毒文件中清除掉。采用病毒特征代码法的检测工具,其检测准确,可识别病毒的名称,误报警率低,依据检测结果,可做相应的解毒处理。但是该技术对未知病毒、隐蔽性病毒、加密病毒和变形病毒等就无能为力了。

第二代反计算机病毒技术是采用静态广谱特征扫描方法检测计算机病毒,在对病毒及其变种病毒的充分剖解的基础上,精心提取病毒的共同特征,只要在杀毒软件中添加了广谱特征码,变种再多也可以做到以不变应万变。这种方式可以更多地检测出变形计算机病毒,但是误报率也有所提高。因此,使用这种不严格的特征判定方式清除计算机病毒风险性很大,容易造成文件和数据的破坏。

第三代反计算机病毒技术将静态扫描技术和动态仿真跟踪技术结合起来,将查找计算机病毒和清除计算机病毒合二为一,形成一个整体解决方案,能够全面实现预防、检测和清除等反计算机病毒所必备的各种手段,以驻留内存方式防上计算机病毒的入侵,凡是能检测到的计算机病毒都能清除,而且不会破坏文件和数据。但是随着计算机病毒数量的增加和新型计算机病毒技术的发展,依靠静态扫描技术的反计算机病毒技术查毒速度逐渐降低,驻留内存也容易产生误报。

第四代反计算机病毒技术则是针对计算机病毒的发展而逐步建立起来的,基于计算机病毒家族体系的命名规则、基于多位 CRC 校验和扫描机理、启发式智能代码分析模块、动态数据还原模块(能查出隐蔽性极强的压缩加密文件中的计算机病毒)、内存解毒模块和自身免疫模块等先进的解毒技术,较好地解决了以前防毒技术顾此失彼、此消彼长的问题。

第五代反计算机病毒技术是基于程序行为自主分析判断的实时防护技术,通常又被称为主动防御。主动防御不以病毒的特征码作为判断病毒的依据,而是从最原始的病毒定义出发,直接以程序的行为作为判断病毒的依据。主动防御是用软件自动实现了反病毒专家分析判断病毒的过程,解决了杀毒软件无法防杀未知木马和新病毒的弊端。

反病毒技术发展方向为内核级主动防御。计算机病毒与反病毒较量了20余年后,大部分主流病毒技术都进入了驱动级,病毒已经不再一味逃避杀毒软件追杀,而是开始与杀毒软件争抢系统驱动的控制权,在争抢系统驱动控制权后,转而控制杀毒软件,使杀毒软件功能失效。目前几乎所有的盗号木马病毒都具备了这一特征,病毒应用了包括 ROOTKIT 技术、内核级HOOK 技术、进程注入、文件加密存放等主流编程技术,导致计算机一旦被病毒感染,事后清除十分困难。内核级主动防御系统能够防御驱动型病毒终止杀毒软件,在 CPU 内核阶段对病毒进行拦截和清除。对于病毒的活动来说,由于反病毒软件必须保证其在内存阶段即被截获并做出处理,所以普通的用户级程序是无法监控的,只有工作于 Ring0(系统核心层)的程序才能监控系统活动。内核级主动防御系统将查杀病毒模块移植到系统核心层直接监控病毒,让工作于系统核心态的驱动程序去拦截所有的文件访问。内核级主动防御系统将查毒和杀毒模块都运行于系统内核层,可以有效防范未知病毒对计算机系统的入侵,并能够在系统内核阶段完成对计算机病毒的防御和清除。解决目前杀毒软件普遍面临的难以有效防御和清除驱动型病毒的技术难题,是计算机信息安全领域技术发展新方向。

综合来说,内核级主动防御系统既能解决新病毒层出不穷的问题,而且针对病毒采用的对抗杀毒软件技术提出了有针对性的解决方法,能够解决计算机和互联网用户面临的越来越广泛的病毒疑难问题。

5.2   计算机病毒检测技术原理

在与计算机病毒的对抗中,及早发现计算机病毒很重要。早发现,早处置,可以减少损失。

计算机病毒检测技术是指通过一定的技术手段判定出计算机病毒的一种技术。计算机病毒检测技术主要有两种,一种是根据计算机病毒程序中的关键字、特征程序段内容、计算机病毒特征及感染方式、文件长度的变化,在特征分类的基础上建立的计算机病毒检测技术;另一种是不针对具体计算机病毒程序自身的检验技术,即对某个文件或数据段进行检验和计算并保存其结果,以后定期或不定期地根据保存的结果对该文件或数据段进行检验,若出现差异,即表示该文件或数据段的完整性已遭到破坏,从而检测到计算机病毒的存在。

计算机病毒的检测技术已从早期的人工观察发展到自动检测某一类计算机病毒,今天又发展到能自动对多个驱动器、上千种计算机病毒自动扫描检测。目前,有些计算机病毒检测软件还具有在由压缩软件生成的压缩文件内进行计算机病毒检测的能力。现在大多数商品化的计算机病毒检测软件不仅能够检查隐藏在磁盘文件和引导扇区内的计算机病毒,还能检测内存中驻留的计算机病毒。

5.2.1   计算机病毒检测技术的基本原理

当计算机系统可能或者已经感染病毒时,需要检测病毒。当计算机系统被检测到感染了病毒后,需要进行杀毒处理。但是,破坏性感染病毒一旦沾染了没有副本的程序,便无法修复。隐蔽性病毒和多形态病毒使得病毒检测需要突破传统技术。在与病毒的对抗中,需要使用者能采取有效的预防措施,减少计算机系统感染病毒的可能性。

计算机病毒感染正常文件后会引起正常文件的若干特征发生变化,可以从这些变化中寻找某些本质性的变化,将其作为诊断计算机病毒的判断依据。国内外的主流反病毒技术通常使用下述一种或几种原理。

1.反病毒程序计算各个可执行程序的校验和

这些反病毒程序有些离线运行,可以在启动时运行,也可以依照用户的愿望定期运行。另外一些采用在线运行方式,在被调用的程序被允许投入运行之前,先产生其校验和,而后与其原始程序的校验和做比较。如果一致才可以运行;否则,不能投入运行。

2.某些反病毒程序常驻内存

这些反病毒程序常驻在内存中,它搜索可能进入系统的计算机病毒。它会扫描并检查每一个被访问和被执行的文件,并阻止病毒运行。这些工具的主要目的是阻止任何病毒感染系统。

3.少数工具可以从感染病毒的程序中清除病毒

虽然少数反病毒工具可将少数染毒程序修复好,但是,有些修复程序的修复效果不能保证,修复后的程序执行时可能出现问题。而且某些反病毒工具在执行某个被病毒感染的程序时,会向用户报警。如果处置不当,可能为虚假报警。

反病毒技术大致分为 3 类:病毒诊断技术、病毒治疗技术和病毒预防技术。在随后章节中将分别对这 3 种技术所涉及的方法和原理进行详细介绍,本章重点讲述病毒诊断及检测技术。

5.2.2　检测病毒的基本方法

1.借助简单工具检测

所谓简单工具就是指动态调试或者静态反编译等常规软件工具。用简单工具检测病毒要求检测者具备以下知识。

(1)分析工具的使用。

(2)磁盘内部结构(如 boot 区、主引导区、FAT 表和文件目录等有关知识)。

(3)磁盘文件结构(EXE 文件头部结构、重定位方法、EXE 和 COM 文件加载文件的不同等)。

(4)中断矢量表。

(5)内存管理(内存控制块、环境参数和文件的 PSP 结构等)。

(6)阅读汇编程序的能力。

(7)有关病毒的信息。

由于工具简陋,所以用这类工具检测病毒需要检测者具备相对较高的专业素质,并不适合一般人群的使用,而且这类工具的检测效率比较低。但是,如果能使用这种工具,检测者可以结合专业方面的经验,检测出未知病毒的存在。

2.借助专用工具检测

专用工具就是指专门的计算机病毒检测工具,如 Norton 等。由于专用工具的开发商对多种计算机病毒进行了剖析研究,掌握了多种计算机病毒的特征,可用于计算机病毒的诊断。一般来说,专用工具具备自动扫描磁盘的功能,可以诊断磁盘是否染毒,染有几种计算机病毒,分别是什么类型的计算机病毒。这类计算机病毒诊断工具本身功能很强,对检测者自身的专业素质要求较低。

使用专用工具可以方便、快捷地检测到多种计算机病毒的存在。但是,检测工具只能准确识别已知计算机病毒,而且检测工具的发展以及计算机病毒库的更新总是滞后于计算机病毒的发展,所以检测工具对相当数量的未知计算机病毒无法识别。

 ## 5.3　计算机病毒主要检测技术和特点

检测计算机病毒方法有:外观检测法、特征代码法、系统数据对比法、实时监控法和软件模拟法等。这些方法依据的原理不同,实现时所需的开销不同,检测范围也不同,各有所长。

5.3.1　外观检测法

计算机病毒侵入计算机系统后,通常会使计算机系统的某些部分发生变化,进而引发一些异常现象,如屏幕显示的异常现象、系统运行速度的异常、打印机并行端口的异常和通信串行口的异常等。虽然不能准确地判断系统感染了何种计算机病毒,但是可以根据这些异常现象来判断计算机病毒的存在,尽早发现计算机病毒,便于及时有效地进行处理。外观检测法是计算机病毒防治过程中起着重要辅助作用的一个环节,可通过其初步判断计算机是否感染了计算机病毒。

计算机的异常行为表现如下。

(1)屏幕显示异常的现象包括,屏幕出现异常画面、屏幕出现异常提示信息、鼠标光标显示异常和鼠标光标异常移动等现象。

(2)声音异常表现为病毒发作时,计算机喇叭发出异常声音,如系统蜂鸣器的异常声响、扬声器中奏出一段指定的乐曲和发出奇怪的声音等现象。

(3)文件系统异常包括磁盘空间突然变小、文件长度发生了变化、出现来路不明的文件、丢失文件、文件属性被修改等现象,例如,修改文件的建立日期变为染毒时的系统日期、改变文件的时间和日期、覆盖文件的头部、使文件被永久破坏、不能修复等。

(4)程序异常包括程序突然工作异常,如文件打不开、死机等;程序启动时间变长、程序频繁自动退出、程序不能正常退出、程序消耗系统、内存和磁盘资源变大等现象。

(5)系统异常包括系统不能引导、频繁死机、出现异常出错信息、运行速度明显变慢、以前能正常运行的程序运行时出现内存不足的情况、内存容量变小、系统文件丢失等现象。

(6)打印机、软驱等外部设备异常包括打印速度变慢、打印异常字符、打印机忙、打印机失控等现象。

出现上述异常情况,可以通过外观检测法判断该计算机已经感染了病毒。

有些计算机病毒是良性的,例如一些恶作剧计算机病毒,一般不会造成太大的损害。但是更多的计算机病毒是恶性的,通常会对系统进行破坏性的操作,造成不可挽回的损失,甚至是灾难性的后果。这就要求我们对各种计算机运行异常高度保持警惕,一旦发现异常,应立即采取应急响应措施,以避免酿成更大的损失。

5.3.2　系统数据对比法

计算机系统的很多重要系统数据存放在硬盘的主引导扇区、分区引导扇区、软盘的引导扇区、FAT表、中断向量表和设备驱动程序头(主要是块设备驱动程序头)等地方。

硬盘的主引导扇区中通常会有一段主引导记录程序代码和硬盘分区表,主引导记录用于在系统引导时装载硬盘引导扇区中的数据,以引导系统、分区表确定硬盘的分区结构。硬盘DOS 分区的引导扇区和软盘的引导扇区,除了首部的 BPB(基本输入输出系统参数块)参数不同外,其余的引导代码是相同的,其作用是引导 DOS 系统的启动过程。很多计算机病毒以修改上述系统数据、破坏计算机系统为目的。通过检查上述系统数据区域,与事先备份的正常数据进行比较,如果发现异常,则说明计算机极有可能被计算机病毒感染。

　　主引导记录中包含了硬盘的一系列参数和一段引导程序。引导程序主要是用来在系统硬件自检完后引导具有激活标志的分区上的操作系统。它执行到最后使用一条 JMP 指令跳到操作系统的引导程序去。这里往往是引导型计算机病毒的注入点,也是各种系统引导程序的注入点。但是由于引导程序本身完成的功能比较简单,所以我们可以判断该引导程序的合法性(看 JMP 指令的合法性),因而也易于修复,如使用命令 fdisk /mbr 就可以修复。一般的反计算机病毒软件都可以查出引导型计算机病毒。

　　FAT(文件分配表)是磁盘空间分配的信息,其中记录着已分配、待分配和坏簇的信息,它在磁盘上记录的位置是由 0 磁道 1 扇区的引导信息确定的。文件目录区在 FAT 之后,该部分记录文件名、起始簇号、文件属性、建立日期、时间和文件大小等信息,其大小决定了可建立的文件数量。以上这些磁盘信息是计算机病毒最常攻击的信息。对于硬盘,分区扇区信息有时也是攻击的对象。这部分信息在硬盘的第 1 扇区。

　　当发现系统有异常现象时,特别是当发现与系统引导信息有关的异常现象时,可通过检查引导扇区的内容来诊断故障。方法是采用相关软件,将当前引导扇区的内容与干净的备份相比较,如发现有异常,则可能是感染了计算机病毒。要进行磁盘扇区内容的比较,首先必须有一个完好的、无毒的磁盘扇区样本。最好的做法是在刚刚对硬盘格式化后,或对其彻底杀毒后,立即将硬盘主引导扇区和 BIOS 引导区做备份。这对以后检查计算机病毒、清除计算机病毒的工作是非常有用的。

　　通常计算机病毒和其他程序或数据一样需要占用一定的硬盘存储空间,当这些计算机病毒感染系统后一般会把自己的程序写入硬盘上的某些扇区或簇中,为了保护自己,不让其他数据再写入这里而把这些扇区或簇标记为“坏”,从而欺骗计算机系统并隐藏了自己。“坏簇”信息反映在 FAT 中,可通过检查 FAT,看有无意外坏簇,来判断是否感染了计算机病毒。一种通用的方法是对 FAT 上提示的坏簇逐一检查,写一数据进去,再读出来,如读写数据一致,则该簇是好的,实施回收。此法要点在于实施读写验证,需要指出的是:回收空间,应在清除引导扇区和分区表计算机病毒之后进行,否则引导扇区计算机病毒未清除,而指针链被切断,计算机将无法启动。

　　中断是计算机系统事件响应的一种常用方式,系统使用一张中断向量表记录具体中断处理程序的入口地址。很多计算机病毒通过修改中断向量表来进行攻击,它们修改中断向量表中指向具体中断处理程序入口的中断向量指针,使其指向计算机病毒程序。一旦发生中断调用,潜伏在磁盘上的计算机病毒将被激活,计算机病毒执行完了再调用原中断处理程序。如“快乐的星期天”计算机病毒修改 INT 21H 和 INT 8H 中断向量,使其指向计算机病毒程序中的有关部分。因此可以通过检查中断向量有无变化来确定系统是否感染了计算机病毒,备份和恢复干净中断向量表是避免激活此类计算机病毒的重要手段。

1. 长度比较法及内容比较法

计算机病毒感染系统或文件后,必然引起系统或文件的变化,既包括长度的变化,又包括内容的变化,因此,将无毒的系统或文件与被检测的系统或文件的长度和内容进行比较,即可发现计算机病毒。长度比较法和内容比较法就是因其从长度和内容两方面进行比较而得名。

以长度或内容是否变化作为检测计算机病毒的依据,在许多场合是有效的。但是,现在还没有一种方法可以检测所有的计算机病毒。长度比较法和内容比较法有其局限性,只检查可疑系统或文件的长度和内容是不充分的,原因如下。

(1)有时长度和内容的变化可能是合法的,有些普通的命令也可以引起文件长度和内容变化。

(2)某些计算机病毒感染文件时,宿主文件的长度可保持不变。

以上两种情况下,长度比较法和内容比较法不能区别程序的正常变化和计算机病毒攻击引起的变化,不能识别保持宿主程序长度不变的计算机病毒,无法判定为何种计算机病毒。

病毒最基本的特征是感染性。感染后的最明显症状是引起宿主程序的长度增加。所谓长度检测法就是记录文件的长度,运行中定期监视文件长度,从文件长度的非法增长现象发现计算机病毒。

如果没有检测程序,在数以万计的程序中,要注意某个文件的长度是否发生变化非常不易。当然这里不是指技术本身有难度。对于为数众多的计算机病毒类型,不同类型的计算机病毒引起宿主程序增长的数量往往不同。长的可以增长几十千字节,短的只增长几十字节。所以,诊断工具可以由文件长度的增加大致断定该程序已受感染,并可以从文件增加的字节数大致断定感染文件的计算机病毒类型。

以文件长度是否增长作为检测计算机病毒的依据在许多场合是有效的。但是,众所周知,现在还没有一种方法可以检测所有的计算机病毒。长度检测法有其局限性,只检测可疑程序的长度是不充分的,原因如下。

(1)使用者本身对程序的修改可能会引起文件长度的变化。

(2)有些命令可能会引起文件长度的变化。

(3)不同版本的操作系统可能引起文件长度的变化。

某些计算机病毒感染文件时,宿主文件长度可能保持不变。长度检测法不能区别程序的正常变化和计算机病毒攻击引起的变化,不能识别保持宿主程序长度不变的计算机病毒。许多场合下,长度检测法总是告诉检测者没有问题。

实践告诉人们,只靠检测长度或内容是不充分的,将长度比较法、内容比较法作为检测计算机病毒的手段之一,并与其他方法配合使用,效果会更好。

2. 内存比较法

内存比较法是一种对内存驻留计算机病毒进行检测的方法。由于计算机病毒驻留于内存,必须在内存中申请一定的空间,并对该空间进行占用、保护,因此通过对内存的检测,观察其空间变化,与正常系统内存的占用和空间进行比较,可以判定是否有计算机病毒驻留其间,但却无法判定为何种计算机病毒。另外,此法对于那些隐蔽型计算机病毒无效。

3. 中断比较法

计算机病毒为实现其隐蔽和传染破坏之目的,常采用"截留盗用"技术,更改、接管中断向量,让系统中断向量转向执行计算机病毒控制部分。因此,将正常系统的中断向量与有毒系统的中断向量进行比较,可以发现是否有计算机病毒修改和盗用中断向量。

由于高版本的 DOS 系统在 DOS 引导之后重新管理一部分 BIOS 中断服务程序,即将原中断向量保存起来,这时引导型计算机病毒所修改的口断向量也同时被保存起来,因而从中断向量中可能观察不到引导型计算机病毒对中断向量的修改。冰刃(IceSword)是一个非常有用的检测工具,它不仅能够显示系统内存大小、内存分配状况,而且能够显示出哪个驻留程序占用了哪些内存空间、接管了哪些中断向量。所以用冰刃软件可检测出文件型计算机病毒常驻内存及更改部分中断向量的信息。

使用比较法能发现异常,如文件的长度有变化,或虽然文件长度未发生变化,但文件内的程序代码发生了变化。

对硬盘主引导区或对 DOS 的引导扇区做检查,比较法能发现其中的程序代码是否发生了变化。由于要进行比较,保留好原始备份是非常重要的。制作备份时必须在无计算机病毒的环境里进行,制作好的备份必须妥善保管,写好标签,贴写好保护签。

比较法的好处是简单、方便,不需要专用软件,缺点是无法确认计算机病毒的种类名称,另外,造成被检测程序与原始备份之间差别的原因尚需进一步验证,以查明究竟是由于计算机病毒造成的,还是由于 DOS 数据被偶然原因,如突然停电、程序失控、恶意程序破坏等。这些要用到下面介绍的分析法,查看变化部分代码的性质,以此来确证是否存在计算机病毒。另外,当找不到原始备份时,用比较法就不能马上得到结论。从这里可以看到制作和保留原始主引导扇区和其他数据备份的重要性。

5.3.3　病毒签名检测法

计算机病毒签名(计算机病毒感染标记)是宿主程序已被感染的标记。不同计算机病毒感染宿主程序时,会在宿主程序的不同位置放入特殊的感染标记,以避免重复感染。这些标记是一些数字串或字符串,如 1357、1234、MSDOS、FLU 等。不同计算机病毒的计算机病毒签名内容不同,放置签名的位置也不同。经过剖析计算机病毒样本,掌握了计算机病毒签名的内容和位置后,可以在可疑程序的特定位置搜索计算机病毒签名。如果找到了计算机病毒签名,那么可以断定被诊断程序已被某种计算机病毒感染。

计算机病毒签名检测法的特点如下。

(1)必须预先知道计算机病毒签名的内容和位置。要把握各种计算机病毒的签名,必须剖析计算机病毒。剖析一个计算机病毒样本要花费很多时间,每一种计算机病毒签名的获得意味着需要耗费分析者大量的劳动,是一笔不小的开销。由于剖析必须是细致、准确的,否则不能把握计算机病毒签名,所以要掌握大量的计算机病毒签名,将有很大的开销。用扫描计算机病毒签名的方法检测计算机病毒,常常是低效、不适用的方法。

(2)也可能造成虚假警报。如果一个正常程序在特定位置具有和计算机病毒签名完全相同的代码,计算机病毒签名检测法就不能正常判断,会导致错误报警。虽然这种巧合的概率很低,但是不能说绝对不存在这种可能性。

5.3.4　特征代码法

特征代码法是检测已知病毒的最简单、开销最小的方法。特征代码法在可疑程序中搜索某些特殊代码,即为特征代码段检测法。

计算机病毒程序通常具有明显的特征代码,特征代码可能是计算机病毒的感染标记(由字母或数字组成串),如"快乐的星期天"计算机病毒代码中含有"Today is Sunday","1434"计算机病毒代码中含有"It is my birthday"等。特征代码也可能是一小段计算机程序,由若干个计算机指令组成,如"1575"计算机病毒的特征码可以是 OAOCH。特征代码不一定是连续的,也可以用一些通配符或模糊代码来表示任意代码,在被同一种计算机病毒感染的文件或计算机中,总能找到这些特征代码。将这些已知计算机病毒的特征代码串收集起来就构成了计算机病毒特征代码数据库,这样,我们就可以通过搜索、比较计算机系统(可能是文件、磁盘、内存等)中是否含有与特征代码数据库中特征代码匹配的特征代码,来确定被检计算机系统是否感染了计算机病毒,并确定感染了何种计算机病毒。

1. 特点

(1)依赖于对计算机病毒精确特征的了解,必须事先对计算机病毒样本做大量剖析。

(2)分析计算机病毒样本要花费很多时间,从计算机病毒出现到找出检测方法,会有时间滞后。

(3)如果计算机病毒中作为检测依据的特殊代码段的位置或代码被改动,则原有检测方法将失效。

特征代码法被用于 SCAN、CPAV 等著名计算机病毒检测工具中。特征代码法可能是计算机病毒扫描工具检测计算机病毒最可靠的方法。

2. 选择代码串规则

计算机病毒代码串的选择是非常重要的。选择代码串的规则如下。

(1)短小的计算机病毒代码只有 100B 左右,而长的有上 10KB。如果随意从计算机病毒代码内选一段作为代表该计算机病毒的特征代码串,可能在不同的环境中,该特征串并不真正具有代表性,不能用于将该串所对应的计算机病毒检查出来,选这种串作为计算机病毒代码库的特征串就是不合适的。

(2)代码串不应含有计算机病毒的数据区,数据区是会经常变化的。

(3)在保持唯一性的前提下,应尽量使特征代码的长度短些,以减少时间和空间开销。

(4)一定要在仔细分析了程序之后才能选出最具代表性、足以将该计算机病毒区别于其他计算机病毒和该计算机病毒的其他变种的代码串。

选定好的特征代码串是由很不容易的,是计算机病毒扫描程序的精华所在。一般情况下,代码串是由连续的若干个字节组成的串,但是有些病毒采用的是可变长串,即在串中包含有一个到几个"模糊"字节。扫描软件遇到这种串时,只要除"模糊"字节之外的字串都能完好匹配,则也能判别出计算机病毒。

例如给定特征串"E9 7C 00 10? 37 CB",则"E9 7C 00 10 27 37 CB"和"E9 7C 00 10 9C 37 CB"都能被识别出来,又例如"E9 7C 37 CB"可以匹配"E9 7C 00 37 CB"、"E9 7C 00 11 37 CB"和"E9 7C 00 11 22 37 CB",但不匹配"E9 7C 00 11 22 33 44 37 CB",因为 7C 和 37 之间的子串已超过 4 个字节。

(5)特征串必须能将计算机病毒与正常的非计算机病毒程序区分开,不然会将非计算机病毒程序当成计算机病毒报告给用户,即假警报,这种假警报过多,就会使用户放松警惕,等出现真的计算机病毒时,就会产生严重破坏。如果将假警报送给清除病毒程序,会将好程序也给"杀死"了。

3. 实现步骤

特征代码法被广泛应用于很多著名计算机病毒检测工具中,是目前被公认为检测已知计算机病毒的最简单、开销最小的方法。特征代码法的实现步骤如下。

(1)采集已知计算机病毒样本。如果计算机病毒既感染.COM 文件,又感染.EXE 文件,那么要对这种计算机病毒同时采集.COM 型计算机病毒样本和.EXE 型计算机病毒样本。

(2)在计算机病毒样本中,抽取计算机病毒特征代码。在既感染.COM 文件又感染.EXE 文件的计算机病毒样本中,要抽取两种样本共有的代码。

(3)将特征代码纳入计算机病毒数据库。

(4)检测文件。打开被检测文件,在文件中搜索,根据数据库中的计算机病毒特征代码,检查文件中是否含有计算机病毒。如果发现计算机病毒特征代码,由特征代码与计算机病毒一一对应,便可以断定被查文件所感染的是何种计算机病毒。

4. 优缺点

特征代码法的优点如下。

(1)检测准确,快速。

(2)可识别计算机病毒的具体类型。

(3)误报率低。

(4)依据检测结果,针对具体计算机病毒类型,可做杀毒处理。

特征代码法的缺点如下。

(1)由于新计算机病毒出现后发现特征代码具有时间滞后的特性,使得新计算机病毒就有可乘之机。

(2)搜集已知计算机病毒的特征代码的研发开销大。

(3)在网络上效率低,因为在网络服务器上,长时间搜索会使整个网络性能变坏。

由上可知,特征代码法具有检测准确、误报警率低等优点,并且可识别出计算机病毒的名称。但是,其最大的缺陷就是依赖于已知计算机病毒等征码所带来的滞后性,使其只能检测已知计算机病毒,对于新出现的计算机病毒,其特征码不为人所知,应用特征代码法的计算机病毒检测工具,在没有更新计算机病毒特征代码库之前,将不能检测出新计算机病毒。另一方面,随着计算机病毒种类的增多,新版本的计算机病毒特征数据库会加大,计算机病毒检索的时间也会变长,大大降低了软件的使用效率。而且此方法不能检测出隐蔽性计算机病毒,隐蔽性计算机病毒进驻内存后,能够将感染文件中的计算机病毒代码剥去,检测工具会因为不能发现被检文件中的特征代码而漏报。另外,计算机病毒特征代码选取不当会造成误报,使计算机病毒检测工具将正常程序或文件当成计算机病毒处理。

5.3.5　检查常规内存数

计算机病毒是一特殊的计算机程序,与其他程序一样,它在发作、执行时必将占用一定的系统资源,如内存空间、CPU 时间等。目前大部分的计算机病毒都是常驻内存的,伺机进行感染或破坏。为防止系统将其内存空间覆盖或收回,常驻内存计算机病毒一般都会修改系统数据区中记录的系统内存数或内存控制块中的数据,因此,可通过检查内存的大小和内存的使用情况来判断系统是否感染计算机病毒。通常我们可以采用一些简单的工具软件,如 Pctools、Debug 等检查系统常规内存数。

有的软件可以报告包括扩展内存和基本内存在内的详细情况,包括各个驻留内存程序在内存中的物理地址、占用的内存空间大小、使用的中断向量以及驻留文件的名称等。利用这些软件,首先可以查看有无可疑的驻留文件,如果有不该驻留的软件存在,则可能是文件型计算机病毒已经进入系统,通过内存信息就可确定哪个文件被计算机病毒感染;其次,查看驻留文件有无可疑的中断向量值,重点是计算机病毒经常调用的中断向量,如 INT21H,查看其中是否有不该取代的功能调用号,例如 4BH(装入或运行程序);最后,通过内存信息可以查看驻留文件的大小是否合适。如果对内存中的设备驱动程序有怀疑,还可以检查有关的设备驱动程序的分配情况,查看有无可疑的设备驱动程序、设备驱动程序是否应该占用中断向量或占用的中断向量是否合适等。

检查常规内存数的方法如下。

1. 查看系统内存的总量,与正常情况进行比较

我们知道,在干净的系统环境下,DOS 可以管理 640KB 的常规内存。在内存 0040:0013 单元字中存放该数值,换为十六进制为 0280。若此单元字不为此数字,则可能感染了计算机病毒。如检查出来的内存可用空间为 635KB,而计算机真正配置的内存空间为 640KB,则说明有 5KB 内存空间被计算机病毒侵占。这种方法很简单,用户可定时检测,或在发现异常情况时及时检测,从而判断系统是否感染了计算机病毒。

2. 检查系统内存高端的内容,来判断其中的代码是否可疑

一般在系统刚引导时,在内存的高端很少有驻留的程序。当发现系统内存减少了时,可进一步用 Debug 查看内存高端驻留代码的内容,与正常情况进行比较。

虽然内存空间很大,但有些重要数据存放在固定的地点,可首先检查这些地方。如系统启动后,BIOS、中断向量、设备驱动程序等进入内存中的固定区域内,DOS 下一般在内存 0000:4000H~v 0000:4FFOH 处。根据出现的故障,可在检查对应的内存区时发现计算机病毒的踪迹。如在进行打印、通信、绘图等操作时出现莫名其妙的故障,很可能在检查相应的驱动程序部分时会发现问题。

5.3.6 校验和法

1. 特点

针对正常程序的内容计算其校验和,将该校验和写入程序中或写入别的程序中保存。在程序应用过程中,定期地或在每次使用程序之前,检测针对程序当前内容计算出的校验和与原来保存的校验和是否一致,从而发现文件是否被计算机病毒感染,这种方法称为校验和法。采用这种方法既可以发现已知计算机病毒,也可以发现未知计算机病毒。在一些计算机病毒检测工具中,除了采用计算机病毒特征代码法之外,还纳入校验和法,以提高其检测能力。

但是,校验和法不能识别计算机病毒的种类,不能报出计算机病毒的具体名称。由于计算机病毒感染并非是造成程序内容改变的唯一的排他性原因,例如文件内容改变常常是由于正常程序引起的,所以校验和法误报率很高,而且针对所有程序的内容计算校验和也会影响程序运行的速度。

虽然计算机病毒感染的确会引起文件内容的变化,但是校验和法不能区分是正常程序引起的程序变化还是计算机病毒引起的,因而频繁报警。在以下情况下校验和法一般都会误报警。

(1)已有软件版本更新。

(2)变更口令。

(3)修改运行参数。

校验和法对隐蔽性计算机病毒无效。隐蔽性计算机病毒进驻内存后,会自动剥去染毒程序中的计算机病毒代码,使校验和法被蒙骗,对一个染毒程序计算出正常校验和。

2.方法

运用校验和法检测计算机病毒可采用如下 3 种方式。

(1)在检测计算机病毒工具中纳入校验和,对被查的对象文件计算其正常状态的校验和,将校验和值写入被检查程序中或检测工具中,而后进行比较。

(2)在应用程序中,放入校验和法自我检查功能,将程序正常状态的校验和写入程序中,每当程序启动时,比较现行校验和与原校验和,实现程序的自检测。

(3)将校验和检查程序常驻内存。每当程序开始运行时,自动比较检查程序内部或别的程序中预先保存的校验和。

3.优缺点

校验和法的优点如下。

(1)方法简单。

(2)能发现未知的计算机病毒。

(3)能发现被查程序的细微变化。

校验和法的缺点如下。

(1)必须预先记录程序正常状态的校验和。

(2)误报率高。

(3)不能识别计算机病毒种类。

(4)不能对付隐蔽型计算机病毒。

长度检验法以字节(byte)为单位控制监视程序长度。当被感染程序长度不变或者正常操作、正常命令引起程序长度变化时将出现虚假警报。如果用某种形式的校验和以位(bit)为单位来监视程序内容的变化,从概念和理论上讲是容易的,这可以提高计算机病毒检测的可靠性。

校验和是对程序文件实施特定运算的结果,简单的校验和很容易被伪造。许多随机检查方式的公开算法,可以获得目标程序或命令文件的逐位达到完全紊乱的校验和。实践证明校验和方法的开销比较大。

5.3.7　行为监测法(主动防御)

通过对计算机病毒多年的观察研究,人们发现有一些行为是计算机病毒的共同行为,而且比较特殊。在正常程序中,这些行为比较罕见。当程序运行时,监视其行为,如果发现了这些计算机病毒行为,立即报警。这种方法称为行为监测法或主动防御。行为监测法是基于程序行为自主分析判断的实时防护技术,不以病毒的特征码作为判断病毒的依据,而是从最原始的病毒定义出发,直接将程序的行为作为判断病毒的依据。

行为监测法是用软件自动实现了反病毒专家分析判断病毒的过程,解决了杀毒软件无法防杀未知木马和新病毒的弊端。在反病毒与病毒的对抗中,从技术上实现了对木马和病毒的主动防御。

实时监控反计算机病毒技术一向为反计算机病毒界所看好,被认为是比较彻底的反计算机病毒解决方案。防计算机病毒卡实时监控系统的运行,对类似计算机病毒的行为及时报警,是实时监控反计算机病毒技术的早期产品。

计算机病毒以感染或破坏计算机系统为目的,这就决定了它们的某些行为与正常程序存在典型的差别,这些行为是计算机病毒共有的特征行为。实时监控法就是实时监控计算机系统,一旦发现计算机病毒的特征行为,就进行报警。

实时监控可以针对指定类型文件或所有类型文件,也可以针对内存、磁盘等,近来发展为脚本实时监控、邮件实时监控、注册表实时监控等。

1. 监测病毒的行为特征

需要监测的计算机病毒的行为特征如下。

(1)占用 INT 13H。所有的引导型计算机病毒都攻击 boot 扇区或主引导扇区。系统启动时,当 boot 扇区或主引导扇区获得执行权时,系统就开始工作。一般引导型计算机病毒都会占用 INT 13H 功能,因为其他系统功能还未设置好,无法利用,所以引导型计算机病毒占据 INT 13H 功能,在其中放置计算机病毒所需的代码。

(2)修改 DOS 系统数据区的内存总量。计算机病毒常驻内存后,为了防止 DOS 系统将其覆盖,通常必须修改内存总量。

(3)对.COM 和.EXE 文件做写入动作。计算机病毒要感染,必须要篡改.COM 和.EXE 文件。

(4)计算机病毒程序与宿主程序的绑定和切换。染毒程序运行时,先运行计算机病毒,而后执行宿主程序。在两者切换时,也有许多特征行为。

(5)进行格式化磁盘或某些磁道等破坏行为。

(6)扫描、试探特定网络端口。

(7)发送网络广播。

(8)修改文件、文件夹属性,添加共享等。

2. 技术特点

(1)创立动态仿真反病毒专家系统。通过对病毒行为规律分析、归纳、总结,并结合反病毒专家判定病毒的经验,提炼成病毒识别规则知识库。模拟专家发现新病毒的机理,通过对各种程序动作的自动监视,自动分析程序动作之间的逻辑关系,综合应用病毒识别规则知识,实现自动判定新病毒,达到主动防御的目的。

(2)自动准确判定新病毒。分布在操作系统的众多探针,可动态监视所运行程序调用各种应用编程接口(API)的动作,自动分析程序动作之间的逻辑关系,自动判定程序行为的合法性,实现自动诊断新病毒,明确报告诊断结论;有效克服当前安全技术大多依据单一动作,频繁询问是否允许修改注册表或访问网络,给用户带来困惑以及用户因难以自行判断,导致误判、造成危害产生或正常程序无法运行的缺陷。

（3）程序行为监控并举。在全面监视程序运行的同时，自主分析程序行为，发现新病毒后，自动阻止病毒行为并终止病毒程序运行，自动清除病毒，并自动修复注册表。

（4）自动提取特征值实现多重防护。在采用动态仿真技术的同时，有效克服特征值扫描技术滞后于病毒出现的缺陷，发现新病毒后自动提取病毒特征值，并自动更新本地未知特征库，实现"捕获、分析、升级"自动化，有利于对此后同一个病毒攻击的快速检测，使用户系统得到安全高效的多重防护。

3. 病毒防火墙

实时监控法具有前导性，基于前导性的实时反计算机病毒技术始终作用于计算机系统，监控访问系统资源的一切操作，任何程序在调用之前都要被检查一遍。一旦发现可疑行为就报警，并自动清除计算机病毒代码，将计算机病毒拒之门外，做到防患于未然。Internet 已经成为计算机病毒传播的主要途径，实时性是当前反计算机病毒阵营的迫切需要，计算机病毒防火墙的概念正是基于实时反计算机病毒技术提出来的，其宗旨就是对系统实施实时监控，对流入、流出系统的数据中可能含有的计算机病毒代码进行过滤。

与传统防杀毒模式相比，计算机病毒防火墙有着明显的优越性。

（1）它对计算机病毒的过滤有着良好的实时性，也就是说计算机病毒一旦入侵系统或从系统向其他资源感染时，它就会自动检测到并加以清除。这就最大可能地避免了计算机病毒对资源的破坏。

（2）计算机病毒防火墙能有效地阻止计算机病毒从网络向本地计算机系统的入侵，而这一点恰恰是传统杀毒工具难以实现的，因为它们顶多能静态清除网络驱动器上已被感染文件中的计算机病毒，对计算机病毒在网络上的实时传播却无能为力。但"实时过滤"技术就使杀除网络计算机病毒成了计算机病毒防火墙的"拿手好戏"。

（3）计算机病毒防火墙的"双向过滤"功能保证了本地系统不会向远程（网络）资源传播计算机病毒。这一优点在使用电子邮件时体现得最为明显，因为它能在用户发出邮件前自动将其中可能含有的计算机病毒全都过滤掉，确保不会对他人的计算机系统造成无意的损害。

（4）计算机病毒防火墙还具有操作更简便、更透明的优点。有了它自动、实时的保护，用户再也不需要不时地停下正常工作而去费时费力地查毒、杀毒了。

4. 优缺点

行为监测法的优点在于不仅可以发现已知计算机病毒，而且可以相当准确地预报未知的多数计算机病毒。但行为监测法也有其缺点，即可能误报警和不能识别计算机病毒名称，而且实现起来有一定难度。

5.3.8 软件模拟法

软件模拟法是专门用来检测变形病毒，也就是多态性病毒的。什么是变形病毒呢？

在 Internet 时代，病毒会在 Internet 上通过一台计算机自动传播到另一台计算机上，一台计算机中只有一个蠕虫病毒。当然，也有的蠕虫可以在当前计算机中感染大量文件。到现阶段应发展一下对计算机病毒的基本定义，即原先对计算机病毒的基本定义简单地说是"具有传播性质的一组代码，可称为'计算机病毒'"，但计算机病毒的这些基本特性已不能用来决定计算机病毒是属于第几代的。通过多年的反计算机病毒研究，发现能用变化自身代码和形状来对抗

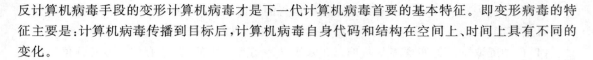

反计算机病毒手段的变形计算机病毒才是下一代计算机病毒首要的基本特征。即变形病毒的特征主要是:计算机病毒传播到目标后,计算机病毒自身代码和结构在空间上、时间上具有不同的变化。

1.变形病毒类型

(1)第一类变形计算机病毒的特性。具备普通计算机病毒所具有的基本特性,然而,计算机病毒每传播到一个目标后,其自身代码与前一目标中的计算机病毒代码几乎没有 3 个连续的字节是相同的,但这些代码其相对空间的排列位置是不变动的,这种病毒称为一维变形计算机病毒。在一维变形计算机病毒中,个别的计算机病毒感染系统后,遇到检测时能够进行自我加密或解密,或自我消失;有的列目录时能消失增加的字节数,或在进行加载跟踪时,计算机病毒能破坏跟踪或者逃之夭夭。

(2)第二类变形计算机病毒的特性。除了具备一维变形计算机病毒的特性外,那些变化的代码相互间的排列距离(相对空间位置)也是变化的,这种病毒称为二维变形计算机病毒。在二维变形计算机病毒中,如 MADE-SP 计算机病毒,它们能用某种不动声色的特殊方式,或混载于正常的系统命令中去修改系统关键内核并与之融为一体,或干脆另外创建一些新的中断调用功能,有的感染文件的字节数不定,或与文件融为一体。

(3)第三类变形计算机病毒的特性。具备二维变形计算机病毒的特性,并且在分裂后分别潜藏在几处,当计算机病毒引擎被激发后再自我恢复成一个完整的计算机病毒。计算机病毒在附着体上的空间位置是变化的,即潜藏的位置不定,例如,可能一部分藏在第一台计算机硬盘的主引导区,另外几部分可能潜藏在几个文件中,也可能潜藏在覆盖文件中,也可能潜藏在系统引导区,还可能另开辟一块区域潜藏。而在下一台被感染的计算机内,计算机病毒又改变了其潜藏的位置,这种病毒被称为三维变形计算机病毒。

(4)第四类变形计算机病毒的特性。具备三维变形计算机病毒的特性,并且这些特性随时间动态变化。例如,在染毒的计算机中,刚开机时计算机病毒在内存里是一个样子,一段时间后变成另一个样子,再次开机后计算机病毒在内存里又是一个不同的样子。还有的是这样一类计算机病毒,其本身就是具有传播性质的"计算机病毒生产机"计算机病毒,它们会在计算机内或通过网络传播时,将自己进行重新组合,生成与前一种病毒有些代码不同的变种新计算机病毒,这种病毒统称为四维变形计算机病毒。四维变形计算机病毒大部分具备网络自动传播功能,能在网络的不同角落里到处隐藏。

还有一类高级计算机病毒不再抱有以往绝大多数计算机病毒那种"恶作剧"的目的,它可能主要是在信息社会投入巨资研究出的、可以用来扰乱破坏社会的信息、政治、经济秩序等,或是以主宰战争为目的的一种称为"信息战略武器"的计算机病毒。它们有可能接受计算机外遥控信息,也可以向外发出信息,例如在多媒体计算机上可通过视频、音频、无线电或 Internet 收发信息,也可以通过计算机的辐射波向外发出信息,还可以潜藏在连接 Internet 的计算机中,收集密码和重要信息,再悄悄地随着主人通信时,将重要信息发出去。(I-WORM/MAGISTR(马吉思)计算机病毒就具有此功能,这些变形计算机病毒的智能化程度相当高。

综上所述,我们把变形计算机病毒划分为一维变形计算机病毒、二维变形计算机病毒、三维变形计算机病毒和四维变形计算机病毒。这样,可使我们站在一定的高度上对变形计算机病毒有一个较清楚的认识,以便今后针对其采取强而有效的措施进行诊治。以上的 4 类变形计算机病毒可以说是计算机病毒发展的新趋向,也就是说,计算机病毒目前已主要朝着能对抗反计算机病毒手段和有目的使用的方向发展。

2. 检测

多态性计算机病毒每次感染都会变换其计算机病毒密码,对付这种计算机病毒,特征代码法将失效。因为多态性计算机病毒代码实施密码化,而且每次所用密钥不同,把染毒的计算机病毒代码相互比较,也各不相同,无法找出可能作为特征的稳定代码。虽然行为检测法可以检测多态性计算机病毒,但是在检测出计算机病毒后,因为不知道计算机病毒的种类而难以做杀毒处理。

一般而言,多态计算机病毒采用以下几种操作来不断地变换自己:采用等价代码对原有代码进行替换;改变与执行次序无关的指令的次序;增加许多垃圾指令;对原有计算机病毒代码进行压缩或加密等。但是,无论计算机病毒如何变化,每一个多态计算机病毒在执行时都要进行还原,由此一种检测多态计算机病毒的检测方法——软件模拟法被提了出来。

软件模拟技术又称为解密引擎、虚拟机技术、虚拟执行技术或软件仿真技术等。它是一种软件分析器,在使用软件模拟法的反计算机病毒软件运行时,用软件方法模拟一个程序运行环境,将可疑程序载入其中运行,由于是虚拟环境,所以计算机病毒程序的运行不会对系统造成危害。在执行过程中,待计算机病毒对自身进行解码后,再运用特征代码法来识别计算机病毒的种类,并清除计算机病毒,从而实现对各类多态计算机病毒的查杀。

如今新型病毒检测工具纳入了软件模拟法,该类工具开始运行时,使用特征代码法检测计算机病毒,如果发现隐蔽性计算机病毒或多态性计算机病毒嫌疑时,即启动软件模拟模块,监视计算机病毒的运行,待计算机病毒自身的密码译码以后,再运用特征代码法来识别计算机病毒的种类。

5.3.9　启发式代码扫描技术

计算机病毒扫描是当前最主要的查杀计算机病毒的方式,它主要通过检查文件、扇区和系统内存来搜索新计算机病毒,用"标记"查找已知计算机病毒。计算机病毒标记就是计算机病毒常用代码的特征,计算机病毒除了用这些标记,也用别的方法。如有的根据算法来判断文件是否被某种计算机病毒感染,一些杀毒软件也用它来检测变形计算机病毒。计算机病毒扫描从杀毒方式上可以分为"通用"和"专用"两种。

"通用"扫描被设计成不依赖操作系统,可以查找各种计算机病毒;而"专用"扫描则被设计用来专查某种计算机病毒,如宏病毒,可以使某些应用软件的计算机病毒防范更加可靠。计算机病毒扫描也可按照用户操作方式分成实时扫描和请求式扫描,实时扫描能提供更好的系统计算机病毒防护,因为如果有计算机病毒出现,能够立即发现;请求式扫描只在运行时才能检测到计算机病毒。

检测计算机病毒的主要依据就是计算机病毒和正常程序之间存在很多区别,这些区别体现在许多方面,例如,通常一个正常的应用程序最初的工作是检查是否有命令行参数、清屏并保存原来的屏幕显示等,而计算机病毒程序则从来不会这样做,它们通常最初的指令是直接写盘操作、解码指令,或搜索某路径下的可执行程序等相关操作指令序列。这些显著的不同,使得任何有经验的程序员使用调试工具在调试状态下便会发现。启发式代码扫描技术就是将这种经验和知识应用在具体的计算机病毒查杀程序中来实现。

启发式代码扫描也可称做启发式智能代码分析,它将人工智能的知识和原理运用到计算机病毒检测当中,启发就是指"自我发现的能力"或"运用某种方式或方法去判定事物的知识和技能"。运用启发式扫描技术的计算机病毒检测软件,实际上就是以人工智能的方式实现的动态反编译代码分析、比较器,通过对程序有关指令序列进行反编译,逐步分析、比较,根据其动机判断其是否为计算机病毒。例如,有一段程序以如下指令开始:MOV AH,5/INT,13H。该指令调用了格式化盘操作的 BIOS 指令,那么这段程序就高度可疑,应该引起警觉,尤其是这段指令之前没有从命令行取参数选项的操作,又没有要求用户交互性输入继续进行的操作指令,那么这段程序就显然是一段计算机病毒或恶意破坏的程序。

当然在具体实现上,启发式扫描技术计算机病毒检测是相当复杂的,这就要求这类计算机病毒检测软件能够识别并探测许多可疑的程序代码指令序列,如格式化磁盘类操作,搜索和定位各种可执行程序的操作,实现驻留内存的操作,发现非正常的或未公开的系统功能调用的操作等。所有上述功能操作将被按照对安全的威胁程度和计算机病毒可疑度进行等级排序,根据计算机病毒可能使用和具备的特点而授以不同的加权值。

这里举个例子,格式化磁盘的功能操作几乎从不出现在正常的应用程序中,而在计算机病毒程序中出现的几率则极高,于是这类操作指令序列可获得较高的加权值;而驻留内存的操作计算机病毒程序通常会做,很多应用程序也要做,那么这类操作应当给予较低的加权值。最后我们对这个程序的疑似计算机病毒加权值进行累计,得出一个总的疑似计算机病毒加权值,如果超过一个事先定义的阈值,那么,计算机病毒检测程序就将该程序当做计算机病毒对待,进行计算机病毒报警。如果仅一项可疑的功能操作远不足以触发"计算机病毒报警"的装置,为了减少谎报和虚报,最好把多种可疑功能操作同时并发的情况定为发现计算机病毒的报警标准。

1.启发式扫描通常应设立的标志

为了对程序可能的操作进行加权统计和描述,计算机病毒检测程序会对被检测程序做疑似计算机病毒操标记。

例如,TBScan 计算机病毒检测软件就为它定义的每一项可疑计算机病毒功能调用赋予一个标志,如 F、R、A 等,这样一来就可以直观地帮助我们对被检测程序进行是否染毒的主观判断。

常用标志含义如下:

F:具有可疑的文件操作。

R:重定向功能。程序将以可疑的方式进行重定向操作。

A:可疑的内存分配操作,程序使用可疑的方式进行内存申请和分配操作。

N:错误的文件扩展名,扩展名预期程序结构与当前程序相矛盾。

S:包含搜索定位可执行程序(如.EXE 或.COM)的例程。

♯:发现解码指令例程,这在计算机病毒和加密程序中都是会经常出现的。

E:灵活无常的程序入口,程序被蓄意设计成可编入宿主程序的任何部分,这是计算机病毒极频繁使用的技术。

L:程序截获其他软件的加载和装入,有可能是计算机病毒要感染被加载程序。

D:直接写盘动作,程序不通过常规的 DOS 功能调用而进行直接写盘动作。

M:内存驻留程序,该程序被设计成具有驻留内存的能力。

I:无效操作指令,非 8088 指令等。

T:不合逻辑的错误的时间标贴,有的计算机病毒昔此进行感染标记。

J:可疑的跳转结构,使用了连续的或间接跳转指令,这种情况在正常程序中少见,但在计算机病毒中却很常见。

?:不相配的.EXE 文件,可能是计算机病毒,也可能是程序设计失误所致。

G:废操作指令,包含无实际用处,仅仅用来实现加密变换或逃避扫描检查的代码序列。

U:未公开的中断或 DOS 功能调用,也许是程序被故意设计成具有某种隐蔽性,也有可能是计算机病毒使用一种非常规手法检测自身的存在性。

O:发现用于在内存中进行搬移或改写程序的代码序列。

Z:EXE/COM 辨认程序,计算机病毒为了实现感染过程通常需要进行此项操作。

B:返回程序入口,包括可疑的代码序列,在完成对原程序入口处开始的代码修改之后,重新指向修改前的程序入口的计算机病毒中极常见。

K:非正常堆栈,程序含有可疑的或莫名其妙的堆栈。

例如,对于以下计算机病毒,TBScan 将点亮以下不同标志。

Jerusalem/PLO(耶路撒冷计算机病毒)　　FRLMUZ

Backfont/后体计算机病毒　　FRALDMUZK

mINSK-gHOST　　FELDTGUZB

Murphy　　FSLDMTUZO

Ninja　　FEDMTUZOBK

Tolbuhin　　ASEDMUOB

Yankee-Doodle　　FN♯ELMUZB

对于文件来说,被打上的标志越多,染毒的可能性就越大。常规干净程序甚至很少会点亮一个标志,但如果要作为可疑计算机病毒报警的话,则至少要点亮两个以上标志。如果再给不同的标志赋予不同的加权值,那么情况还要复杂得多。

2.误报/漏报

启发式扫描技术和其他的检测技术一样有时也会有误报和漏报的情况,将一个本无计算机病毒的程序指证为染毒程序,或将一个计算机病毒程序作为正常程序处理,这就是所谓的误报和漏报,又叫虚报和谎报。原因很简单,被检测程序中含有计算机病毒所使用或含有的可疑功能。例如,QEMM 所提供的一个 LOADHI.COM 程序就会含有以上的可疑功能调用,而这些功能调用足以触发检毒程序的报警装置。因为 LOADHI.COM 的作用就是为了分配高端内存,将驻留程序(通常如设备驱动程序等)装入内存,然后移入高端内存等。所有这些功能调用都可以找到一个合理的解释和确认,然而检毒程序并不能分辨这些功能调用的真正用意,况且这些功能调用又常常被应用在计算机病毒程序中。因此,检测程序只能判定 LODAHI 程序为"可能是计算机病毒程序"。

如果某个基于上述启发式代码扫描技术的计算机病毒检测程序在检测到某个文件时弹出

报警信息:"该程序可以格式化磁盘且驻留内存",而用户自己确切地知道当前被检测的程序是一个驻留式格式化磁盘工具软件,这算不算虚警谎报呢?因为一个这样的工具软件显然应当具备格式化磁盘以及驻留内存的能力。启发式代码检测程序的判断正确无误,这可算做虚警,但不能算作谎报(误报)。问题在于这个报警是否是"发现计算机病毒",如果报警信息只是说"该程序具备格式化盘和驻留功能",那么这个报警100%正确,但它如果说"发现计算机病毒",那么显然100%是错的了,关键是我们怎样来看待和理解它真正的报警含义。

检测程序的使命在于发现和阐述程序内部代码执行的真正动机,到底这个程序会进行哪些操作,至于这些操作是否预期或合法,尚需要用户方面的判断。但对于一个没有经验的用户来说,要做出这样的判断显然是有困难的。

不管是虚警、误报或谎报,我们要尽力减少和避免这种人为的紧张状况,那么如何实现呢?必须努力掌握以下几点能力。

(1)准确把握计算机病毒的行为和可疑功能调用集合的精确定义。除非满足两个以上的计算机病毒重要特征,否则不予报警。

(2)对于常规程序代码的识别能力。某些编译器提供运行时实时解压或解码的功能及服务例程,而这些情形往往是导致检测时误报警的原因,应当在检测程序中加入认知和识别这些情况的功能模块,以避免误报。

(3)对于特定程序的识别能力。如上面涉及的 LOADHI.COM 及驻留式格式化工具软件等。

(4)类似"无罪假定"的功能,即首先假定程序和计算机是不含计算机病毒的。许多启发式代码分析检毒软件具有自学习功能,能够记忆那些并非计算机病毒的文件并在以后的检测过程中避免再报警。

3.如何处理虚警谎报

不管采用什么样的措施,虚警谎报现象总是会存在的,因此用户不可避免地要在某些报警信息出现时做出自己的抉择:是真正的计算机病毒还是误报?也许会有人说:"我怎么知道被报警的程序到底是计算机病毒还是属于误报?"大多数人在被问及这个问题的第一反应是"谁也无法证明和判断"。事实上是有办法做出最终判决的,但是这还要取决于应用启发式代码分析检测技术的查计算机病毒程序的具体解释。

假如检测软件仅仅给出"发现可疑计算机病毒功能调用"这样简单的警告信息而没有更多的辅助信息,对于用户来说几乎没有什么实际帮助价值,"可能是计算机病毒"似乎永远没错,不必承担任何责任,而用户并不希望得到这样模棱两可的解释。

相反地,如果检测软件把更为具体和实际的信息报告给用户,例如"警告,当前被检测程序含有驻留内存和格式化软硬盘的功能",则更能帮助用户搞清楚到底将会发生什么,该采取怎样的应对措施等。例如这种报警是出现在一个字处理编辑软件中,那么用户几乎可以断定这是一个计算机病毒。当然如果这种报警是出现在一个驻留格式化盘工具软件中,用户就大可不必紧张万分了。这样一来,报警的可疑计算机病毒常用功能调用都能得到合理的解释,因而也会得到圆满正确的处理。

自然,从同样的报警信息中推理出一个"染毒"还是"无毒"的结论并非是每一个计算机用户能够胜任的,因此,应把这类软件设计成有某种学习记忆的能力,在第一次扫描时由有经验的用户逐一对有疑问的报警信息做出"是"与"非"的判断,而在以后的各次扫描检测时,由于软件学习并记忆了第一次检测时的处理结果,将不再出现同样的提示警报。

不论有怎样的缺点和不足,和其他的扫描识别技术相比起来,启发式代码分析扫描技术几乎总能提供足够的辅助判断信息,让我们最终判定被检测目标对象是染毒的,还是干净的。

启发式扫描技术是一种正在发展和不断完善的新技术,但已经在大量优秀的反计算机病毒软件中得到迅速的推广和应用。按照最保守的估计,一个精心设计的算法支持的启发式扫描软件,在不依赖任何对计算机病毒预先的学习和了解的辅助信息(如特征代码、指纹字串、校验和等)的支持下,可以毫不费力地检查出 90%以上对它来说是完全未知的新计算机病毒。虽然在其中可能会出现一些虚报、谎报的情况,但适当加以控制,这种误报的概率可以很容易被降低到 0.1%以下。

4. 传统扫描技术与启发式代码分析扫描技术的结合运用

前面论述了许多启发式代码分析技术的优点,会不会引起某些人的误解,以为传统的检测扫描技术就可以丢弃了呢? 情况当然不是这样。从实际应用的效果看来,传统的手法由于基于对已知计算机病毒的分析和研究,在检测时能够更准确,更少误报。但如果是对待此前根本没有见过的新计算机病毒,由于传统手段的知识库并不存在该类(种)计算机病毒的特征数据,则有可能毫无结果,因而产生漏报的严重后果。而这时基于规则和定义的启发式代码分析技术则正好可以大显身手,使这类新计算机病毒不会成为漏网之鱼。传统与启发式技术的结合使用可以使计算机病毒检测软件的检出率提高到前所未有的水平,大大降低总的误报率。表 5-1 和表 5-2 所示为这两种方法测试实验结果的对比数据。

表 5-1　启发式扫描与传统式扫描判定结果比较

启发式判定结果	传统式判定结果	可能的真正结果
干净	干净	非常可能就是干净的
干净	有毒	很可能误报
有毒	干净	很可能有毒
有毒	有毒	极有可能确实染毒

表 5-2　启发式扫描与传统式扫描漏报虚报率比较

	启发式技术	传统式技术	两种技术结合使用
虚报率/%	10	1	1
漏报率/%	0.1	0.001	0.00001

某种计算机病毒能够同时逃脱传统和启发式扫描分析的可能性是很小的,如果两种分析的结论相一致,那么真实的结果往往就如同其判断结论一样。无疑,两种不同技术对同一检测样本分析的结果出现不一致的情况比较少见,这种情形下需借助另外的分析才能得出最后结论。

以 TbScan 6.02 测试为例,表 5-3 所示是分别使用不同技术和结合应用的测试结果。

表 5-3　传统式与启发式技术检测病毒测试对比

测试用技术	总数为 7 210 个样本的计算机病毒检出数	检出率/%
传统式	7 056	97.86
启发式	6 465	89.67
两种技术结合应用	7 194	99.78

5.启发式反毒技术的未来展望

随着对启发式反毒技术研究的逐步深入,使该技术处于不断进步发展中。一方面绝大多数反计算机病毒厂家的产品中还未能引入一个较为成功和可靠的启发式检测技术的内核;另一方面,即使是在少数依靠这项技术的运用而知名的反计算机病毒产品,也还需要经过不断的完善和发展。任何改良的努力都会有不同程度的质量提高,但是不能指望在没有虚报的前提下使检出率达到100%,或者反过来说,在相当长的时间里虚报和漏报的概率不可能达到0%。

这听上去或许有些不可思议,其实不难理解。100%正确的检测结果之所以不存在,是因为有相当一部分程序(或代码)介于计算机病毒与非计算机病毒之间,即便对于人脑来说,合乎逻辑又合乎计算机病毒定义的结论也往往会截然相反。举个例子,如果依据广为接受的计算机病毒的定义:"计算机病毒就是复制自身的复制或改良的一些程序",那么,众所周知的磁盘复制程序 DiskCopy 也会落入计算机病毒的分类中。但是,情况显然并非如此。

当反计算机病毒技术的专家学者在研究启发式代码分析技术,以对传统的特征代码扫描法查毒技术进行改革的时候,也确实收到了很显著的效果,甚至可以说,在面对计算机病毒技术的加密变换(Mutation),尤其是多形、无定形计算机病毒技术(Polymorphsm)对于传统反毒技术的沉重打击时,取得了成功。但是,反毒技术的进步也会从另一方面激发和促使计算机病毒制作者不断研制出更新的、具有某种反启发式扫描技术功能、可以逃避这类检测技术的新型计算机病毒。但是,值得庆幸的是,写出具有这种能力的计算机病毒,它所需要的技术水准和编程能力要复杂得多,绝不可能像针对传统的基于特征值扫描技术的反毒软件那么容易,因为对于反特征值扫描技术来说,任何一个程序的新手将原有的计算机病毒稍加改动,哪怕只是改一个字节,只要恰好改变了所谓的"特征字节",就可使这种旧计算机病毒的新变种从未经升级的传统查毒软件的眼皮底下逃之夭夭。

抛开启发式代码分析技术实现的具体细节和不同手法不谈,这种代表着未来反计算机病毒技术发展的必然趋势,并具备某种人工智能特点的反毒技术,向我们展示了一种通用的、不需升级(较少需要升级或不依赖于升级)的计算机病毒检测技术和产品的可能性,由于其具有诸多传统技术无法企及的强大优势,必将得到普遍的应用和迅速的发展。资料显示,目前国际上最著名的排名在前五名的反计算机病毒软件产品均声称应用了这项技术,从来自不同机构和出处的评测结果来看,纯粹的启发式代码分析技术的应用(不借助任何事先的对于被测目标计算机病毒样本的研究和了解),已能达到80%以上的计算机病毒检出率,而其误报率极易控制在0.1%之下,这对于仅仅使用传统的、基于对已知计算机病毒的研究而抽取"特征字串"的特征扫描技术的查毒软件来说,是不可想象的一次质的飞跃。在新计算机病毒、新变种层出不穷,计算机病毒数量不断激增的今天,这种新技术的产生和应用更具有特殊的重要意义。

5.3.10　主动内核技术

纵观反计算机病毒技术的发展,从防计算机病毒卡到自升级的反计算机病毒软件产品,再到动态、实时的反计算机病毒技术,所依据的从来都是被动式的防御理念。这种理念最大的缺点在于将防治计算机病毒的基础建立在计算机病毒侵入操作系统或网络系统以后,并作为上层应用软件的反计算机病毒产品,借助于操作系统或网络系统所提供的功能来被动地防治计算机病毒。这种做法就给计算机系统的安全性、可靠性造成了很大的影响。

能在操作系统和网络的内核中加入反计算机病毒功能,使反计算机病毒成为系统本身的底层模块,而不是一个系统外部的应用软件,这一直是反计算机病毒厂家追求的目标。

嵌入操作系统和网络系统底层,实现各种反毒模块与操作系统和网络无缝连接的反计算机病毒技术,实现起来难度极大。

Active K(主动内核)技术的要点在于它采用了与"主动反应装甲"同样的概念,能够在计算机病毒突破计算机系统软、硬件的瞬间发生作用。这种作用,一方面不会伤及计算机系统本身;另一方面却对企图入侵系统的计算机病毒具有彻底拦截并清除的作用。以往的反计算机病毒技术,甚至连"被动反应"都称不上,因为它们本身不具备防护能力,计算机病毒入侵系统时它们不会产生反应,它们之所以有存在的必要性,是因为系统被计算机病毒感染后,能够用这些产品对系统进行反计算机病毒检查与清除工作。实时化的反计算机病毒技术,可以被称为"主动反应"技术,因为这时反计算机病毒技术能够在用户不关心的情况下,自动将计算机病毒拦截在系统之外。

但以上技术都不是深入到内核的技术。主动内核技术,用通俗的说法,是从操作系统内核这一深度,给操作系统和网络系统本身打了一个补丁,而且是一个"主动"的补丁,这个补丁将从安全的角度对系统或网络进行管理和检查,对系统的漏洞进行修补,任何文件在进入系统之前,作为主动内核的反毒模块都将首先使用各种手段对文件进行检测处理。

5.3.11 病毒分析法

一般使用病毒分析法的人不是普通用户,而是反计算机病毒技术人员。使用病毒分析法的目的如下。

(1)确认被观察的磁盘引导区和程序中是否含有计算机病毒。

(2)确认计算机病毒的类型和种类,判定其是否是一种新计算机病毒。

(3)搞清楚计算机病毒体的大致结构,提取特征识别用的字符串或特征字,将其增添到计算机病毒代码库以供计算机病毒扫描和识别程序使用。

(4)详细分析计算机病毒代码,为相应的反计算机病毒措施制定方案。

上述 4 个目的按顺序排列起来,正好大致是使用病毒分析法的工作顺序。使用病毒分析法要求具有比较全面的有关计算机、DOS 结构和功能调用以及关于计算机病毒方面的各种知识。

要使用病毒分析法检测计算机病毒,其条件除了要具有以上相关的知识外,还需要 Debug、Provie 等分析用工具程序和专门的试验用计算机。因为即使是很熟练的反计算机病毒技术人员,使用性能完善的分析软件,也不能保证在短时间内将计算机病毒代码完全分析清楚。而计算机病毒有可能在被分析阶段继续传染甚至发作,把软盘、硬盘内的数据完全毁坏,这就要求分析工作必须在专门设立的试验用计算机上进行,这样就不怕其中的数据被破坏。在不具备条件的情况下,大家不要轻易开始分析工作,很多计算机病毒采用了自加密、抗跟踪等技术,使得分析计算机病毒的工作冗长而枯燥。特别是某些文件型计算机病毒的代码可长达 10KB 以上,且牵涉的系统层次很深,使详细的剖析工作变得十分复杂。

计算机病毒检测的分析法是反计算机病毒工作中不可或缺的重要技术,任何一个性能优良的反计算机病毒系统的研制和开发,都离不开专门人员对各种计算机病毒的详尽而认真的分析。

分析的步骤分为动态和静态两种。静态分析是指利用 Debug 等反汇编程序将计算机病毒代码打印成反汇编后的程序清单进行分析,看计算机病毒分成哪些模块,使用了哪些系统调用,采用了哪些技巧,如何将计算机病毒感染文件的过程反转为清除计算机病毒、修复文件的过程,哪些代码可被用做特征码以及如何防御这种计算机病毒等。分析人员素质越高,分析过程就越快,理解就越深。

动态分析则是指利用 Debug 等程序调试工具在内存带毒的情况下,对计算机病毒做动态跟踪,观察计算机病毒的具体工作过程,以进一步在静态分析的基础上理解计算机病毒工作的原理。在计算机病毒编码比较简单的情况下,动态分析不是必须的。但当计算机病毒采用了较多的技术手段时,必须使用动、静相结合的分析方法才能完成整个分析过程。例如,Flip 计算机病毒采用随机加密技术,只有利用对计算机病毒解密程序的动态分析才能完成解密工作,从而进行下一步的静态分析。

5.3.12　感染实验法

感染实验法是一种简单实用的检测计算机病毒的方法。由于计算机病毒检测工具落后于计算机病毒的发展,当计算机病毒检测工具不能发现计算机病毒时,如果不会用感染实验法,便束手无策。如果会用感染实验法,就可以检测出计算机病毒检测工具不认识的新计算机病毒,可以摆脱对计算机病毒检测工具的依赖,自主地检测可疑的新计算机病毒。

这种方法的原理是利用了计算机病毒最重要的基本特征——感染特性。所有的计算机病毒都会进行感染,如果不会感染,就不能称其为计算机病毒。如果系统中有异常行为,最新版的检测工具也查不出计算机病毒时,就可以做感染实验,运行可疑系统中的程序后,再运行一些确切知道不带毒的正常程序,然后观察这些正常程序的长度及校验和,如果发现有的程序增长了,或者校验和发生了变化,就可断言系统中有计算机病毒。

1.检测未知引导型计算机病毒的感染实验法

(1)用一张软盘制作一个清洁无毒的系统盘,用 Debug 程序将该盘的 boot 扇区读入内存,计算其校验和,并记住此值。同时把正常的 boot 扇区保存到一个文件中。上述操作必须保证系统环境是清洁无毒的。

(2)在这张实验盘上复制一些无毒的系统应用程序。

(3)启动可疑系统,将实验盘插入可疑系统,运行实验盘上的程序,重复一定次数。

(4)再在干净无毒的计算机上,检查实验盘的 boot 扇区,可与原 boot 扇区内容比较,如果实验盘 boot 扇区内容已改变,就可以断定可疑系统中有引导型计算机病毒。

2.检测未知文件型计算机病毒的感染实验法

(1)在干净系统中制作一张实验盘,在上面存放一些应用程序,这些程序应保证无毒,应选择长度不同、类型不同的文件(既有.COM 型又有.EXE 型),记住这些文件正常状态的长度及校验和。

(2)在实验盘上制作一个批处理文件,使盘中程序在循环中轮流被执行数次。

(3)将实验盘插入可疑系统,执行批处理文件,多次执行盘中程序。

(4)将实验盘放入干净系统,检查盘中文件的长度和校验和,如果文件长度增加,或者校验和变化(在零长度感染和破坏性感染场合下,长度一般不会变,但校验和会变),则可断定可疑系统中有计算机病毒。

5.3.13　算法扫描法

有些多形态计算机病毒通过使用不同的密钥进行加密来产生变种。由于这种类型的计算机病毒必然包括一个解密密钥、一段已被加密的计算机病毒代码以及一段说明解密规则的明文,而对于这类计算机病毒,解密规则本身或者对解密规则库的调用都是公开的,所以这些就成为该计算机病毒的特征代码。一些反计算机病毒工具纳入了算法扫描技术(Algorithmic Scanning)。所谓算法扫描,就是针对多形态计算机病毒的算法部分进行扫描的方法。

5.3.14　语义分析法

语义学(Semantics),也作"语意学",是一个涉及语言学、逻辑学、计算机科学、自然语言处理、认知科学、心理学等诸多领域的一个学科。虽然各个学科之间对语义学的研究有一定的共同性,但是具体的研究方法和内容大相径庭。语义学的研究对象是语言的意义,这里的语言可以是词汇、句子、篇章和代码等不同级别的语言单位。

程序语义可以看成是程序在执行时所有可能的执行路径的集合,而程序的行为可以看成该集合中的一条路径或一条路径的一部分。

程序语义说明了程序对于每个可能输入的行为,即提供了程序行为的形式化模型。混淆技术之所以能轻松突破基于特征匹配检测方法的根源就在于,特征匹配方法仅仅依赖程序的语法属性而忽略了程序功能即语义。而动态检测的局限在于不能检查到程序执行的完整路径和所有路径。基于语义的恶意代码检测方法不仅利用程序的语义信息,并且考虑了程序对于所有输入的行为,理论上能够检查可疑代码的所有的执行路径。

1. 恶意代码中的语义分析

恶意代码作者进行代码迷惑时保持了程序转换前后的语义信息,或者程序转换前后语义等价。恶意代码具备相似的行为,实现这些行为的代码语义等价。比如大多数具有二维变形病毒的代码中都有自解密循环,很多蠕虫通过电子邮件进行传播的行为导致其代码中存在搜索邮件地址的代码。同时,为了避免被杀毒软件以特征码的方式识别查杀,黑客通常会对这些代码做混淆。这些行为具有明显区别于正常程序的语义信息,因此提取恶意代码中语义信息为检测特征是个有效方法。

代码混淆(Obfuscated code)是将计算机程序的代码转换成一种功能上等价,但是难于阅读和理解的形式的行为。代码混淆可以用于程序源代码,也可以用于程序编译而成的中间代码。执行代码混淆的程序被称作代码混淆器。目前已经存在许多种功能各异的代码混淆器。

代码混淆的主要目的是为了保护源代码,阻止反向工程。反向工程会带来许多问题,诸如知识产权泄露、程序弱点暴露易受攻击等。使用即时编译技术的语言,如 Java、C♯所编写的程序更容易受到反向工程的威胁。然而这样一个技术也被用于了恶意代码的自我保护。

代码混淆的主要方法如下。

(1)将代码中的各种元素,如变量、函数、类的名字改写成无意义的名字。比如改写成单个字母,或是简短的无意义字母组合,甚至改写成"__"这样的符号,使得阅读的人无法根据名字猜测其用途。

（2）重写代码中的部分逻辑，将其变成功能上等价，但是更难理解的形式。比如将 for 循环改写成 while 循环，将循环改写成递归，精简中间变量等。

（3）打乱代码的格式。比如删除空格，将多行代码挤到一行中，或者将一行代码断成多行等。

代码混淆会改变代码的内容，但是不会改变代码的语义。例如，汇编代码 mov eax,0 和汇编代码 and eax,255 的二进制表示并不相同，但是二者的语义都是一样的，都是将寄存器 eax 清零。

2. 语义分析方法

对于程序语义的不同理解催生了两类不同的基于语义的恶意代码检测方法：基于内存的和基于函数调用的。

基于内存的方法是指将行为定义成指令序列对程序地址空间内容的改变。该方法引入抽象模式库将其作为恶意行为自动机的符号表，结合抽象模式库将待检测代码的控制流图（Control Flow Graph，CFG）转换成注释 CFG，恶意行为被泛化成带未解释符号的自动机作为模板，最后使用模型检验的方法来识别程序中是否包含了模板描述的恶意行为。

随后在改进的方法中提出如果代码段在运行后对内存的影响与模板描述的相同，则认为程序中包含了模板描述的恶意行为，并选择迹语义作为程序基本语义，定义了迹语义下程序语义等价的条件，最后采用抽象解释的方法得到近似的检测算法。

基于内存的方法能方便地描述例如自我修改（自我加密、解密）、缓冲区溢出等影响自身进程状态的行为，但对于病毒的感染行为、蠕虫的传播、恶意代码对系统的修改及其破坏等行为无法给出有效的描述。而从函数调用角度就可以方便地描述这些行为，因此基于函数调用的方法成为如今的主流。

Bergeron 抽取了可执行文件的控制流图并将其缩减成原图的子图，子图中的节点只包含精选的系统调用，而由一组具体的系统调用来描述可疑行为，然后将该图和可疑行为的描述进行对比，判断在图中是否存在一条可匹配描述可疑行为的系统调用序列的路径。虽然该方法能够在一定程度上反映函数调用间的时序关系，但是该方法的恶意行为描述中没有考虑系统调用间的参数依赖关系。

Singh 和 Lakhotia 利用线性时态逻辑（Linear-time Temporal Logic，LTL）模型检测这一形式化检测技术来检测可疑程序中的恶意行为，首先利用 IDA Pro 反汇编可执行代码，建立该程序的控制流图，并对其进行数据流分析以标记 CFG 中基本块，而恶意行为由 LTL 来描述，最后将标记的 CFG 和描述恶意行为的 LTL 公式送入 SPIN（Simple Promela Interpreter）模型检测器中完成检测。

Kinder 将程序的控制流图转换为 Kripke 结构，用计算树逻辑（CTL）将恶意行为描述成 CTL 公式的形式，该公式不仅能反映函数调用间的时序关系，也能反映函数调用间的参数依赖关系，最后使用模型检测方法验证程序中是否存在恶意行为。虽然相对于文献所采用的 LTL，带有分支的 CTL 更适合用于验证恶意行为存在性，但该方法没有进行数据流分析，而是直接在反汇编所得的汇编代码层次建立模型并描述恶意行为，使得行为描述过于细致和繁杂。

有的模型使用较直观的有穷状态机（Finite State Automata，FSA）描述恶意行为，并引入数据流分析使用下推自动机（Push Down Automata，PDA）描述程序的全局状态空间以提高分析的精度，最后使用 MOPS（Model Checking Programs for Security Properties）模型检测器检测是否存在恶意行为。但对于恶意代码样本的分析表明,恶意行为大部分都在单个函数中实现,而建立全局状态空间需要进行过程间的数据流分析增加了分析的难度,降低了分析的精度,并且会导致模型规模异常庞大。

SAVE 分析恶意程序的导入表从中提取系统调月(Application Programming Interface,API)序列作为特征,并将每个 API 映射为一个整数,对 API 序列进行编码,使用序列对齐算法来计算与恶意代码不同变种间的相似度,最后采用基于相似度的分类方法判定是否是恶意代码。V. Sai 在 IDA Pro 反汇编结果的基础上提取"关键"API 信息,并统计各 API 调用次数,将各恶意代码子类别样本中关键 API 的平均出现频率作为该子类别的特征,通过比较可疑程序与各子类别特征的相似性来判定可疑程序的类别。该方法利用了 API 调用的次数信息,并可提供更细致的子类别信息。

有的研究人员从可执行文件导入表中提取出程序调用的 API 集合并将其映射为一个整数序列,用固定长度的滑动窗口将序列划分成等长的子序列,通过信息增益的方法选择部分子序列作为特征,训练一个支持向量机用来分类。还有研究人员首先根据样本文件调用的 API 的数目将样本文件聚类,在不同类别上分别利用关联规则挖掘技术挖掘出相应的规则,如果可疑文件既包含规则前项也包含规则后项,则认为是恶意代码。

3. 语义分析的局限性

目前语义分析方法对基于函数调用攻击的研究存在不足,主要包括以下 3 个方面。

(1)无法描述函数调用的复杂上下文关系。现有的方法或者使用单个的可疑函数,或者使用基于语法的函数序列的统计信息,忽略了函数调用的语义与上下文之间的关系。

(2)无法描述函数调用的语义与控制结构的关系。例如在 while()中出现的没有与recv()成对出现的 send(),可能产生拒绝服务攻击,不在循环结构中的相同函数则没有这样的语义。现有的方法无法描述这种关系。

(3)分析精度低。现有方法只能在单个函数内部进行分析。而程序的某些行为,例如网络行为往往是在多个函数间的,需要在全局状态空间内进行分析。

5.3.15 虚拟机分析法

虚拟机技术实际上是虚拟了一个计算机运行环境,这个虚拟的计算机就像是一个病毒容器,行为检测引擎将一个样本放入这个病毒容器中虚拟运行,然后跟踪程序运行状态,根据行为判断是否是病毒。反病毒虚拟机严格意义上不能被称为虚拟机,它主要是对 CPU 的功能进行模拟,由于主要被用作变形病毒的解密还原,它也被称为通用解密器。由于反病毒界的习惯,沿用了虚拟机这一称呼。

因为虚拟机就像真正的计算机一样可以读懂病毒的每一句指令,并虚拟执行病毒的每一条指令,所以任何反常的病毒行为都可以检查出来。虚拟机病毒检测技术是国际反病毒领域的前沿技术,至今仍有许多人在研究和完善它。因为它的未来可能是一台用于 Internet 上的庞大的人工智能化的反病毒机器人。

1. 虚拟机类型

虚拟机的实现有两种模型:单步断点跟踪和虚拟执行。

单步断点跟踪模型中,虚拟机和客户程序以调试程序和被调试程序的形式存在,通过设置单步标记或断点的方式,实现虚拟机程序和客户程序的交替执行。在整个调试的过程中,虚拟机程序、客户程序和操作系统中的机器指令都会得到执行。客户程序完成它自己想要的行为动作,虚拟机程序则控制 CPU 记录和分析客户程序执行过程中各个对象数值的变化,从而实现对客户程序行为的分析。操作系统除本来对虚拟机和客户程序单独运行的支持(解释和说明)以外,主要负责根据各种标记和断点设置,控制 CPU 在虚拟机和客户程序之间的切换(运行规则)。

单步断点跟踪模型中,客户程序的行为,都被 CPU 之间作用在真实的寄存器、内存和 I/O 上,尽管在运行过程中,虚拟机能通过单步标记和断点来暂停或终止客户程序的运行,但由于虚拟机只能对已经发生的行为进行分析,因此不能保证操作系统和用户信息在客户程序执行过程中的安全。

虚拟执行模型中,不同于单步断点跟踪中客户程序作为一个单独的进程直接运行。虚拟执行时,客户程序一般是被作为数据文件进行加载,虚拟机控制 CPU 从客户程序中读取指令数据,通过一系列加工处理之后,再控制 CPU 进行对象操作。由于客户程序没有独立的运行环境,客户程序中对的 CPU 指令一般都被 CPU 作用在虚拟机的进程内存对象上,通过进程内存对象对客户程序需要操作的内存对象、寄存器对象、I/O 对象等进行模拟。

在虚拟执行模型中,客户程序对各对象的操作,都被作用在虚拟机的进程内存对象之中,不会影响操作系统的正常运行,也不会造成用户信息的泄露或破坏。因此,虚拟执行与单步断点跟踪相比其安全性更强。

此外,单步断点跟踪还存在着容易被识别的问题。在单步执行模式下 CPU 标志寄存器中的 TF 位会被置 1,断点则需要对被调试程序指令内容进行修改,因此客户程序只需要检测 CPU 标志寄存器或对代码段指令内容进行检查,就能判断是否处于被调试状态下,甚至可直接调用 IsDebugPresent 函数进行判断。

反病毒虚拟机,对安全性和反识别能力都有很强的要求,因此采用虚拟执行作为其实现模型。无论使用何种技术进行加壳,原程序代码在执行前都会先被壳还原出来。反病毒虚拟机便针对壳的这一特征,为其提供虚拟的执行环境,在壳完成对原程序代码的还原之后,再进行病毒检查。反病毒虚拟机仅模拟运行客户程序执行初期的解密还原过程,不需要对客户程序的完整运行提供支持,因此在设计上不同于 VMware、QEMU、Bochs、Xen 等虚拟机。事实上,反病毒虚拟机主要是对 CPU 功能和内存操作进行模拟。

2. 虚拟执行

虚拟机执行在虚拟执行模型中,客户程序被作为数据文件加载到虚拟机内,尽管客户程序中包含有 CPU 指令,但它们不被 CPU 直接运行。客户程序中的 CPU 指令,被 CPU 以数据的形式读取,进行一系列加工和处理,然后再由 CPU 执行。虚拟机对客户程序指令的加工和处理,被称为指令翻译。指令翻译的目的是保证指令运行时操作系统和用户信息的安全,目前的指令翻译主要是将客户程序指令对进程内存对象、系统内存对象、寄存器对象和 I/O 对象的操作,作用在虚拟机的进程内存对象上。改变 CPU 操作的对象,就必须改变客户程序代码对 CPU 动作的描述,这便是目前反病毒虚拟机完成的最基本的工作。

根据指令翻译方式的不同,虚拟机可以被分为自含代码虚拟机(SCCE)和缓冲代码虚拟机(BCE)。其中,自含代码虚拟机对每条客户程序指令进行完全的译码,解析出完整的操作码和操作对象,单独为每一条指令提供指令翻译。缓冲代码虚拟机根据应用对指令分析的不同需求,将客户程序的指令分为特殊指令和非特殊指令,对特殊指令它同自含代码虚拟机一样,提供完整全面的译码和每条指令独有的指令翻译,对于非特殊指令它对译码和指令翻译进行简化,仅解析出指令长度,然后使用通用的处理过程完成对该指令的翻译。这两种不同的指令翻译方式分别在行为控制能力和执行效率方面各有所长。

虚拟执行模型对于解释指令有 3 种不同的处理方式:逐条翻译、块模拟和跳过不执行。

解释指令对应用程序的行为进行解释和说明,因此也可以被看作客户程序的一部分,进行逐条指令的翻译。逐条翻译是最简单的处理方式,但也存在诸多需要改进完善的地方。解释指令采用规范的接口为应用程序提供运行支持,因此客户程序所调用的每一个解释指令块的行为其实是可知的,通过对调用参数的分析即可确定该调用是否会对操作系统和用户信息造成危害,因此对解释指令进行逐条翻译是没有必要的。

块模拟没有逐条翻译的存在的效率问题,它其实是将操作系统的解释指令实现在虚拟机内部,因此需要对操作系统的该解释指令块的行为有全面的了解。每一个解释指令块的模拟,意味着实现人员对该调用行为的学习和分析,也意味着反病毒虚拟机体积的增加。因此,尽管块模拟有着较好的运行效率,但却不适合大范围使用。

由于反病毒虚拟机最初的设计目标仅是用于模拟运行变形病毒的解密还原过程,因此尽管对解释指令的各种处理方式都或多或少的存在不足,但都没有对反病毒虚拟机的设计和实际运行造成太大影响。

3.反病毒虚拟机运行流程

反病毒虚拟机为客户程序提供虚拟执行的环境,识别程序中的解密循环并虚拟执行,解密还原过程结束之后再进行病毒检测,因此反病毒虚拟机的运行流程主要由解密还原过程的虚拟执行和病毒检测两部分决定。

经过加壳处理的程序,壳总是先于原程序运行的,它们负责对原程序进行解密还原,然后运行原程序的指令。变形病毒的运行过程也是类似的,先由解密模块完成对病毒程序指令的还原,再进行恶意行为操作。

反病毒虚拟机首先使用杀毒引擎通过特征码扫描的方式对客户程序进行病毒检测,如果发现病毒则结束运行。如果没发病毒,虚拟机则对客户程序指定长度的指令进行虚拟执行,尝试发现解密还原循环,如果没有发现解密还原循环则认为此客户程序不存在解密还原循环,结束虚拟机运行。如果在前面指令虚拟执行的过程中发现有解密还原循环,虚拟机将模拟解密还原循环,在此过程结束后,再次使用杀毒引擎对其进行病毒检测。

4.反虚拟机技术分析

虽然虚拟机技术从 20 世纪 60 年代的 VM/370 发展到今天已经半个世纪了,但真正的反病毒虚拟机还正在起步阶段,在设计和实现上存在诸多不足,对操作系统服务支持也不够完善,给病毒留下可乘之机。病毒利用反病毒虚拟机的缺陷采取各种各样的方式对虚拟机进行识别,从而逃避反病毒虚拟机的发现,甚至主动对反病毒虚拟机进行攻击和破坏。常用的技术如下。

(1)特殊指令:使用虚拟机不能识别的指令,干扰虚拟机的正常运行。随着一代又一代高效 CPU 的不断推出,CPU 指令集不断扩充,反病毒虚拟机没有实现、也不可能实现对诸如MMX、3DNOW、SSE、SSE2、SSE3 等所有指令的识别和模拟。当程序中出现这类没有被实现的指令时,虚拟机将无法实现正确的模拟工作,甚至会引起虚拟机崩溃。

（2）结构化异常：结构化异常是 Windows 系统提供的用于处理程序异常行为的服务。当线程发生异常时，操作系统会将这个异常通知给用户，并且调用用户为对应代码块注册的异常处理回调函数。虽然这个回调函数一般用于修正异常状态、恢复程序正常运行或者完成程序退出前的清理工作，但系统实际上对它的功能并未做任何限制，它可以做任何想做的事情，比如变形病毒的加密和解密，或者更直接的破坏行为。对于没有实现异常处理支持的虚拟机，当异常触发时，程序将改变原有执行流程，脱离虚拟机的控制，或者没有程序执行流程的转移，虚拟机模拟的效果与客户程序真实行为大相径庭。

（3）多线程机制：传统的反病毒虚拟机只是模拟 CPU 简单的功能，对于多线程这类涉及复杂系统调用的功能，并没有提供支持，因此不能实现对多线程程序的模拟执行，也就不能完成多线程变形病毒的解密和识别工作。

（4）入口点模糊技术：由于传统的反病毒虚拟机认为病毒程序会在程序入口点附近的 256 条指令内开始解密循环，而只对这部分指令进行模拟执行和解密循环识别。病毒程序只需要在宿主程序执行过程中才进行跳转、开始解密循环，即可避开反病毒虚拟机的跟踪和分析。

（5）虚拟机主动识别：VMware、VirtualPC、Bochs、Hydra、QEMU、Xen 等虚拟机由于设计和实现上的问题，都存在信息泄露和特殊指令，能被应用程序从内部进行识别。

虚拟机技术的最大优点是能够很高效率地检测出病毒，特别是特征码技术很难解决的变形病毒。它的缺点也显而易见，一是虚拟机运行速度太慢，大约会比正常的程序执行的速度慢 10 倍甚至更多，所以事实上无法虚拟执行程序的全部代码；二是虚拟机的运行需要相当的系统资源，可能会影响正常程序的运行。

 习　　题

1. 简述计算机病毒防范的原则？
2. 分析计算机病毒检测的基本方法有哪几种，各自具有什么特点，各自适应的场合是什么。
3. 特征代码段的选取方法是什么？该种方法能检测出何种计算机病毒？
4. 启发式代码扫描的标志位的含义是什么？
5. 简述系统数据对比法在病毒检测技术中的重要性。
6. 简述变形病毒的类型，并分析哪种手段对检测该类病毒有效及如何实现。
7. 校验和法检测病毒的优缺点是什么？

第6章
典型病毒的防范技术

6.1　计算机病毒防范和清除的基本原则和技术

计算机病毒已成为当代信息社会的致命杀手,正所谓道高一尺,魔高一丈,病毒像幽灵一样,无处不在。尤其是病毒与黑客技术相结合,使其对抗反病毒技术的能力越来越强。面对这种严峻形势,人们急需要了解病毒的特征和反病毒技术,做到防杀结合,才能立于不败之地。

6.1.1　计算机病毒防范的概念和原则

计算机病毒日益严峻,引起人们越来越多的关注。特别是在 Internet 环境下的病毒蔓延,给广大计算机用户带来了极大的损失。计算机病毒防范是指通过建立合理的计算机病毒防范体系和制度,及时发现计算机病毒侵入,并采取有效的手段阻止计算机病毒的传播和破坏,恢复受影响的计算机系统和数据。

计算机病毒防范的宏观防范策略,既包括在技术层面上采取措施,更需要在管理层面和法律层面上采取措施。只有高度重视管理层面,对计算机信息系统的使用人员的行为加以规范,才能使计算机病毒防范工作落到实处。下面是在使用层面上防范计算机病毒的基本措施。

1.计算机信息系统使用原则

(1)养成及时下载最新系统安全漏洞补丁的良好习惯,杜绝利用系统漏洞进行攻击的病毒。同时,经常升级杀毒软件,开启病毒实时监控,及早发现各种可疑的病毒。

(2)定期做好重要资料的备份,不要随便打开来源不明的 Excel 或 Word 文档,并且要及时升级病毒库。

(3)选择具备"网页防火墙"功能的杀毒软件,每天升级杀毒软件病毒库,定时对计算机进行病毒查杀,上网时开启杀毒软件全部监控。

(4)不要随便点击不安全的陌生网站,以免遭到病毒侵害。避免访问非法网站,这些网站往往潜藏着恶意代码,一旦用户打开其页面,即会被植入木马与病毒。

(5)及时更新计算机的防病毒软件、安装防火墙,为操作系统及时安装补丁程序。将应用软件升级到最新版本,其中包括各种 IM 即时通信工具、下载工具、播放器软件、搜索工具条等。

2.管理层面防范计算机病毒的方针

为了使计算机病毒防范工作实现制度化、法制化、经常化,在制定相关的管理制度时,要遵循以下原则和方针。

(1)根据国家有关法律法规来制定相关的制度,主要在防上下工夫,有利于计算机安全的保护责任要逐级建立和落实,要将技术防范和管理防范相结合,与现代信息技术的迅速发展相适应,根据自己单位数据资料的重要程度和安全的不同要求来进行管理,重在落实。

(2)预防计算机病毒是主动的,主要表现在监测行为的动态性和防范方法的广谱性。防毒的重点是控制计算机病毒的传染,防毒的关键是对计算机病毒行为的判断,如何有效地区别计算机病毒行为与正常程序行为是防毒成功与否的重要因素,防毒对于不按现有计算机病毒机理设计的新计算机病毒也许无能为力。

(3)杀毒是被动的,只有发现计算机病毒后,对其剖析、选取特征串,才能设计出该"已知"计算机病毒的杀毒软件。但发现新计算机病毒或变种计算机病毒时,又要对其剖析、选取特征串,才能设计出新的杀毒软件,它不能检测和消除研制者未曾见过的"未知"计算机病毒,甚至对已知计算机病毒的特征串稍做改动,就可能无法检测这种变种计算机病毒或者在杀毒时会出错。原则上说,计算机病毒防治应采取"主动预防为主,被动处理结合"的策略。

3.反病毒技术的发展趋势

因为病毒的目的性和网络性的相关特征,传统的反病毒技术也露出其不足之处。其一,传统的反病毒技术只能针对本地系统进行防御。其二,传统的病毒查杀技术是采取病毒特征匹配的方式进行病毒的查杀,而病毒库的升级是滞后于病毒传播的,使其无法查杀未知病毒。其三,传统的病毒查杀技术是基于文件进行扫描的,无法适应对效率要求极高的网络查毒。网络环境下的反病毒技术必须要能够针对病毒的网络性和目的性进行防御。

反病毒技术的发展具有以下趋势。

(1)未知病毒查杀技术。操作系统漏洞的发现和利用及 Windows 系统的复杂性,致使很多木马程序打"擦边球",反病毒程序很难用传统行为分析的方法区别木马程序和一些正常网络服务程序。未知病毒查杀技术是对未知病毒进行有效识别与清除的技术。该技术的核心是以软件的形式虚拟一个硬件的 CPU,然后将可疑文件放入这个虚拟的 CPU 进行解释执行,在执行的过程中对该可疑文件进行病毒的分析、判定。虚拟机机制在智能性和执行效率上都存在很多难题需要克服。

(2)防病毒体系趋于立体化。从单机版杀毒,到网络版杀毒,再到全网安全概念的提出,反病毒技术已经由孤岛战略延伸到立体化架构。防病毒战线从单机延伸到网络接入的边缘设备;从软件扩展成硬件;从防火墙、IDS 到接入交换机的转变,是在长期的病毒和反病毒技术较量中的新探索。

(3)流扫描技术广泛使用于边界防毒。在网络入口处对进出内部网络的数据和行为进行检查,可有效地防止病毒进入内部网络。流扫描技术是专门为网络边界防毒而设计的病毒扫描技术,面向网络流和数据包进行检测,大大减少了系统资源的消耗和网络延迟。

6.1.2 计算机病毒预防基本技术

预防是对付计算机病毒的积极而且有效的措施,计算机病毒的预防技术是指通过一定的技术手段防止计算机病毒对系统进行传染和破坏,它是根据计算机病毒程序的特征对计算机病毒进行分类处理,在程序运行中凡有类似的特征点出现则认定是计算机病毒。具体来说,计算机病毒的预防是通过阻止计算机病毒进入系统内存或阻止计算机病毒对磁盘的操作尤其是写操作,来达到保护系统的目的。

计算机病毒的预防技术主要包括磁盘引导区保护、加密可执行程序、读写控制技术和系统监控技术等。计算机病毒的预防应该包括两个部分：对已知计算机病毒的预防和对未来计算机病毒的预防。目前，对已知计算机病毒的预防可以采用特征判定技术或静态判定技术，对未知计算机病毒的预防则是一种行为规则的判定技术即动态判定技术。

　　计算机病毒预防是在计算机病毒尚未入侵或刚刚入侵时，就拦截、阻击计算机病毒的入侵或立即报警。目前在预防计算机病毒工具中采用的主要技术如下。

　　（1）将大量的消除/杀毒软件汇集一体，检查是否存在已知计算机病毒，如在开机时或在执行每一个可执行文件前执行扫描程序。缺点是对变和或未知计算机病毒无效，系统开销大，软件常驻内存，每次扫描都要花费一定时间等。

　　（2）检测一些计算机病毒经常要改变的系统信息，如引导区、中断向量表、可用内存空间等，以确定是否存在计算机病毒行为。缺点是无法准确识别正常程序与计算机病毒程序的行为，可能会出现频频误报。

　　（3）监测写盘操作，对引导区或主引导区的写操作报警。缺点是在检测的过程中，很难区分一些正常程序与计算机病毒程序的写操作，因而会误报警。

　　（4）对计算机系统中的文件形成一个密码检验码和实现对程序完整性的验证，在程序执行前或定期对程序进行密码校验，如有不匹配现象立即报警。优点是易于早发现计算机病毒，对已知和未知计算机病毒都有防止和抑制能力，缺点是执行的效率可能会下降。

　　（5）智能判断型，设计计算机病毒行为过程判定知识库，应用人工智能技术区分正常程序与计算机病毒程序行为，是否误报警取决于知识库选取的合理性。缺点是单一的知识库无法覆盖所有的计算机病毒行为。

　　（6）智能监察型，设计计算机病毒特征库（静态）、计算机病毒行为知识库（动态）、受保护程序存取行为知识库（动态）等多个知识库及相应的可变推理机制，通过调整推理机制，能够对付新类型计算机病毒，减少误报和漏报。这是未来预防计算机病毒技术发展的方向。

6.1.3　清除计算机病毒的一般性原则

　　在单机状态下，清除计算机病毒不光是删除计算机病毒程序，或使计算机病毒程序不能运行，还要尽可能恢复被计算机病毒破坏的系统或文件，以将损失减少到最低程度。清除计算机病毒的过程其实可以看做是计算机病毒感染宿主程序的逆过程，只要搞清楚计算机病毒的感染机理，清除计算机病毒其实是很容易的。当然，根据入侵计算机病毒种类的不同，清除计算机病毒的方法也不同。事实上，每一种计算机病毒，甚至是每一个计算机病毒的变种，它们的清除方式可能都是不一样的，所以在清除计算机病毒时，一定要针对具体的计算机病毒来进行。当然，有些种类计算机病毒的清除方法是很相似的。

　　清除计算机病毒工具都遵循一定的原则，具体如下。

　　（1）计算机病毒的清除工作最好在无毒的环境中进行，以确保清除计算机病毒的有效性。

　　（2）在启动系统盘和杀毒盘上加写保护标签，防止其在清除病毒的过程中感染上病毒。

　　（3）一定要确认系统或文件确实存在计算机病毒，并且准确判断出计算机病毒的种类，以保证杀毒的有效性。

　　（4）杀毒工作要深入而全面，要对检测到的病毒进行认真的分析研究，找出其宿主程序，确定病毒标识符和感染对象，即搞清楚计算机病毒感染的是引导区还是文件，或者是既感染引导区,又感染文件。还要弄清计算机病毒感染宿主程序的方法,对自身加密的计算机病毒要引起重视,把修改过的文件转换过来,以便找出清除计算机病毒的最佳方法。

(5)尽量不要使用激活计算机病毒的方法检测计算机病毒。

(6)一般不能用计算机病毒标识免疫方法清除计算机病毒。标识免疫的方法是利用计算机病毒进入系统的条件性来实现的,通常计算机病毒在进入系统之前都要判断内存是否已驻留了计算机病毒,如果是,则退出其加载过程。免疫方法常带有很大的欺骗性,原则上不能作为杀毒手段。

(7)一定要干净彻底地清除计算机及磁盘上所有的同一病毒,对于混合型病毒,既要清除文件中的病毒代码,还要清除引导区中的病毒代码,以防止这些计算机病毒代码再次重新生成计算机病毒。对于多个文件、多个磁盘或磁盘的多个扇区同时感染同一计算机病毒的情况,要一次、同时清除干净。

(8)对于同一宿主程序被几个计算机病毒交叉感染或重复感染的,要按感染的逆顺序从后向前依次清除计算机病毒。

6.1.4 清除计算机病毒的一般过程

1. Windows 环境的病毒的清除

Windows 的使用非常广泛,对 Windows 系统的病毒的清除是非常重要的。如果计算机已经感染了病毒,是格式化系统然后重装 Windows,还是自己根据现有的知识处理或使用杀病毒软件来帮忙,下面的方法可以借鉴。

第一步判断系统是否已经染毒,计算机中毒跟人生病一样,总会有一些明显的症状表现出来,例如机器运行十分缓慢或者杀毒软件升不了级,Word 文档打不开,计算机不能正常启动,硬盘分区找不到了,数据丢失等,都是中毒的一些征兆。

第二步中毒诊断。

(1)在 Windows 环境下,按 Ctrl＋Shift＋Del 键(同时按此三键)或右击桌面最下面的任务栏选任务管理器,调出 Windows 任务管理器,查看系统运行的进程,如刚开机进程数超出30 个以上,或有可疑的进程,点击"性能"查看 CPU 和内存的当前状态,如果 CPU 的利用率接近 100％或内存的占用值居高不下,此时计算机中毒的可能性是 95％。

(2)查看 Windows 当前启动的服务项,在"控制面板"的"管理工具"里打开"服务"。如果服务名称和路径为 C:\winnt\system32\explored.exe,或"控制面板"打开异常,表示已经中毒。

(3)运行注册表编辑器,命令为 regedit 或 regedt32,查看都有哪些程序与 Windows 一起启动。主要看 Hkey_Local_Machine\Software\MicroSoft\Windows\CurrentVersion\Run 和后面几个 RunOnce 等,查看窗体右侧的项值,看是否有非法的启动项。

(4)用浏览器上网判断。曾经发作的 Gaobot 病毒,可以上 yahoo.com,sony.com 等网站,但是不能访问诸如 www.symantec.com,www.ca.com 这样著名的安全厂商的网站,安装了 symantecNorton2004 的杀毒软件不能上网升级。

(5)取消隐藏属性,查看系统文件夹 winnt(windows)\system32,如果打开后文件夹为空,表明计算机已经中毒;打开 system32 后,可以对图标按类型排序,看有没有流行病毒的执行文件存在。查一下文件夹 Tasks、wins、drivers,有的病毒执行文件就藏身于此;driversetc 下的文件 hosts 是病毒喜欢篡改的对象,它本来只有 700 字节左右,被篡改后就成了 1KB 以上,这是造成一般网站能访问而安全厂商网站不能访问、著名杀毒软件不能升级的原因所在。

(6)由杀毒软件判断是否中毒,如果中毒,杀毒软件会被病毒程序终止,并且手动升级失败。

第三步杀毒。

(1)在注册表里删除随系统启动的非法程序,然后在注册表中搜索所有该键值,删除之。

(2)停止有问题的服务,改自动为禁止。

(3)如果文件 system32\driverset\chosts 被篡改,恢复它,即只剩下一行有效值"127.0.0.1 localhost",删除其余的行。再把 host 设置成只读。

(4)重新启动,进入"带网络的安全模式"。

(5)搜索病毒的执行文件,手动删除之。

(6)对 Windows 升级打补丁和对杀毒软件升级。

(7)关闭不必要的系统服务,如 remoteregistryservice。

(8)用杀毒软件对系统进行全面的扫描,剿灭漏网之鱼。

(9)重启计算机,完成所有操作。

2. 发现计算机病毒的方法

安装反病毒软件是防止计算机感染病毒的有效方法,它能够在病毒感染你的计算机之前识别和阻止它们,保持随时能够安装最新的病毒定义库是非常重要的。反病毒软件通过扫描计算机里的文件或存储器,寻找出能显示感染的特定模式,这些模式是基于已知病毒的数字签名或定义库,病毒作者会持续不断地发布新的和更新的病毒。在安装了反病毒软件包后,应该定期地对计算机进行全面扫描,扫描的方式有自动扫描、手动扫描和针对性的扫描。自动扫描是设定反病毒软件自动或定期扫描特定文件、目录、全面扫描的模式。手动扫描是在对从外部资源接收到的文件进行手动扫描之后再将它们打开,这是一个非常好的方法,包括保存和扫描电子邮件附件或网络下载、扫描媒体软件包括各种移动设备、CD 和 DVD,在打开任何一个文件之前先进行病毒扫描。在与病毒的对抗中,及早发现病毒很重要,早发现,早处置,可以减少损失。检测病毒方法有:特征代码法、校验和法、行为监测法、软件模拟法。"防毒"是指根据系统特性,采取相应的系统安全措施预防病毒侵入计算机。

3. 反病毒的技术的发展

第一代反病毒技术是采取单纯的病毒特征判断,将病毒从带毒文件中清除掉。优点是能准确地清除病毒,可靠性很高。但在病毒中运用了加密和变形技术后,静态扫描就失去了作用。

第二代反病毒技术是采用静态广谱特征扫措方法检测病毒,这种方式可以更多地检测出变形病毒,但是误报率也提高,尤其是用这种不严格的特征判定方式去清除病毒带来的风险很大,容易造成文件和数据的破坏。

第三代反病毒技术是将静态扫描技术和动态仿真跟踪技术结合起来,将查找病毒和清除病毒合二为一,形成一个整体解决方案,能够全面实现防、查、消等反病毒所必备的各种手段,以驻留内存的方式防止病毒的入侵,凡是检测到的病毒都能清除,不会破坏文件和数据。

第四代反病毒技术是针对计算机病毒的发展演进过程,以基于病毒家族体系的命名规则、基于多位 CRC 校验和扫描机理、启发式智能代码分析模块、动态数据还原模块（能查出隐蔽性极强的压缩加密文件中的病毒）、内存解毒模块、自身免疫模块等为特征的先进的解毒技术，较好地解决了以前防毒技术顾此失彼、此消彼长的状态。

病毒为了防范杀毒软件，就出现了带壳病毒和可改变的病毒，杀毒软件则出现了智能化的虚拟机杀毒软件。未来的杀毒要智能化，能自主地发掘未知病毒，并禁止使用。

互联网已经成为病毒制作技术扩散、病毒传播的重要途径，病毒开发者之间已经出现了团队合作的趋势，病毒制作技术也在与黑客技术进行融合。病毒对抗的理论正在从作品对抗到思想对抗转变，产品形态在从独立软件产品向操作系统的补丁转变。早期的杀毒软件的理论基础是发现并确认一个病毒，进行防范，缺点是对未知病毒的防范能力弱，没有有效的办法对付各种病毒的变形，对融合了黑客技术的病毒不能有效防范。新的理论建立在对大量病毒的特征、发作过程、传播变化统计的基础上，建立控制策略数学模型，采取分门别类的方法，有效解决应用同种思想开发出的各种病毒，可以极大提高对新病毒的反应时间。新的杀毒软件不仅依据病毒数据库中的病毒代码对计算机进行扫描，而且对计算机所运行的各种进程、各种操作进行监控，如果发现某个事件或某项操作存在典型的病毒特征，或是对计算机存在危害，这些事件或操作就会被阻止。由于病毒制造者越来越多地利用操作系统的漏洞和黑客技术，与操作系统的紧密结合成为一种必然：一方面，可以帮助操作系统减少漏洞，另一方面，也可以进一步提高运行效率和软件兼容度。从商业角度上来说，安全技术可以融入各种应用系统，减少应用系统自身的安全漏洞，同时，也可以为用户提供更加个性化的安全服务。科技带来了进步，也带来了计算机病毒，需要我们用更高的手段和智慧来防范和消除病毒。

4. 消除计算机病毒代码

"查毒"是指对于确定的环境，能够准确地报出病毒名称，该环境包括内存、文件、引导区（含主导区）、网络等。"解毒"是指根据不同类型病毒对感染对象的修改，并按照病毒的感染特性所进行的恢复。该恢复过程不能破坏未被病毒修改的内容。感染对象包括：内存、引导区（含主引导区）、可执行文件、文档文件、网络等。

防毒能力是指预防病毒侵入计算机系统的能力，采取防毒措施，可以实时地监测预警经由各种存储设备的不同文件和目录之间、局域网、因特网上进行的传输的数据中（包括 FTP 方式、E-mail、HTTP 或其他形式的文件下载等多种方式）是否有病毒的存在，在病毒侵入系统时发出警报，记录病毒文件，并清除病毒。对网络而言，能够向网络管理员发送关于病毒入侵的信息，隔离病毒源。

查毒能力是指发现和追踪病毒来源的能力。通过查毒应该能准确地发现计算机系统是否感染有病毒，准确查找出病毒的来源，并能给出统计报告。查找病毒的能力应由查毒率和误报率来评判。

解毒能力是指从感染对象中清除病毒，恢复被病毒感染前的原始信息的能力。解毒能力应用解毒率来评判。

(1) 引导型计算机病毒

引导型病毒要利用引导扇区藏身，利用 IOS 中断执行破坏操作，利用 BIOS 数据区来使病毒代码常驻内存。引导型病毒是一种在 ROM BIOS 之后系统引导时出现的病毒，它的运行先于操作系统，依托的环境是 BIOS 中断服务程序。引导型病毒是利用操作系统的引导模块放在某个固定的位置，并且控制权的转交方式是以物理位置为依据，而不是以操作系统引导区的内容为依据，因而病毒占据该物理位置即可获得控制权，而将真正的引导区内容搬家转移或替换，待病毒程序执行后，再将控制权交给真正的引导区内容，使得这个带病毒的系统看似正常运转，而病毒已隐藏在系统中并伺机传染、发作。

引导型病毒按其寄生对象的不同又可分为两类，MBR（主引导区）病毒和 BR（引导区）病毒。MBR 病毒也称为分区病毒，将病毒寄生在硬盘分区主引导程序所占据的硬盘 0 头 0 柱面第 1 个扇区中。典型的 MBR 病毒有大麻（Stoned）、2708、INT60 病毒等。BR 病毒是将病毒寄生在硬盘逻辑 0 扇或软盘逻辑 0 扇（即 0 面 0 道第 1 个扇区）。典型的 BR 病毒有 Brain、小球病毒等。

引导型病毒是在安装操作系统之前进入内存的，寄生对象相对固定，因此，该类型病毒基本上不得不采用减少操作系统所掌管的内存容量的方法来驻留内存高端，而正常的系统引导过程一般是不减少系统内存的。

引导型病毒感染硬盘时，必定驻留硬盘的主引导扇区或引导扇区，并且只驻留一次，因此引导型病毒一般都是在软盘启动过程中把病毒传染给硬盘。而正常的引导过程一般不对硬盘主引导区或引导区进行写盘操作。

引导型病毒的寄生对象相对固定，只要把当前的系统主引导扇区和引导扇区与干净的主引导扇区和引导扇区进行比较，如果内容不一致，则可认定系统引导区异常。

硬盘中毒前的正常开机程序为：开机→执行 BIOS→自我测试 POST→填入中断向量表→硬盘分区表（Partition Table）→启动扇区（Boot Sector）→IO. SYS→MSDOS. SYS→COMMAND. COM。

硬盘中毒之后的开机程序为：开机→执行 BIOS→自我测试 POST→填入中断向量表→硬盘分割表（Partition Table）→开机型病毒→启动扇区（Boot Sector）→IO. SYS→MSDOS. SYS→COMMAND. COM。

计算机被感染了引导型病毒后，最好用防杀病毒软件加清除，或者在"干净的"系统启动软盘引导下，用备份的引导扇区覆盖。

（2）文件型计算机病毒

文件型病毒是计算机病毒的一种，主要感染计算机中的可执行文件（. EXE）和命令文件（. COM）。文件型病毒是对源文件进行修改，使其成为新的带毒文件，一旦运行该文件就会被感染。文件型病毒分两类：一种是将病毒加在. COM 的前部，一种是加在文件尾部。

把所有通过操作系统的文件系统进行感染的病毒都称作文件病毒，理论上可以制造这样一个病毒，该病毒可以感染所有操作系统的可执行文件。目前已经存在这样的文件病毒，可以感染所有标准的 DOS 可执行文件（批处理文件、可加载驱动程序. SYS 文件以及 COM/EXE 文件），还有感染 Windows 可执行文件（后缀名是 EXE、DLL 或者 VXD、SYS）的病毒，还可以感染高级语言程序的源代码、开发库和编译过程所生成的中间文件。病毒可能隐藏在普通的数据文件中，需要隐藏在普通可执行文件中的病毒部分来加载这些代码。

寄生病毒在感染的时候，将病毒代码加入正常程序之中，原来程序的功能部分或者全部被保留。根据病毒代码加入的方式不同，寄生病毒可以分为"头寄生"、"尾寄生"、"中间插入"和"空洞利用"4 种。

覆盖病毒制造者直接用病毒程序替换被感染的程序,这样所有的文件头也变成了病毒程序的文件头,不用做任何调整。

无入口点病毒并不是真正没有入口点,病毒代码无声无息地潜伏在被感染的程序中,可能在非常偶然的条件下才会被触发开始执行。

伴随病毒不改变被感染的文件,而是为被感染的文件创建一个伴随文件(病毒文件),这样当用户执行被感染文件的时候,实际上执行的是病毒文件。

文件蠕虫病毒只是生成一个具有 INSTALL. BAT 或者 SETUP. EXE 等名字的文件(就是病毒文件的拷贝),诱使用户在看到文件之后执行。

链接病毒的数量比较少,但是有一个特别是在中国鼎鼎大名的"目录 2"(DIR2)病毒。病毒并没有在硬盘上生成一个专门的病毒文件,而是将自己隐藏在文件系统的某个地方,"目录2"病毒将自己隐藏在驱动器的最后一个簇中,然后修改文件分配表,使目录区中文件的开始簇指向病毒代码。这种感染方式的特点是每一个逻辑驱动器上只有一份病毒的拷贝。

对象文件、库文件和源代码病毒,这类病毒的数量非常少,总数大概不会超过 10 个,病毒感染编译器生成的中间对象文件(. OBJ 文件),或者编译器使用的库文件(. LIB)文件,由于这些文件不是直接可执行的文件,所以病毒感染这些文件之后并不能直接传染,必须使用被感染的 OBJ 或者 LIB 链接生成. EXE(. COM)程序之后才能实际地完成感染过程,所生成的文件中包含了病毒。

针对文件型病毒是通过文件进行传播这个特点,所以当使用来历不明文件的时候,先用最新升级过的杀毒软件进行检查,确认没有文件型病毒之后方可使用。切忌不要双击打开或复制它。

如上所述,治疗计算机病毒要求对操作系统、文件结构和计算机病毒的具体特征等有足够了解,才能恰当地从染毒程序中摘除计算机病毒代码,使之恢复正常。

6.1.5　计算机病毒预防技术

病毒预防主要研究如何对未知和未来病毒进行防御,理论上不能预知未来病毒的机理。没有哪种防病毒软、硬件可以防止未来的病毒,反病毒技术的被动性和技术制约也往往落后于病毒技术。因此,只能立足于系统自身的安全性和系统自保护,以及软件的自保护。研制具有自保护措施的软件是可行的,提高软件本身的可信性是病毒预防的基础。简单的预防方法如下:

(1)养成良好的使用计算机的习惯。

(2)杜绝传染渠道。病毒的传染无非是两种方式:一是网络,二是软盘与光盘。如今由于电子邮件盛行,通过互联网传递的病毒要远远高于后者。不要轻易打开一些来历不明的邮件及附件,不要上一些不太了解的网站,不要运行从互联网上下载的未经杀毒处理的软件等。不要在线启动、阅读某些文件,对于软盘、光盘传染的病毒,不要随便打开程序或安装软件。

(3)设置传染对象的属性。病毒是一段程序或指令代码,有些病毒主要针对的是以.EXE与.COM 结尾的文件,把所有以.EXE 与.COM 为扩展名的文件设定为"只读"。这样一来就算病毒程序被激活,也无法对其他程序进行写操作,病毒的破坏功能就会受到很大的限制。

(4)检测一些病毒经常要改变的系统信息,如引导区、中断向量表、可用内存空间等,监测写盘操作,对引导区 BR 或主引导区 MBR 的写操作报警。

(5)经常升级操作系统的安全补丁。因为大部分网络病毒都是通过系统安全漏洞进行传播的,例如冲击波、大无极、SCO 炸弹、网络天空等。

(6)使用复杂的密码。有许多网络病毒是通过猜测简单密码的方式攻击系统的,建议使用复杂的密码,减少被病毒攻击的概率。

(7)迅速隔离受感染的计算机。当计算机上发现病毒或异常时应立刻断网,以防止计算机受到更多的感染,或者成为传播源。

要对病毒有所认识并加以预防,安装专业的防毒软件进行全面监控,并定期升级、定期查杀。在病毒日益增多的今天,使用杀毒软件进行防毒,是经济而有效的选择。用户在安装了反病毒软件之后,应该经常进行升级,将一些主要监控打开(如邮件监控),遇到问题要及时上报,这样才能更好地保障计算机的安全。

6.1.6　计算机病毒免疫技术

病毒免疫是指系统曾感染过病毒,已经被清除,如果再有同类病毒攻击,将不再受感染。这对某些早期病毒是有效的,免疫法多基于感染标志判定,或者采用以毒攻毒的方法,但非所有病毒都可以免疫。目前有的病毒采用强制感染,对系统和软件进行重复感染。免疫也是一种反攻击的手段,具有免疫性的系统是一类可信系统,但研究和建立通用的免疫机制是很困难的。

计算机病毒程序在传染完一个对象后,都要给被传染对象加上传染标识,传染条件的判断就是检测被攻击对象是否存在这种标识,若存在这种标识就不对该对象进行传染;否则就对该对象实施传染。由于这种原因,人们自然会想到是否能在正常对象中加上这种标识,就可以不受计算机病毒的传染,起到免疫的作用呢?

从实现计算机病毒免疫的角度看计算机病毒的传染,可以将计算机病毒的传染分成两种:一种是像"香港"、"1575"这样的计算机病毒,在传染前先检查待传染的扇区或程序里是否含有计算机病毒代码,如果没有找到,则进行传染,否则不再进行传染。这种用做判断是否为计算机病毒自身的计算机病毒代码被称做传染标志,或免疫标志。第二种是在传染时不判断是否存在免疫标志,计算机病毒只要找到一个可传染对象就进行一次传染。就像"黑色星期五"那样,一个文件可能被"黑色星期五"反复传染多次,滚雪球一样越滚越大。目前常用的免疫方法有以下两种。

1.针对某一种计算机病毒进行的计算机病毒免疫

例如,针对"小球"计算机病毒,在 DOS 引导扇区的 1FCH 处填上"1357H","小球"病毒检查到这个标志就不再对它进行传染了。对于"1575"文件型计算机病毒,免疫标志是文件尾的内容为 0CH 和 0AH 的两个字节,"1575"病毒若发现文件尾含有这两个字节,则不进行传染。

这种方法的优点是可以有效地防止某一种特定计算机病毒的传染,但要注意以下几点。

(1)对于不设有感染标识的病毒不能达到免疫的目的。有的计算机病毒只要在激活的状态下,就会无条件地把计算机病毒传染给被攻击对象。

(2)当出现这种病毒的变种不再使用免疫标志时,或出现新病毒时,免疫标志发挥不了作用。

(3)某些计算机病毒的免疫标志不容易仿制,如果非要加上这种标志,则需对原来的文件要做较大的改动。例如,对"大麻"计算机病毒就不容易做免疫标志。

(4) 由于计算机病毒的种类较多，不可能对一个对象加上各种计算机病毒的免疫标识，这就使得该对象不能对所有的计算机病毒具有免疫能力。

(5) 这种方法能阻止传染，却不能阻止计算机病毒的破坏行为，仍然放任计算机病毒驻留在内存中。目前使用这种免疫方法的商品化反计算机病毒软件已不多见了。

2. 基于自我完整性检查的计算机病毒的免疫方法

这种方法的原理是：为可执行程序增加一个免疫外壳，同时在免疫外壳中记录有关用于恢复自身的信息。

免疫外壳占 1～3KB，执行具有这种免疫功能的程序时，免疫外壳首先运行，检查自身的程序大小、校验和、生成日期和时间等情况，若发现异常，再转去执行受保护的程序。不论什么原因使这些程序本身的特性受到改变或破坏，免疫外壳都可以检查出来，并发出警告，可供用户选择的回答有：自毁、重新引导启动计算机、自我恢复到未受改变前的情况和继续操作（不理睬所发生的变化）。这种免疫方法可以看做是一种通用的自我完整性检验方法。这种方法不只针对计算机病毒，由于其他原因造成的文件变化，在大多数情况下免疫外壳程序都能使文件自身得到复原。但其仍存在一些缺点和不足，具体如下。

(1) 每个受到保护的文件都要增加 1～3KB，需要占用额外的存储空间。

(2) 现在使用中的一些校验码算法不能满足防计算机病毒的需要，所以被某些种类的计算机病毒感染的文件不能被检查出来。

(3) 无法对付覆盖方式的文件型计算机病毒。

(4) 有些类型的文件不能使用外加免疫外壳的防护方法，否则将使那些文件不能正常执行。

(5) 当某些尚不能被计算机病毒检测软件检查出来的计算机病毒感染了一个文件，而该文件又被免疫外壳包在里面时，这个计算机病毒就像穿了"保护盔甲"，使查毒软件查不到它，而它却能在得到运行机会时跑出来继续传染扩散。

从以上的讨论中我们可以看到，在采取了技术上和管理上的综合治理措施之后，尽管目前尚不存在完美通用的计算机病毒免疫方法，但计算机用户仍然可以采取相应措施控制住局势，这样就可以将时间和精力用于其他更具有建设性的工作上了。

6.1.7 漏洞扫描技术

不论是操作系统还是应用软件，都不可避免地会有考虑不到的漏洞或 BUG，这些漏洞留下了被攻击的隐患，一旦被别有用心者发现，就可以成为进一步攻击的桥梁。因此，对新被发现的漏洞及时响应，进行系统升级或补丁是挽救程序的重要一环。发现这些漏洞、检查自己的机器上是否存在安全隐患也是进行计算机病毒防范的重要内容。漏洞扫描主要通过以下两种方法来检查目标主机是否存在漏洞：在端口扫描后得知目标主机开启的端口以及端口上的网络服务，将这些相关信息与网络漏洞扫描系统提供的漏洞库进行匹配，查看是否有满足匹配条件的漏洞存在；通过模拟黑客的攻击手法，对目标主机系统进行攻击性的安全漏洞扫描，如测试弱势口令等。若模拟攻击成功，则表明目标主机系统存在安全漏洞。

漏洞扫描器是一种自动检测远程或本地主机安全性弱点的程序，能从主机系统内部检测系统配置的缺陷，模拟系统管理员进行系统内部审核的全过程，发现能够被黑客利用的种种错误配置。

基于网络系统漏洞库,漏洞扫描大体包括 CGI 漏洞扫描、POP3 漏洞扫描、FTP 漏洞扫描、SSH 漏洞扫描、HTTP 漏洞扫描等。这些漏洞扫描是基于漏洞库,将扫描结果与漏洞库相关数据匹配比较得到漏洞信息;漏洞扫描还包括没有相应漏洞库的各种扫描,比如 Unicode 遍历目录漏洞探测、FTP 弱势密码探测、OPENRelay 邮件转发漏洞探测等,这些扫描通过使用插件(功能模块技术)进行模拟攻击,测试出目标主机的漏洞信息。下面就这两种扫描的实现方法进行讨论。

(1)漏洞库的匹配方法:基于网络系统漏洞库的漏洞扫描的关键部分就是它所使用的漏洞库。通过采用基于规则的匹配技术,即根据安全专家对网络系统安全漏洞、黑客攻击案例的分析和系统管理员对网络系统安全配置的实际经验,可以形成一套标准的网络系统漏洞库,然后再在此基础之上构成相应的匹配规则,由扫描程序自动地进行漏洞扫描的工作。漏洞库信息的完整性和有效性决定了漏洞扫描系统的性能,漏洞库的修订和更新的性能也会影响漏洞扫描系统运行的时间。因此,漏洞库的编制不仅要对每个存在安全隐患的网络服务建立对应的漏洞库文件,而且应当能满足前面所提出的性能要求。

(2)插件(功能模块技术)技术:插件是由脚本语言编写的子程序,扫描程序可以通过调用它来执行漏洞扫描,检测出系统中存在的一个或多个漏洞。添加新的插件就可以使漏洞扫描软件增加新的功能,扫描出更多的漏洞。插件编写规范化后,甚至用户自己都可以用 Perl、C 或自行设计的脚本语言编写的插件来扩充漏洞扫描软件的功能。这种技术使漏洞扫描软件的升级维护变得相对简单,而专用脚本语言的使用也简化了编写新插件的编程工作,使漏洞扫描软件具有较强的扩展性。

漏洞扫描工作是系统管理员的日常工作之一,应制定科学的扫描周期。对于规模较大的网站,漏洞扫描耗时巨大,日常周期以一周为宜。制定扫描周期表应体现下列原则。

(1)当配置修改完毕即执行漏洞扫描。

(2)当漏洞库及漏洞扫描器软件升级完毕即执行漏洞扫描。

(3)当漏洞修补工作完毕即执行漏洞扫描。

漏洞修补措施的原则如下。

(1)分清漏洞产生的原因包括误配置、系统和软件自身的缺陷、黑客行为(如木马程序)等,完成漏洞报告分析。

(2)更正误配置。

(3)对于操作系统和应用软件自身的缺陷,寻求升级版本或有关补丁(patch)。

(4)及时清除黑客行为。

与计算机杀毒软件相似,漏洞扫描器维护工作的核心是漏洞库和系统配置标准规则的升级。对于漏洞库长期没有得到升级的漏洞扫描器,检测结果的可信度大大降低。漏洞库和系统配置标准规则的升级主要来自以下 3 个方面:

● 从开发商手中获取升级信息。

● 从诸如 cert. org 等安全网站下载漏洞升级信息。

● 根据经验自己编制漏洞库升级信息。

漏洞扫描器必须和有效的网络安全管理结合起来,保护主机系统的安全。制定有效而合理的基于漏洞扫描器的主机安全策略是非常必要的。

6.1.8 实时反病毒技术

20世纪90年代,由于新计算机病毒层出不穷,用户感觉到杀毒软件无力全面应付计算机病毒的大举进攻,于是有人提出:为防治计算机病毒,可将重要的DOS引导文件和重要系统文件类似于网络无盘工作站那样固化到计算机的BIOS中,以避免计算机病毒对这些文件的感染。这可算是实时化反计算机病毒概念的雏形。没过多久,各种防计算机病毒卡就出现了,这些防计算机病毒卡插在系统主板上,实时监控系统的运行,可对疑似计算机病毒的行为及时提出警告。这些产品一经推出,便因其实时性和对未知计算机病毒的预报功能而大受欢迎。不少厂家出于各方面的考虑,还将防计算机病毒卡的实时反计算机病毒模式转化为DOSTSR的形式,并以应用软件的方式加以实现,同样也取得了较不错的效果。

实时反计算机病毒技术一向为反计算机病毒界所看好,被认为是比较彻底的反计算机病毒解决方案。多年来其发展之所以受到制约,一方面是因为它需要占用一部分系统资源而降低系统性能;另一方面是因为它与其他软件(特别是操作系统)的兼容性问题始终没有得到很好的解决。近两年来,随着硬件处理速度的不断提高,实时化反计算机病毒技术所造成的系统负荷已经降低到了可被我们忽略的程度,而现有的多任务、多线程操作系统,又为实时反计算机病毒技术提供了良好的运行环境。

实时反计算机病毒概念最根本的优点是解决了用户对计算机病毒的"未知性",或者说是"不确定性"问题。实时监测是先前性的,而不是滞后性的,任何程序在调用之前都被先过滤一遍,一旦有计算机病毒侵入,它就报警,并自动杀毒,将计算机病毒拒之门外,做到防患于未然。Internet是大趋势,它本身就是实时的、动态的,网络已经成为计算机病毒传播的最佳途径,迫切需要具有实时性的反计算机病毒技术。实时反计算机病毒技术能够始终作用于计算机系统之中,监控访问系统资源的一切操作,并能够对其中可能含有的计算机病毒代码进行清除。

计算机病毒防火墙的概念正是为真正实现实时反计算机病毒概念的优点而提出来的。计算机病毒防火墙其实是从近几年颇为流行的信息安全防火墙中延伸出来的一种新概念,其宗旨就是对系统实施实时监控,对流入、流出系统的数据中可能含有的计算机病毒代码进行过滤。这一点正好体现了实时防计算机病毒概念的精髓——解决了用户对计算机病毒的"未知性"问题。

"计算机病毒防火墙"的优越性表现在它对计算机病毒的过滤有着良好的实时性,也就是说计算机病毒一旦入侵系统或从系统向其他资源感染时,它就会自动将其检测到并加以清除,"计算机病毒防火墙"能有效地阻止计算机病毒从网络向本地计算机系统的入侵。"实时过滤性"技术就使杀除网络计算机病毒成了"计算机病毒防火墙"的拿手好戏。再有,"计算机病毒防火墙"的"双向过滤"功能保证了本地系统不会向远程(网络)资源传播计算机病毒。这一优点在使用电子邮件时体现得最为明显,因为它能在用户发出邮件前自动将其中可能含有的计算机病毒全都过滤掉。最后,"计算机病毒防火墙"还具有操作更简便、透明的优点。有了它自动、实时的保护,用户无需停下正常工作而去费时费力地查毒、杀毒了。

6.1.9 防范计算机病毒的特殊方法

为了及时遏制计算机病毒的传染,尽早察觉系统中的动态计算机病毒是非常重要的。计算机病毒的检测归根结底取决于计算机病毒的藏身方式和作用特征。随着计算机技术的不断进步,新的计算机病毒也会不断出现,为了防范计算机病毒造成损失,需要采取以下基本措施。

(1)安装新的计算机系统时,要注意打系统补丁,"振荡波"一类的恶性蠕虫病毒一般都是通过系统漏洞传播的,打好补丁就可以防止此类病毒感染;用户上网的时候要打开杀毒软件实时监控,以免病毒通过网络进入自己的计算机;玩网络游戏时要打开个人防火墙,防火墙可以隔绝病毒跟外界的联系,防止木马病毒盗窃资料。

(2)防邮件病毒,用户收到邮件时首先要进行病毒扫描,不要随意打开电子邮件里携带的附件;防木马病毒,木马病毒一般是通过恶意网站散播,用户从网上下载任何文件后,一定要先进行病毒扫描再运行;防恶意"好友",现在很多木马病毒可以通过 MSN、QQ 等即时通信软件或电子邮件传播,一旦你的在线好友感染病毒,那么所有好友将会遭到病毒的入侵。

 ## 6.2　引导型计算机病毒

6.2.1　原理

1.系统引导型计算机病毒的运行方式

引导型病毒是计算机上最早出现的病毒,也是我国最早发现的病毒种类。这类病毒主要感染软盘的引导扇区和硬盘的引导扇区或者主引导记录。

一个正常的计算机启动过程是:计算机读取引导扇区或者主引导记录加载其进入内存中,然后引导相应的系统。而一台染有引导区病毒的机器则会先把病毒加载入内存然后才进行正常的引导过程。

当系统引导时,系统 BIOS 只是机械地将这些扇区中的内容读入内存。这样,计算机病毒程序就首先获得了对系统的控制权。它一般都是将整个计算机病毒程序安装到内存的高端驻留。为了保护计算机病毒程序使用的这部分内存区域不再被系统分配,它一般要将系统内存总量减少若干 KB。在完成其自身的安装后,再将系统的控制权转给真正的系统引导程序,完成系统的安装。在用户看来,只是感觉到系统已正常引导,不过此时系统已在计算机病毒程序的控制之下。

在 20 世纪八九十年代的时候有很多引导区病毒,如 Stone、Brain、Pingpang、Monkey 等,但随着 Windows 的发展,慢慢的有些引导区病毒已经失效了。但仍有一些引导区病毒存活,并且传染率相当高,常见的就是 WYX(Polyboot)病毒。

这类计算机病毒在进行其自身的安装时,为了实现向外进行传播和破坏等作用,一般都要修改系统的中断向量,使之指向计算机病毒程序相应服务部分。这样在系统运行时只要使用到这些中断向量,或者满足计算机病毒程序设定的某些特定条件,就将触发计算机病毒程序进行传播和破坏。通过对系统中断向量的篡改,从而使原来只是驻留在软、硬盘引导扇区中的计算机病毒程序由静态转变为动态,具有随时向外进行传播和对系统进行破坏的能力。引导区病毒引起的症状有:软盘读写出现错误、无故读取软驱等。

2.系统引导型计算机病毒的传播方式

系统引导型计算机病毒的传染对象主要是软盘的引导扇区和硬盘的主引导扇区(也叫分

区扇区)及硬盘分区的引导扇区。传染的一般方式为:由含有计算机病毒的系统感染在该系统中进行读、写操作的所有软盘,这些软盘以复制的方式(静态传染)和引导进入到其他计算机系统的方式(动态传染),感染其他计算机的硬盘和计算机系统。如果你的机器已经感染该病毒,并且病毒驻留了内存,则你的软盘如果没有写保护的话就很容易被感染。

在进行传染时有两种形式:一种是将原正常引导扇区的内容转移到一个特定的位置,而将计算机病毒程序(或其中一部分)放在这个引导扇区,例如"小球"病毒、"大麻"病毒、"巴基斯坦"病毒、"磁盘杀手"病毒等;另一种是直接覆盖原引导扇区的执行代码,而只保留其部分内容,如分区信息、提示信息等,如"2708"病毒(也叫"香港"病毒)等。

3.系统引导型计算机病毒的破坏或表现方式

这类计算机病毒的表现方式变化多样,它们反映了计算机病毒编制者的目的。其中破坏最严重的是格式化整张磁盘(如"磁盘杀手"病毒),另外还有的病毒破坏目录区(如"大麻"病毒和"磁盘杀手"病毒),还有一些计算机病毒破坏系统与外设的连接(如"2708"计算机病毒,它封锁打印机,破坏正常操作)等。

6.2.2　预防

引导型病毒只有用染有病毒的软盘或光盘启动计算机的时候才会感染,养成良好的习惯是防范这种病毒的关键:对不明来路的软盘使用前应该先查毒;不用计算机的时候不要把软盘、光盘留在驱动器里(许多机器感染这个病毒都是由于用了带有病毒的可引导光盘启动计算机所造成的)。另外,在主板的设置里把防病毒一项打开。

6.2.3　检测

对于这类计算机病毒的诊断相对比较容易,可以从以下几个方面进行诊断。

1.查看系统内存的总量

查看系统内存的总量,与正常情况进行比较,用 DOS 的 CHKDSK 命令检查,如果系统中有引导型病毒,这个数值一定要减少。减少的数量根据该种病毒所占内存的不同而不同。

2.检查系统内存高端的内容

检查系统内存高端的内容,判断其代码是否可疑。一般在系统刚引导时,在内存的高端很少有驻留的程序。当发现系统内存减少时,可以进一步用 Debug 查看内存高端驻留代码的内容,与正常情况进行比较。

3.检查系统的 INT 13H 中断向量

检查系统的 INT 13H 中断向量,与正常情况进行比较,因为该种类型的病毒一般修改系统的 INT 13H 中断向量,使之指向计算机病毒程序的传播部分。此时,我们可以检查系统 0∶004C∼0∶004F 处 INT 13H 中断向量的地址,与系统正常情况进行比较。也可以用 DOS 提供的系统中断的功能调用来检查。方法如下:

```
—A100
XXXX:0100 MOV AX,3513\
XXXX:0103   INT 21
```

```
XXXX:0105    INT 3\
XXXX:0107
—G=100
```

此时,ES 寄存器显示的为 INT 13H 中断的段地址,BX 寄存器为偏移地址。

4.检查硬盘的主引导扇区、DOS 分区引导扇区及软盘的引导扇区

检查硬盘的主引导扇区、DOS 分区引导扇区及软盘的引导扇区,与正常的内容进行比较。一般硬盘的主引导扇区中有一段系统引导程序代码和一个硬盘分区表,分区表确定硬盘的分区结构,而引导程序代码则在系统引导时调用硬盘活动分区的引导扇区,以便引导系统。用户取出这些扇区与正常的内容进行比较来确定是否被计算机病毒感染。

通过以上几项检查,可以初步判断用户的系统中或软、硬盘上是否含有计算机病毒。比较的前提是用户需要预先将系统中断及将软、硬盘引导扇区的内容提取出来并保存在一个软盘中,以作为进行计算机病毒检查时的比较资料。

6.2.4　清除

消除这类计算机病毒的基本思想是:用原来正常的分区表信息或引导扇区信息,覆盖计算机病毒程序。此时,如果用户事先提取并保存了自己硬盘中分区表的信息和 DOS 分区引导扇区信息,那么,恢复工作就非常简单。可以直接用 Debug 将这两种引导扇区的内容分别调入内存,然后分别写回它的原来位置,这样就删除了计算机病毒。对于软盘也可以用同类正常软盘的引导扇区内容进行覆盖。

对于 Windows 系统,在 Windows 95/98/ME 系统上的清除方法如下。

(1)用一张"干净"的启动盘(没有引导区病毒的软/光盘)来启动计算机,引导盘必须与你的操作系统相同。

(2)用这张软盘引导启动带毒的计算机,然后运行以下命令:A:\>fdisk/mbrA:\>sys a:C,再重启计算机就可以了。其中第一行用于清除主引导记录中的病毒,第二行用于清除 C 盘引导区上的病毒。

在 Windows 2000/XP 上的清除方法如下。

(1)如果之前通过 X:\i386\winnt32.exe\cmdcons 命令安装了恢复控制台可以直接选择进入;否则使用系统的安装光盘启动计算机,当出现安装界面时按 R 选择"要用'恢复控制台'修复",这时系统会提示登入到哪个系统,请输入相应的序号然后按 Enter 键。

(2)分别执行 fixmbr(恢复主引导记录)和 fixboot(恢复启动盘上的引导区),再输入 EXIT,重启即可。

当然,最简单、安全的清除方式还是使用专业的杀毒软件来消除这类计算机病毒。

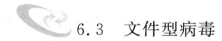

6.3　文件型病毒

如果把所有通过操作系统的文件系统进行感染的病毒都称作文件病毒,那么这将是一类数目非常巨大的病毒。目前已经存在这样的文件病毒,可以感染所有标准的 DOS 可执行文件,包括批处理文件、DOS 下的可加载驱动程序(.SYS)文件以及普通的.COM/.EXE 可执行

文件。当然还有感染所有 Windows 操作系统可执行文件的病毒,可感染文件的种类包括:Windows 3. X 版本、Windows 9X 版本、Windows NT 和 Windows 2000 版本下的可执行文件,缀名是. EXE、. DLL 或者. VXD、. SYS。除此之外,还有一些病毒可以感染高级语言程序的源代码、开发库和编译过程所生成的中间文件。病毒也可能隐藏在普通的数据文件中,但是这些隐藏在数据文件中的病毒不是独立存在的,需要隐藏在普通可执行文件中的病毒部分来加载这些代码。从某种意义上,宏病毒即隐藏在字处理文档或者电子数据表中的病毒也是一种文件型病毒。文件型病毒程序都是依附在系统可执行文件或覆盖文件上,当文件装入系统执行的时候,引导计算机病毒程序也进入到系统中。

6.3.1 原理

1. 文件型计算机病毒的运行方式

要了解文件型病毒的原理,首先要了解文件的结构。COM 文件比较简单,病毒要感染. COM文件有两种方法,一种是将病毒加在 COM 前部,一种是加在文件尾部,如下:

在首部:├病毒│|JMP XXXX：XXXX|(原文件的前 3 字节被修改)

在尾部:|原文件|　├原程序┤　├病毒┤

. EXE 文件比较复杂,每个 EXE 文件都有一个文件头,结构如下:

. EXE 文件头信息

偏移量	意义
00h-01h	MZ'EXE 文件标记
2h-03h	文件长度除 512 的余数
04h-05h	文件长度除 512 的商
06h-07h	重定位项的个数
08h-09h	文件头除 16 的商
0ah-0bh	程序运行所需最小段数
0ch-0dh	程序运行所需最大段数
oeh-0fh	堆栈段的段值 (SS)
10h-11h	堆栈段的 sp
12h-13h	文件校验和
14h-15h	IP
16h-17h	CS
18h-19h	……
1ah-1bh	……
1ch	……

当 DOS 加载 EXE 文件时,根据文件头信息,调入一定长度的文件,设置 SS、SP 从 CS：IP 开始执行;病毒一般将自己加在文件的末端,并修改 CS、IP 的值指向病毒起始地址,修改文件长度信息和 SS、SP。

当计算机病毒程序感染一个可执行文件后,它为了能够使自己被引导进入到系统中,就必须修改原文件的头部参数。对于. COM 型文件而言,为首部 3 个字节的内容;对于. EXE 型文件,则是位于文件首部 14～15H 字节处的 IP 指针和位于 16～17 字节处的 CS 段值。由于此种文件还使用了独立的堆栈段,所以此时计算机病毒程序还要修改位于 0E~0FH 字节处的堆栈段 SS 值和位于 10~11H 处的堆栈指针 SP 值。另外由于被计算机病毒感染时,文件长度要增加,所以对于.EXE 文件,计算机病毒程序还要修改头部 02~05 字节处的标识文件长度的参数。

当被感染程序执行之后,病毒会立刻(入口点被改成病毒代码)或者在随后的某个时间(无入口点病毒)获得控制权,然后进行下面的操作(操作的内容和顺序和某个具体的病毒有关)。

(1)内存驻留的病毒首先检查系统可用内存、内存中是否有病毒存在,如果没有则将病毒代码装入内存中。非内存驻留病毒会查找当前目录、根目录或者环境变量 PATH 中包含的目录,发现可以被感染的可执行文件就进行感染。

(2)执行病毒的其他功能,如破坏功能、显示信息或者病毒精心制作的动画等。对于驻留内存的病毒,执行这些功能的时间可以在开始或是满足某个条件的时候,如定时、当天的日期是 13 号恰好又是星期五等。在此,病毒会修改系统的时钟中断,以便在合适的时候激活。

(3)完成工作后,将控制权交回被感染的程序。为了保证原来程序的正确执行,寄生病毒在执行被感染程序的之前,会把原来的程序还原,伴随病毒会直接调用原来的程序,覆盖病毒和其他一些破坏性感染的病毒会把控制权交回 DOS 操作系统。

(4)对于内存驻留病毒,驻留时会把一些 DOS 或者基本输入输出系统(BIOS)的中断指向病毒代码,如 INT 13H 或者 INT 21H,系统执行正常的文件/磁盘操作的时候,就会调用病毒驻留在内存中的代码,进行进一步的破坏或者感染。

2. 文件型计算机病毒的分类

文件型计算机病毒的传染对象大多是系统可执行文件,也有一些还要对覆盖文件进行传染,感染文件以后缀名为.COM、.EXE 和.OVL 等可执行程序为主。已感染病毒的文件执行速度会减缓,甚至完全无法执行。有些文件遭感染后,一执行就会遭到删除。当调用带毒文件时,则会将病毒传染给其他可执行程序。

文件型病毒可以分成以下的类型。

(1)寄生病毒:这类病毒在感染的时候,将病毒代码加入正常程序之中,原来程序的功能部分或者全部被保留。寄生病毒可以分为"头寄生"、"尾寄生"、"中间插入"和"空洞利用"4 种。"头寄生":将病毒代码放到程序的头上有两种方法,一种是将原来程序的前面一部分拷贝到程序的最后,然后将文件头用病毒代码覆盖;另外一种是生成一个新的文件,在头的位置写上病毒代码,将原来的可执行文件放在病毒代码的后面,用新的文件替换原来的文件从而完成感染。使用"头寄生"方式的病毒基本上感染的是批处理病毒和.COM 文件,这些文件在运行的时候不需要重新定位。随着病毒制作水平的提高,很多感染.EXE 文件的病毒也是用了头寄生的方式,为使被感染的文件仍然能够正常运行,病毒在执行原来程序之前会还原出原来没有感染过的文件用来正常执行,执行完毕之后再进行感染,保证硬盘上的文件处于感染状态。"尾寄生":由于在头部寄生不可避免地会遇到重新定位的问题,另一种寄生方法就是直接将病毒代码附加到可执行程序的尾部。由于.COM 文件就是简单的二进制代码,没有任何结构信息,所以可以直接将病毒代码附加到程序的尾部,改动.COM 文件开始的 3 字节为跳转指令:JMP[病毒代码开始地址]。对于 DOS 环境下的 EXE 文件,有两种处理的方法,一种是将.EXE 文件转换成.COM 文件再进行感染,另外一种需要修改.EXE 文件的文件头,一般会修改.EXE 文件头的下面几个部分：代码的开始地址、可执行文件的长度、文件的 CRC 校验值、堆栈寄存器的指针等。对于 Windows 操作系统下的.EXE 文件，修改的是 PE 或者 NE 的头，需要修改程序入口地址、段的开始地址、段的属性等。感染 DOS 环境下设备驱动程序（.SYS文件）的病毒会在 DOS 启动之后立刻进入系统，对于随后加载的任何软件（包括杀毒软件），所有的文件操作（包括可能的查病毒和杀病毒）都在病毒的监控之下，在这种情况下干净的清除病毒基本上是不可能的。"插入寄生"：病毒将自己插入被感染的程序中，整段或者分段插入，有的病毒通过压缩原来的代码来保持被感染文件的大小不变。前面论述的更改文件头等基本操作同样需要，对于中间插入来说，要求程序的编写更加严谨，所以采用这种方式的病毒相对比较少，很多病毒也由于程序编写上的错误没有真正流行起来。"空洞利用"：对于 Windows环境下的可执行文件，还有一种更加巧妙的方法，由于 Windows 程序的结构非常复杂，一般里面都会有很多没有使用的部分，例如空的段，或者每个段的最后部分等。病毒寻找这些没有使用的部分，然后将病毒代码分散到其中，这样就神不知鬼不觉地实现了感染（著名的 CIH 病毒就是用了这种方法）。寄生病毒精确地实现了病毒的定义："寄生在宿主程序的之上，并且不破坏宿主程序的正常功能"，所以寄生病毒设计的初衷都希望能够完整地保存原来程序的所有内容，寄生型病毒基本上都是可以安全清除的。除了改变文件头、将自己插入被感染程序中以外，寄生病毒还会采用一些方法来隐藏自己：对于只读文件，先改变文件的属性为可读写、进行感染、感染完毕之后把属性改回只读。病毒在感染时还会记录文件最后一次访问的日期，感染完毕之后再改回原来的日期。

根据病毒感染后被感染文件的信息是不是有丢失，我们把病毒感染分成两种最基本的类型，破坏性感染和非破坏性感染。对于非破坏性感染的文件，只要杀毒软件清楚地掌握了病毒感染的基本原理，准确地进行还原是可能的，该病毒是可清除的。而对于破坏性感染，由于病毒删除或者覆盖了原来文件的全部或部分内容，所以这种病毒是不能清除的，只能删除感染文件，或者用没有被感染的原始文件覆盖被感染的文件。

（2）覆盖病毒：病毒制造者直接用病毒程序替换被感染的程序，被感染的程序立刻就不能正常工作了，用户可以迅速地发现病毒的存在并采取相应的措施。

（3）无入口点病毒：这种病毒只是在被感染程序执行的时候，没有立刻跳转到病毒的代码处开始执行。病毒代码无声无息地潜伏在被感染的程序中，在非常偶然的条件下才会被触发开始执行，采用这种方式感染的病毒非常隐蔽，杀毒软件很难发现在程序的某个随机的部位，在程序运行过程中会被执行到的病毒代码。这种病毒必须修改原来程序中的某些指令，使得在原来程序运行中可以跳转到病毒代码处。x86 机器的指令是不等长，也就是说无法断定什么地方开始的是一条有效的、可以被执行到的指令，将这条指令改成跳转指令就可以切换到病毒代码了。病毒制造者发现了一系列的方法可以做这件事情：大量的可执行文件是使用 C 或PASCAL 语言编写的，程序中会使用一些基本的库函数，比如说字符串处理、基本的输入输出等，在启动用户开发的程序之前，编译器会增加一些代码对库进行初始化，病毒可以寻找特定的初始化代码，然后修改这段代码的开始跳转到病毒代码处，执行完病毒之后再执行通常的初始化工作。"纽克瑞希尔"病毒就采用了这种方法进行感染。病毒的感染部分包括了一个小型的反汇编软件，感染的时候，将被感染文件加载到内存中，然后一条一条代码地进行反汇编，当满足某个特定的条件的时候（病毒认为可以很安全地改变代码了），将原来的指令替换成一条跳转指令，跳转到病毒代码中，CNTV 和"中间感染"病毒是用这种方法插入跳转到病毒的指令的。还有一种方法仅仅适用于 TSR(Terminal Still Resident 中止仍然驻留,驻留的部分基本上都是中断服务程序)程序,病毒修改 TSR 程序的中断服务代码,这样当操作系统执行中断的时候就会跳转到病毒代码中(比如说修改 21H 号中断,这样任何 DOS 调用都会首先通过病毒进行)。还有另外一种比较少见的获得程序控制权的方法是通过.EXE 文件的重定位表完成的。

(4)伴随病毒:这种病毒不改变被感染的文件,是为被感染的文件创建一个伴随文件(病毒文件),当执行被感染文件的时候,执行的是病毒文件。其中一种伴随病毒利用了 DOS 执行文件的一个特性,当同一个目录中同时存在同名的后缀名为.COM 的文件和后缀名为.EXE 的文件时,会首先执行后缀名为.COM 的文件。还有一种伴随方式是将原来的文件改名,如将 XCOPY.EXE 改成 XCOPY.OLD,然后生成一个新的 XCOPY.EXE(实际上就是病毒文件),这样当输入"XCOPY(回车换行)"的时候,执行的同样是病毒文件,然后病毒文件再去加载原来的程序执行。另外一种伴随方式利用了 DOS 或者 Windows 操作系统的搜索路径,如 Windows 系统首先会搜索操作系统安装的系统目录,病毒在最先搜索目录存放和感染文件同名的可执行文件,当执行的时候首先会去执行病毒文件,"尼姆达"病毒就使用这种方法进行传染。

(5)文件蠕虫:文件蠕虫和伴随病毒很相似,不利用路径的优先顺序或者其他手段执行,病毒只是生成一个具有 INSTALL.BAT 或者 SETUP.EXE 等名字的文件(就是病毒文件的拷贝),诱使用户在看到文件之后执行。还有一些蠕虫是针对压缩文件的,发现硬盘上的压缩文件,然后直接将自己加到压缩包中。病毒会在以.BAT 结尾的批处理文件中增加执行病毒的语句,从而实现病毒的传播。

(6)链接病毒:这类病毒的数量比较少,但是有一个典型的实例,即在国内肆虐一时的"目录 2"(DIR2)病毒。该病毒并没有在硬盘上生成一个专门的病毒文件,而是将自己隐藏在文件系统的某个地方,"目录 2"病毒将自己隐藏在驱动器的最后一个簇中,然后修改文件分配表,使目录区中文件的开始簇指向病毒代码,这种感染方式的特点是每一个逻辑驱动器上只有一份病毒的拷贝。在 Windows NT 和 Windows 2000 操作系统中的一种链接病毒,只存在于 NTFS 文件系统的逻辑磁盘上,使用了 NTFS 文件系统的隐藏流来存放病毒代码,被这种病毒感染之后,杀毒软件很难找到病毒代码并且安全地将其清除。

(7)对象文件、库文件和源代码病毒:这类病毒的数量非常少,病毒感染编译器生成的中间对象文件(.OBJ 文件),或者编译器使用的库文件(.LIB)文件,使用被感染的 OBJ 或者 LIB 链接生成 EXE(COM)程序之后才能实际的完成感染过程,所生成的文件中包含了病毒。源代码病毒直接对源代码进行修改,增加病毒的内容,如搜索所有后缀名是.C 的文件,如果在里面找到"main()"形式的字符串,则在这一行的后面加上病毒代码,这样编译出来的文件就包括了病毒。

6.3.2　预防

针对文件型病毒是通过文件进行传播这一特点,所以当使用来历不明文件的时候,先用最新升级过的杀毒软件进行检查,确认没有文件型病毒之后方可使用。切忌不要双击打开或复制。和对付其他病毒的思想一样,预防是第一位,通常情况下文件型病毒的预防可以注意以下内容。

(1)平时养成良好的习惯,计算机要安装防毒软件并打开实时监控程序,而且要经常升级杀毒软件确保病毒库是最新的。

（2）对来历不明的软件(特别是从网上下载的软件)要先查毒确保没有病毒后再运行。

（3）重要的数据要备份到移动存储器或刻录到光盘上。及时备份不但是预防文件型病毒的有效途径,也是预防其他类型病毒的重要方法。任何时候感染了病毒,只需要利用备份进行覆盖,就可以达到清除的目的。

（4）简单免疫,因为文件型病毒感染宿主程序后要在宿主程序内打上标记,如果我们也给正常的程序内部在相同的地方加上相同的代码,那么就可以欺瞒病毒而达到免疫的作用。还可以为可执行文件加个反病毒的外壳,但是这种方法不能预防某些加密和变形的病毒。

6.3.3 检测

要对一个文件进行多种已知病毒的检查,最好的办法是借助于已流行的检查病毒的软件。基本思想是在一个文件的特定位置上,寻找病毒的特定标识,如果存在,则认为该文件已被这种病毒感染。"检查标识法"是有很大局限性的,特别是对那些变种病毒,只要稍稍地变动一下计算机病毒的标识,或将其移动一下位置,这种方法就识别不出来了。下面介绍检查这类计算机病毒的一些基本思想。

1. 系统中含有计算机病毒的诊断

计算机病毒程序要向外传播就必须控制系统的相应中断服务程序。文件型计算机病毒进行传染是通过 INT 21H 中断向量实现的,在内存低端 0:0084～0:0087 处,检查比较中断向量的入口地址与平常系统正常时的数值来进行判定;也可以用 DOS 的 Debug 命令,进入动态调试环境,编一段汇编程序,提取系统的 INT 21H 和某些重要的系统中断向量来查看并比较。下面给出具体的操作步骤。

```
C＞Debug
—A100
XXXX:0100    MOV AX,3521 ;取 INT 21H 中断向量。
XXXX:0103    INT 21      ;调 INT ZIH 中断。
XXXX:0106    INT 3       ;设置断点。
XXXX:0108                ;退出汇编。
—G＝100                 ;执行该区汇编程序。
```

此时 ES 寄存器值就是 INT 21H 中断的段地址,BX 寄存器值为该中断的偏移地址;将取出的值与正常情况下的值进行比较,来确定系统中断是否被修改。将上述汇编程序中的 AX 寄存器值的低位改为其他待查的中断号,也可以取出其他中断的向量。

2. 对文件型计算机病毒进行检查

对于那些执行文件的判定,只有比较法,最好掌握原系统可执行文件的长度和日期,通过执行这些文件来进行比较,对于文件长度或日期发生变化的,就认为可能已感染上病毒。总之,文件型病毒种类及其变形病毒繁多,其检查起来很麻烦,对重要的文件和数据定期做备份是一种重要的保护手段。

3. 文件型计算机病毒内存驻留检测程序

文件型病毒按使用内存的方式也可以划分成两类:一类是驻留内存的病毒,另一类是不驻留内存的病毒。不驻留内存的病毒只要在磁盘文件中就可以找到并进行清除,驻留内存的病毒驻留内存的方式和与 DOS 的连接方式也是多种多样的,按其驻留内存方式可分为高端驻留型、内存控制链驻留型、常规驻留型、设备程序补丁驻留型和不驻留内存型。

(1)高端驻留型病毒是通过申请一个与病毒体大小相同的内存块来获得内存控制块链中最后一个区域头,用减少最后一个区域头的分配字节数来减少内存容量,使病毒驻留内存高端可用区。可以监测 DOS 中断向量,如果 INT 21H 的中断入口指向内存高端可用区,则可认定内存高端驻留有计算机病毒。典型的病毒有 Yankee 等。

(2)内存控制链驻留型病毒是将病毒驻留在系统分配给宿主程序的位置,为宿主程序重新创建一个内存块,通过修改内存控制块链,使得宿主程序结束后只回收宿主程序的内存空间,达到病毒驻留内存的目的。比较程序运行前后内存控制块链中的最后一个控制块的段址,如果异常,并且 INT 21H 中断向量被修改,则可能为计算机病毒所为。典型的计算机病毒有 Cascade/1701 等。

(3)常规驻留型病毒是将病毒驻留在系统分配给宿主程序的空间中,为避免与宿主程序的合法驻留相冲突,采用二次创建进程的方式,把宿主程序分离开来,并将病毒体放在宿主程序的物理位置的前面,只驻留病毒体本身。跟踪 INT 21H 中断,在程序执行 EXEC、打开文件或查找文件等功能调用时,如果有写盘操作,可判定为计算机病毒正在传染文件。典型的计算机病毒有 Jerusalem(黑色星期五)、Sunday 等。

驻留内存型病毒在带毒宿主程序驻留内存的过程中一般是不进行传染的,它驻留在系统内,通常通过改造 INT 21H 的.EXEC(4BH)或查找文件(11H、12H、4EH、4FH),监视待传染的程序,并在系统执行写文件、改属性、改文件名等操作时伺机传染。通过运行一个"虚"程序,如果发现有写文件、改属性、改文件名等行为,可认定内存有计算机病毒。

文件型计算机病毒在传染文件时,需要打开待传染的程序文件,并进行写操作,利用 DOS 运行可执行文件时需要释放多余的内存块,控制 INT 21H 的 49H 功能块。如果在该功能执行之前检测到写盘操作,可认定内存有计算机病毒。对特定计算机病毒也可根据特征串做动态监测,如在运行一个可执行文件前先扫描病毒特征串,发现已知病毒就先杀毒。

由于文件型计算机病毒是寄生在可执行文件中,是在系统引导启动后才激活的,因此用硬卡和用软件实现技术基本是一样的,它们都是在系统的外围建立一个安全外壳,主要对在系统引导以后执行的程序实施检测,以防范寄生于可执行文件中的病毒。

6.3.4　清除

除了覆盖型的文件型病毒之外,其他感染 COM 型和 EXE 型的文件型病毒都可以被清除干净。因为病毒是在保持原文件功能的基础上进行传染的,既然病毒能在内存中恢复被感染文件的代码并予以执行,则也可以依照病毒的方法进行传染的逆过程,将病毒清除出被感染文件,对覆盖型的文件则只能将其彻底删除。如果已中毒的文件有备份的话,把备份的文件复制回去就行。执行文件若加上免疫疫苗的话,遇到病毒的时候,程序可以自行复原;如果文件没有加上任何防护的话,就只能靠解毒软件来解。因此,用户必须平日勤备份自己的资料。由于某些病毒会破坏系统数据,如目录和文件分配表 FAT,因此在清除完计算机病毒之后,系统要进行维护工作。病毒的清除工作与系统的维护工作往往是分不开的。清除文件型病毒要注意的事项如下。

（1）文件型病毒都驻留内存，在正常模式下，由于带毒的文件正在运行，是无法对这些文件直接进行操作的。从现在的反病毒技术和病毒来看，绝大部分病毒都不可能在正常模式下简单地就可以彻底清除的，所以清除文件型病毒最好在 DOS 下操作，如果是 NTFS 的硬盘分区结构，则也最好在安全模式下杀毒。

（2）有些文件型病毒，如 Funlove 病毒和 Wormdll（W32. Parite. b）病毒都会通过网络感染，杀毒的时候一定要断掉网络连接（拔掉网线），在局域网中一定要把所有计算机上的病毒全都查杀干净以后才可以联网，否则一台刚刚杀过毒的计算机可能被再次感染。

（3）由于文件型病毒都是要对宿主文件（被感染的文件）进行修改，把自身代码添加到宿主文件上，所以会造成一些结构比较复杂的文件损坏，比如一些自解压缩文件（通常是一些软件的安装文件）、带有自校验功能的文件无法运行，当它感染了系统文件，还会造成系统的问题（比如经常出现"非法操作"等）。出现的这些症状即使使用杀毒软件把病毒清除干净了也没法修复，因为感染这个病毒的时候文件就已经损坏了。这时只能用备份文件替换损坏的文件。

（4）不要使用网页在线杀毒，这种方法和上述是一样的，同样无法彻底清除病毒，由于利用了 IE 的特殊功能，会带来更多的安全隐患，一般反病毒厂商也不会提供全面的病毒库文件，所以这种方法充其量只能查出计算机上是否感染了流行的病毒，而不能实际进行清除病毒。

文件型病毒的预防和查杀难度较大，所以要使用杀毒软件进行预防和查杀，当我们的汇编知识丰富并且程序分析能力强的话，可通过其他途径学习分析文件型病毒的方法，这样可以更加透彻地掌握文件型病毒感染、传播和破坏机理，也可以增加更多的实践经验。

复合型计算机病毒是指同时具有引导型病毒和文件型病毒寄生方式的病毒，它扩大了病毒程序的传染途径，它既感染磁盘的引导记录，又感染可执行文件。当染有此种病毒的磁盘用于引导系统或调用执行染毒文件时，计算机病毒都会被激活。这种病毒有 Flip、"新世纪"、One-half 病毒等。这种病毒的原始状态是依附在可执行文件上，以文件作为载体进行传播。当文件被执行时，如果系统中有硬盘，则立即感染硬盘的主引导扇区，以后在用硬盘启动系统时，系统中就有该计算机病毒，从而实现从文件型计算机病毒向系统型计算机病毒的转变。在此以后，则只对系统中的可执行文件进行感染。被感染的硬盘启动系统后，修改了中断 INT 21H，感染可执行文件，使系统引导型病毒转变为文件型病毒，从而使病毒的传染性大大增加。

在分析这种复合型病毒时应注意两种引导方式，当它驻留在硬盘主引导扇区中和驻留在文件中时，其各自的引导过程是不一样的。驻留在硬盘主引导扇区中的计算机病毒具有系统引导型计算机病毒的一切特征，其分析方法与系统引导型计算机病毒的分析方法完全相同，唯一的区别在于它的传染对象与系统引导型计算机病毒的传染对象不同。这种计算机病毒不传染软盘的引导扇区，而只传染系统中的可执行文件。驻留在文件中的计算机病毒，在该文件执行时进入到系统中，它具有文件型计算机病毒的一切特点，但它在引导时，增加了一个程序段，用于感染硬盘的主引导扇区，当判断系统中装有硬盘时，读出硬盘的主引导扇区，如果该扇区中特定位置上没有计算机病毒程序的感染标志，则认为该硬盘尚未被感染，于是立刻将计算机病毒程序传染到硬盘的主引导扇区中。计算机病毒进入后，向外传播的方式与其他文件型计算机病毒的传播方式是一样的。

6.4　CIH 病毒

CIH 病毒属文件型计算机病毒,其别名有 Win95.CIH、Spacefiller、Win32.CIH、PE_CIH 等,它主要感染 Windows 95/98 操作系统下的可执行文件(PE 格式,Portable Executable Format)。CIH 病毒是迄今为止发现的最阴险的病毒之一。它发作时不仅破坏硬盘的引导区和分区表,而且破坏计算机系统 FlashBIOS 芯片中的系统程序,导致主板损坏。CIH 病毒是首例直接破坏计算机系统硬件的病毒。

1. CIH 计算机病毒的发展

CIH 计算机病毒的各种不同版本随时间的发展而不断完善,下面是其基本发展历程。

CIH 计算机病毒 v1.0 版本只有 656B,与普通类型的病毒相比在结构上并无多大的改善,可感染 Windows PE 类可执行文件,被感染的程序文件长度增加,不具有破坏性。

CIH v1.1 版本病毒长度为 796B,对 Windows NT 不发生作用并自我隐藏,优化了代码并缩减其长度。利用 WIN PE 类可执行文件中的"空隙",将自身根据需要分裂成几个部分后,分别插入到 PE 类可执行文件中,在感染大部分 WIN PE 类文件时,不会导致文件长度增加。

CIH v1.2 改正了一些 v1.1 版本的缺陷,增加了破坏硬盘以及主机 BIOS 程序的代码,使其步入恶性计算机病毒的行列,病毒体长度为 1 003B。

CIH 计算机病毒 v1.3 版的改进是不感染 WinZip 类的自解压程序,修改了发作时间,病毒长度为 1 010 字节。

CIH 计算机病毒 v1.4 版本改进了上几个版本中的缺陷,不感染 ZIP 自解压包文件,修改了发作日期及病毒中的版权信息,病毒长度为 1 019B。

在 CIH 的相关版本中,只有 v1.2、v1.3、v1.4 这 3 个版本的病毒具有实际的破坏性,其中 v1.2 版本的发作日期为每年的 4 月 26 日,v1.3 版本的发作日期为每年的 6 月 26 日,而 CIH v1.4 版本的发作日期则被修改为每月的 26 日,大大缩短了发作期限,增加了其破坏性。

2. CIH 计算机病毒发作时所产生的破坏性

CIH 属恶性病毒,当其发作条件成熟时,其将破坏硬盘数据,同时有可能破坏 BIOS 程序,以 2048 个扇区为单位,从硬盘主引导区开始依次往硬盘中写入垃圾数据,直到硬盘数据被全部破坏为止,最坏的情况下硬盘所有数据(含全部逻辑盘数据)均被破坏,重要的数据都将丢失。某些主板上的 Flash ROM 中的 BIOS 信息将被清除。

CIH 病毒发作现象如下。

(1)攻击 BIOS。CIH 病毒最异乎寻常之处是它对计算机 BIOS 的攻击。打开计算机时,BIOS 首先取得系统的控制权,它从 CMOS 中读取系统设置参数,初始化并协调有关系统设备的数据流。CIH 发作时,会试图向 BIOS 中写入垃圾信息,BIOS 中的内容会被彻底洗去,造成计算机无法启动,只有更换主板或 BIOS。

(2)覆盖硬盘。向硬盘写入垃圾内容也是 CIH 的破坏性之一。CIH 发作时,调用 BIOS SendCommand 直接对硬盘进行存取,将垃圾代码以 2 048 个扇区为单位循环写入硬盘,直到所有硬盘(含逻辑盘)数据均被破坏为止。

3. CIH 感染的原理

CIH 的原理主要是使用 Windows 的 VxD(虚拟设备驱动程序)编程方法,使用这一方法的目的是获取高的 CPU 权限。首先使用 SIDT 取得 IDT base address(中断描述符表基地址),然后把 IDT 的 INT 3 的入口地址改为指向 CIH 自己的 INT 3 程序入口部分,再利用自己产生一个 INT 3 指令运行至此 CIH 自身的 INT 3 入口程序处,这样 CIH 计算机病毒就可以获得最高级别的权限(即权限 0)。接着计算机病毒将检查 DR0 寄存器的值是否为 0,用以判断先前是否有 CIH 计算机病毒已经驻留。如 DR0 的值不为 0,表示 CIH 计算机病毒程式已驻留,则此 CIH 副本将恢复原先的 INT 3 入口,然后正常退出;如果判断 DR0 值为 0,则 CIH 病毒将尝试进行驻留,首先将当前 EBX 寄存器的值赋给 DR0 寄存器,以生成驻留标记,然后调用 INT 20 中断,使用 VxD call Page Allocate 系统调用,要求分配 Windows 系统内存,其地址范围为 C0000000H~FFFFFFFFH,它是用来存放所有的虚拟驱动程序的内存区域,如果程序想长期驻留在内存中,则必须申请到此区段内的内存。

如果内存申请成功,则从被感染文件中将原先分成多段的计算机病毒代码收集起来,并进行组合后放到申请到的内存空间中。完成组合、放置过程后,CIH 计算机病毒将再次调用 INT 3 中断进入 CIH 计算机病毒体的 INT 3 入口程序,接着调用 INT 20 来完成调用 IFSMgr_InstallFileSystemApiHook 子程序,用来在文件系统处理函数中挂接钩子,以截取文件调用的操作。接着修改 IFSMgr_InstallFileSystemApiHook 的入口,这样就完成了挂接钩子的工作,同时 Windows 默认 IFSMgr_ Ring0 _ FileIO(InstallableFileSystemManager,IF-SMgr)。服务程序的入口地址将被保留,以便于 CIH 计算机病毒调用,这样,一旦出现要求开启文件的调用,则 CIH 将在第一时间截获此文件,并判断此文件是否为 PE 格式的可执行文件,如果就是感染,将调用转接给正常的 Windows IFSMgr_IO 服务程序。CIH 不会重复多次感染 PE 格式文件,感染后文件的日期与时间信息将保持不变。对于绝大多数的 PE 程序,其被感染后,程序的长度也将保持不变,CIH 将会把自身分成多段,插入程序的空域中。完成驻留工作后的 CIH 计算机病毒将把原先的 IDT 中断表中的 INT 3 入口恢复成原样。

CIH 计算机病毒传播的主要途径是 Internet 和电子邮件,当然随着时间的推移,它也会通过软盘或光盘的交流传播。

虽然 CIH 病毒只感染 Windows 95/98 操作系统,但是因为 CIH 独特地使用了 VxD 技术,使得这种病毒在 Windows 环境下传播的实时性和隐蔽性都特别强。CIH 并不会破坏所有 BIOS,但 CIH 在"黑色"的 26 日摧毁硬盘上所有数据远比破坏 BIOS 要严重得多,这是每个感染 CIH 计算机病毒的用户不可避免的。各反病毒软件公司以最快的速度研发出查杀此病毒的专杀工具,因此该病毒的大面积破坏在很大程度上被控制住了。

6.5 脚 本 病 毒

主要采用脚本语言设计的病毒称为脚本病毒。脚本病毒的前缀是 Script。脚本病毒的共有特性是使用脚本语言编写,通过网页进行传播的病毒,如"红色代码"(Script. Redlof)脚本病毒通常有如下前缀:VBS、JS(表明是何种脚本编写的),如"欢乐时光"(VBS. Happytime)、"十四日"(Js. Fortnight. c. s)等。在早期的系统中,计算机病毒就已经开始利用脚本进行传播和破坏,在脚本应用无所不在的今天,脚本病毒却成为危害最大、最为广泛的病毒之一。结合脚本技术的病毒让人防不胜防,由于脚本语言的易用性和脚本出现在的应用系统中,特别是 In-ternet 应用中,脚本病毒也成为 Internet 病毒中最为流行的网络病毒之一。

6.5.1　原理

1.脚本语言

脚本语言的前身是 DOS 系统下的批处理文件,脚本的应用是对应用系统的一个强大的支撑,现在比较流行的脚本语言有:UNIX、Linux Shell、Pert、VBScript、Javascript、JSP、PHP 等。由于流行的脚本病毒大都是利用 JavaScript 和 VBScript 脚本语言编写的,因此这里重点介绍一下这两种脚本语言。

1)JavaScript

JavaScript 是一种基于对象和事件驱动并具有相对安全性的客户端脚本语言,也是一种广泛用于客户端 Web 开发的脚本语言,常用来给 HTML 网页添加动态功能,比如响应用户的各种操作。它最初由网景公司的 Brendan Eich 设计,是一种动态、弱类型、基于原型的语言,内置支持类。Ecma 国际以 JavaScript 为基础制定了 ECMAScript 标准。JavaScript 也可以用于其他场合,如服务器端编程。完整的 JavaScript 实现包含三个部分:ECMAScript,文档对象模型,字节顺序记号。尽管 JavaScript 作为给非程序人员使用的脚本语言,而不是给程序人员的编程语言来推广和宣传,但是 JavaScript 具有非常丰富的特性。

JavaScript 是一种解释型的、基于对象的脚本语言,是 Microsoft 公司对 ECMA 262 语言规范的一种实现。JavaScript 完全实现了该语言规范,并且提供了一些利用 Microsoft Inter-net Explorer 功能的增强特性。与诸如 C++和 Java 这样成熟的面向对象的语言相比,Java Script的功能要弱一些,但对于它的预期用途而言,Java Scrip的功能已经足够强大了。Java Script不是任何其他语言的精简版,也不是任何事物的简化。不过,它有局限性,例如,不能使用该语言来编写独立运行的应用程序,并且该语言读写文件的功能也很少。此外,Java Script脚本只能在某个解释器上运行,该解释器可以是 Web 服务器,也可以是 Web 浏览器。Java Script 是一种宽松类型的语言,它不必定义变量的数据类型。事实上也无法在 JavaScript 上明确地定义数据类型,在大多数情况下,JavaScript 将根据需要自动进行转换。例如,如果试图将一个数值添加到由文本组成的某项(一个字符串),该数值将被转换为文本。

2)VBScript

VBScript 是 Visual Basic Script 的简称,即 Visual Basic 脚本语言,有时也被缩写为 VBS,是 ASP 动态网页默认的编程语言,配合 ASP 内建对象和 ADO 对象,用户很快就能掌握访问数据库的 ASP 动态网页开发技术。由于 VBScript 可以通过 Windows 脚本宿主调用 COM,因而可以使用 Windows 操作系统中可用的程序库。VBScript 可以被用来自动地完成重复性的 Windows 操作系统任务。在 Windows 操作系统中,VBScript 可以在 Windows Script Host 的范围内运行。Windows 操作系统可以自动辨认和执行 *.VBS 和 *.WSF 两种文件格式,此外 Internet Explorer 可以执行 HTA 和 CHM 文件格式。VBS 和 WSF 文件完全是文字式的,它们只能通过少数几种对话窗口与用户交互。HTA 和 CHM 文件使用 HT-ML 格式,它们的程序代码可以像 HTML 一样被编辑和检查。在 WSF、HTA 和 CHM 文件中 VBScript 和 JavaScript 的程序代码可以任意混合。HTA 文件实际上是加有 VBS、JavaScript 成分的 HTML 文件。CHM 文件是一种在线帮助,用户可以使用专门的编辑程序将 HTML 程序编辑为 CHM。

网页中的 VBS 可以用来指挥客户方的网页浏览器(浏览器执行 VBS 程序)。VBS 与 JavaScript 可以用来实现动态 HTML,甚至可以将整个程序结合到网页中来。在 Internet Explorer 中 VBS 和 JavaScript 使用同样的权限,它们只能有限地使用 Windows 操作系统中的对象。

在网页服务器方面 VBS 是微软的 Active Server Pages 的一部分,VBS 的程序代码直接嵌入 HTML 页内,这样的网页以 ASP 结尾。网页服务器 Internet 信息服务执行 ASP 页内的程序部分并将其结果转化为 HTML 传递给网页浏览器供用户使用。这样服务器可以进行数据库查询并将其结果放到 HTML 网页中。

VBScript 和 JavaScript 主要应用在微软的平台上,运行环境为 Microsoft Windows Script Host(WSH)。VBScript 和 JavaScript 对于普通用户来说,它们在 ASP 中的应用是最常见的。其实,VBScript 和 JavaScript 不仅应用在基于 Web 的应用上,在微软的系统平台上它也无处不在。Microsoft Windows Script Host 是一个功能强大的脚本应用环境。此外,微软还提供了一个脚本调试器 Microsoft Debugger,该文件位于.. \program Files\Microsoft Script Debugger\msscrdbg. exe 处。

2. 脚本病毒的分类

对于脚本计算机病毒的分类,当前还没有一个统一标准,这里根据脚本计算机病毒的程序是否完全采用脚本语言把脚本计算机病毒分为纯脚本型和混合型。

(1)纯脚本型。纯脚本型计算机病毒的程序完全采用脚本语言设计,没有编译后的可执行文件。纯脚本型计算机病毒的代表就是宏病毒,宏病毒是微软的 Office 系列办公软件和 Windows 系统所特有的一种计算机病毒,Office 环境中强大的宏完全采用脚本语言设计。由于 Windows 系统的开放性,宏几乎无所不能,因此,宏病毒危害极大,如"台湾一号"等。

(2)混合型。所谓混合型脚本病毒,是指脚本病毒与其他病毒技术相结合的产物,它一般掺杂于 HTM、HTML、Jsp 等网页文件中,包括邮件计算机病毒、蠕虫病毒等。邮件计算机病毒即通过邮件方式传播的计算机病毒,它利用了邮件系统的强大功能,在互联网上迅速传播。利用脚本语言编写的邮件计算机病毒有"欢乐时光"、"新欢乐时光"、"主页"、"美丽沙"等。

3. VBS 脚本计算机病毒的特点及发展现状

VBS 病毒是用 VB Script 编写而成,它们利用 Windows 系统的开放性特点,通过调用一些现成的 Windows 对象、组件,可以直接对文件系统、注册表等进行控制,其特点如下。

(1)编写简单:计算机病毒爱好者可以在很短的时间里编出一个新型计算机病毒来。

(2)破坏力大:表现在对用户系统文件及性能的破坏、使邮件服务器崩溃、使网络发生严重阻塞。

(3)感染力强:由于脚本是直接解释执行,这类病毒可以直接通过自我复制的方式感染其他同类文件。

(4)传播范围大:通过 HTM 文档、E-mail 附件等方式传播,在短时间内传遍世界各地。

(5)计算机病毒源码容易被获取,变种多:由于其源代码可读性强和源代码的获取比较简单,因此,这类病毒变种比较多,稍微改变一下计算机病毒的结构,或者修改一下特征值,就成为新的病毒。

(6)欺骗性强:为了得到运行机会,采用各种让用户不大注意的手段,如,邮件的附件名采用双后缀,如.jpg、.VBS,由于系统默认不显示后缀,用户看到文件的时候,就会认为它是一个jpg图片文件。

(7)使得病毒生产机实现起来非常容易:目前的病毒生产机,大多数都为脚本计算机病毒生产机,最重要的一点还是因为脚本是解释执行的,实现起来非常容易。

正因为以上几个特点,脚本计算机病毒发展异常迅猛,特别是计算机病毒生产机的出现,使得生成新型脚本计算机病毒变得非常容易。

4.VBS脚本病毒原理分析

VBS脚本计算机病毒一般是直接通过自我复制来感染文件的,病毒中的绝大部分代码都可以直接附加在其他同类程序的中间,如"新欢乐时光"病毒可以将自己的代码附加在HTM文件的尾部,并在顶部加入一条调用计算机病毒代码的语句,而宏病毒则是直接生成一个文件的副本,将计算机病毒代码复制入其中,并以原文件名作为计算机病毒文件名的前缀,VBS作为后缀。VBS脚本病毒主要依赖于它的网络传播功能,一般来说,VBS脚本计算机病毒采用如下几种方式进行传播。

(1)通过E-mail附件传播,病毒通过各种方法拿到合法的E-mail地址,可以直接取Outlook地址簿中的邮件地址,也可以通过程序在用户文档(如HTM文件)中搜索E-mail地址。

(2)局域网共享传播也是一种非常普遍并且有效的网络传播方式。在局域网内一定存在不少共享目录,并且具有可写权限,病毒通过搜索共享目录,就将病毒代码传播到这些目录之中。在VBS中,有一个对象可以实现网上邻居共享文件夹的搜索与文件操作,利用该对象就可以达到传播的目的。

(3)通过感染HTM、ASP、JSP、PHP等网页文件传播,病毒通过感染HTM等文件,使所有访问过该网页的用户机器感染病毒。

(4)病毒也可通过流行的KaZaA进行传播。计算机病毒将病毒文件复制到KaZaA的默认共享目录中,当其他用户访问这台机器时,就有可能下载病毒文件并执行。这种传播方法可能会随着KaZaA这种点对点共享工具的流行而发生作用。

5.VBS脚本计算机病毒如何获得控制权

下面列出几种典型的方法。

(1)修改注册表项:Windows在启动的时候,会自动加载HKEY_LOCAL_MACHINE\SOFTWARE\Microsoft\Windows\CurrentVersion\Run项下的各键值所执向的程序。脚本计算机病毒可以在此项下加入一个键值指向计算机病毒程序,这样就可以保证在每次机器启动的时候拿到控制权。VBS修改注册表的方法比较简单,直接调用下面的语句即可。

```
Wsh.RegWrite(strName,anyvalue[,strType])
```

(2)通过映射文件执行方式:"新欢乐时光"病毒将dll的执行方式修改为wscript.exe,甚至可以将.exe文件的映射指向计算机病毒代码。

(3)欺骗用户,让用户自己执行:这种方式其实和月户的心理有关。例如,计算机病毒在发送附件时,采用双后缀的文件名,由于默认情况下后缀并不显示,举个例子,文件名为 beauty.jpg. VBS 的 VBS 程序显示为 beauty.jpg,这时用户往往会把它当成一张图片去点击。同样,对于用户自己磁盘中的文件,计算机病毒在感染它们的时候,将原有文件的文件名作为前缀,VBS 作为后缀产生一个计算机病毒文件,并删除原来文件,这样,用户就有可能将这个 VBS 文件看做自己原来的文件去运行。

(4)desktop.ini 和 folder.htt 互相配合:如果用户的目录中含有这两个文件,当用户进入该目录,就会触发 folder.htt 中的计算机病毒代码。这是"新欢乐时光"计算机病毒采用的一种比较有效地获取控制权的方法。并且利用 folder.htt,还可能触发.exe 文件,这也可能成为计算机病毒得到控制权的一种有效方法。

随着网络的飞速发展,网络蠕虫病毒开始流行,而 VBS 脚本蠕虫则更加突出,不仅数量多,而且威力大。由于利用脚本编写病毒比较简单,除了将继续流行目前的 VBS 脚本病毒外,将会逐渐出现更多的其他脚本类病毒,如 PHP、JS、Perl 病毒等。但是脚本并不是真正病毒技术爱好者编写病毒的最佳工具,并且脚本病毒解除起来比较容易,相对容易防范。

6.5.2　检测

对于没有加密的脚本计算机病毒,可以直接从计算机病毒样本中找出来。现在介绍一下如何从计算机病毒样本中提取加密 VBS 脚本计算机病毒,这里我们仍然以"新欢乐时光"病毒为例。

用 Edit 打开 folder.htt,就会发现这个文件总共才 93 行,第 87 行到 91 行语句如下:

```
87:< script language= VBScript>
88:ExeString =  "Afi FkSeboa)EqiiQbtq)S^pQbtq)AadobaPfdj)> mlibL^gb`p)CPK...;
89:Execute("Dim KeyArr(3),ThisText"&vbCrLf&"KeyArr(0) = 3"&vbCrLf&"KeyArr(1) = 3"
&vbCrLf&"KeyArr(2) = 3"&vbCrLf&"KeyArr(3) = 4"&vbCrLf&"For i= 1 To Len(ExeString)"
&vbCrLf&" TempNum = Asc(Mid(ExeString,i,1))"&vbCrLf&"If TempNum = 18 Then"&vbCrLf&"
TempNum = 34"&vbCrLf&"End If"&vbCrLf&"TempChar = Chr(TempNum + KeyArr(i Mod 4))"
&vbCrLf&"If TempChar = Chr(28) Then"&vbCrLf&"TempChar = vbCr"&vbCrLf&"ElseIf TempChar
= Chr(29) Then"&vbCrLf&" TempChar = vbLf"&vbCrLf&"End If"&vbCrLf&"ThisText = ThisText
& TempChar"&vbCrLf&"Next")
90:Execute(ThisText)
91:</script>
```

第 88 行是一个字符串的赋值,很明显这是被加密过的计算机病毒代码。第 89 行最后的一段代码 ThisText＝ThisText＆TempChar,再加上下面那一行,我们可以猜到 ThisText 里面放的是计算机病毒解密代码。第 90 行是执行刚才 ThisText 中的那段代码(经过解密处理后的代码)。

将 ThisText 的内容输出到一个文本文件。由于上面几行是 VBScript,于是可以创建一个.txt 文件。

首先,复制第 88、89 两行到刚才建立的.txt 文件,然后在下面一行输入创建文件和将 ThisText 写入文件 VBS 代码,整个过程如下所示:

```
ExeString= "Afi...'第 88行代码 Execute("Dim KeyAr...    '第 89行代码
```

```
set fso= createobject("scripting.filesystemobject")    '创建一个文件系统对象
```

set virusfile＝fso.createtextfile("resource.log",true)'，创建一个新文件 resource.log，用以存放解密后的计算机病毒代码 virusfile.writeline(ThisText)'，将解密后的代码写入 resource.log，保存文件，将该文件后缀名.txt 改为.VBS(.vbe 也可以)，双击它，就会发现该文件目录下多了一个文件 resource.log，这就是"新欢乐时光"病毒的源代码。

6.5.3　清除

VBS 脚本计算机病毒由于其编写语言为脚本，因而它不会像 PE 文件那样方便灵活，它的运行是需要条件的(只不过这种条件默认情况下就已经具备了)。

VBS 脚本计算机病毒具有如下弱点。

(1)绝大部分 VBS 脚本计算机病毒运行的时候需要用到一个对象：FileSystemObject。

(2)VBScript 代码是通过 Windows Script Host 来解释执行的。

(3)VBS 脚本计算机病毒的运行需要其关联程序 Wscript.exe 的支持。

(4)通过网页传播的计算机病毒需要 ActiveX 的支持。

(5)通过 E-mail 传播的计算机病毒需要 OE 的自动发送邮件功能支持，但是绝大部分计算机病毒都是以 E-mail 为主要传播方式的。

针对以上提到的 VBS 脚本计算机病毒的弱点，可以集中使用以下防范措施。

1. 禁用文件系统对象 FileSystemObject

用 regsvr32 scrrun.dll /u 这条命令就可以禁止文件系统对象。其中 regsvr32 是 Windows\System 下的可执行文件，也可以直接查找 scrrun.dll 文件删除或者改名。

还有一种方法就是在注册表中 HKEY_CLASSES_ROOT\CLSID\ 下找到一个主键{0D43FE01-F093-11CF-8940-00A0C9054228}的项，删除即可。

2. 卸载 Windows Scripting Host

在 Windows 98 操作系统中(NT 4.0 以上同理)，打开"控制面板"→"添加/删除程序"→"Windows 安装程序"→"附件"，取消"Windows Scripting Host"选项。

和上面的方法一样，在注册表中 HKEY_CLASSES_ROOT\CLSID\ 下找到一个主键{F935DC22-1CF0-11D0-ADB9-00C04FD58A0B}的项，删除它。

3. 删除 VBS、VBE、JS、JSE 文件后缀名与应用程序的映射

依次选择"我的计算机"→"查看"→"文件夹选项"→"文件类型"，然后删除 VBS、VBE、JS、JSE 文件后缀名与应用程序的映射。

4. 在 Windows 目录中，找到 WScript.exe，更改名称或者删除

如果觉得以后还有机会用到 WScript.exe 的话，最好更改名称，当然以后也可以重新装上。

5. 要彻底防治 VBS 网络蠕虫病毒，还需设置一下浏览器

打开浏览器，单击菜单栏里"Internet 选项"中"安全"选项卡里的"自定义级别"按钮，把"ActiveX 控件及插件"的所有项都设为禁用。

6. 禁止 OE 的自动收发电子邮件功能

禁止 OE 的自动收发电子邮件，可以在很大程度上阻止蠕虫病毒的传染。

7.显示所有文件类型的扩展名称

由于蠕虫病毒大多利用文件扩展名做文章,所以要防范它就不要隐藏系统中已知文件类型的扩展名。Windows 默认的是"隐藏已知文件类型的扩展名称",将其修改为显示所有文件类型的扩展名称。

8.将系统的网络连接的安全级别设置为"中等"或以上

这可以在一定程度上预防某些有害的 Java 程序或者某些 ActiveX 组件对计算机的侵害。

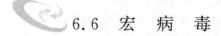

6.6 宏 病 毒

所谓宏,就是一些命令组织在一起,作为一个单独的命令完成一项特定任务,它通过将重复的操作记录为一个宏来减少用户的工作量。在 Microsoft Word 中将宏定义为:"宏就是能被组织到一起作为一个单独命令来使用的一系列 Word 命令,它能使日常工作变得更容易"。因为 Windows Office 家族的 Word、PowerPoint、Excel 三大系列的文字处理和表格管理软件都支持宏,所以它们生成和处理的 Office 文件便成为宏病毒的主要载体,也是宏病毒的主要攻击对象。

宏病毒的产生得益于微软脚本语言的强大、易用和不安全,也正因为如此,宏病毒和传统计算机病毒结合产生了更具破坏力的邮件计算机病毒和新型的木马病毒、蠕虫病毒。

6.6.1 原理

宏病毒是一种寄存在文档或模板的宏中的计算机病毒。一旦打开这样的文档,其中的宏就会被执行,于是宏病毒就会被激活,转移到计算机上,并驻留在 Normal 模板上。从此以后,所有自动保存的文档都会"感染"上这种宏病毒,而且如果其他用户打开了感染病毒的文档,宏病毒又会转移到其他的计算机上。

Word 的文件建立是通过模板来创建的,模板可以包括菜单、宏、格式(如备忘录等)。模板是文本、图形和格式编排的蓝图。Word 提供了几种常见文档类型的模板,如备忘录、报告和商务信件。Word 自动将新文档基于默认的公用模板(Normal.dot)。作为基类,文档继承模板的属性,包括宏、菜单、格式等。另外,Word 还提供强大的功能——宏,宏是能组织到一起作为一独立命令使用的一系列 Word 命令,可以将宏指定到工具栏、菜单或快捷键,所以宏可以像标准 Word 命令一样方便地使用。Word 使用宏语言 WordBasic。

在 Word 启动时,自动加载 startup 下模板及 Normal.dot 模板,以及它们所包含的宏。可以为宏指定特殊的名称,使其变为自动宏,启动 Word 或打开文档,就自动执行具有特殊命名的宏。Word 可以识别以下名称的自动宏:

宏 名	运行条件
AutoExec	启动 Word 时
AutoNew	每次新建文档时
AutoOpen	每次打开已有文档时
AutoClose	每次关闭文档时
AutoExit	退出 Word 时

宏病毒主要寄生在以下 3 个宏中:AutoOpen、AutoNew、AutoClose。带病毒文档一般是将文档置成模板类型的文档,当文件打开时,将寄存在这 3 个宏中的病毒传染到 Normal.dot 公用模板中,再由公用模板传染到所有正常的文档中。

目前,几乎所有已知的宏病毒都沿用了相同的作用机理,即如果 Word 系统在读取一个染毒文件时遭受感染,则其后所有新创建的.doc 文档都会被感染。Word 宏病毒几乎是唯一一类可跨越不同硬件平台而生存、传染和流行的计算机病毒。宏病毒必须依赖某个可受其感染的软件系统,如微软的 Word 或 Excel,否则这些宏病毒便成了无水之鱼。

宏病毒的主要特点如下。

(1)传播极快,Word 宏病毒通过.doc 文档及.dot 模板进行自我复制及传播,而计算机文档是交流最广的文件类型。特别是 Internet 的普及、E-mail 的大量应用,更为 Word 宏病毒的传播铺平了道路。一些统计表明,宏病毒的感染率高达 40% 以上。

(2)制作、变种方便,宏病毒以源代码宏语言 Word Basic 形式出现,编写和修改宏病毒更加容易。所有用户在 Word 工具的宏菜单中都能很方便地看到这种宏病毒的全部真面目。

(3)破坏性极大,宏病毒用 Word Basic 语言编写,并且 Word Basic 语言提供了许多系统级底层调用,如直接使用 DOS 系统命令、调用 Windows API、调用 DDE 或 DLL 等,这些操作均可能对系统直接构成威胁,而 Word 在指令安全性和完整性的监控上能力很弱,破坏系统的指令很容易被执行。宏病毒 Nuclear 就是破坏操作系统的典型实例。

(4)多平台交叉感染,宏病毒冲破了以往计算机病毒在单一平台上传播的局限,当 Word、Excel 这类著名应用软件在不同平台(如 Windows、OS/2 和 Macintosh 等)上运行时,会被宏病毒交叉感染。

6.6.2　预防

防御宏病毒的一种比较简单的方法,就是在打开 Word 文档时先禁止所有自动执行的宏(以 Auto 开头的宏)的执行。对宏病毒的预防是完全可以做到的,在使用 Word 之前进行一些正确的设置,就基本上能够防止宏病毒的侵害。

(1)当怀疑系统带有宏病毒时,应首先查看是否存在"可疑"的宏。尤其是对以 Auto 开头的宏应高度警惕。如果有这类宏,立即将其删去。

(2)如果用户自己编制有 Autoxxxx 这类宏,建议将编制完成的结果记录下来,当怀疑有宏病毒的时候,可以打开该宏,与记录的内容进行对照。如果其中有一处或多处被改变或者增加了一些原来没有的语句,则将这些语句删除,仅保留原来编写的内容。

(3)如果用户没有编写过任何以 Auto 开头的 Word 宏,在打开"工具"菜单的"宏"选项后,看到有这类宏,执行删除自动宏的操作。

(4)对外来的 Word 文档,一种方法是使用上述的方法进行检查,确信没有宏病毒后执行保存该文档的操作。另一个方法是用写字板来打开并保存后,再用 Word 调用,这样造成文档中排版格式丢失。还有一个方法,在调用 Word 文档时先禁止所有以 Auto 开头的宏的执行,再进行必要的病毒检查。

6.6.3　检测

通过以下方法可简单地判断某文档是否感染了 Word 宏病毒。

(1)在自己使用的 Word 中从"工具"栏处打开宏菜单,选中 Normal 模板,若发现有 AutoOpen、AutoNew、AutoClose 等自动宏以及 FileSave、FileSaveAs、FileExit 等文件操作宏或一些怪名字的宏,如 AAAZAO、PayLoad 等,而自己又没有加载特殊模板,就极有可能是感染了 Word 宏病毒,因为大多数 Normal 模板中是不包含上述宏的。

(2)打开一个文档不进行任何操作,退出 Word,如提示存盘,这极可能是 Word 中的 Normal.dot 模板中带有宏病毒。

(3)打开以.doc 为后缀名的文件再另存菜单中只能以模板方式存盘,而此时通用模板中含有宏,有可能是 Word 有宏病毒。

(4)在使用的 Word"工具"菜单中看不到"宏"字,或虽看到"宏"但光标移到"宏"处点击却无反应,肯定是有宏病毒。

(5)在运行 Word 的过程中经常出现内存不足或打印不正常,也可能有宏病毒。

(6)运行 Word 时,打开.doc 文档如果出现是否启动"宏"的提示,则该文档极可能带有宏病毒。

6.6.4　清除

用最新版的反病毒软件清除宏病毒。使用反病毒软件是一种高效、安全和方便的清除方法,也是一般计算机用户的首选方法。

另外的方法就是把文件保存成 RTF 或文本格式,就自动消除了宏病毒。

针对宏病毒的特点,可以通过将常用的 Word 模板文件改为只读属性、禁止自动执行宏功能(使宏病毒无法激活)等办法来预防。

　6.7　特洛伊木马病毒

"特洛伊木马"简称"木马",名称来源于希腊神话《木马屠城记》,这里指的是一种远程控制的黑客工具,木马是指隐藏在正常程序中的一段具有特殊功能的程序,其隐蔽性极好,不易被察觉,是一种极为危险的网络攻击手段。利用计算机程序漏洞侵入后窃取文件的程序被称为木马,它是一种具有隐藏性的、自发性的、可被用来进行恶意行为的程序,多数不会直接对计算机产生危害,而是以控制为主。大多数特洛伊木马包括客户端和服务器端两个部分。攻击者利用绑定程序的工具将服务器部分绑定到某个合法软件上,用户一运行软件,木马的服务器部分就在用户毫无知觉的情况下完成了安装过程。服务器向攻击者通知的方式可能是发送一个 E-mail,宣告自己当前已成功接管了计算机;或者可能是联系某个隐藏的 Internet 交流通道,广播被侵占机器的 IP 地址。木马的服务器部分启动之后,它还可以直接与攻击者机器上运行的客户程序通过预先定义的端口进行通信。攻击者总是利用客户程序向服务器程序发送命令,达到操控用户计算机的目的。

一个完整的木马系统由硬件部分、软件部分和具体连接部分组成。

(1)硬件部分:建立木马连接所必需的硬件实体。控制端是对服务端进行远程控制的一方,服务端是被控制端远程控制的一方,Internet 是控制端对服务端进行远程控制和数据传输的网络载体。

(2)软件部分:实现远程控制所必需的软件程序。控制端程序用以远程控制服务端的程序;木马程序潜入服务端内部,获取其操作权限的程序;木马配置程序设置木马程序的端口号、触发条件、木马名称等,使其在服务端藏得更隐蔽的程序。

(3)具体连接部分:通过 Internet 在服务端和控制端之间建立一条木马通道所必需的元素,控制端 IP、服务端 IP 即控制端、服务端的网络地址,也是木马进行数据传输的目的地,控制端端口、木马端口即控制端、服务端的数据入口,通过这个入口,数据可直达控制端程序或木马程序。

每一个设计成熟的木马都有木马配置程序,实现两方面功能:一是木马伪装,采用多种伪装手段,如修改图标、捆绑文件、定制端口、自我销毁等;二是信息反馈,设置信息反馈的方式或地址,如设置信息反馈的邮件地址、IRC 号、ICQ 号等。

6.7.1　原理

1.木马的发展

"特洛伊木马"病毒不像传统的计算机病毒一样会感染其他文件,它会以一些特殊的方式进入使用者的计算机系统中,然后伺机执行其恶意行为。

1)第一代木马:伪装型病毒

这种病毒通过伪装成一个合法性程序诱骗用户上当。第一个计算机木马是出现在 1986 年的 PC-Write 木马,它伪装成共享软件计算机 PC-Write 的 2.72 版本(事实上不存在 PC-Write 的 2.72 版本),一旦用户信以为真运行该木马程序,那么结果就是硬盘被格式化。

2)第二代木马:AIDS 型木马

1989 年出现的 AIDS 木马的作者就利用现实生活中的邮件进行散播,给其他人寄去一封封含有木马程序软盘的邮件。软盘中的木马程序在运行后,将硬盘加密锁死,然后提示受感染用户花钱消灾。

3)第三代木马:网络传播性木马

随着 Internet 的普及,这一代木马兼备伪装和传播两种特征,并结合 TCP/IP 网络技术四处泛滥。同时它还有如下新的特征。

(1)添加了"后门"功能,后门就是一种可以为计算机系统秘密开启访问入口的程序。一旦被安装,这些程序就能够使攻击者绕过安全检查进入系统,达到收集系统中的重要信息的目的,如财务报告、口令及信用卡号等。攻击者可以利用后门控制系统,使之成为攻击其他计算机的帮凶。

(2)添加了击键记录功能,记录用户所有的击键内容,然后形成击键记录的日志文件发送给恶意用户,恶意用户从中找到用户名、口令以及信用卡号等用户信息。这一代木马的典型有 BO2000(BackOrifice)和"冰河木马"。它们有如下共同特点:基于网络的客户端/服务器应用程序,具有搜集信息、执行系统命令、重新设置机器、重新定向等功能。当木马程序攻击得手后,计算机就完全成为黑客控制的傀儡主机,黑客成了超级用户,并利用远程控制傀儡主机对别的主机发动攻击。

木马是一个非自我复制的恶意代码,可以作为电子邮件附件传播,或者隐藏在用户与其他用户进行交流的文档和其他文件中;还可以被其他恶意代码所携带,如蠕虫;有时也会隐藏在从 Internet 上下载的捆绑的免费软件中。

目前木马入侵的主要途径是利用邮件附件、下载软件等把木马执行文件弄到被攻击者的计算机系统里,通过一定的提示故意误导被攻击者打开执行文件。一般的木马执行文件非常小,大部分都是几千字节到几十千字节,把木马捆绑到其他正常文件上,用户很难发现。有一些网站提供的软件下载往往是捆绑了木马文件的,执行这些下载的文件,也同时运行了木马。

木马也可以通过 Script、ActiveX 及 ASP. CGI 交互脚本的方式植入,攻击者可以利用微软的浏览器在执行 Script 脚本的一些漏洞传播病毒和木马,甚至直接对浏览者计算机进行文件操作等控制。如果把木马执行文件下载到攻击主机的一个可执行 Internet 目录夹里面,就可以通过编制 CGI 程序执行木马目录。此外,木马还可以利用微软的 US 服务器溢出漏洞,通过一个 IISHACK 攻击程序使 IIS 服务器崩溃,并且同时攻击服务器,执行远程木马。

当服务端程序在被感染的计算机上成功运行以后,攻击者就可以使用客户端与服务端建立连接来控制被感染的计算机,绝大多数木马用的是 TCP/IP,但是也有一些木马用 UDP。当服务端成功运行以后,它一方面隐藏自己,同时监听某个特定的端口与客户端取得连接。为了下次重启计算机时能正常工作,木马程序一般会通过修改注册表或者其他的方法让自己成为自启动程序。

现在木马已无需伪装自己,它们唯一的目的就是尽可能轻松地渗透并完成其恶意目标,"木马"已成为一个通用词,用来形容不属于任何特定类别的所有渗透。由于其涵盖范围非常广,因此常被分为许多子类别。最著名的包括:

downloader:一种能够从互联网上下载其他渗透软件的恶意程序。

dropper:一种设计用于将其他类型恶意软件放入所破坏的计算机中的木马。

backdoor:一种与远程攻击者通信,允许它们获得系统访问权并控制系统的应用程序。

keylogger:按键记录程序,是一种记录用户键入的每个按键并将信息发送给远程攻击者的程序。

dialer:是用于连接附加计费号码的程序。用户几乎无法注意到新连接的创建。它只能对使用拨号调制解调器(现在已很少使用)的用户造成破坏。

木马通常采用带有扩展名.exe的可执行文件形式。如果计算机上的文件被检测为木马,建议将其删除,因为它极有可能包含恶意代码。著名木马示例包括:NetBus、Trojandownloader. Small. ZL、Slapper 等。

2. 木马的隐藏方式

(1)在任务栏里隐藏。这是最基本的隐藏方式,系统提供了工具很容易实现在任务栏中隐藏。如在 VB 中,只要把 From 的 Visible 属性设置为 False,ShowInTaskBar 设为 False,程序就不会出现在任务栏里了。

(2)在任务管理器里隐藏。查看正在运行的进程最简单的方法就是通过按下 Ctrl+Alt+Del 组合键时出现的任务管理器,木马会伪装使其不出现在任务管理器里,把自己设为"系统服务"就可以轻松地骗过去。

(3)定制端口。一台计算机有 65 536 个端口,大多数木马使用的端口在 1 024 以上,因为 1 024以下端口是常用端口,占用这些端口可能会造成系统不正常,现在的木马都提供端口修改功能。

(4)隐藏通信。隐藏通信也是木马经常采用的手段之一。任何木马运行后都要和攻击者进行通信连接,可以即时连接(直接连接)、间接通信(电子邮件),木马把主机的敏感信息送给攻击者。木马在占领主机后会在 1 024 以上不易发现的高端口上驻留,也有木马会选择一些常用的端口,如木马可以在占领 80HTTP 端口后,收到正常的 HTTP 请求把它交给 Web 服务器处理,只有收到一些特殊约定的数据包后,才调用木马程序。

(5)隐藏加载方式。木马加载的方式可以说千奇百怪,无奇不有,随着网站互动化的不断进步,越来越多的东西可以成为木马的传播介质,如 JavaScript、VBScript、ActiveX、XLM……几乎 Internet 每一个新功能都会导致木马的快速进化。

(6)出错显示。如果打开一个文件,没有任何反应,这很可能就是个木马程序,木马的设计者也意识到了这个缺陷,所以已经有木马提供了一个叫做出错显示的功能。当服务端用户打开木马程序时,会弹出一个错误提示框(这当然是假的),错误内容可自由定义,大多会定制成一些诸如"文件已破坏,无法打开!"之类的信息,当服务端用户信以为真时,木马却悄悄侵入了系统。

(7)自我销毁。木马的自我销毁功能是指安装完木马后,原木马文件将自动销毁,这样服务端用户就很难找到木马的来源,在没有查杀木马工具的帮助下,就很难删除木马了。

(8)木马更名。现有很多木马都允许控制端用户自由定制安装后的木马文件名,这样很难判断所感染的木马类型。

(9)最新隐身技术。在研究了其他软件的长处之后,木马制造者发现,Windows 下的中文汉化软件采用的陷阱技术非常适合木马的使用。通过修改虚拟设备驱动程序(VxD)或修改动态连接库(DLL)来加载木马的方法与一般方法不同,采用替代系统功能的方法(改写 VxD 或 DLL 文件),木马会将修改后的 DLL 替换系统的 DLL,对所有的函数调用进行过滤,对常用的调用,使用函数转发器直接转发给被替换的系统 DLL,实行一些相应的操作。这样事先约定好的特种情况,DLL 进行监听,一旦发现控制端的请求就激活自身,绑在一个进程上进行正常的木马操作。在往常运行时,木马几乎没有任何表现,但在木马的控制端向被控制端发出特定的信息后,隐藏的程序就立即开始运作。

3. 木马的种类

(1)破坏型。破坏型木马唯一的功能就是破坏并且删除文件,可以自动地删除计算机上的 DLL、INI、EXE 等文件。

(2)密码发送型。密码发送型木马可以找到隐藏的密码并把它们发送到指定的信箱。对于将自己的各种密码以文件的形式存放在计算机中,或使用 Windows 提供的密码记忆功能的用户,木马程序可以找到这些文件并发送给黑客。也有的木马长期潜伏,记录操作者的键盘操作,从中寻找有用的密码。

(3)远程访问型。远程访问型木马只需运行服务端程序,如果木马制造者知道了服务端的 IP 地址,就可以实现远程控制。

(4)键盘记录木马。键盘记录型木马记录受害者的键盘敲击,并且在 LOG 文件里查找密码。这种木马随着 Windows 的启动而启动。

(5)DoS 攻击木马。黑客给一台计算机种上 DoS 攻击木马,那么日后这台计算机就成为黑客 DoS 攻击的最得力助手了。木马控制的计算机数量越多,发动 DoS 攻击取得成功的机率就越大。一种类似 DoS 的木马叫做邮件炸弹木马,一旦被感染,木马就会随机生成各种各样主题的信件,对特定的邮箱不停地发送邮件,直到对方瘫痪、不能接收邮件为止。

(6)代理木马。通过代理木马,攻击者可以在匿名的情况下使用 Telnet、ICQ、IRC 等程序,从而隐蔽自己的踪迹。

(7)FTP 木马。FTP 木马唯一功能就是打开 21 端口,等待用户连接。新 FTP 木马还加上了密码功能。

(8)程序杀手木马。程序杀手木马的功能就是关闭对方计算机上运行的防木马软件,让其他的木马更好地发挥作用。

(9)反弹端口型木马。反弹端口型木马的服务端(被控制端)使用主动端口,客户端(控制端)使用被动端口。木马定时监测控制端的存在,发现控制端上线立即弹出端口主动连接控制端打开的主动端口。

6.7.2 预防

木马是一种基于远程控制的黑客工具,具有很强的隐蔽性和危害性。由于木马是在我们先运行了 Server 端(服务端)之后,再启动 Client 端(客户端或称控制端)进行控制,所以只要加强个人安全防范意识,不让 Server 端有机会进入计算机,也就不会被控制了。

常规的方法有:不要运行来历不明的软件,即使通过一般反病毒软件的检查也不要轻易运行;一定要从正规的网站下载软件或文件;对不熟悉的人发来的 E-mail 不要轻易打开,带有附件的就更要小心;安装实时监控反病毒软件、反黑软件,对下载的软件在运行前用它们进行检查;安装网络防火墙。

预防浏览网页中木马的方法有:及时为系统安装补丁和疫苗;运行 IE,点击"工具→Internet 选项→安全→Internet 区域的安全级别",把安全级别由"中"改为"高";在 IE 设置中将 Active X 插件和控件、Java 脚本等全部禁止,就可以避免有些木马的侵入。

防治木马应该采取以下措施:安装杀毒软件和个人防火墙,并及时升级;把个人防火墙设置好安全等级,防止未知程序向外传送数据;可以考虑使用安全性比较好的浏览器和电子邮件客户端工具;如果使用 IE 浏览器,应该安装"卡卡安全助手"或"360 安全浏览器",防止恶意网站在自己计算机上安装不明软件和浏览器插件,以免被木马趁机侵入。

总之,用户经常对计算机体检,通过安全软件来修复系统的漏洞打补丁;不要打开任何来历不明的文件和程序;不要随意打开邮件附件;重新选择新的客户端软件;将资源管理器配置成始终显示扩展名;少用共享文件夹;运行反木马实时监控程序;不要打开来历不明的网页,经常关注一些安全报告;不要轻易打开未知的程序和陌生的网页及邮件。这些措施可以最大限度地避免中木马病毒。

6.7.3 检测

服务端用户运行木马或捆绑木马的程序后,木马就会自动进行安装,复制木马到 Windows 的系统文件夹中,在注册表、启动组、非启动组中设置好木马的触发条件。下面对不同的木马启动激活方式分别讨论它们的检测方式。

1. 自启动激活木马

(1)注册表:打开 HKEY_LOCAL_MACHINE\Software\Microsoft\Windows\CurrentVersion 下的 5 个以 Run 和 RunServices 开头的主键,在其中寻找可能是启动木马的键值。

（2）WIN. INI：C：Windows 目录下有一个配置文件 win. ini，用文本方式打开，在［windows］字段中有启动命令 load＝和 run＝，在一般情况下是空白的，如果有启动程序，可能是木马。

（3）SYSTEM. INI：C：Windows 目录下有个配置文件 system. ini，用文本方式打开，在［386Enh］，［mci］，［drivers32］中有命令行，在其中寻找木马的启动命令。

（4）Autoexec. bat 和 Config. sys：在 C 盘根目录下的这两个文件也可以启动木马。但这种加载方式一般都需要控制端用户与服务端建立连接后，将已添加木马启动命令的同名文件上传到服务端覆盖这两个文件才行。

（5）*. INI：即应用程序的启动配置文件，控制端利用这些文件能启动程序的特点，将制作好的带有木马启动命令的同名文件上传到服务端覆盖这些同名文件，这样就可以达到启动木马的目的了。

（6）启动菜单：在"开始→程序→启动"选项下也可能有木马的触发条件。

2．触发式激活木马

（1）注册表：打开 HKEY_CLASSES_ROOT 文件类型\shellopencommand 主键，查看其键值。举个例子，国产木马"冰河"就是修改 HKEY_CLASSES_ROOT xtfileshellopencommand 下的键值，将"C：WINDOWS NOTEPAD. EXE％1"改为"C：WINDOWSSYSTEMSYXXXPLR. EXE％1"，这时双击一个 TXT 文件，原本应该用 NOTEPAD 打开文件的，现在却变成启动木马程序了。还要说明的是不光是 TXT 文件，通过修改 HTML、EXE、ZIP 等文件的启动命令的键值都可以启动木马，不同之处只在于"文件类型"这个主键的差别，TXT 是 txtfile，ZIP 是 WINZIP，大家可以试着去找一下。

（2）捆绑文件：实现这种触发条件首先要控制端和服务端已通过木马建立了连接，然后控制端用户用工具软件将木马文件和某一应用程序捆绑在一起，然后上传到服务端覆盖原文件，这样即使木马被删除了，只要运行捆绑了木马的应用程序，木马又会被安装上去了。

（3）自动播放式：自动播放本是用于光盘的，当插入一个电影光盘到光驱时，系统会自动播放里面的内容，这就是自动播放的本意。播放什么是由光盘中的 AutoRun. inf 文件指定的，修改 AutoRun. inf 中的 open 一行，可以指定在自动播放过程中运行的程序。后来有人将此用于硬盘与 U 盘，在 U 盘或硬盘的分区创建 Autorun. inf 文件，并在 open 中指定木马程序，这样，当打开硬盘分区或 U 盘时，就会触发木马程序的运行。

木马作者还在不断寻找"可乘之机"，这里只是举例，还不断有其他自启动的地方被挖掘出来。

木马被激活后，进入内存，并开启事先定义的木马端口，准备与控制端建立连接。这时服务端用户可以在 MS-DOS 方式下，键入 netstat-an 查看端口状态，一般个人计算机在脱机状态下是不会有端口开放的，如果有端口开放，就要注意是否感染木马了。下面是感染木马后，用 netstat 命令查看端口的两个实例：①服务端与控制端建立连接时的显示状态，②服务端与控制端还未建立连接时的显示状态。在上网过程中要下载软件、发送信件、网上聊天等，必然要打开一些端口，下面是一些常用的端口。

（1）1～1024 之间的端口：这些端口叫保留端口，是专给一些对外通信的程序用的，如 FTP 使用 21，SMTP 使用 25，POP3 使用 110 等。很少会有木马用保留端口作为木马端口。

（2）1025 以上的连续端口：在上网浏览网站时，浏览器会打开多个连续的端口下载文字、图片到本地硬盘上，这些端口都是 1025 以上的连续端口。

(3)4000 端口：这是 OICQ 的通信端口。

(4)6667 端口：这是 IRC 的通信端口。

将上述的端口排除在外，如发现还有其他端口被打开，尤其是数值比较大的端口，那就要怀疑是否感染了木马。当然如果木马有定制端口的功能，那任何端口都有可能是木马端口。

3. 检查特洛伊木马的方法

注意检查注册表，检查 Win. ini、Autoexec. bat 和 Config. sys，检查 C：\windows\win-start. bat 文件，注意 *. ini 文件，注意系统中常用文件长度，对 1024 端口以上的不连续端口要密切注意，注意检查进程，用反病毒、反黑软件进行检查，发现情况不对立即断线。

还可以通过以下手工方法检查是否有木马存在。

(1)检查网络连接情况，利用 netstat-an 这个命令能看到所有和自己的计算机建立连接的 IP 以及自己计算机侦听的端口，它包含 4 个部分：proto(连接方式)、local address(本地连接地址)、foreign address(和本地建立连接的地址)、state(当前端口状态)。通过这个命令的详细信息，我们就可以完全监控计算机的网络连接情况。

(2)查看目前运行的服务，通过输入命令 net start 来查看系统中究竟有什么服务在开启，如果发现了不是自己开放的服务，我们可以进入"服务"管理工具中的"服务"，找到相应的服务，停止并禁用它。

(3)检查系统启动项，利用命令 regedit，然后检查 HKEY_LOCAL_MACHINE\Software\Microsoft\Windows\CurrentVersion 下所有以 run 开头的键值；HKEY_CURRENT_USER\Software\Microsoft\Windows\CurrentVersion 下所有以 run 开头的键值；HKEY－USERS\. Default\Software\Microsoft\Windows\CurrentVersion 下所有以 run 开头的键值。打开 System. ini，在该文件的 boot 字段中，看看是不是有 shell＝Explorer. exe file. exe 这样的内容，如有这样的内容，那这里的 file. exe 就是木马程序了！

(4)检查系统账户，在命令行下输入 net user，查看计算机上有些什么用户，然后再使用"net user 用户名"查看这个用户是属于什么权限的，一般除了 Administrator 是 administrators 组的，其他都不应该属于 administrators 组。如果你发现一个系统内置的用户是属于 administrators 组的，那几乎可以肯定你的计算机被木马入侵了。应使用"net user 用户名/del"删掉这个用户。

对于一些常见的木马，如 SUB7、BO2000、"冰河"等，它们都是采用打开 TCP 端口监听和写入注册表启动等方式进入系统的。注册表一直都是很多木马和计算机病毒"青睐"的寄生场所，接着到计算机中找到木马文件的藏身地将其彻底删除。例如"爱虫"、BO2000、恶意代码(如"万花谷"等)、"罗密欧与朱丽叶"等木马都是在注册表中修改文件而运行并驻留的。系统配置文件 Config. sys、Autoexec. bat、System. ini 和 Win. ini 使我们可以选择启动系统的时间。攻击 QQ 的"GOP 木马"、"尼姆达"是通过修改系统配置文件来运行自己的。

6.7.4　清除

一旦计算机中了木马，一定要根据木马的特征来清除。对木马造成的危害进行修复，不论是手工修复还是用专用工具修复，都是危险的操作。用户应定期进行重要数据的备份，一旦木马攻击发生，只要将备份重新回写即可修复。重要数据包括系统的主引导区扇区、boot 扇区、

FAT 表、根目录区以及用户文件,对于系统信息,可借助专业工具进行系统文件备份。目前反木马软件和部分反计算机病毒软件都具备针对绝大部分已知木马造成的危害进行修复的能力。常用杀毒软件也都可以实现对木马的查杀,利用防火墙来实现对木马的查杀,只能检测发现木马并加以预防攻击,并使用专用的木马查杀软件。

如果检查出有木马的存在,可以按以下步骤进行杀木马的工作。

(1)运行任务管理器,杀掉木马进程。

(2)检查注册表中 RUN、RUNSERVEICE 等几项,先备份,记下可疑启动项的地址,将可疑的启动项删除。

(3)删除可疑键值在硬盘中的执行文件。

(4)在 WINNT、SYSTEM、SYSTEM32 这样的文件夹下,木马不会单独存在,很可能是由某个母文件复制过来的,检查硬盘上有没有可疑的 .exe、.com 或 .bat 文件,有就删除掉。

(5)检查注册表 HKEY_LOCAL_MACHINE 和 HKEY_CURRENT_USERSOFTWARE Microsoft\Internet\ExplorerMain 中的几项(如 Local Page),如果被修改了,改回来就可以。

(6)检查 HKEY_CLASSES_ROOT xtfileshellopencommand 和 HKEY_CLASSES_ROOT\xtfileshellopencommand 等几个常用文件类型的默认打开程序是否被更改。很多病毒是通过修改 .txt 文件的默认打开程序,让病毒在用户打开文本文件时加载的。

利用工具完成木马的查杀。查杀木马的工具有 LockDown、The Clean、木马克星、金山木马专杀、木马清除大师、木马分析专家等,其中有些工具,如果想使用其全部功能,需要付一定的费用,木马分析专家是免费授权使用的。

 ## 6.8 蠕 虫 病 毒

蠕虫病毒利用网络进行复制和传播,传染途径是通过网络和电子邮件。最初的蠕虫病毒定义是因为在 DOS 环境下,病毒发作时会在屏幕上出现一条类似虫子的东西,胡乱吞吃屏幕上的字母并将其改形。蠕虫病毒是自包含的程序(或是一套程序),它能传播自身功能的拷贝或自身(蠕虫病毒)的某些部分到其他的计算机系统中(通常是经过网络连接)。蠕虫具有传播性、隐蔽性、破坏性等,不利用文件寄生(有的只存在于内存中),网络的发展使得蠕虫可以在短短的时间内蔓延到整个网络,造成网络瘫痪。

大多数蠕虫程序都是黑客、网络安全研究人员和计算机病毒作者编写的。蠕虫主要有 3 种主要特性:第一感染,通过利用脆弱感染一个目标;第二潜伏,感染当地目标远程主机;第三传播,影响目标,再感染其他的主机。

6.8.1 原理

蠕虫是无需计算机使用者干预即可运行的独立程序,它通过不停地获得网络中存在漏洞的计算机上的部分或全部控制权来进行传播。蠕虫程序的工作流程可以分为漏洞扫描、攻击、传染和现场处理 4 个阶段。蠕虫程序扫描到有漏洞的系统后,将蠕虫主体迁移到目标主机;然后进入被感染的系统,在目标主机上进行隐藏、信息搜集等现场处理工作。不同的蠕虫采取不同的 IP 生成策略,在网络上找到下一个传染对象。蠕虫的行为特征包括以下几点。

(1)自我繁殖。

(2)利用软件漏洞。

(3)造成网络拥塞。

(4)消耗系统资源。

(5)留下安全隐患。

蠕虫的工作方式归纳如下:①随机产生一个 IP 地址;②判断对应此 IP 地址的机器是否可被感染;③如果可被感染,则感染之;重复①~③共 n 次,n 为蠕虫产生的繁殖副本数量。

蠕虫病毒(Worm)是计算机病毒的一种,通过网络传播,目前主要的传播途径有电子邮件、系统漏洞、聊天软件等。蠕虫病毒是传播最快的病毒种类之一,传播速度最快的蠕虫可以在几分钟之内传遍全球,2003 年的"冲击波"病毒、2004 年的"振荡波"病毒、2005 年上半年的"性感烤鸡"病毒、2007 年的"熊猫烧香"等都属于蠕虫病毒。

1.蠕虫病毒的定义

蠕虫病毒是自包含的程序(或是一套程序),它能传播它自身功能的拷贝或它的某些部分到其他的计算机系统中(通常是经过网络连接)。蠕虫不需要将其自身附着到宿主程序,有主机蠕虫与网络蠕虫两种形式。主计算机蠕虫完全包含在它们运行的计算机中,并且使用网络的连接仅将自身拷贝到其他的计算机中,主计算机蠕虫在将其自身的复制加入到另外的主机后,就会终止它自身(因此在任意给定的时刻,只有一个蠕虫的复制运行),这种蠕虫有时也叫"野兔",蠕虫病毒一般是通过 1434 端口漏洞传播。比如近几年危害很大的"尼姆亚"病毒就是蠕虫病毒的一种,2007 年 1 月流行的"熊猫烧香"以及其变种也是蠕虫病毒。这一病毒利用了Windows 操作系统的漏洞,计算机感染这一病毒后,会不断自动拨号上网,并利用文件中的地址信息或者网络共享进行传播,最终破坏用户的大部分重要数据。

根据使用者情况可将蠕虫病毒分为两类:一类是面向企业用户和局域网,利用系统漏洞主动进行攻击,可以对整个 Internet 造成瘫痪性的后果,以"红色代码"、"尼姆达"以及"SQL 蠕虫王"为代表;另外一类是针对个人用户的,通过网络(主要是电子邮件、恶意网页形式)迅速传播的蠕虫病毒,以"爱虫病毒","求职信病毒"为代表。第一类具有很大的主动攻击性,爆发也有一定的突然性,但相对来说查杀并不是很难;第二类计算机病毒的传播方式比较复杂和多样,少数利用了微软应用程序的漏洞,更多的是利用社会工程学对用户进行欺骗和诱惑,这样的计算机病毒造成的损失是非常大的,同时也是很难根除的。

2.蠕虫病毒的特点

蠕虫复制自身在 Internet 环境下进行传播,它传染目标是 Internet 内的所有计算机,局域网条件下的共享文件夹、电子邮件(E-mail)、网络中的恶意网页、大量存在着漏洞的服务器等都成为蠕虫传播的良好途径。网络的发展也使得蠕虫病毒可以在几个小时内蔓延全球,而且蠕虫的主动攻击性和突然爆发性常使人们手足无措。

3.蠕虫的发展趋势

每一次蠕虫的爆发都会给社会带来巨大的损失。1988 年一个由美国 CORNELL 大学研究生莫里斯编写的蠕虫病毒蔓延造成了数千台计算机停机,蠕虫病毒从此开始现身网络;2001年 9 月 18 日,"尼姆达"蠕虫被发现,对其造成的损失评估数据从 5 亿美元攀升到 26 亿美元,而且还在继续攀升,到现在已无法估计;北京时间 2003 年 1 月 26 日,一种名为"2003 蠕虫王"

的计算机病毒迅速传播并袭击了全球,致使 Internet 网路严重堵塞,作为 Internet 主要基础的域名服务器(DNS)的瘫痪,造成网民浏览 Internet 网页及收发电子邮件的速度大幅减缓,同时银行自动提款机的运作中断,机票等网络预订系统的运作中断,信用卡等收付款系统出现故障。蠕虫病毒往往对网络产生堵塞作用,并已造成了巨大的经济损失。

　　蠕虫是主动进行攻击,它利用操作系统和应用程序的漏洞主动进行攻击;蠕虫的传播方式多样,可以利用文件、电子邮件、Web 服务器、网络共享等;蠕虫制作技术新,许多新病毒是利用当前最新的编程语言与编程技术实现的,易于修改以产生新的变种,从而逃避反病毒软件的搜索,新病毒利用 Java、ActiveX、VB Script 等技术,可以潜伏在 HTML 页面里,在上网浏览时触发;蠕虫与黑客技术相结合,潜在的威胁和造成的损失更大。

　　4.蠕虫发作的一些特点

　　蠕虫病毒是通过分布式网络来扩散特定的信息或错误的,进而造成网络服务器遭到拒绝并发生死锁。"蠕虫"病毒由两部分组成:主程序和引导程序。主程序一旦在计算机中得到建立,就可以去收集与当前计算机联网的其他计算机的信息,它能通过读取公共配置文件并检测当前计算机的联网状态信息,尝试利用系统的缺陷在远程计算机上建立引导程序。就是这个一般被称作是引导程序或类似于"钓鱼"的小程序,把"蠕虫"病毒带入了它所感染的每一台计算机中。"蠕虫"病毒程序能够常驻于一台或多台计算机中,并有自动重新定位(autorelocation)的能力。假如它能够检测到网络中的某台计算机没有被占用,它就把自身的一个拷贝(一个程序段)发送到那台计算机。每个程序段都能把自身的拷贝重新定位于另一台计算机上,并且能够识别出它自己所占用的是哪台计算机。计算机网络系统的建立是为了使多台计算机能够共享数据资料和外部资源,然而也给计算机蠕虫病毒带来了更为有利的生存和传播的环境。在网络环境下,蠕虫病毒可以按指数增长模式进行传染。蠕虫病毒侵入计算机网络,可以导致计算机网络效率急剧下降、系统资源遭到严重破坏,短时间内造成网络系统的瘫痪。因此网络环境下蠕虫病毒防治必将成为计算机防毒领域的研究重点。

　　在网络环境中,蠕虫病毒具有以下一些新的特性。

　　(1)传染方式多。蠕虫病毒入侵网络的主要途径是通过工作站传播到服务器硬盘中,再由服务器的共享目录传播到其他的工作站。但蠕虫病毒的传染方式比较复杂。

　　(2)传播速度快。蠕虫在网络中则可以通过网络通信机制,借助高速电缆进行迅速扩散。蠕虫病毒在网络中传染速度非常快,使其扩散范围很大,能迅速传染局域网内所有计算机,还能通过远程工作站将蠕虫病毒在一瞬间传播到千里之外。

　　(3)清除难度大。网络中只要有一台工作站未能杀毒干净就可使整个网络重新全部被病毒感染,甚至刚刚完成杀毒工作的一台工作站马上就能被网上另一台工作站的带毒程序所传染,因此,仅对工作站进行病毒杀除不能彻底解决网络蠕虫病毒的问题。

　　(4)破坏性强。网络中蠕虫病毒将直接影响网络的工作状态,轻则降低速度,影响工作效率,重则造成网络系统的瘫痪,破坏服务器系统资源,使多年的工作毁于一旦。

　　蠕虫病毒经常利用操作系统和应用程序的漏洞主动进行攻击,此类计算机病毒主要是"红色代码"和"尼姆达"以及至今依然肆虐的"求职信"等。由于 IE 浏览器的漏洞(Iframe Execcomand),使得感染了"尼姆达"计算机病毒的邮件在无需手工打开附件的情况下就能激活计算机病毒,"红色代码"则是利用了微软 IIS 服务器软件的漏洞(idq.dll 远程缓存区溢出)来传播。

"SQL蠕虫王"计算机病毒则是利用了微软的数据库系统的一个漏洞进行大肆攻击。蠕虫病毒传播方式也多样化。例如,"尼姆达"病毒和"求职信"病毒所利用的传播途径包括文件、电子邮件、Web服务器、网络共享等。

蠕虫还显现出与黑客技术相结合的趋势,这种潜在的威胁和造成的损失更大。以"红色代码"为例,感染后的计算机的web目录的\scripts下将生成一个root.exe,可以远程执行任何命令,从而使黑客能够再次进入。

6.8.2 预防

蠕虫病毒的一般防治方法是使用具有实时监控功能的杀毒软件,邮件蠕虫病毒的最好防范办法是不要轻易打开带有附件的电子邮件。从2004年起,MSN、QQ等聊天软件开始成为蠕虫病毒传播的途径之一。"性感烤鸡"病毒就通过MSN软件传播,在很短时间内席卷全球,一度造成中国大陆地区部分网络运行异常。防范聊天蠕虫病毒的主要措施之一,就是提高安全防范意识,对于通过聊天软件发送的任何文件都要经过好友确认后再运行;不要随意点击聊天软件发送的网络链接。

1.企业防范蠕虫病毒措施

当前,企业网络主要应用于文件和打印服务共享、办公自动化系统、企业信息(MIS)系统、Internet应用等领域。蠕虫病毒也可以充分利用网络快速传播达到其阻塞网络的目的。企业防治蠕虫病毒的时候需要考虑几个问题:计算机病毒的查杀能力、计算机病毒的监控能力、新计算机病毒的反应能力。企业防毒的一个重要方面是管理和策略。推荐的企业防范蠕虫病毒的策略如下。

(1)加强网络管理员安全管理水平,提高安全意识。由于蠕虫病毒利用的是系统漏洞进行攻击,所以要保持各种操作系统和应用软件的更新。

(2)建立计算机病毒检测系统,以便能够在第一时间检测到网络异常和计算机病毒攻击现象。

(3)建立应急响应系统,将风险减少到最小。

(4)建立灾难备份系统。必须采用定期备份、多机备份措施备份系统和数据,防止意外灾难下的数据丢失。

(5)对于局域网而言,在Internet接入口处安装防火墙式防杀计算机病毒产品,将计算机病毒隔离在局域网之外;对邮件服务器进行监控;对局域网用户进行安全培训;建立局域网内部的升级系统,包括操作系统的补丁升级、应用软件升级、杀毒软件病毒库的升级等。

2.个人用户对蠕虫病毒的防范措施

网络蠕虫病毒对个人用户的攻击主要还是通过社会工程学,而不是利用系统漏洞,所以防范此类计算机病毒需要注意以下几点。

(1)选购合适的杀毒软件。杀毒软件必须向内存实时监控和邮件实时监控发展。

(2)经常升级病毒库,蠕虫病毒的传播速度快、变种多,所以必须随时更新病毒库,以便能够查杀最新的病毒。

(3)提高防杀毒意识。不要轻易去点击陌生的站点,有可能里面就含有恶意代码。

(4)不随意查看陌生邮件,尤其是带有附件的邮件。最新蠕虫病毒"蒙面客"被发现,它可泄漏用户的隐私。

6.8.3　清除

当蠕虫被发现时,要在尽量短的时间内对其进行响应。首先报警,通知管理员,并通过防火墙、路由器或者 HIDS 的互动将感染了蠕虫病毒的主机隔离;然后对蠕虫病毒进行分析,进一步制定检测策略,尽早对整个系统存在的安全隐患进行修补,防止蠕虫病毒再次传染,并对感染了蠕虫病毒的主机进行蠕虫病毒的删除工作。对感染了蠕虫病毒的主机,其防治策略如下。

1. 与防火墙互动

通过控制防火墙的策略,对感染主机的对外访问数据进行控制,防止蠕虫病毒对外网的主机进行感染。

2. 交换机联动

通过 SNMP 进行联动,当发现内网主机被蠕虫病毒感染时,可以切断感染主机同内网其他主机的通信,防止蠕虫病毒在内网的大肆传播。

3. 通知 HIDS(基于主机的入侵监测)

装有 HIDS 的服务器接收到监测系统传来的信息,可以对可疑主机的访问进行阻断,这样可以阻止受感染的主机访问服务器,使服务器上的重要资源免受损坏。

4. 报警

及时产生报警并通知网络管理员,对蠕虫病毒进行分析后,可以通过配置 Scaner 来对网络进行漏洞扫描,通知存在漏洞的主机到 Patch 服务器下载补丁进行漏洞修复,防范蠕虫病毒进一步传播。

网络蠕虫病毒作为一种在 Internet 高速发展下的新型计算机病毒,必将对网络产生巨大的威胁。在防御上,已经不再是由单独的杀毒厂商所能够解决,而需要网络安全公司、系统厂商、防计算机病毒厂商及用户共同参与,构筑全方位的防范体系。蠕虫病毒和黑客技术的结合,使得对蠕虫的分析、检测和防范具有一定的难度,同时对蠕虫病毒的网络传播性、网络流量特性建立数学模型等都是有待进一步研究的工作。

6.9　黑客型病毒

提起黑客,总是让人感觉那么神秘莫测,在人们眼中,黑客是一群聪明绝顶、精力旺盛的年轻人,一门心思地破译各种密码,以便偷偷地、未经允许打入政府、企业或他人的计算机系统,窥视他人的隐私。黑客 hacker 源于英语动词 hack,意为"劈,砍",引申为"干了一件非常漂亮的工作"。在日本《新黑客词典》中,对黑客的定义是"喜欢探索软件程序奥秘,并从中增长了其个人才干的人"。他们通常具有硬件和软件的高级知识,并有能力通过创新的方法剖析系统。黑客能使更多的网络趋于完善和安全,他们以保护网络为目的,而以不正当侵入为手段找出网络漏洞。一般认为,黑客起源于 20 世纪 50 年代麻省理工学院的实验室,实验室的师生们精力充沛,热衷于解决难题。20 世纪六七十年代,"黑客"一词极富褒义,用于指代那些独立思考、奉公守法的计算机迷,他们智力超群,对计算机全身心投入,从事黑客活动意味着对计算机的最大潜力进行智力上的自由探索,为计算机技术的发展做出了巨大贡献。正是这些黑客倡导了一场个人计算机革命,倡导了现行的计算机开放式体系结构,打破了以往计算机技术只掌握在少数人手里的局面,开创了个人计算机的先河,提出了"计算机为人民所用"的观点,他们是计算机发展史上的英雄。现在黑客使用的侵入计算机系统的基本技巧,例如破解口令(password cracking)、开天窗(trapdoor)、走后门(backdoor)、安放特洛伊木马(Trojan horse)等,都是在这一时期发明的。如今黑客一词被用于泛指那些专门利用计算机网络和系统安全漏洞对网络进行攻击破坏或窃取资料的人。

6.9.1 黑客病毒种类

黑客病毒种类如下。

(1)文件病毒。此类病毒会将它自己的代码附在可执行文件(EXE、COM、BAT 等)上。典型的代表是"黑色星期五"。

(2)引导型病毒。此类病毒在软硬磁盘的引导扇区、主引导记录或分区表中插入病毒指令。

(3)混合型病毒。它是前两种病毒的混合,并通过可执行文件在网上迅速传播。

(4)宏病毒。1995 年 8 月,Windows 95 发表,并迅速成为主流操作系统,宏病毒就有了滋生的土壤。它主要感染日常广泛使用的字表处理软件(如 Word 等)所定义的宏,从而迅速蔓延。

(5)网络病毒。网络病毒通过网站和电子邮件传播,它们隐藏在 Java 和 ActiveX 程序里面,如果用户下载了有这种病毒的程序,它们便立即开始破坏活动。

6.9.2 攻击方式

计算机病毒加恶意程序的组合攻击方式,已成为计算机病毒发展的新趋势,这种称为黑客型的计算机病毒除破坏计算机内存储的信息外,还会在计算机中植入木马和后门程序,即使计算机病毒已被清除,但这些程序还会继续利用系统漏洞,为黑客提供下一次攻击的机会。黑客型计算机病毒不同于传统计算机病毒,其感染机制是利用操作系统软件或常用应用软件中的设计缺陷而设计的。所以反计算机病毒软件正常的警报系统是反映不出任何问题的,而黑客型计算机病毒感染系统后却可以反客为主,破坏驻留在内存中的反计算机病毒程序的进程。有一种监控用户计算机并实施危险黑客操作的病毒"强行加载者131072",它收集用户系统的信息,帮助黑客控制用户计算机,它会利用系统进程加载文件,使用户无法关闭它。这种病毒能对用户计算机进行监控,收集用户计算机的硬件配置信息,将其发送给病毒作者指定的黑客服务器,然后根据黑客服务器返回的命令对受害计算机进行各种黑客想要进行的操作,比如复制删除文件、擅自执行程序、访问广告网站等,甚至可以攻击别的计算机,危害很大。

黑客型计算机病毒列出一个进程清单,隔一段时间对系统进程进行一次快照,删除进程清单中的反计算机病毒程序。例如,"怪物B"可以杀掉 106 个进程,几乎覆盖了全世界所有优秀的杀毒软件,可见黑客型计算机病毒比传统计算机病毒更具危害性,它由被动变为主动攻击反计算机病毒程序对系统的控制权。黑客型计算机病毒多是网络蠕虫类型,利用网络和系统漏洞感染计算机,感染速度快且完全清除十分困难。传统反计算机病毒软件多数运行在单机系统,对于这种网络计算机病毒往往在一定时期内难以杀尽,所以传统反计算机病毒软件在防御黑客型计算机病毒时显得力不从心。同时由于黑客型计算机病毒的横行,系统失去反计算机病毒软件的保护,传统计算机病毒也会出来为虎作伥,这会进一步加大了网络安全的压力。

自从 2001 年 7 月 CodeRed(红色代码)利用 IIS 漏洞开始形成了黑客与计算机病毒并肩作战的攻击模式,CodeRed 成为计算机病毒、计算机蠕虫和黑客"三管齐下"的开山鼻祖,日后的计算机病毒以其为样本,变本加厉地在网络上展开新形态的攻击行为。Nimda 是继红色代码之后出现的一种具有全新攻击模式的新计算机病毒,透过相当罕见的多重感染渠道在网络上大量散播,包含电子邮件、网络资源共享、微软 IIS 服务器的安全漏洞等。由于 Nimda 的感染渠道相当多,计算机病毒入口多,对其的清除工作也相当费事。每一台染上了 Nimda 病毒的计算机都会自动扫描网络上符合身份的受害目标,因此常造成网络带宽被占据,形成无限循环的 DOS 阻断式攻击。另外,若该台计算机先前曾遭受 CodeRed 植入后门程序,那么双重作用的结果,将导致黑客无障碍地进入受害者计算机,进而以此作为中继站对其他计算机发动攻势。

为防止计算机黑客的入侵,最熟悉的装置就是防火墙(Firewall),这是一套专门放在 Internet 大门口(Gateway)的身份认证系统,其目的是用来隔离 Internet 外面的计算机与企业内部的局域网络,任何不受欢迎的使用者都无法通过防火墙而进入内部网络。一般而言,计算机黑客想要轻易地破解防火墙并入侵企业内部主机并不是件容易的事,所以黑客们通常就会采用另一种迂回战术,直接窃取使用者的账号及密码,如此一来便可以名正言顺地进入企业内部。

过去我们认为计算机防毒与防止黑客是两回事,然而 CodeRed 却改变了这种观点,过去黑客植入后门程序必须一台计算机、一台计算机大费周章地慢慢入侵,但 CodeRed 却以计算机病毒大规模感染的手法,瞬间即可植入后门程序,更加暴露了网络安全的严重问题。

6.10　后门病毒

6.10.1　原理

后门(Backdoor)是程序或系统内的一种功能,它允许没有账号的用户或普通受限用户使用高权限甚至完全控制系统。后门在程序开发中有合法的用途,有时会因设计需要或偶然因素而存在于某些完备的系统中。后门不是计算机病毒,但后门会被攻击者所利用。

后门计算机病毒是集黑客、蠕虫、后门功能于一体,通过局域网共享目录和系统漏洞进行传播的一种计算机病毒形态。由于操作系统和软件设计的固有缺陷,使得后门计算机病毒非常难以防范,即便是亡羊补牢的工作,也难以挽回后门计算机病毒造成的损失。人们针对它展开了积极的防御工作,从补丁到防火墙,在多种多样的防御手法夹攻下使该计算机病毒得到了有效抑制。

1.反客为主的入侵者

通常说的入侵都是入侵者主动发起攻击,使用"反弹技术"的入侵者却反其道而行之,它打开入侵者计算机的一个端口,让受害者与入侵者联系并让入侵者控制,从而跳过大多数防火墙,因为防火墙只处理外部数据而无视内部数据。

反弹木马的工作模式如下:受害者(被植入反弹木马服务端的计算机)每间隔一定时间就发出连接控制端的请求直到成功连接,在控制端和接受服务端建立信任传输通道,控制端取得受害者的控制权。由于是受害者主动发起的连接,防火墙在大多数情况下不会报警,这种连接模式还能突破内网与外部建立连接,入侵者就可轻易地进入内网的计算机。

虽然反弹木马比起一般木马要可怕，但是它有天生的致命弱点：隐蔽性还不够高，因为它不得不在本地开放一个随机端口，通过对端口的检测就可以发现该木马的存在。

2. 不安分的正常连接

HTTP 服务器开放 80 端口，隐藏通道（Tunnel）可以让一个正常的服务变成了入侵者的工具。当一台计算机被种植 Tunnel 后，它的 HTTP 端口就被 Tunnel 重新绑定了传输给 Internet 服务程序的数据，也在同时传输给背后的 Tunnel，入侵者假装浏览网页，却发送了一个特殊的请求数据；Tunnel 和 Internet 服务都接收到这个信息，由于请求的页面通常不存在，Internet 服务会返回一个 HTTP 404 应答，而 Tunnel 发送给入侵者一个确认数据，报告 Tunnel 存在；Tunnel 马上发送一个新的连接去索取入侵者的攻击数据并处理入侵者从 HTTP 端口发来的数据；最后，Tunnel 执行入侵者想要进行的操作。

3. 无用的数据传输

ICMP，即 Internet Control Message Protocol，被大量用于泛洪攻击，其实 ICMP 也偷偷参与了木马的战争。最常见的 ICMP 报文用 ping，是一个类型 8 的 ICMP 数据，协议规定远程计算机收到这个数据后返回一个类型 0 的应答，报告"我在线"。由于 ICMP 报文自身可以携带数据，而且 ICMP 报文是由系统内核处理的，并不占用端口，具有很高的优先权。

使用特殊的 ICMP 携带数据的后门正在悄然流行，一段看似正常的数据在防火墙的监视下堂而皇之地操纵着受害者。避免的方法是禁止全部 ICMP 报文传输。

网络是建立在 IP 数据报文的基础上的，IP 报文也可以被用来作为攻击的途径。IP 数据报文的结构分为首部和身体两个部分，首部装满了地址信息和识别数据；身体中则是数据。任何报文都是包裹在 IP 报文里面传输的，如果首部遭到了篡改，报文就成了携带计算机病毒的工具。入侵者用简短的攻击数据填满了 IP 首部的空白，如果数据太多，就多发几个报文。当混入受害者计算机的"多余"内容能拼凑成一个攻击指令的时候，就可以开始攻击了。

6.10.2　IRC 后门计算机病毒

下面以 IRC 后门病毒为例介绍该病毒。2004 年年初，IRC 后门病毒开始在全球网络大规模出现。一方面有潜在的泄漏本地信息的危险；另一方面计算机病毒出现在局域网中使网络阻塞。由于该病毒的源代码是公开的，任何人拿到源码后稍加修改就可编译生成一个全新的计算机病毒，再加上不同的壳，就造成 IRC 后门计算机病毒变种大量涌现。

1. IRC 后门计算机病毒原理

计算机病毒自带有简单的口令字典，用户如不设置密码或密码过于简单，都会使系统易受计算机病毒影响。计算机病毒运行后将自己复制到系统目录下（Windows 2000/NT/XP 操作系统为系统盘的 System32，Windows 9X 操作系统为系统盘的 System），文件属性隐藏，名称不定，这里假设为 xxx.exe，一般都没有图标。计算机病毒同时写注册表启动项，项名不定，假设为 yyy。计算机病毒不同，写的启动项也不太一样，但肯定都包含如下内容：

```
HKEY_LOCAL_MACHINE\Software\Microsoft\Windows\CurrentVersion
\Run\yyy:xxx.exe
```

其他可能写的项如下：

```
HKEY_CURRENT_USER\Software\Microsoft\Windows\CurrentVersion
\Run\yyy:xxx.exe
HKEY_LOCAL_MACHINE\Software\Microsoft\Windows\CurrentVersion
\RunServices\yyy:xxx.exe
```

也有少数会写下面两项：

```
HKEY_LOCAL_MACHINE\Software\Microsoft\Windows\CurrentVersion
\RunOnce\yyy:xxx.exe
HKEY_CURRENT_USER\Software\Microsoft\Windows\CurrentVersion
\RunOnce\yyy:xxx.exe
```

此外，一些 IRC 计算机病毒在 Windows 2000/NT/XP 操作系统下还会将自己注册为服务启动。计算机病毒每隔一定时间会自动尝试连接特定的 IRC 服务器频道，为黑客控制做好准备。黑客只需在聊天室中发送不同的操作指令，计算机病毒就会在本地执行不同的操作，并将本地系统的返回信息发回聊天室，从而造成用户信息的泄漏。这种后门控制机制是比较新颖的，即使用户觉察到了损失，想要追查黑客也是非常困难的。

计算机病毒会扫描当前和相邻网段内的计算机并猜测登录密码。这个过程会占用大量网络带宽资源，容易造成局域网阻塞，国内不少企业用户的业务均因此遭受过影响。

出于保护被 IRC 计算机病毒控制的计算机的目的，一些 IRC 计算机病毒会取消匿名登录功能和 DCOM 功能。取消匿名登录可阻止其他计算机病毒猜解密码感染自己，而禁用 DCOM 功能可使系统免受利用个人计算机漏洞传播的其他计算机病毒的影响。

2. 后门分析

在程序开发期间，后门的存在是为了便于测试、更改和增强模块的功能。当然，程序员一般不会把后门记入软件的说明文档，因此用户通常无法了解后门的存在。在软件交付用户之前，程序员没有去掉软件模块中的后门。

1）UNIX 环境下的后门分析

Rhosts++ 后门：在连网的 UNIX 机器中，像 Rsh 和 Rlogin 等简单的认证方法，是基于 rhosts 文件中存放的主机名的，用户可以轻易地改变设置而不需口令就能进入。入侵者只要向可以访问的某用户的 rhosts 文件中输入"++"，就可以允许任何人从任何地方无需口令便能进入这个账号。特别是当 home 目录通过 NFS 向外共享时，入侵者更热衷于此。这些账号也成为入侵者再次侵入的后门。许多人更喜欢使用 Rsh，因为它通常缺少日志能力。许多管理员经常检查"++"，所以入侵者实际上多设置来自网上的另一个账号的主机名和用户名，从而不易被发现。

（1）校验和及时间戳后门：许多入侵者用自己的 trojan 程序替代二进制文件。系统管理员便依据时间戳和系统校验和的程序辨别一个二进制文件是否已被改变，如 UNIX 里的 sum 程序。入侵者又发展了使 trojan 文件和原文件时间戳同步的新技术。它是这样实现的：先将系统时钟拨回到原文件时间，然后调整 trojan 文件的时间为系统时间。一旦二进制 trojan 文件与原来的精确同步，就可以把系统时间设回当前时间。sum 程序是基于 CRC 校验的很容易骗过。入侵者设计出了可以将 trojan 的校验和调整到原文件的校验和的程序。MD5 是被大多数人推荐的，MD5 使用的算法目前还没人能骗过。

(2)Login 后门:在 UNIX 里,login 程序通常用来对 telnet 来的用户进行口令验证。入侵者获取 login.c 的原代码并修改,使它在比较输入口令与存储口令时先检查后门口令。如果用户输入后门口令,它将忽视管理员设置的口令让你长驱直入。这将允许入侵者进入任何账号,甚至是 root。由于后门口令是在用户真实登录并被日志记录到 utmp 和 wtmp 前发生的,所以入侵者可以登录获取 shell 却不会暴露该账号。管理员注意到这种后门后,便用 strings 命令搜索 login 程序以寻找文本信息。许多情况下后门口令会原形毕露。入侵者就开始加密或者更好地隐藏口令,使 strings 命令失效。所以更多的管理员是用 MD5 校验和检测这种后门的。

(3)telnetd 后门:当用户 telnet 到系统,监听端口的 inetd 服务接受连接随后传递给 in.telnetd,由它运行 login。一些入侵者知道管理员会检查 login 是否被修改,就着手修改 in.telnetd。在 in.telnetd 内部有一些对用户信息的检验,比如用户使用了何种终端。典型的终端设置是 Xterm 或者 VT100。入侵者可以做这样的后门,当终端设置为 letmein 时产生一个不要任何验证的 shell。

(4)服务后门:几乎所有网络服务曾被入侵者做过后门。finger、rsh、rexec、rlogin、ftp,甚至 inetd 等做了后门的版本随处皆是。有的只是连接到某个 TCP 端口的 shell,通过后门口令就能获取访问。这些程序有时被加入 inetd.conf 作为一个新的服务。管理员应该非常注意有哪些服务正在运行,并用 MD5 对原服务程序做校验。

(5)cronjob 后门:UNIX 上的 cronjob 可以按时间表调度特定程序的运行。入侵者可以加入后门 shell 程序使它在 1 点到 2 点之间运行,那么每晚有一个小时可以获得访问。也可以查看 cronjob 中经常运行的合法程序,同时置入后门。

(6)库后门:几乎所有的 UNIX 系统使用共享库。共享库用于相同函数的重用而减少代码长度。一些入侵者在 crypt.c 和_crypt.c 这些函数里做了后门。像 login.c 这样的程序调用了 crypt(),当使用后门口令时产生一个 shell。因此,即使管理员用 MD5 检查 login 程序,仍然能产生一个后门函数。而且许多管理员并不会检查库是否被做了后门。对于许多入侵者来说有一个问题:一些管理员对所有东西都做了 MD5 校验。有一种办法是入侵者对 open() 和文件访问函数做后门。后门函数读原文件但执行 trojan 后门程序。所以当 MD5 读这些文件时,校验和一切正常。但当系统运行时将执行 trojan 版本的。即使 trojan 库本身也可躲过 MD5 校验。对于管理员来说有一种方法可以找到后门,就是静态编连 MD5 校验程序然后再运行。静态连接程序不会使用 trojan 共享库。

(7)内核后门:内核是 UNIX 工作的核心。用于库后门躲过 MD5 校验的方法同样适用于内核级别的后门,甚至连静态连接方法都不能识别它。一个内核级别的后门是最难被管理员查找的,所幸的是内核的后门程序还不是随手可得的,也无从知道它事实上传播有多广。

(8)文件系统后门:入侵者需要在服务器上存储他们的掠夺品或数据,并不能被管理员发现。入侵者的文件常是包括 exploit 脚本工具、后门集、sniffer 日志、E-mail 的备份、源代码等。有时为了防止管理员发现这么大的文件,入侵者需要修补 ls、du、fsck,以隐匿特定的目录和文件。在很低的级别,入侵者做这样的漏洞:以专有的格式在硬盘上割出一部分,且表示为坏的扇区。因此入侵者只能用特别的工具访问这些隐藏的文件。对于普通的管理员来说,很难发现这些"坏扇区"里的文件系统,而它又确实存在。

(9)boot 块后门:在 PC 世界里,许多病毒藏匿于根区,而杀病毒软件就是检查根区是否被改变。UNIX 下,多数管理员没有检查根区的软件,所以一些入侵者将一些后门留在根区。

（10）隐匿进程后门：入侵者通常想隐匿他们运行的程序。这样的程序一般是口令破解程序和监听程序（sniffer）。有许多办法可以实现，这里是较通用的方法：编写程序时修改自己的 argv 使它看起来像其他进程名。可以将 sniffer 程序改名类似 in. syslog 再执行。因此当管理员用 ps 检查运行进程时，出现的是标准服务名。可以修改库函数致使 ps 不能显示所有进程。可以将一个后门或程序嵌入中断驱动程序使它不会在进程表显现。Rootkit 最流行的后门安装包之一是 rootkit，它很容易用 Web 搜索器找到。从 Rootkit 的 README 里，可以找到如下典型的文件：

```
z2    —  removes  entries  from  utmp,  wtmp  and  lastlog
Es    —  rokstar's  ethernet  sniffer  for  sun4  based  kernels
Fix   —  try  to  fake  checksums,  install  with  same  dates/perms/u/g
Sl    —  become  root  via  a  magic  password  sent  to  login
Ic    —  modified  if config  to  remove  PROMISC  flag  from  output
ps    —  hides  the  processes
Ns    —  modified  netstat  to  hide  connections  to  certain  machines
Ls    —  hides  certain  directories  and  files  from  being  listed
du5   —  hides  how  much  space  is  being  used  on  your  hard  drive
ls5   —  hides  certain  files  and  directories  from  being  listed
```

2）网络通行后门

入侵者不仅想隐匿在系统里的痕迹，而且也要隐匿他们的网络通行。这些网络通行后门有时允许入侵后门病毒通过防火墙进行访问。有许多网络后门程序允许入侵者建立某个端口号并不用通过普通服务就能实现访问。因为这是通过非标准网络端口通行，管理员可能忽视入侵者的足迹。这种后门通常使用 TCP、UDP 和 ICMP，但也可能是其他类型的报文。

（1）TCP Shell 后门：入侵者可能在防火墙没有阻塞的高位 TCP 端口建立这些 TCP Shell 后门。许多情况下，他们用口令进行保护以免管理员连接上后立即看到是 shell 访问。管理员可以用 netstat 命令查看当前的连接状态，哪些端口在侦听，目前连接的来龙去脉。通常这些后门可以让入侵者躲过 TCP Wrapper 技术。这些后门可以放在 SMTP 端口，许多防火墙允许 E-mail 通行的。

（2）UDP Shell 后门：管理员经常注意 TCP 连接并观察其怪异情况，而 UDP Shell 后门没有这样的连接，所以 netstat 不能显示入侵者的访问痕迹。许多防火墙设置成允许类似 DNS 的 UDP 报文的通行。通常入侵者将 UDP Shell 放置在这个端口，允许穿越防火墙。

（3）ICMP Shell 后门：ping 是通过发送和接受 ICMP 包检测机器活动状态的通用办法之一。许多防火墙允许外界 ping 它内部的机器。入侵者可以把数据放入 ping 的 ICMP 包，在 ping 的机器间形成一个 shell 通道。管理员也许会注意到 ping 包暴风，但除非他查看包内数据，否则入侵者不会暴露。

（4）加密连接：管理员可能建立一个 sniffer 试图某个访问的数据，但当入侵者给网络通行后门加密后，就不可能被判定两台机器间的传输内容了。

3）Windows NT 后门

由于 Windows NT 不轻易允许多个用户在 UNIX 下访问同一台机器，对入侵者来说就很难闯入 Windows NT,安装后门,并从那里发起攻击。因此你将更频繁地看到广泛的来自 UNIX 的网络攻击。当 Windows NT 提高多用户技术后,入侵者将更频繁地利用 Windows NT。如果这一天真的到来,许多 UNIX 的后门技术将移植到 Windows NT 上,管理员可以等候入侵者的到来。Windows NT 已经有了 telnet 守护程序。通过网络通行后门,入侵者发现在 Windows NT 安装它们是可行的。后门技术越先进,管理员越难以判断入侵者是否侵入,或者他们是否被成功封杀。

随着移动互联网的快速发展,智能终端的普及,手机病毒日益成为移动互联网用户的重要威胁。这些病毒被用于窃取用户个人隐私信息、非法订购各类增值业务、产生异常网络流量,给用户造成直接的经济损失。根据中国反网络病毒联盟成员单位的监测数据,2010 年手机病毒威胁形势日益严峻,其中较为典型的、造成较大危害的有"毒媒"、"手机骷髅"。这两个病毒感染的手机终端数量在 2010 年分别超过 200 万和 83 万,造成用户的直接经济损失高达千万元以上。目前,与手机病毒发展趋势相比,对手机病毒的防范和治理工作还存在较多的不足。其中,目前国内外安全厂商、网络安全组织对手机病毒的定义、命名、描述存在较大差异,会混淆互联网用户对手机病毒种类、影响范围和危害情况的认知,不利于提高手机用户的安全意识。

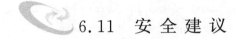

6.11 安 全 建 议

1. 建立良好的安全习惯

不要轻易打开一些来历不明的邮件及其附件,不要轻易登录陌生的网站,从网上下载的文件要先查毒再运行。

2. 关闭或删除系统中不需要的服务

操作系统会安装一些辅助服务,如 FTP 客户端、Telnet 和 Web 服务器。这些服务为攻击者提供了方便,而大多数用户用不着,所以删除它们。

3. 经常升级安全补丁

据统计,大部分网络计算机病毒都是通过系统及 IE 安全漏洞进行传播的,到微软升级网站(http://Windowsupdate.Microsoft.com)下载安装最新的安全补丁或使用其他杀毒软件附带的"漏洞扫描"定期对系统进行检查。

4. 设置复杂的密码

有许多网络计算机病毒是通过猜测简单密码的方式对系统进行攻击。因此设置复杂的密码(大小写字母、数字、特殊符号混合,长度在 8 位以上),将会大大提高计算机的安全系数。

5. 迅速隔离受感染的计算机

当在计算机中发现计算机病毒或异常情况时应立即切断网络连接,以防止计算机受到更严重的感染或破坏,或者成为传播源感染其他计算机。

6. 经常了解一些反计算机病毒信息

经常登录信息安全厂商的官方主页,了解最新的信息。这样就可以及时发现新计算机病毒,并在计算机被计算机病毒感染时能够做出及时、准确的处理。

7.最好安装专业的防毒软件进行全面监控

在计算机病毒技术日新月异的今天,使用专业的反计算机病毒软件对计算机进行防护仍是保证信息安全的最佳选择。

计算机病毒技术发展到今天,已经不再是死板的机器对机器的战争,它们已经学会考验人类。真正的防御必须是以人的管理操作为主体,而不是一味依赖机器代码。

习　　题

1.简述反病毒技术的发展和用途。

2.引导型计算机病毒的作用原理是什么？举出你熟悉的该类计算机病毒的例子,并分析它们的原理。

3.文件型计算机病毒有哪些？该类计算机病毒的进化方法和历史如何？

4.脚本计算机病毒的存在环境是什么？它们的危害有哪些？

5.分析宏病毒的表现形式。

6.分析木马病毒的来源和操作方式。

7.简述后门计算机病毒的原理和实现。

第 7 章
网 络 安 全

 ## 7.1 网络安全概述

网络安全是指网络系统的硬件、软件和系统中的数据受到保护,不因偶然的或者恶意的原因而遭到破坏、更改、泄露,系统连续可靠正常地运行,网络服务不中断。网络安全从本质上讲就是网络信息安全,包括静态的信息存储安全和信息传输安全。

进入 21 世纪以来,信息安全的重点放在了保护信息,确保信息在存储、处理、传输过程中不被破坏,确保对合法用户的服务和限制非授权用户的服务,以及必要的防御攻击的措施。信息的保密性、完整性、可用性、可控性就成了关键因素。

网络安全应具有以下 5 个方面的特征。

(1)保密性。信息不泄露给非授权用户、实体或过程,或供其利用的特性。

(2)完整性。数据未经授权不能进行改变的特性。即信息在存储或传输过程中保持不被修改、破坏和丢失的特性。

(3)可用性。可被授权实体访问并按需求使用的特性。即当需要时能否存取所需网络安全解决措施的信息。例如网络环境下拒绝服务、破坏网络和有关系统的正常运行等都属于对可用性的攻击。

(4)可控性。对信息的传播及内容具有控制能力。

(5)可审查性。出现的安全问题时提供依据与手段。

从网络运行和管理者角度说,希望对本地网络信息的访问、读写等操作受到保护和控制,避免出现"陷门"、病毒、非法存取、拒绝服务和网络资源非法占用和非法控制等威胁,制止和防御网络黑客的攻击。对安全保密部门来说,希望对非法的、有害的或涉及国家机密的信息进行过滤和防堵,避免机要信息泄露,避免对社会产生危害,对国家造成巨大损失。从社会教育和意识形态角度来讲,网络上不健康的内容,会对社会的稳定和人类的发展造成不利影响,必须对其进行控制。

随着计算机技术的迅速发展,在计算机上处理的业务也由基于单机的数学运算、文件处理,基于简单连接的内部网络的内部业务处理、办公自动化等发展到基于复杂的内部网(Intranet)、企业外部网(Extranet)、全球互联网(Internet)的企业级计算机处理系统和世界范围内的信息共享和业务处理。在系统处理能力提高的同时,系统的连接能力也在不断的提高。但在连接能力信息、流通能力提高的同时,基于网络连接的安全问题也日益突出,整体的网络安全主要表现在以下几个方面:网络的物理安全、网络拓扑结构安全、网络系统安全、应用系统安全和网络管理的安全等。

因此计算机安全问题,应该像每家每户的防火、防盗问题一样,做到防患于未然。甚至不会想到你自己也会成为目标的时候,威胁就已经出现了,一旦发生,常常措手不及,造成极大的损失。

7.1.1 计算机网络面临的威胁

近年来,随着计算机技术和网络技术的迅速发展,新型网络服务如电子商务、网络银行、电子政务不断涌现,也促使了网络用户急剧增加。在信息资源无所不包的 Internet 平台上,在各种相关应用软件的辅助下,人们正越来越依赖于这一新的虚拟数字社会,以突破时空的约束,充分享受网络所带来的工作和生活上的便利。但不容忽视的是,当人们在感受这种便利的同时,针对计算机系统信息特别是利用网络进行的破坏、篡改和窃取等计算机犯罪愈演愈烈,计算机网络安全问题已经是一个日益突出的问题亟待解决。计算机网络面临的威胁主要在下列几个方面。

(1)自然灾害。计算机信息系统仅仅是一个智能的机器,易受自然灾害及环境(温度、湿度、振动、冲击、污染)的影响。目前,我们不少计算机房并没有防震、防火、防水、避雷、防电磁泄漏或干扰等措施,接地系统也疏于周到考虑,抵御自然灾害和意外事故的能力较差。日常工作中因断电而设备损坏、数据丢失的现象时有发生。由于噪音和电磁辐射,导致网络信噪比下降,误码率增加,信息的安全性、完整性和可用性受到威胁。

(2)黑客的威胁和攻击。计算机信息网络上的黑客攻击事件越演越烈,已经成为具有一定经济条件和技术专长的形形色色攻击者活动的舞台。他们具有计算机系统和网络脆弱性的知识,能使用各种计算机工具。境内外黑客攻击破坏网络的问题十分严重,他们通常采用非法侵入重要信息系统的方式,窃听、获取、攻击侵入网的有关敏感性重要信息,修改和破坏信息网络的正常使用状态,造成数据丢失或系统瘫痪,给国家造成重大政治影响和经济损失。黑客问题的出现,并非黑客能够制造入侵的机会,从没有路的地方走出一条路,只是他们善于发现漏洞。即信息网络本身的不完善性和缺陷,成为被攻击的目标或利用为攻击的途径,其信息网络脆弱性引发了信息社会脆弱性和安全问题,并构成了自然或人为破坏的威胁。

(3)计算机病毒。20 世纪 90 年代,出现了曾引起世界性恐慌的"计算机病毒",其蔓延范围广,增长速度惊人,损失难以估计。它像灰色的幽灵将自己附在其他程序上,在这些程序运行时进入系统中进行扩散。计算机感染上病毒后,轻则使系统运作效率下降,重则造成系统死机或毁坏,使部分文件或全部数据丢失,甚至造成计算机主板等部件的损坏。

(4)垃圾邮件和间谍软件。一些人利用电子邮件地址的"公开性"和系统的"可广播性"进行商业、宗教、政治等活动,把自己的电子邮件强行"推入"别人的电子邮箱,强迫他人接受垃圾邮件。与计算机病毒不同,间谍软件的主要目的不在于对系统造成破坏,而是窃取系统或用户信息。事实上,间谍软件目前还是一个具有争议的概念,一种被普遍接受的观点认为,间谍软件是指那些在用户不知情的情况下进行非法安装,安装后很难找到其踪影,并悄悄把截获的一些机密信息提供给第三者的软件。间谍软件的功能繁多,它可以监视用户行为,或发布广告,修改系统设置,威胁用户隐私和计算机安全,并可能不同程度地影响系统性能。

(5)信息战的严重威胁。信息战,即为了国家的军事战略而采取行动,取得信息优势,干扰敌方的信息和信息系统,同时保卫自己的信息和信息系统。这种对抗形式的目标,不是集中打击敌方的人员或战斗技术装备,而是集中打击敌方的计算机信息系统,使其神经中枢的指挥系统瘫痪。信息技术从根本上改变了进行战争的方法,其攻击的首要目标主要是连接国家政治、军事、经济和整个社会的计算机网络系统,信息武器已经成为了继原子武器、生物武器、化学武器之后的第四类战略武器。可以说,未来国与国之间的对抗首先将是信息技术的较量。网络信息安全应该成为国家安全的前提。

(6)计算机犯罪。计算机犯罪,通常是利用窃取口令等手段非法侵入计算机信息系统,传播有害信息,恶意破坏计算机系统,实施贪污、盗窃、诈骗和金融犯罪等活动。

在一个开放的网络环境中,大量信息在网上流动,这为不法分子提供了攻击目标。他们利用不同的攻击手段,获得访问或修改在网中流动的敏感信息,闯入用户或政府部门的计算机系统,进行窥视、窃取、篡改数据。不受时间、地点、条件限制的网络诈骗,其"低成本和高收益"又在一定程度上刺激了犯罪的增长。使得针对计算机信息系统的犯罪活动日益增多。

7.1.2　网络安全防范的内容

一个安全的计算机网络应该具有可靠性、可用性、完整性、保密性和真实性等特点。计算机网络不仅要保护计算机网络设备安全和计算机网络系统安全,还要保护数据安全等。因此针对计算机网络本身可能存在的安全问题,实施网络安全保护方案以确保计算机网络自身的安全性是每一个计算机网络都要认真对待的一个重要问题。计算机网络安全从技术上来说,主要由防病毒、防火墙、入侵检测等多个安全组件组成,一个单独的组件无法确保网络信息的安全性。目前广泛运用和比较成熟的网络安全技术主要有:防火墙技术、数据加密技术、入侵检测技术、防病毒技术等。

(1)防火墙技术。防火墙是网络安全的屏障,配置防火墙是实现网络安全最基本、最经济、最有效的安全措施之一。防火墙由软件或和硬件设备组合而成,处于企业或网络群体计算机与外界通道之间,限制外界用户对内部网络访问及管理内部用户访问外界网络的权限。当一个网络连接上 Internet 之后,系统的安全除了考虑计算机病毒、系统的健壮性之外,更主要的是防止非法用户的入侵,而目前防止的措施主要是靠防火墙技术完成。防火墙能极大地提高一个内部网络的安全性,并通过过滤不安全的服务而降低风险。防火墙可以强化网络安全策略。通过以防火墙为中心的安全方案配置,能将所有安全软件(如口令、加密、身份认证)配置在防火墙上。防火墙可以对网络存取和访问进行监控审计。如果所有的访问都经过防火墙,那么,防火墙就能记录下这些访问并做出日志记录,同时也能提供网络使用情况的统计数据。当发生可疑动作时,防火墙能进行适当的报警,并提供网络是否受到监测和攻击的详细信息。防火墙可以防止内部信息的外泄。利用防火墙对内部网络的划分,可实现内部网重点网段的隔离,从而降低了局部重点或敏感网络安全问题对全局网络造成的影响。

(2)数据加密与用户授权访问控制技术。数据加密主要用于对动态信息的保护。对动态数据的攻击分为主动攻击和被动攻击。对于主动攻击,虽无法避免,但却可以有效地检测;而对于被动攻击,虽无法检测,但却可以避免,实现这一切的基础就是数据加密。数据加密实质上是对以符号为基础的数据进行移位和置换的变换算法,这种变换是受"密钥"控制的。在传统的加密算法中,加密密钥与解密密钥是相同的,或者可以由其中一个推知另一个,称为"对称密钥算法"。这样的密钥必须秘密保管,只能为授权用户所知,授权用户既可以用该密钥加密信息,也可以用该密钥解密信息,DES 是对称加密算法中最具代表性的算法。如果加密/解密过程各有不相干的密钥,构成加密/解密的密钥对,则称这种加密算法为"非对称加密算法"或称为"公钥加密算法",相应的加密/解密密钥分别称为"公钥"和"私钥"。在公钥加密算法中,公钥是公开的,任何人可以用公钥加密信息,再将密文发送给私钥拥有者。私钥是保密的,用于解密其接收的公钥加密过的信息。典型的公钥加密算法 RSA 是目前使用比较广泛的加密算法。

（3）入侵检测技术。入侵检测系统（Intrusion Detection System, IDS）是从多种计算机系统及网络系统中收集信息，再通过这些信息分析入侵特征的网络安全系统。IDS 被认为是防火墙之后的第二道安全闸门，它能使在入侵攻击对系统发生危害前，检测到入侵攻击，并利用报警与防护系统驱逐入侵攻击；在入侵攻击过程中，能减少入侵攻击所造成的损失；在被入侵攻击后，收集入侵攻击的相关信息，作为防范系统的知识，添加入策略集中，增强系统的防范能力，避免系统再次受到同类型的入侵。入侵检测的作用包括威慑、检测、响应、损失情况评估、攻击预测和起诉支持。入侵检测技术是为保证计算机系统的安全而设计与配置的一种能够及时发现并报告系统中未授权或异常现象的技术，是一种用于检测计算机网络中违反安全策略行为的技术。

入侵检测技术的功能主要体现在以下方面：监视分析用户及系统活动，查找非法用户和合法用户的越权操作；检测系统配置的正确性和安全漏洞，并提示管理员修补漏洞；识别反映已知进攻的活动模式并向相关人士报警；对异常行为模式的统计分析；能够实时地对检测到的入侵行为进行反应；评估重要系统和数据文件的完整性；发现新的攻击模式。

（4）防病毒技术。随着计算机技术的不断发展，计算机病毒变得越来越复杂和高级，对计算机信息系统构成极大的威胁。在病毒防范中普遍使用的防病毒软件，从功能上可以分为网络防病毒软件和单机防病毒软件两大类。单机防病毒软件一般安装在单台计算机上，即对本地和本地工作站连接的远程资源采用分析扫描的方式检测、清除病毒。网络防病毒软件则主要注重网络防病毒，一旦病毒入侵网络或者从网络向其他资源传染，网络防病毒软件会立刻检测到并加以删除。

（5）安全管理队伍的建设。在计算机网络系统中，绝对的安全是不存在的，制定健全的安全管理体制是计算机网络安全的重要保证，通过网络管理人员与使用人员的共同努力，运用一切可以使用的工具和技术，尽一切可能去控制、减小一切非法的行为，尽可能地把不安全的因素降到最低。同时，要不断地加强计算机信息网络的安全规范化管理力度，大力加强安全技术建设，强化使用人员和管理人员的安全防范意识。网络内使用的 IP 地址作为一种资源以前一直为某些管理人员所忽略，为了更好地进行安全管理工作，应该对本网内的 IP 地址资源统一管理、统一分配。对于盗用 IP 资源的用户必须依据管理制度严肃处理。只有各方面共同努力，才能使计算机网络的安全可靠得到保障，从而使广大网络用户的利益得到保障。

7.2　Internet 服务的安全隐患

Internet 是一个开放的、无控制机构的网络，黑客（Hacker）经常会侵入网络中的计算机系统，或窃取机密数据和盗用特权，或破坏重要数据，或使系统功能得不到充分发挥直至瘫痪。Internet 的数据传输是基于 TCP/IP 通信协议进行的，这些协议缺乏使得传输过程中的信息不被窃取的安全措施。在计算机上存储、传输和处理的电子信息，还没有像传统的邮件通信那样进行信封保护和签字盖章。信息的来源和去向是否真实，内容是否被改动，以及是否泄露等，在应用层支持的服务协议中是凭着君子协定来维系的。电子邮件存在着被拆看、误投和伪造的可能性。使用电子邮件来传输重要机密信息存在很大的危险。计算机病毒通过 Internet 的传播给上网用户带来极大的危害，病毒可以使计算机和计算机网络系统瘫痪、数据和文件丢失。在网络上传播病毒可以通过公共匿名 FTP 文件传送，也可以通过邮件和邮件的附加文件传播。

7.2.1　电子邮件

电子邮件(Electronic Mail,简称 E-mail)又称为电子信箱、电子邮政,是一种使用电子手段为个人、企业、组织之间提供信息交流的通信方式,是 Internet 应用最广泛的服务,也是在网络应用的异构环境下唯一跨平台、通用的分布系统。用户希望与互联网相连的其他人之间直接或间接地发送或接收邮件,而不论双方使用的是何种操作系统或通信协议。这些电子邮件可以是文字、图像、声音等各种方式。电子邮件的传输主要通过电子邮件简单传输协议(Simple Mail Transfer Protocol,SMTP)完成的,它是 Internet 下的一种电子邮件通信协议。

近年来,随着电子邮件应用的爆炸式增长,电子邮件系统在安全性和管理方面存在的诸多隐患也日益增长。2004 年,在安全研究机构——美国系统网络安全协会(SANS Institute)发布的年度"20 大 Internet 安全隐患"中,电子邮件客户端被列入 10 项最重大的 Windows 安全隐患之一。在 Internet 应用中,商业机构、企业用户对网络安全要求较高,这些用户大多"着眼于大局",将防御手法锁定建立防火墙、购置防计算机病毒软件,却忽视了电子邮件环节的防御。而事实上,大部分计算机病毒都是依附于垃圾邮件攻击用户的网络系统。目前国内网民大多已使用自己的个人邮箱进行商务往来,免费的个人邮箱对垃圾邮件的过滤能力十分低下,这个极大的安全漏洞被一些不怀好意者利用,成为非法获取他人信息的"绿色"通道。另外,一些垃圾邮件的制造者受雇于商业罪犯,设计含有计算机病毒的电子邮件发送到企业员工的个人邮件系统,破解密码以获取信息。

7.2.2　文件传输(FTP)

FTP 即文件传输协议(File Transfer Protocol),在 Internet 上用于控制文件的双向传输。基于不同的操作系统有不同的 FTP 应用程序,而所有这些应用程序都遵守同一种协议来传输文件。由于其简单易用,得到了极大的普及和广泛使用。

通常 FTP 服务器是允许匿名访问的,目的是为用户匿名访问上传、下载文件提供方便,但却存在极大的安全隐患。因为用户不需要申请合法的账号,就能访问他人的 FTP 服务器,甚至还可以上传、下载文件,特别对于一些存储重要资料的 FTP 服务器,很容易出现泄密的情况,成为黑客们的攻击目标。在网络上传播计算机病毒可以通过公共匿名 FTP 文件传送,也是 FTP 服务器的安全隐患。如何防止攻击者通过非法手段窃取服务器中的重要信息,如何防止攻击者利用 FTP 服务器来传播木马与病毒,都是系统管理员需要关注的安全性问题。

为了系统安全,系统管理员必须取消匿名访问功能。同时,启用 FTP 日志记录以记录所有用户的访问信息,如访问时间、客户机 IP 地址、使用的登录账号等,这些信息对于 FTP 服务器的稳定运行具有很重要的意义,一旦服务器出现问题,就可以查看 FTP 日志,找到故障所在,及时排除。

7.2.3　远程登录(Telnet)

Telnet 即远程登录协议,是 TCP/IP 协议族中的一员,是 Internet 远程登录服务的标准协议和主要方式,为用户提供了在本地计算机上完成远程主机工作的能力。通过 Telnet 协议,可以把自己的计算机作为远程计算机的一个终端,通过 Telnet 程序登录远程开启 Telnet 服务的计算机,一般采用授权的用户名和密码登录。

使用 Telnet 协议远程登录一台计算机之后,就如同使用本地计算机一样使用远程计算机的硬盘、运行应用程序等。Telnet 的应用不仅方便了我们进行远程登录,也给黑客们提供了一种入侵手段和后门,从而带来一定的安全性隐患。传统的 Telnet 连接会话所传输的信息并未加密,可能导致输入和显示的信息包括账户名称与密码等隐秘资料被其他人截获或窃听,对于一般的 Internet 用户,建议删除或关闭 Telnet 服务,需要时可以使用安全的 SSH 协议,以减少被攻击的可能性。

7.2.4　黑客

随着国民经济信息化的迅速发展,人们对网络信息安全的要求越来越迫切,尤其自 Internet 得到普遍应用以来,信息系统的安全已涉及国家主权等许多重大问题。据统计,在所发生的事件中,有 32% 的事件系内部黑客所为。在 Internet 上,黑客的破坏力非常大:轻则潜入内部网内非法浏览资料;重则破坏、篡改在 Internet 上存放的软件与机密文件。他们刺探商业情报,巨额资金,破坏通信指挥,盗窃军事机密。因此,在 Internet 上收发电子邮件或传送文件时,应特别注意是否有黑客正躲在暗处悄悄作祟。黑客技术主要有:破解密码和口令字,制造并传播计算机病毒,制造逻辑炸弹,突破网络防火墙,使用记录设施窃取显示器向外辐射的无线电波信息等。在 Internet 上黑客使用的工具很多,目前已发现 BO(BACKORIFICE)、NETBUS、NETSPY、BACKDOOR 等十几种黑客程序。如 Rootkin 软件就具有特洛伊木马、网络敏感、轨迹跟踪的功能。黑客的攻击手法主要包括:窃取访问线路,窃取口令,强行闯入,清理磁盘,改变与建立 UAF(用户授权文件)记录,窃取额外特权,引入"特洛伊木马"软件来掩盖其真实企图,引入命令过程或蠕虫病毒把自己寄生在特权用户上,使用一个节点作为网关(代理)连接到其他节点上,通过隐蔽信道突破网络防火墙进行非法活动等。

7.2.5　计算机病毒

进入 21 世纪,计算机病毒同样进入了一个崭新的时代了。从功能上来划分,早期的病毒意在破坏计算机软件或者硬件,而如今的病毒却多以窃取目标计算机的信息为目的。从作者目的上来划分,早期的病毒开发者意在炫耀能力或者证明实力,如今的病毒开发者更多的考虑的是利益的问题。如今的病毒与黑客技术结合进入了新的病毒时代。木马和间谍程序危害计算机的安全,让用户的隐私和财产暴露在黑客以及病毒制作者面前。信息的泄漏小则侵害用户个人隐私,大则危害公司命脉,连包括微软在内的专业软件公司都曾被黑客入侵而导致大量 Windows 源代码外泄,造成损失过亿。目前此类盗号以及窥视私人隐私的案例在国内乃至国际已经相当普遍。

7.2.6　用户终端的安全问题

计算机终端作为信息存储、传输、应用处理的基础设施,其自身安全性涉及系统安全、数据安全、网络安全等各个方面,任何一个环节都有可能影响整个网络的安全。而计算机终端广泛涉及每个计算机用户,由于其分散性、不被重视、安全手段缺乏的特点,已成为信息安全体系的薄弱环节。防病毒技术未能解决的问题,引发了终端安全领域的拓展,计算机终端拥有广泛的用户群,企业级用户计算机终端安全的涉及面广。企业级用户的计算机终端安全涉及终端本身的系统安全使用、数据信息保护、应用正常运转,在网络环境中工作,还面临来自内部网络或

Internet 的安全威胁。此外,终端遭受病毒感染、蠕虫攻击、黑客入侵时,很容易通过网络进行扩散,从而影响到网络中其他终端和业务系统的安全。面向终端的安全措施效果明显,计算机防病毒系统防止系统和数据遭受破坏,应用也最为广泛;补丁管理弥补系统漏洞,防止蠕虫、黑客攻击;终端访问控制防止网络入侵,避免黑客跳转攻击,防止网络资源滥用等。

7.2.7　用户自身的安全问题

用户自身安全问题包括:自然灾害(如雷电、地震、火灾等),物理损坏(如硬盘损坏、设备使用寿命到期等),设备故障(如停电、电磁干扰等),意外事故,电磁泄漏,信息泄漏,干扰他人,受他人干扰,乘机而入(如进入安全进程后半途离开),痕迹泄露(如口令密钥等保管不善),操作失误(如删除文件、格式化硬盘、线路拆除等),意外疏漏。

公共传输服务不太可靠,例如 Internet 使用的 TCP/IP 协议的存在的安全问题有:TCP/IP 协议数据流采用明文传输,源地址欺骗(Source address spoofing)或 IP 欺骗(IP spoofing),源路由选择欺骗(Source Routing spoofing),路由选择信息协议攻击(RIP Attacks),鉴别攻击(Authentication Attacks),TCP 序列号欺骗(TCP Sequence number spoofing),TCP 序列号轰炸攻击(TCP SYN Flooding Attack),易欺骗性(Ease of spoofing)等。

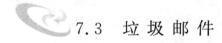

7.3　垃圾邮件

7.3.1　垃圾邮件的定义

垃圾邮件是 Internet 发展的副产品,最早起源于美国,在英文中有三个名称:UCE(Unsolicited Commercial E-mail)、UBE(Unsolicited Bulk E-mail)和 Spam,最常用的是 Spam。UCE 是专指以商业广告为内容的垃圾邮件,UBE 则还包含其他一些无关的内容。垃圾邮件是指未经用户许可,但却被强行塞入用户邮箱的电子邮件。垃圾邮件一般具有批量发送的特征,在 Internet 上同时传送多个副本。从内容上看,它们通常是商业或个人网站广告、电子杂志、宣传资料或者其他一些无关的内容。垃圾邮件可以分为良性和恶性两类:良性垃圾邮件是包含各种宣传广告等对收件人影响不大的信息邮件,恶性垃圾邮件是指包含有木马或病毒等具有破坏性的电子邮件。

7.3.2　垃圾邮件的危害

(1)占用网络带宽,造成邮件服务器拥塞,进而降低整个网络的运行效率。

(2)垃圾邮件具有反复性、强制性、欺骗性、不健康性,其传播速度快,严重干扰了用户的正常生活。垃圾邮件侵犯了收件人的隐私权,不顾他人的反对,强制性地把邮件发送到他人的邮箱,侵占了收件人的信箱空间,耗费收件人的时间、精力和金钱。用来删除驱之不尽的垃圾邮件,还需要小心判别垃圾邮件和正常邮件,以免影响正常事务。有的垃圾邮件还盗用他人电子邮件作为发信地址,打破了平等自愿交流的规则,严重损害了他人的信誉。另外,大量的垃圾邮件发到新闻组,会降低新闻组的信息价值,甚至可能导致新闻组因此关闭。大量发到个人邮箱的垃圾邮件会给人们的通信带来麻烦。

(3)被黑客利用成为助纣为虐的工具。2002 年 2 月黑客攻击雅虎等五大热门网站就是一个例子。黑客先侵入并控制了一些高带宽的网站,集中众多服务器的带宽能力,然后利用数以亿万计的垃圾邮件猛烈袭击目标,造成被攻击网站的网络堵塞,最终导致整个网络处于瘫痪状态。2003 年 3 月,CCERT 就收到两起来自用户的有关事故报告。其中一个是网络管理员发现他们的服务器在以每秒 60 封的速度转发邮件,占用了大量的系统资源,其他正常运作被迫终止,构成了典型的 DoS 型攻击;另外一起是管理员发现出国流量突然增加,一查发现该服务器转发了 200 多万封来自国外来源不明的邮件,严重阻碍了网络流量。

(4)严重影响 ISP 的服务形象。在国际上,频繁转发垃圾邮件的主机会被国际 Internet 服务提供商列入国际垃圾邮件数据库,从而导致该主机不能访问国外许多网络。而且收到垃圾邮件的用户会因为 ISP 没有建立完善的垃圾邮件过滤机制,而转向其他 ISP。一项调查表明:ISP 每争取一个用户要花费 75 美元,但是每年因垃圾邮件要失去 7.2% 的用户。

(5)垃圾邮件不仅带来了技术方面和经济方面的问题,同时也带来令人关注社会问题,少数别有用心者利用垃圾邮件散播各种虚假信息或有害信息,如一些含有色情内容的邮件和带有明显欺诈性质的内容的邮件,妖言惑众、骗人钱财、传播色情等内容的垃圾邮件,已经对现实社会造成了严重危害。一些组织和个人充分利用电子邮件易于隐藏真实身份的特点做违法的事情。

我国的垃圾邮件问题也日趋严重,反垃圾邮件工作随着技术的发展也不断地进步。中国反垃圾邮件联盟(http://www.anti-spam.org.cn)管理中国垃圾邮件黑名单、中国动态地址列表、大型邮件运营商地址列表、可信邮件服务器地址等多个信息资源,在 2005 年中国加入名为"伦敦行动计划"的国际反垃圾邮件联盟,成为"国际反垃圾邮件联盟"主力。"伦敦行动计划"的发起国是英国和美国,它的目的是推广并加强国际间的反垃圾邮件的合作,同时对垃圾邮件的相关问题进行探讨,例如网上欺骗和欺诈行为、网页今日以及病毒的传播。

7.3.3　追踪垃圾邮件

阻止垃圾邮件的首要任务是找到垃圾邮件的真正源头。追踪垃圾邮件主要强调追查垃圾邮件的来源,从而可以进一步对其进行警告或者采取其他措施。由于协议的弱认证机制,使得邮件信头的部分内容很容易被伪造,充分理解信头各部分的含义可以帮助我们迅速找出邮件的正确源头。

实际网络中,不仅仅是垃圾邮件,很多网络安全事件都与邮件有直接相关,如病毒传播、社会工程学、木马甚至一些对国家安全造成危害的信息,都可以通过邮件途径进行散播。对于这类事件,追踪垃圾邮件的来源将显得尤为重要。

7.3.4　邮件防毒技术

电子邮件因其具有广泛的用户群体,而成为计算机病毒的主要传播通道与重要载体,邮件防毒技术也在逐步发展,并可分为删除邮件时代、查杀压缩文件时代和邮件计算机病毒前杀时代 3 个阶段。

1.删除邮件时代

以往的防计算机病毒软件多停留在事后处理阶段,其具有的实时监控功能不可能对计算机病毒进行即时拦截,只有打开或执行邮件附件后,实时监测才会发出计算机病毒报警,提醒用户遇到计算机病毒。此时,由于用户所使用的客户端不同,存储邮件的邮箱压缩格式也会有所区别,防计算机病毒软件不能对隐藏在各种压缩邮件格式里的计算机病毒进行清除,用户只能找到带毒邮件,进行手工删除。有些邮件计算机病毒不用执行附件,如"尼姆达",只要预览邮件就会被传染,如果遇到这种计算机病毒只有等着被感染了。

2.查杀压缩文件时代

随着邮件计算机病毒危害的进一步扩大,防计算机病毒软件厂商开始对压缩文件里的计算机病毒进行查杀。对邮件压缩文件内的计算机病毒查杀效果不是很好,经常出现破坏邮件、删除邮件等情况。

3.邮件病毒前杀时代

国内外防计算机病毒厂商比较流行的做法是设置客户端的代理服务来处理邮件计算机病毒。通过在本地的代理服务设置,让防计算机病毒软件自带的内部模块代替邮件客户端去接收邮件,收到后,在内部调用杀毒程序对邮件进行快速查杀。这一切完成后,再转给客户端,此时客户端接收到的就是安全无毒的邮件了。此方法能够提前拦截邮件计算机病毒,而且查杀效果也不错,比起前面的做法已经有了本质上的区别。

然而,随着网络时代飞速的发展,应运而生的新鲜事物层出不穷,人们对新技术的追求也不会停留在原地。就像 Windows 频繁升级一样,各类应用软件与邮件客户端也是在不断的升级当中,只有这样才能满足用户的需求。但是,对于邮件代理设置来说,不可避免地产生了一些软件兼容问题。因为,每一次邮件客户端的升级,对于防计算机病毒软件的代理设置来说都是不可能改动的。对于使用多种邮件客户端的用户来说,还是得不到防计算机病毒软件的保障。通过邮件代理服务设置的办法,也很难适应发展的需要了。

4.比特动态滤毒技术

该技术具有支持所有邮件客户端程序、完全前杀邮件计算机病毒的独特之处。而且,在与邮件客户端接触之时,不会因为客户端的升级而产生任何冲突。在邮件接收过程中,不会改动邮件客户端的任何设置。就如同邮件传送过程中的一道检测网,利用"比特动态滤毒"技术在计算机与网络之间建立起实时过滤网,在内存阶段即开始对计算机病毒进行实时查杀,使带毒邮件在没有进入硬盘之前就已经被查杀了,不会出现错杀与乱杀现象,清除计算机病毒后的邮件用户还可以继续使用。此技术一改以前邮件计算机病毒拦截的被动局面,把前杀邮件病毒的概念提升到了一个新的高度。

7.4 系统安全

来自 Internet 实验室的相关数据显示,每年宽带用户数量同比上一年度都有比较大幅度的增长,绝大多数用户因为宽带上网而受到计算机病毒的威胁,有三成经常上网的用户遇到过网络游戏账号被盗的情况。宽带越来越"宽",直接导致木马病毒、间谍软件、垃圾邮件、网页恶意程序等计算机病毒传播速度更加惊人。

计算机病毒通过网络下载、浏览及即时通信工具进行传播和破坏的病毒数量明显上升。利用局域网传播呈现较为明显的上升趋势,这是由于计算机病毒目前都可以通过局域网共享,或者利用系统弱口令在局域网中进行传播。如何加强局域网的安全是今后需要注意的问题,要防止片面认为安全威胁主要来自于外网,而忽略内网中的安全防范,导致内网一个系统遭受计算机病毒攻击后,迅速扩散,感染内网中其他系统。计算机病毒传播的网络化趋势更加明显,Internet下载、浏览网站和电子邮件成为计算机病毒传播的重要途径,由此感染的用户数量明显增加。同时,计算机病毒与网络入侵和黑客技术进一步融合,利用网络和操作系统漏洞进行传播的计算机病毒危害和影响突出。上网用户对信息网络整体安全的防范意识薄弱和防范能力不足,是计算机病毒传播率居高不下的重要原因。

随着网络技术的发展,网络安全也就成为当今网络社会焦点中的焦点。目前还没有哪一家反计算机病毒软件开发商敢承诺他们的软件能查杀所有已知的和未知的计算机病毒,所以我们不能有等网络安全了再上网的念头,因为或许根本不可能有这么一日,就像"矛"与"盾"一样,网络与计算机病毒和黑客永远是一对共存体。

7.4.1　网络安全体系

1. 网络安全问题分析

从计算机病毒诞生开始,人们就发现这么一个基本事实:计算机系统本身是脆弱的,大量依赖国外计算机产品本身就不安全。

从计算机科学的研究对象上分析,目前人类制造出完全没有漏洞、绝对安全的计算机系统几乎是不可能的。由于计算机的众多设备,如软驱、光驱、硬盘、主板和CPU等本身就是可编程设备,都在内部受微处理器和固化程序驱动,谁又能保证这些固化的程序里本身没有计算机病毒呢? 谁又知道这些计算机病毒在什么时候会爆发? 网络信息量飞速增长,计算机病毒通过互联网传播,可能出现的安全问题有以下的形式:网上迅速传播且变形飞速的计算机病毒;网络不能控制来自Internet或电子邮件所携带的计算机病毒以及Web浏览可能存在的Java/ActiveX控件的攻击;利用系统缺陷或计算机病毒后门进行攻击;防火墙的安全隐患;内部用户的窃密、泄密和破坏;网络监督和系统安全评估手段的缺乏;口令攻击和拒绝服务;来自应用服务方面的安全探测和分析网络协议,被用以通过Internet来窥视和破译网络管理员口令,并非法侵入网络等。

2. 网络安全基本体系

按照安全策略的要求及风险分析的结果,整个网络的安全措施应按系统体系建立。具体的安全控制系统应由以下几个方面组成:物理安全、网络安全和信息安全。

(1)物理安全。保证计算机信息系统各种设备的物理安全是整个计算机信息系统安全的前提。物理安全是保护计算机网络设备、设施以及其他媒体免遭地震、水灾、火灾等环境事故,人为操作失误或错误及各种计算机犯罪行为导致的破坏过程。它主要包括3个方面:环境安全、设备安全和媒体安全。

(2)网络安全。系统(主机、服务器)安全、反计算机病毒、系统安全检测、入侵检测(监控)、审计分析、网络运行安全、备份与恢复应急、局域网、子网安全、访问控制(防火墙)以及网络安全检测等。主要技术有:内外网隔离及访问控制系统、内部网不同网络安全域的隔离及访问控制、网络安全检测、审计与监控、网络反病毒(预防病毒技术、检测病毒技术和消毒技术)以及网络备份系统等。

(3)信息安全。主要涉及信息传输的安全、信息存储的安全以及对网络传输信息内容的审计3方面。

3. 网络安全的构架

网络安全构架包括以下层次的内容：安全政策评估、安全漏洞侦测、防黑客探测器，边界安全性中的防火墙、安全漏洞侦测、防黑客探测器，IE 安全性中的验证、外联网、VPN 计算机安全性、Web 安全性和安全管理中的一次性入网、网络资源管理、UNIX 安全性。在此基础上统一制定战略安全服务，构成一个完整的网络安全框架。

7.4.2 加密技术

现代的加密技术就是为网络安全的需要应运而生的，它为我们进行一般的电子商务活动提供了安全保障，如在网络中进行文件传输、电子邮件往来和进行合同文本的签署等。

1. 加密技术产生的背景

加密作为保障数据安全的一种方式，它不是现在才有的，它产生的历史相当久远，它的起源要追溯于公元前几世纪，当时埃及人最先使用特别的象形文字作为信息编码。随着时间推移，巴比伦、美索不达米亚和希腊文明都开始使用一些方法来保护他们的书面信息。近代加密技术主要应用于军事领域，如美国独立战争、美国内战和两次世界大战。最广为人知的编码机器是 German Enigma 机，在第二次世界大战中德国人利用它创建了加密信息。此后，由于 Alan Turing 和 Ultra 计划及其他人的努力，终于对德国人的密码进行了破解。随着计算机的发展，运算能力的增强，过去的密码都变得十分简单了，于是人们又不断地研究出新的数据加密方式。

2. 加密产生的过程

数据加密的基本过程就是对原来为明文的文件或数据按某种算法进行处理，使其成为不可读的一段代码，通常称为“密文”，使其只能在输入相应的密钥之后才能显示出其本来内容，通过这样的途径来达到保护数据不被非法窃取、阅读的目的。该过程的逆过程为解密，即将该编码信息转化为其原来数据的过程。

3. 加密技术的作用

通过 Internet 进行文件传输或电子邮件商务往来存在许多不安全因素，特别是对于一些大公司和一些机密文件在网络上传输。而且这种不安全性是 Internet 的存在基础——TCP/IP 所固有的，包括一些基于 TCP/IP 的服务。

Internet 给众多的商家带来了无限的商机，Internet 把全世界连在了一起，走向 Internet 就意味着走向了世界，为了能在安全的基础上打开通向世界之门，人们只好选择数据加密、数字签名等技术。

加密在网络上的作用就是防止公用或私有信息在网络上被拦截和窃取。一个简单的例子就是密码的传输，计算机密码极为重要，许多安全防护体系是基于密码的，密码的泄露在某种意义上来讲意味着其安全体系的全面崩溃。通过网络进行登录时，用户所输入的密码以明文的形式被传输到服务器，而网络上的窃听是一件极为容易的事情，所以很有可能黑客会窃取用户的密码，如果用户是 Root 用户或 Administrator 用户，那后果将是极为严重的。还有如果某个公司在进行着某个招标项目的投标工作，工作人员通过电子邮件的方式把本单位的标书发给招标单位，如果此时有另一位竞争对手从网络上窃取到该公司的标书，从中知道该公司投标的标的，那将会发生不可预测的后果。

数字签名是基于加密技术的,它可以用来确定用户是否是真实的。对电子邮件,就要用到加密技术基础上的数字签名,用它来确认发信人身份的真实性。类似数字签名技术的还有一种身份认证技术,有些站点提供入站 FTP 和 Internet 服务,当然用户通常接触的这类服务是匿名服务,用户的权力要受到限制。但也有的这类服务不是匿名的,如某公司为了信息交流提供用户的合作伙伴非匿名的 FTP 服务,或开发小组把他们的 Web 网页上传到用户的 Internet 服务器上。现在的问题就是,用户如何确定正在访问用户的服务器的人就是用户认为的那个人,身份认证技术就是一个很好的解决方案。在这里需要强调的一点就是,文件加密其实不只用于电子邮件或网络上的文件传输,其实也可应用于静态的文件保护,如 PIP 软件就可以对软盘、硬盘中的文件或文件夹进行加密,以防他人窃取其中的信息。

4.加密技术的分类

信息交换加密技术分为两类:对称加密和非对称加密。

1)对称加密技术

对称加密是一种比较传统的加密方式,对信息的加密和解密都使用相同的密钥,通常称之为 Session Key。信息的发送者和信息的接收者在进行信息的传输与处理时,必须共同持有该密码(称为对称密码)。因此,通信双方都必须获得该密钥,并保持密钥的保密性。这种加密技术有加密速度快的优点,可以用软件或硬件实现,目前被广泛采用。但对称加密技术存在密钥交换问题。

对称加密技术的安全性依赖于以下两个因素。

(1)加密算法必须是足够强的,仅仅基于密文本身去解密信息在实践上是不可能的。

(2)加密方法的安全性依赖于密钥的秘密性,而非算法的秘密性。因此,我们没必要确保算法的秘密性,但一定要保证密钥的秘密性。

DES(Data Encryption Standard)和 TripleDES 是对称加密的两种实现。

2)非对称加密技术

在非对称加密体系中,密钥被分解为一对(即公开密钥和私有密钥),即加密和解密所使用的不是同一个密钥,通常有两个密钥,称为"公钥"和"私钥",它们两个必须配对使用,否则不能打开加密文件。这对密钥中任何一把都可以作为公开密钥(加密密钥)通过非保密方式向他人公开,而另一把作为私有密钥(解密密钥)加以保存。公开钥用于加密,私有密钥用于解密,私有密钥只能由生成密钥的交换方掌握,公开密钥可广泛公布,但它只对应于生成密钥的交换方。

非对称加密方式可以使通信双方无需事先交换密钥就可以建立安全通信,广泛应用于身份认证、数字签名等信息交换领域。它的优越性就在这里,因为对称式的加密方法如果是在网络上传输加密文件就很难把密钥告诉对方,不管用什么方法都有可能被别人窃听到。而非对称式的加密方法有两个密钥,且其中的"公钥"是可以公开的,也就不怕别人知道,收件人解密时只要用自己的私钥即可,这样就很好地避免了密钥的传输安全性问题。

非对称加密体系一般是建立在某些已知的数学难题之上,是计算机复杂性理论发展的必然结果。最具有代表性是 RSA 公钥密码体制。RSA 算法是 Rivest、Shamir 和 Adleman 于 1977 年提出的第一个完善的公钥密码体制,其安全性是基于分解大整数的困难性。在 RSA 体制中使用了这样一个基本事实:到目前为止,无法找到一个有效的算法来分解两大素数之积。RSA 算法的描述如下。

公开密钥:n＝pq(p、q 分别为两个互异的大素数,p、q 必须保密)。

e 与(p－1)(q－1)互素。

私有密钥:d＝e－1{mod(p－1)(q－1)}。

加密:c＝me(mod n),其中,m 为明文,c 为密文。

解密:m＝cd(mod n)。

最早、最著名的保密密钥或对称密钥加密算法 DES(Data Encryption Standard)是由 IBM 公司在 20 世纪 70 年代发展起来的,并经政府的加密标准筛选后,于 1976 年 11 月被美国政府采用,DES 随后被美国国家标准局和美国国家标准协会(American National Standard Institute,ANSI)承认。DES 使用 56 位密钥对 64 位的数据块进行加密,并对 64 位的数据块进行 16 轮编码。在每轮编码时,一个 48 位的"每轮"密钥值由 56 位的完整密钥得出来。DES 用软件进行解码需要很长时间,而用硬件解码速度非常快。幸运的是,当时大多数黑客并没有足够的设备制造出这种硬件设备。

5.摘要函数

数据摘要是一种保证数据完整性的方法,其中用到的函数称为摘要函数。这些函数的输入可以是任意大小的消息,而输出是一个固定长度的数据摘要。数据摘要有这样一个性质,如果改变了输入消息中的任何东西,哪怕只有一位,输出的数据摘要都将会发生不可预测的改变,也就是说输入消息的每一位对输出摘要都有影响。总之,摘要算法从给定的文本块中产生一个数字签名(Fingerprint 或 Message Digest),数字签名可以用于防止有人从一个签名上获取文本信息或改变文本信息内容和进行身份认证。摘要算法的数字签名原理在很多加密算法中都被使用,如 SO/KEY 和 PIP(Pretty Good Privacy)。

6.加密技术的密钥管理

加密技术是通过密钥实现的,但并不是有了密钥就高枕无忧了,任何保密也只是相对的,是有时效的,这涉及密钥的管理,如果管理不好,密钥就会丢失。

通常密钥的管理要注意以下几个方面。

(1)密钥的使用要注意时效和次数。如果用户可以一次又一次地使用同样密钥与别人交换信息,那么密钥也同其他任何密码一样存在着一定的安全问题,虽然说用户的私钥是不对外公开的,但是也很难保证私钥长期的保密性,很难保证长期不被泄露。如果某人偶然地知道了用户的密钥,那么用户曾经和另一个人交换的每一条消息都不再是保密的了。另外使用一个特定密钥加密的信息越多,提供给窃听者的材料也就越多,从某种意义上来讲也就越不安全了。一般情况下,将一个对话密钥用于一条信息中或一次对话中,或者建立一种按时更换密钥的机制,可以减小密钥暴露的可能性。

(2)多密钥的管理。假设在某机构中有 100 个人,如果其中任意两人之间可以进行秘密对话,那么总共需要多少密钥呢? 每个人需要知道多少密钥呢? 也许很容易得出答案,如果任何两个人之间要不同的密钥,则总共需要 4 950 个密钥,而且每个人应记住 99 个密钥。如果机构的人数是 1 000、10 000 人或更多,这种办法就显然过于复杂了,管理密钥将是一件很麻烦的事情。

Kerberos 提供了一种较好的解决方案,它是由 MIT 发明的,使保密密钥的管理和分发变得十分容易,但这种方法本身还存在一定的缺点。为能在 Internet 上提供一个实用的解决方案,Kerberos 建立了一个安全的、可信任的密钥分发中心即 KDC,每个用户只要知道一个和 KDC 进行会话的密钥就可以了,而不需要知道成百上千个不同的密钥。

7. 加密技术应用

加密技术的应用是多方面的,最为广泛的还是在电子商务和 VPN 上的应用,在电子商务活动中,使用用 RSA 加密技术,顾客可以在网上进行各种商务活动,而不必担心自己的信用卡会被盗用。

SSL3.0 现在已经应用到了服务器和浏览器上,SSL2.0 则只能应用于服务器端。SSL3.0 用一种电子证书(Electric Certificate)来实行身份进行验证后,双方就可以用保密密钥进行安全的会话了。它同时使用"对称"和"非对称"加密方法,在客户与电子商务的服务器进行沟通的过程中,客户会产生一个 Session Key,然后客户用服务器端的公钥将 Session Key 进行加密,再传给服务器端,在双方都知道 Session Key 后,传输的数据都是以 Session Key 进行加密与解密的,但服务器端发给用户的公钥必须先向有关发证机关申请,以得到公证。基于 SSL3.0 提供的安全保障,用户就可以自由订购商品并且给出信用卡号了,也可以在网上和合作伙伴交流商业信息并且让供应商把订单和收货单从网上发过来,这样可以节省大量的纸张,为公司节省大量的电话、传真费用。

在过去,电子信息交换(Electric Data Interchange,EDI)、信息交易(Information Transaction)和金融交易(Financial Transaction)都是在专用网络上完成的,使用专用网的费用大大高于 Internet。正是这样巨大的诱惑,才使人们开始发展在 Internet 上的安全电子商务,而加密技术在 VPN 中的应用的前提是随着经济的全球一体化,使得越来越多的公司走向国际化,一个公司可能在多个国家都有办事机构或销售中心,每一个机构都有自己的局域网(Local Area Network,LAN)。但在当今的网络社会人们的要求不仅如此,用户希望将这些 LAN 连接在一起组成一个公司的广域网,这个在现在已不是什么难事了。事实上,很多公司都已经这样做了,但他们一般使用租用专用线路来连接这些 LAN,他们考虑的就是网络的安全问题。现在具有加密/解密功能的路由器到处都是,这就使得人们通过 Internet 连接这些 LAN 成为可能,这就是我们通常所说的虚拟专用网(Virtual Private Network ,VPN)。当数据离开发送者所在的局域网时,该数据首先被用户端连接到 Internet 上的路由器进行硬件加密,数据在 Internet 上是以加密的形式传送的,当达到目的 LAN 的路由器时,该路由器就会对数据进行解密,这样目的 LAN 中的用户就可以看到真正的信息了。

7.4.3　黑客防范

现在全球每 20 秒就有一起黑客事件发生,仅美国,每年由黑客所造成的经济损失就高达 100 亿美元。"黑客攻击"在今后的电子对抗中可能成为一种重要武器。随着 Internet 的日益普及和在社会经济活动中的地位不断加强,Internet 安全性得到了更多的关注。因此,有必要对黑客现象、黑客行为、黑客技术和黑客防范进行分析研究。事实上,黑客并没有明确的定义,它具有"两面性",黑客在造成重大损失的同时,也有利于系统漏洞的发现和技术进步。

1. 特洛伊木马

"特洛伊木马"其名称取自希腊神话的特洛伊木马记,是一种基于远程控制的黑客工具。国际著名的计算机病毒专家 Alan Solomon 博士在他的《计算机病毒大全》一书中给出了另一个恰当的定义:"特洛伊木马是超出用户所希望的,并且有害的程序"。

特洛伊木马本质上属于客户机/服务器应用程序,由两部分组成,一个是服务器端程序(服务端),一个是客户端程序(控制端)。如果用户的计算机受到特洛伊木马攻击(被安装了服务器端程序),攻击者便可以通过客户端程序经由 TCP/IP 网络进入并远程控制用户的计算机,为所欲为:窃取密码,删除、修改、上传文件,修改注册表,甚至重启、关闭或锁死计算机,断开网络连接,控制鼠标、键盘等。因此,一旦被木马控制,你的计算机不仅将毫无秘密可言,连对计算机的控制权也将丧失殆尽。特洛伊木马很难被发现,它们只是静悄悄地执行预定任务。更糟糕的是,很多设计高明的特洛伊木马都被伪装成系统中正常运行的应用程序,因此通过列出当前执行中的程序并不能检测出特洛伊木马。特洛伊木马隐蔽威胁,即使在它们被发现后,也没有人能精确地知道它对系统造成的损害有多深。

2. 拒绝服务攻击

"拒绝服务(Denial of Service,DoS)攻击就是消耗目标主机或者网络的资源,从而干扰或瘫痪其为合法用户提供的服务",这是国际权威机构 Security FAQ 给出的定义,是当前最常用的攻击方式之一。分布式拒绝服务(Distributed Denial of Service,DDoS)攻击则是利用多台计算机,采用分布式对单个或者多个目标同时发起 DoS 攻击。

因为目前网络中几乎所有的机器都在使用 TCP/IP 协议。拒绝服务攻击主要是用来攻击域名服务器、路由器以及其他网络操作服务,攻击之后造成被攻击者无法正常运行和工作,严重的可以使网络一度瘫痪。即一个用户占据了大量的共享资源,使系统没法将剩余的资源分配给其他用户再提供服务的一种攻击方式。

拒绝服务通常分为两种类型。第一种是试图破坏资源,使无人可以使用该资源;第二种是过载一些系统服务或消耗系统资源,这可能是攻击者攻击所造成的,也可能是因为系统出错造成的,但是通过这样的方式,可以造成其他用户不能使用该服务。

3. 网络嗅探器

嗅探器(Sniffer)是利用计算机的网络接口截获目的地为其他计算机的数据报文的一种技术。嗅探器用于监视网络的状态、数据流动情况以及网络上传输的信息,分析网络的流量,以便找出网络中潜在的问题,嗅探器有时又叫网络侦听。嗅探器程序在功能和设计方面有很多不同,有些只能分析一种协议,而另一些则能够分析几百种协议。例如,如果网络的某一段运行得不是很好,报文的发送比较慢,又不知道问题出在什么地方,此时就可以用嗅探器来做出精确的问题判断。因此嗅探器既指危害网络安全的网络侦听程序,也指网络管理工具。当信息以明文的形式在网络上传输时,便可以用嗅探器来进行攻击。网络监听可以在网上的任何一个位置实施,如局域网中的一台主机、网关或远程网的调制解调器之间等。嗅探器的安全危害与一般的键盘捕获程序不同,键盘捕获程序捕获在终端键盘上输入的键值,而嗅探器则捕获真实的网络报文,在 Internet 上一个位置放置得很好的嗅探器可以捕获成千上万的指令流。黑客们用得最多的是用嗅探器截获用户的口令。实际上嗅探器的攻击非常普遍。1994 年,一件最大的嗅探器攻击事件被发现,使得当时的美国海军研究中心发出了书面的安全建议,美国科学、空间与技术委员会的科学分会就此进行专门讨论,研究对策。

嗅探器网络监听的特点如下:

(1)网络响应速度慢。网络监听要保存大量的信息,并对收集的信息进行整理,因此,正在进行监听的计算机对用户的请求响应很慢,但也不能完全凭此而判定其正在运行网络监听软件。

（2）只能监听同一网段的主机。

（3）网络监听最有用的是获得用户口令。目前网上的数据绝大多数是以明文的形式传输，而且口令通常都很短且容易辨认。

（4）网络监听很难被发现。运行网络监听的主机只是被动地接收在局部网络上传输的信息，并没有主动的行动，既不会与其他主机交换信息，也不修改网上传输的信息包。

击败网络监听最有效的方法是使用安全的网络拓扑结构。这种技术通常被称为分段技术，将网络分成一些小的网络，每一网段的集线器被连接到一个交换机上。这样，网络中的其余部分（不在同一网段的部分）就被保护了，用户也可以使用网桥或者路由器来进行分段。

4. 扫描程序

扫描程序（Scanner）是自动检测主机安全脆弱点的程序。通过使用扫描程序，一个洛杉矶用户足不出户就可以发现在日本境内服务器的安全脆弱点。扫描程序通过确定下列项目，收集关于目标主机的有用信息：当前正在进行什么服务、哪些用户拥有这些服务、是否支持匿名登录、是否有某些网络服务需要鉴别。早期的扫描程序是专门为 UNIX 操作系统编写的，现在几乎所有的操作系统都有扫描程序的出现。运行扫描程序必须要有网络连接，网络速度和内存影响扫描的效率，此外，还会受到运行平台的一些限制。

扫描程序具有两面性：一方面它能揭示一个网络的脆弱点，扫描程序可以使一些繁琐的安全审计工作得到简化；另一方面，在不负责任的人手中，扫描程序会对网络的安全造成合法的威胁。因此，关于扫描程序是否合法的问题一直处于争论之中。一些人认为，扫描目标就像靠近一个房子，并拿着铁撬棍试图去撬门和窗，这种行为是违法入侵；另外一些人则认为扫描就像去试着拨打一个电话号码，任何人都有权这样做。至今还没有一种法律对此做出明确的规定。还有一点需要说明的是，现在的安全管理员可能过于依赖扫描程序，这是一个误区。因为，尽管大多数远程攻击已集成到商业扫描程序中，然而仍然有很多攻击还没有集成进来。扫描程序最多提供一个快速观察 TCP/IP 安全性的工具，它们不应该是保证网络安全的唯一工具。扫描程序只是系统管理员最常使用的工具中的一种。

5. 字典攻击

字典攻击是一种典型的网络攻击手段，简单地说它就是用字典库中的数据不断地进行用户名和口令的反复试探。一般黑客都拥有自己的攻击用字典，其中包括常用的词、词组、数字及其组合等，并在进行攻击的过程中不断地充实丰富自己的字典库，黑客之间也经常会交换各自的字典库。对付字典攻击最有效的方法，是设置合适的口令，建议不要用自己的名字、生日、电话号码或简单的单词作为自己的口令，如果能隐蔽自己的用户名当然更好。

目前有一些工具是专门用来检测口令的，可以借此来过滤"不好"的口令，提高系统的安全性。黑客侵入计算机系统是否造成破坏以及破坏的程序，因其主观机不同而有很大的差别。的确有一些黑客（特别是"初级"黑客），纯粹出于好奇心和自我表现欲而闯入他人的计算机系统。他们可能只是窥探一下你的秘密或隐私，并不打算窃取任何住处或破坏你的系统，危害性倒也不是很大。

另有一些黑客，出于某种原因进行泄愤、报复、抗议而侵入，篡改目标网页的内容，羞辱对方，虽不对系统进行致命的破坏，也足以令对方伤脑筋。

第三类就是恶意的攻击、破坏。其危害性最大，所占的比例也最大。其中又可分为 3 种情况：一是窃取国防、军事、政治、经济机密，轻则损害企业、团体的利益，重则危及国家安全；二是谋取非法的经济利益,如盗用账号非法提取他人的银行存款,或对被攻击对象进行勒索,使个人、团体、国家遭受重大的经济损失;三是蓄意毁坏对方的计算机系统,为一定的政治、军事、经济目的服务,系统中重要的程序数据可能被篡改、毁坏,甚至全部丢失,导致系统崩溃、业务瘫痪,后果不堪设想。

6. 获取口令

获取口令有以下三种方法。

(1)通过网络窃听手段,得到用户口令。该方法具有一定的局限性,但危害性极大,监听者往往能够获得其所在网段的所有用户的账号和口令信息,对局域网的安全威胁巨大。

(2)在得知用户的账号后(如电子邮件@前面的部分),利用一些专业软件,强行破解用户口令。该方法不受网段限制,但黑客要有足够的耐心和时间才行。

(3)在获得服务器上的用户口令文件后,用暴力破解程序破解用户口令。该方法的使用前提是黑客获得口令的 shadow 文件。

7. 缓冲区溢出

缓冲区是程序运行时在内存中为保存给定类型的数据而开辟的一个连续空间,该空间是有限的。当程序运行过程中要放入缓冲区的数据太多时,就会产生缓冲区溢出。人为的溢出是有一定企图的,攻击者写一个超过缓冲区长度的字符串,然后植入缓冲区。向一个有限空间的缓冲区中植入超长的字符串可能会出现两个结果,一是过长的字符串覆盖了相邻的存储单元,引起程序运行失败,严重的可导致系统崩溃;另一个结果就是利用这种漏洞,可以执行任意命令,甚至可以取得系统 root 的特级权限。

8. 网络钓鱼

攻击者利用欺骗性的电子邮件和伪造的 Web 站点来进行诈骗活动,诱骗访问者提供一些个人信息,如信用卡号、账户和口令、社保编号等内容(通常是与财务、账号相关的信息,以获取不正当利益),受骗者往往泄露自己的财务数据。

诈骗者通常会将自己伪装成知名银行、在线零售商和信用卡公司等可信的品牌,因此,网络钓鱼的受害者往往是那些和电子商务有关的服务商和使用者。

7.4.4 安全漏洞库及补丁程序

安全漏洞通常是指操作系统漏洞。由于漏洞攻击不需经由使用者执行程序就能发作,加上全球计算机与服务器已网网相连,不但较以往更难防范,造成的财务损失也特别巨大。据统计,有 80% 的网络计算机病毒是通过系统安全漏洞进行传播的,像蠕虫王、冲击波、振荡波等,所以我们应该定期到系统提供商网站去下载最新的安全补丁,以防患于未然。据报道,目前全球每年平均发现 2 500 个以上的安全漏洞。同时各种网络计算机病毒也越发肆虐。此外,如今操作系统漏洞公布后计算机病毒出现的时间也越来越短。如 2001 年的 Nimda 计算机病毒是在安全漏洞发现后 336 天开始出现,而 2003 年的 Blaster 在漏洞发布后不足一个月便告诞生(26 天)。到了 2004 年,Sasser 只用了 18 天,而 8 月出现的 Witty 计算机病毒仅仅用了 48 小时,速度之快令人咋舌。操作系统漏洞这一先天不足和愈演愈烈的计算机病毒威胁已经成为危及信息化安全的两大杀手。我们要及时地对系统补丁进行更新,大多数计算机病毒和黑客都是通过系统漏洞进来的。但也不一定所有补丁都打上,因为,这样无形中就增加了 Windows 操作系统的负担。对于用户根本不用的服务的相关补丁,根本没有打的必要。建议用户根据个人系统运行的实际情况安装适合的补丁程序。

7.5　恶意代码的处理

不必要代码(Unwanted Code)是指没有作用却会带来危险的代码,一个最安全的定义是把所有不必要的代码都看做是恶意的,不必要代码比恶意代码具有更宽泛的含义,包括所有可能与某个组织安全策略相冲突的软件。恶意代码(Malicious Code)或者叫恶意软件 Malware(Malicious Software)在不同场合下定义不一样。多数情况下,把嵌入网页中具有恶意改变系统设置、IE 设置,甚至格式化硬盘功能,随 IE 浏览该页面而自动在 Windows 特定环境下执行的有害代码叫"恶意代码"。随着互联网信息技术的不断发展,代码的"恶意"性质及其给用户造成的危害已经引起普遍的关注。恶意代码具有如下共同特征。

(1) 恶意的目的。

(2) 本身是程序。

(3) 通过执行发生作用。

有些恶作剧程序或者游戏程序不能看做是恶意代码。

7.5.1　恶意代码的种类

恶意代码与过滤性病毒紧密相系。尽管过滤性病毒数量很多,但是机理比较近似,在防计算机病毒程序的防护范围之内。更值得注意的是非过滤性计算机病毒,如口令破解软件、嗅探器软件、键盘输入记录软件、远程特洛伊和谍件等,组织内部或者外部的攻击者使用这些软件来获取口令、侦察网络通信、记录私人通信,暗地接收和传递远程主机的非授权命令,而有些私自安装的 P2P 软件实际上等于在企业的防火墙上开了一个后门。这类型病毒有增长的趋势,对它的防御不是一个简单的任务。

目前其主要种类如下。

1.谍件

谍件(Spyware)与商业产品软件有关,有些商业软件产品在安装到用户计算机上的时候,未经用户授权就通过 Internet 连接,让用户方软件与开发商软件进行通信,这部分通信软件就叫做谍件。用户只有安装了基于主机的防火墙,通过记录网络活动,才可能发现软件产品与其开发商在进行定期通信。谍件作为商用软件包的一部分,多数是无害的,其目的多在于扫描系统,取得用户的私有数据。

2.远程访问特洛伊

远程访问特洛伊 RAT 是安装在受害者计算机上、实现非授权的网络访问的程序,例如NetBus 和 SubSeven 可以伪装成其他程序,迷惑用户安装,如伪装成可以执行的电子邮件,或者 Web 下载文件,或者游戏和贺卡等,也可以通过物理接近的方式直接安装。

3.zombies 程序的攻击

zombies 恶意代码不都是从内部进行控制的,在分布式拒绝服务攻击中,Internet 的不少站点受到其他主机上 zombies 程序的攻击。zombies 程序可以利用网络上计算机系统的安全漏洞将自动攻击脚本安装到多台主机上,使这些主机成为受害者而听从攻击者指挥,在某个时刻,汇集到一起去再去攻击其他的受害者。

4. 非法获取资源访问权

口令破解、网络嗅探和网络漏洞扫描是公司内部人员侦察同事、取得非法的资源访问权限的主要手段,这些攻击工具不是自动执行,而是被隐蔽地操纵。

5. 键盘记录程序

某些用户组织使用计算机活动监视软件监视使用者的操作情况,通过键盘记录,防止雇员不适当地使用资源,或者收集罪犯的证据。

攻击者利用该类软件获取到用户的键盘记录,就可以盗取用户的口令、账号和其他个人数据,从而进行信息刺探和网络攻击。

6. P2P 系统

基于 Internet 的点到点（Peer-to-Peer）的应用程序如 Napster、Gotomy 计算机、AIM 和 Groove,以及远程访问工具通道像 Gotomy 计算机,这些程序都可以通过 HTTP 或者其他公共端口穿透防火墙,从而让雇员建立起自己的网络连接。这种方式对于组织或者公司有时候是十分危险的,因为这些程序首先要从内部的计算机远程连接到外边的 Gotomy 主机,然后用户通过这个连接就可以访问办公室的计算机。这种连接如果被利用,就会给组织或者企业带来很大的危害。

7. 逻辑炸弹和时间炸弹

逻辑炸弹和时间炸弹是以破坏数据和应用程序为目的的程序,一般是由组织内部有不满情绪的雇员植入的。逻辑炸弹和时间炸弹对于网络和系统有很大程度的破坏,例如,Omega 工程公司的一个前网络管理员 Timothy Lloyd,1996 年引发了一个埋藏在原雇主计算机系统中的软件逻辑炸弹,导致了 1000 万美元的损失,而他本人也因此被判处 41 个月的监禁。

7.5.2 恶意代码的传播手法

恶意代码编写者一般利用 3 类手段来传播恶意代码:软件漏洞、用户本身或者两者的混合。有些恶意代码是自启动的蠕虫和嵌入脚本,本身就是软件,这类恶意代码对用户的活动没有要求。一些像特洛伊木马、电子邮件蠕虫等恶意代码,利用受害者的心理操纵他们执行不安全的代码;还有一些是哄骗用户关闭保护措施来安装恶意代码。

利用商品软件缺陷的恶意代码有 Code Red、KaK 和 BubbleBoy,它们完全依赖商业软件产品的缺陷和弱点,例如溢出漏洞和可以在不适当的环境中执行任意代码。像没有打补丁的 IIS 软件就有输入缓冲区溢出方面的缺陷。

利用 Web 服务缺陷的攻击代码有 Code Red、Nimda 等。恶意代码编写者的一种典型手法是把恶意代码邮件伪装成其他恶意代码受害者的感染报警邮件,恶意代码受害者往往是 Outlook 地址簿中的用户或者是缓冲区中 Web 页的用户,这样做可以最大可能地吸引受害者的注意力。一些恶意代码的作者还表现了高度的心理操纵能力,LoveLetter 就是一个突出的例子。一般用户对来自陌生人的邮件附件越来越警惕,而恶意代码的作者也设计一些诱饵吸引受害者的兴趣。

附件的使用正在和必将受到网关过滤程序的限制和阻断,恶意代码的编写者也会设法绕过网关过滤程序的检查。使用的手法可能包括采用模糊的文件类型,将公共的执行文件类型压缩成 zip 文件等。对聊天室 IRC(Internet Relay Chat)和即时消息 IM(Instant Messaging)系统的攻击案例不断增加,其手法多为欺骗用户下载和执行自动的 Agent 软件,让远程系统用做分布式拒绝服务(DDoS)的攻击平台,或者使用后门程序和特洛伊木马程序控制它们。

7.5.3 恶意代码的发展趋势

恶意代码的传播具有如下趋势。

1. 种类更模糊

恶意代码的传播不单纯依赖软件漏洞或者社会工程学中的某一种,而可能是它们的混合。例如蠕虫能产生寄生的文件计算机病毒、特洛伊程序、口令窃取程序、后门程序等,进一步模糊了蠕虫、计算机病毒和特洛伊木马的区别。

2. 混合传播模式

"混合计算机病毒威胁"和"收敛威胁"成为新的计算机病毒术语,Code Red 利用的是 IIS 的漏洞,Nimda 实际上是 1988 年出现的 Morris 蠕虫的派生品种,它们的特点都是利用漏洞,计算机病毒的模式从引导区方式发展为多种类计算机病毒蠕虫方式,而且所需要的时间并不是很长。

3. 多平台攻击开始出现

有些恶意代码对不兼容的平台都能够有作用。来自 Windows 操作系统的蠕虫可以利用 Apache 的漏洞,而 Linux 蠕虫会派生 .EXE 格式的特洛伊木马。

4. 使用销售技术

另外一个趋势是更多的恶意代码使用销售技术,其目的不仅在于利用受害者的电子邮箱实现最大数量的转发,更重要的是引起受害者的兴趣,让受害者进一步对恶意文件进行操作,并且使用网络探测、电子邮件脚本嵌入和其他不使用附件的技术来达到自己的目的。恶意软件(Malware)的制造者可能会将一些有名的攻击方法与新的漏洞结合起来,制造出下一代的 WM/Concept、CodeRed 和 Nimda。对于防计算机病毒软件的制造者,改变自己的方法去对付新的威胁则需要不少的时间。

5. 服务器和客户机同样遭受攻击

对于恶意代码来说服务器和客户机的区别越来越模糊,客户计算机和服务器如果运行同样的应用程序,也将会同样受到恶意代码的攻击。像 IIS 服务是一个操作系统默认的服务,因此它的服务程序的缺陷是各台计算机都共有的,Code Red 的影响也就不限于服务器,还会影响到众多的个人计算机。

6. Windows 操作系统遭受的攻击最多

Windows 操作系统更容易遭受恶意代码的攻击,它也是计算机病毒攻击最集中的平台,计算机病毒总是选择配置不好的网络共享和服务作为进入点。其他溢出问题,包括字符串格式和堆溢出,仍然是过滤性计算机病毒入侵的基础。计算机病毒和蠕虫的攻击点和附带功能都是由作者来选择的。另外一类缺陷是允许任意或者不适当的执行代码,随着 Scriptlet、

Typelib 和 Eyedog 漏洞在聊天室的传播,JS/Kak 利用 IE/Outlook 的漏洞,导致两个 ActiveX 控件在信任级别执行,但是它们仍然可以在用户不知道的情况下,执行非法代码。利用漏洞旁路一般的过滤方法是恶意代码采用的典型手法之一。

7. 恶意代码类型变化

此外,另外一类恶意代码是利用 MIME 边界和 uuencode 头的处理薄弱的缺陷,将恶意代码化装成安全数据类型,欺骗客户软件执行不适当的代码。

7.5.4 恶意代码的危害及其解决方案

网络安全问题一向被人们所看重,随着网络的不断发展,众多的攻击手法层出不穷,现在就连普通的浏览网页也存在着不安全的因素。浏览网页时存在的安全隐患严重,轻则使系统混乱,重则暴露自己的隐私,甚至使硬盘上的数据遭到破坏。通常网页是由若干句超文本语句构成的,这些语句一般不会构成安全威胁,但 JavaScript 脚本语言可以完成一些较简单的程序,另外在网页上还可以插入 Java 等功能强大的语言来进行编程。人们可以使用这些语言来进行编程使网页能完成一些工作,当然一些居心不良的人也会使用它们来搞破坏。

除了 JavaScript 脚本语言以外,ActiveX 控件在网页中的应用也比较广泛,通过对 ActiveX 的调用,或者是利用系统漏洞,就可以对硬盘上的文件进行访问,其中包括对文件的读取与改写,这样就有可能暴露用户的隐私,另外利用这一点对硬盘进行格式化已经不是新闻了。通过这些代码,可以调用硬盘上的 format.com 或 deltree.exe 等文件来对硬盘进行格式化或删除文件,并且这一切都是比较隐蔽的。在上网时对于一些选择性的提示一定要留意,另外可以将 format.exe 和 deltree.exe 等有可能对文件数据造成破坏的程序改名,这样除了可以防止网页上的恶意代码对用户造成损坏,同样也可以避免一些宏病毒发作时造成的破坏。

当系统被恶意修改后,受害者往往不清楚自己到底是遭受到计算机病毒的破坏还是黑客的攻击,使用杀毒软件又查不出计算机病毒,想修改注册表对于普通用户来说又不是一件很容易的事,即使修改了注册表,以后也难保不再受到恶意网页的破坏。在对恶意网页的处理技术上,目前还没有一种很好的办法,只能停留在事后处理的基础上,但难以从根本上预防恶意代码所带来的危害。

网页恶意代码到底是怎么产生的呢?制造恶意代码的人大多数是出于个人目的,通过在其主页源程序里加入具有破坏性的代码,使浏览网站的计算机受到严重破坏。而这些代码通常是 Java Applet 小应用程序、JavaScript 脚本语言程序和 ActiveX 控件。

1. Java Applet

现在各种 Java 应用中大量使用了 Java Applet,它是一种特殊的 Java 小程序,这些 Applet 能给人们带来更具吸引力的 Web 页面。具有 Java 功能的浏览器如 Netscape、IE 等,会自动下载并执行内嵌在 Web 页面中的 Java Applet。然而,Applet 在给人们带来好处的同时,也带来了潜在的安全隐患。它使 Applet 的设计者有机会入侵他人的计算机。由于 Internet 和 Java 在全球应用得越来越普及,因此人们在浏览 Web 页面的同时也会下载大量的 Java Applet,就使得 Web 用户的计算机面临的安全威胁比以往任何时候都要大。

2. JavaScript

JavaScript 的前身是网景公司开发的 Live Script 语言,直到和 Sun 公司合作之后,才改名为 JavaScript。它是一种能让网页更加生动活泼的程序语言,也是目前网页设计中最容易学又最方便的语言。

JavaScript 有两个特点:第一,JavaScript 是一种像文件一样的描述语言,通过浏览器就可以直接执行;第二,JavaScript 编写在 HTML 文件中,直接查看网页的原始码,就可以看到 JavaScript 程序,所以没有保护,任何人都可以通过 HTML 文件复制程序。正是因为 JavaScript 具有以上特点,所以在网络中可以很轻易地得到编写好了的恶意 JavaScript 程序。

3. ActiveX 控件

ActiveX 控件的文件扩展名为.ocx,它是放置在窗体中的对象,使用户能够进行与应用程序的交互操作,或增强这种能力。它提供了 Office 和 IE 内部的大量有用功能。但因为它们是可执行的代码片段,一个恶意的开发人员可以编写一个 ActiveX 控件来窃取或损害用户的信息,或者做一些其他的有害事情。

7.5.5 IE 恶性修改

IE 恶性修改花样百出,除了简单的修改标题栏和 IE 右键菜单外,还增加了很多方式。针对不同的恶意更改进行总结如下。

1. 篡改 IE 的默认页

浏览器的默认主页被自动修改为某网站的网址,如1 xxx. com 网址。主要是修改了注册表中 IE 设置的以下这些键值。

(1)[HKEY_CURRENT_USER\Software\Microsoft\Internet Explorer\Main]

"Start Page"="about:blank"

(2)[HKEY_LOCAL_MACHINE\Software\Microsoft\InternetExplorer\Main]

"Start Page"="about:blank"

(3)[HKEY_USERs\. DEFAULT\Software\Microsoft\Internet Explorer\Main]

"Start Page"="about:blank"

用户可以通过手动修改注册表的方法,恢复默认主页的设置,找到上述分支下的 Default_Page_URL 键值名(用来设置默认主页),修改其键值即可。

2. 修改 IE 默认主页,锁定设置项并禁止用户更改回来

浏览器的主页设置功能被禁用,主要是修改了注册表中 IE 设置的以下这些键值(dWord:1 时为不可选)。

(1)[HKEY_CURRENT_USER\Software\Policies\Microsoft\Internet Explorer\Control Panel]

"Settings"=dWord:0

(2)[HKEY_CURRENT_USER\Software\Policies\Microsoft\Internet Explorer\Control Panel]

"Links"=dWord:0

(3)[HKEY_CURRENT_USER\Software\Policies\Microsoft\Internet Explorer\Control Panel]

"SecAddSites"=dWord:0

3.默认首页被修改

浏览器的默认首页被自动修改为某网站的网址,如 xxx.com 网址。它主要是修改了注册表中 IE 设置中的[HKEY_CURRENT_USER\Software\Microsoft\Internet Explorer\Main]分支中的 StartPage 键值名。

用户可以通过手动修改注册表的方法,恢复默认首页的设置,找到上述分支下的 StartPage 键值名(用来设置默认首页),修改其键值即可。

4.默认的微软主页被修改

浏览器的默认微软主页被自动修改为某网站的网址。它主要是修改了注册表中 IE 设置中的[HKEY_LOCAL_MACHINE\Software\Microsoft\Internet Explorer\Main]分支中的 Default_Page_URL 键值名。

用户可以通过手动修改注册表的方法,恢复默认首页的设置,找到上述分支下的 Default_Page_URL 键值名(用来设置默认微软主页),修改其键值为 http://www.microsoft.com/windows/ie_intl/cn/start/即可。

5. IE 标题栏被修改

修改 IE 浏览器标题栏,把默认或者用户设定的标题改成浏览网站的标题。

它主要是修改了注册表中 IE 设置的以下这些键值。

(1)[HKEY_CURRENT_USER\Software\Microsoft\Internet Explorer\Main]
"Window Title"="IE 浏览器标题"

(2)[HKEY_LOCAL_MACHINE\Software\Microsoft\Internet Explorer\Main]
"Window Title"="IE 浏览器标题"

(3)[HKEY_USERs\.DEFAULT\Software\Microsoft\Internet Explorer\Main]
"Window Title"="IE 浏览器标题"

6.IE 右键菜单被修改

修改 IE 右键菜单,并将未经授权网站的网址加到右键菜单上。

它主要是修改了注册表中 IE 设置的下面这个键值:

[HKEY_CURRENT_USER\Software\Microsoft\Internet Explorer\MenuExt]

7.IE 默认搜索引擎被修改

浏览器的默认微软搜索引擎被修改,主要是修改了注册表中 IE 设置的下面这个键值:

[HKEY_CURRENT_USER\Software\Microsoft\Internet Explorer\Main]
"Search Page"="被更改后的搜索引擎地址如 Internet.xxxx.com"

8.系统启动时弹出对话框

使在 Windows 启动时弹出一个窗口,必须点击才能进入 Windows,并且自己调出 IE,访问某个网站。它主要是修改了注册表中 IE 设置的下面这个键值:

[HKEY_LOCAL_MACHINE\Software\Microsoft\Windows\CurrentVersion\Winlogon]

9. IE 收藏夹被修改

通过修改注册表,强行在 IE 收藏夹内自动添加或修改为非法网站的链接信息。

可以采用手动清除方法,在该非法网站的信息上打开其右键菜单,选择删除即可。

10. IE 工具栏修改

工具栏处添加非法按钮及其图标。

可以采用直接点击右键菜单的"删除"按钮,即可清除非法按钮。

11. 锁定地址栏的下拉菜单

通过修改注册表,将地址栏的下拉菜单设置为禁用状态,且在其上覆盖非法的文字信息。

用户可以通过手动修改注册表的方法,修复该设置为正常状态,找到 IE 设置的[HKEY_ CURRENT_USER\Software\Microsoft\Internet Explorer\Toolbar]分支下的 LinksFolder-Name 键值名,将其键值设置为"链接",多余的字符一律去掉即可。

12. IE 菜单"查看"下的"源文件"项被禁用

通过修改注册表,将 IE 菜单"查看"下的"源文件"项锁定为禁用状态。

用户可以通过手动修改注册表的方法,修复该设置为正常状态,找到 IE 设置的[HKEY_ CURRENT_USER\Software\Microsoft\Internet Explorer\Restrictions]分支下的 NoView-Source 键值名,将其键值设置为 00000000 即可。

13. 锁定注册表

用户访问包含了某类恶意代码的网站后,可能发现系统的某些设置被修改了,可是执行 regedit 命令预打开注册表时,发现注册表被锁定了。

用户可以通过其他修改注册表的方式修复注册表的设置。如使用 Reghance 命令,打开注册表编辑器,将注册表中的[HKEY_CURRENT_USER\Software\Microsoft\Windows\ CurrentVersion\Policies\System]分支下的 WORD 值的 DisableRegistryTool 的键值修改为 0,即可恢复注册表。

14. 格式化硬盘

这类恶意代码的特征就是利用 IE 执行 Active 的功能,让用户在无意中格式化自己的硬盘。当用户浏览含有它的网页时,浏览器会弹出一个警告提示"当前的页面含有不安全的 ActiveX,可能对你造成危害",并提示是否执行,选择"是",硬盘将被快速格式化。由于格式化时窗口是最小化的,不容易引起用户的注意,当发现时已悔之晚矣。

用户在遇到该提示信息时,应单击"否"。该提示信息可能被修改,如"Windows 正在删除本机的临时文件,是否继续?",此时,应单击"否"。此外,将计算机系统中的 Format.com、Fdisk.exe、Del.exe、Deltree.exe 等命令改名,可以避免这类恶意代码的自动运行。

15. 禁止使用计算机

尽管黑客们很少使用这招,但一旦你中招了,后具将不堪设想。浏览了含有这种恶意代码的网页,其后果可能是:关闭系统、运行、注销、注册表编辑、DOS 程序、运行任何程序都将被禁止、系统无法进入正常运行模式、驱动器被隐藏。

如果你的计算机同时遇上了以上八大现象时,只能重装系统了。

7.5.6　IE 防范措施

IE 安全是信息安全领域一个非常重要的方面,IE 漏洞一般是程序员编程时的疏忽或考虑不周导致的,另一种情况是该功能有一定用处(对部分使用者有用),但却被黑客利用,也算是漏洞。一方面是由于软件、系统设计的问题,另一方面是由于网络协议的问题造成的。对 IE 漏洞的安全防范有很多方法,列举如下。

(1)在 IE 里禁止 JavaScript 脚本的运行,因为脚本没有运行,就无法写入信息到注册表。不过其他的脚本也无法运行,对于另一些加了脚本才能正常显示的网页就不好了,那样浏览者将看不到网页设计者的意愿,或者网页提供的某些功能使用不上。

(2)把上页生成的 Iechange. reg 注册表文件保存起来,遇到情况运行此文件。

(3)把 IE 版本升级到 IE 6.0,因为该脚本对 IE 6.0 不起作用。

(4)在 Windows 2000 操作系列中,为了增强安全性能,设置了管理工具,依次选择"开始"→"控制面板"→"管理工具"→"服务"命令,把 Remote Registry Service 服务禁止,则浏览网页时恶作剧就无法修改注册表了。

(5)制作恢复 IE 默认键值的注册表文件。可以直接做成一个包括所有需要修改的键值的注册表默认值文件,当再次遭遇到被修改的情况时,可以从容地直接点击文件,把修改了的值恢复过来。

(6)设定安全级别。由于 IE 遭到修改往往是因为浏览了含有恶意脚本的网页,因此在 IE 里设置相应的安全级别即可避免 IE 再次遭到修改。设置方法:在 IE 的选单栏中选择"工具"→"Internet 选项",在弹出的对话框中切换到"安全"标签,选择"Internet"后点击"自定义级别"按钮,在"安全设置"对话框中,把"ActiveX 控件和插件"、"脚本"中的相关选项全部选择"禁用"或"提示"即可。但如果选择了"禁用",一些正常使用 ActiveX 和脚本的网站可能无法完全显示。

(7)屏蔽特定网页。如果你使用诸如 NetCaptor、MyIE 等外挂浏览器,就可以把含有恶意脚本的网页(前提是已经确认)屏蔽掉,以免今后再次受害。以 NetCaptor 浏览器为例,在想要屏蔽的网页标签上单击鼠标右键,在弹出的选单中选择 Add To →Add to PopupCaptor,然后在弹出的确定框单击 OK 即可。

如果是 IE 浏览器,选择选单栏里的"工具"→"Internet 选项"→"内容"→"分级审查",单击"启用"按钮,在弹出的"分级审查"对话框中切换到"许可站点"标签,输入想屏蔽的网站网址,随后点击"从不"按钮,再点"确定"按钮即可。

(8)卸载或升级 WSH。WSH 是 Windows Scripting Host Object Reference 的缩写,利用 WSH 结合脚本程序可以写出极具杀伤力的病毒来。建议经常上网的普通计算机用户可以考虑卸载 WSH。卸载方法:进入"控制面板",选择"添加/删除程序",切换到"Windows 安装程序",选择"附件",再选择"详细资料"中的 Windows Scripting Host,最后单击"确定"即可卸载。此外,还有一个更好的选择,就是升级到 WSH 5.6。

(9)使用新版本操作系统。如果使用的是 Windows 2000/XP,可以通过禁用"远程注册表服务"来阻挡部分恶意脚本。具体方法是:在"控制面板"→"管理工具"→"服务"中右键单击 Remote Registry Service,在弹出菜单中选择"属性"命令,打开"属性"对话框,在 General 内将 Startup type 设为 Disabled。这样也可以拦截部分恶意脚本程序。

（10）使用防火墙及杀毒软件。

下面以恢复 Windows 2000/XP 操作系统的 IE 浏览器为例，介绍注册表恢复文件的制作方法。

在桌面上单击鼠标右键，在弹出的快捷菜单中选择"新建"→"文本文档"命令，将下面的所有代码复制到记事本编辑器里，并以 .reg 后缀名命名文件（如 Windows2000.reg）即可。

（11）利用注册表修改备份软件。如果注册表不熟悉，也可以通过一些专门的修改工具来修改注册表，如超级兔子魔法设置 Magic Set、注册终结者 V2.7 完全版、Regmon（Registry Monitor）和 Registry Compare V1.30 等。

IE9 浏览器具备隐私保护功能，主要是由追踪保护、InPrivate 浏览、删除浏览历史记录以及网页隐私策略等组成的。IE9 浏览器的追踪保护功能主要是起到阻止网站记录用户的个人信息，例如，个人的 IP 地址、地理位置等。开启追踪保护，追踪保护效果明显；IE9 浏览器删除浏览的历史记录，IE9 可删除的内容主要有 Cookie、Internet 临时文件、密码、表单数据、历史记录、下载记录、ActiveX 筛选和跟踪保护数据等，其中下载记录、ActiveX 筛选和跟踪保护数据是新增加的项目；IE9 浏览器 InPrivate 浏览，InPrivate 是一种安全浏览方式，如果采用这种方式，上网时不会在 IE 中留下任何隐私信息。

 ## 7.6　网络安全的防范技巧

1. 不轻易运行不明真相的程序

如果你收到一封带有附件的电子邮件，且附件是可执行文件，这时千万不能贸然运行它，因为这个不明真相的程序，就有可能是一个系统破坏程序。攻击者常把系统破坏程序换一个名字用电子邮件发给用户，并带有一些欺骗性主题，例如"这是个好东西，你一定要试试"，"帮我测试一下程序"之类的话。这时一定要警惕了，对待这些表面上很友好、善意的邮件附件，我们应该做的是立即删除这些来历不明的文件。

2. 屏蔽 Cookie 信息

Cookie 是 Web 服务器发送到计算机里的数据文件，它记录了诸如用户名、口令和关于用户兴趣取向的信息。实际上，它使用户访问同一站点时感到方便，例如，不用重新输入口令。但 Cookies 收集到的个人信息可能会被一些喜欢恶作剧的人利用，而造成安全隐患。因此，我们可以在浏览器中做一些必要的设置，要求浏览器在接受 Cookie 之前进行提醒，或者干脆拒绝它们。通常来说，Cookie 会在浏览器被关闭时自动从计算机中删除，可是，有许多 Cookie 会一反常态，始终存储在硬盘中收集用户的相关信息，其实这些 Cookie 就是被设计成能够驻留在我们的计算机上的。随着时间的推移，Cookie 信息可能越来越多。为了确保万无一失，对待这些已有的 Cookie 信息应该从硬盘中立即清除，并在浏览器中调整 Cookie 设置，让浏览器拒绝接受 Cookie 信息。

屏蔽 Cookie 的操作步骤为：首先用鼠标单击菜单栏中的"工具"菜单项，并从下拉菜单中选择"Internet 选项"命令；接着在选项设置框中选中"安全"选项卡，并单击选项卡中的"自定义级别"按钮；然后在打开的"安全设置"对话框中找到关于 Cookie 的设置，选择"禁用"或"提示"。

3. 不同的地方用不同的口令

经常上网的用户可能会发现在网上需要设置口令的情况有很多。有很多用户为方便记忆，不论在什么地方，都使用同一个口令，殊不知这样就不知不觉地留下了一个安全隐患。因为攻击者一般在破获到用户的一个口令后，会用这个口令去尝试该用户每一个需要口令的地方。所以用户应在每个不同的地方用不同的口令，同时要把各个对应的口令记下来，以备日后查用。

另外一点就是我们在设定口令时，不应该使用字典中可以查到的单词，也不要使用个人的生日，最好是字母、符号和数字混用，多用特殊字符，诸如％、＆、＃、和＄，并且在允许的范围内，越长越好，以保证自己的密码不易被人猜中。

4. 屏蔽 ActiveX 控件

由于 ActiveX 控件可以被嵌入 HTML 页面中，并下载到浏览器端加以执行，因此会给浏览器端造成一定程度的安全威胁。目前已有证据表明，在客户端的浏览器中，如 IE 中插入某些 ActiveX 控件，也将直接对服务器端造成意想不到的安全威胁。同时，一些其他技术，如内嵌于 IE 的 VB Script 语言，用这种语言生成的客户端可执行的程序模块，也同 Java 小程序一样，有可能给客户端带来安全性能上的漏洞。此外，还有一些新技术，如 ASP(Active Server Pages)技术，由于用户可以为 ASP 的输出随意增加客户脚本、ActiveX 控件和动态 HTML，因此在 ASP 脚本中同样也都存在着一定的安全隐患。所以，用户如果要保证自己在 Internet 上的信息绝对安全，可以屏蔽掉这些可能对计算机安全构成威胁的 ActiveX 控件。

具体操作步骤为：首先用鼠标单击菜单栏中的"工具"菜单项，并从下拉菜单中选择"Internet 选项"命令；接着在选项设置框中选中"安全"选项卡，并单击选项卡中的"自定义级别"按钮；在打开的"安全设置"对话框中找到关于 ActiveX 控件的设置，然后选择"禁用"或"提示"。

5. 定期清除缓存、历史记录及临时文件夹中的内容

我们在上网浏览信息时，浏览器会把我们在上网过程中浏览的信息保存在浏览器的相关设置中，这样下次再访问同样信息时可以很快到达目的地，从而提高了浏览效率。但是浏览器的缓存、历史记录及临时文件夹中的内容保留了太多的上网的记录，这些记录一旦被有恶意的人得到，他们就有可能从这些记录中寻找到有关个人信息的蛛丝马迹。为了确保个人信息资料的绝对安全，应该定期清理缓存、历史记录以及临时文件夹中的内容。

清理浏览器缓存并不麻烦，具体的操作方法如下：首先用鼠标单击菜单栏中的"工具"菜单项，并从下拉菜单中选择"Internet 选项"命令；接着在选项设置框中选中"常规"选项卡，并单击选项卡中的"删除文件"按钮来删除浏览器临时文件夹中的内容；然后在同样的对话框中单击"清除历史记录"按钮来删除浏览器中的历史记录和缓存中的内容。

6. 不随意透露任何个人信息

网上浏览信息时，经常会发现需要用户注册自己个人信息资料的表单。这些站点通过程序设计达到一种不填写表单就不能获取自己需要的信息的目的。面对这种强迫用户注册个人信息的情况，最好的办法是不要轻易把自己真实的信息提交给他们，特别是不要向任何人透露自己的密码。另外，在使用 ICQ、OICQ 等网络软件以及注册免费 E-mail 信息的时候，都需要填写一些个人资料。某些资料是必须填写的，自然无法略过；但是对于可填可不填但又涉及自己隐私的资料,还是能免就免,否则有可能在网络上被黑客利用。这一原则同样适用于聊天室,在弄清楚聊天室的环境和各个人物之前,使用虚拟的网名应该是明智的选择。应该注意常去的地方是不是把自己的 IP 地址显示出来。因为拨号上网的用户 IP 是动态的,每次上网的 IP 是服务器随机分配的,所以自己的 IP 如果不让人知道,是不会遭到袭击的。

7. 突遇莫名其妙的故障时要及时检查系统信息

上网过程中,如果突然觉得计算机工作不对劲时,应及时停止手中的工作,按 Ctrl+Alt+Del 组合键来查看一下系统是否运行了什么其他的程序,一旦发现有莫名其妙的程序在运行,就马上停止它,以免对整个计算机系统有更大的威胁。但是并不是所有的程序运行时都出现在程序列表中,有些程序例如 Back Orifice(一种黑客的后门程序)并不显示在 Ctrl+Alt+Del 组合键的进程列表中,所以如果计算机中运行的是 Windows 98 或者 Windows 2000 操作系统,最好运行"附件"→"系统工具"→"系统信息",然后双击"软件环境",选择"正在运行任务",在任务列表中寻找自己不熟悉的或者自己并没有运行的程序,一旦找到程序后应立即终止它,以防后患。

8. 对机密信息实施加密保护

对机密信息进行加密存储和传输是传统而有效的方法,这种方法对保护机密信息的安全特别有效,能够防止搭线窃听和黑客入侵,在目前基于 Web 服务的一些网络安全协议中得到了广泛的应用。在 Web 服务中的传输加密一般在应用层实现。Internet 服务器在发送机密信息时,首先根据接收方的 IP 地址或其他标识,选取密钥对信息进行加密运算;浏览器在接收到加密数据后,根据 IP 包中信息的源地址或其他标识对加密数据进行解密运算,从而得到所需的数据。在目前流行的 Internet 服务器和浏览器中,如微软公司的 IIS 服务器和浏览器 IE,都可以对信息进行加解密运算,同时也留有接口,用户可以对这些加解密算法进行重载,构造自己的加解密模块。此外,传输加解密也可以在 IP 层实现,对进出的所有信息进行加解密,以保证在网络层的信息安全。

9. 拒绝某些可能有威胁的站点对自己的访问

在上网浏览信息时,应该做一个有心人,应经常通过一些报刊杂志来搜集一些黑客站点或其他具有破坏性的站点的相关信息,并时时注意哪些站点会恶意窃取别人的个人信息。在了解了这类网站基本信息的情况下,如果想防止自己的站点不受上述那些站点的破坏,可以通过一些相关设置来拒绝这些站点对自己的信息的访问,从而能使浏览器自动拒绝这些网站发出的某些对自己有安全威胁的指令。

具体操作办法是:首先用鼠标单击菜单栏中的"工具"菜单项,并从下拉菜单中选择"Internet 选项"命令;接着在选项设置框中选中"安全"选项卡,并单击选项卡中的"请为不同区域的 Web 内容指定安全设置"按钮;在打开的"安全设置"对话框中单击"受限站点"图标,接着单击"受限站点"右边的"站点"按钮,将需要限制的站点地址添加进去;完成站点地址的添加工作以后,单击"确定"按钮,浏览器将限制对上述受限站点的浏览。

10. 加密重要的邮件

越来越多的人通过电子邮件进行重要的商务活动和发送机密信息,而且随着 Internet 的飞速发展,这类应用会更加频繁,因此保证邮件的真实性(即不被他人伪造)和不被其他人截取和偷阅也变得日趋重要。所以,对于包含敏感信息的邮件,最好利用数字标识对自己写的邮件进行数字签名后再发送。所谓数字标识是指由独立的授权机构发放的证明用户在 Internet 上身份的证件,是用户在 Internet 上的身份证。这些发证的商业机构将发放给用户这个身份证并不断检验其有效性。用户首先向这些公司申请数字标识,然后就可以利用这个数字标识对自己写的邮件进行数字签名。如果用户获得了别人的数字标识那么还可以与他发送加密邮件。你通过对发送的邮件进行数字签名可以把自己的数字标识发送给他人,这时他们收到的实际上是公用密钥,以后他们就可以通过这个公用密钥对发给用户的邮件进行加密,你再使用私人密钥对加密邮件进行解密和阅读。在 Outlook Express 中可以通过数字签名来证明用户的邮件的身份,即让对方确信该邮件是由你的机器发送的,它同时提供邮件加密功能。使得用户的邮件只有预定的接收者才能接收并阅读它们,但前提是用户必须先获得对方的数字标识。数字标识的数字签名部分是用户的电子身份卡,数字签名可使收件人确信邮件是你发送的,并且未被伪造或篡改。

11. 在自己的计算机中安装防火墙

为自己的局域网或站点提供隔离保护,是目前普遍采用的一种安全有效的方法,这种方法不是只针对 Web 服务,对其他服务也同样有效。防火墙使互联网与内部网之间建立起一个安全网关,是按照一定的安全策略建立起来的硬件和软件的有机组成体,从而保护内部网络或主机免受外部非法用户的侵入,控制谁可以从外部访问内部受保护的对象,谁可以从内部网络访问 Internet,以及相互之间以哪种方式进行访问。所以为了保护自己的计算机系统信息不受外来信息的破坏和威胁,我们可以在自己的计算机系统中安装防火墙软件。但需要特别注意的是防火墙不能防范内部黑客。

12. 为客户/服务器通信双方提供身份认证,建立安全信道

目前已经出现了建立在现有网络协议基础上的一些网络安全协议,如 SSL 和 PCT。这两种协议主要是用于保护机密信息,同时也用于防止其他非法用户侵入自己的主机,给自己带来安全威胁。SSL 协议是美国 Netscape 公司最早提出的一种包括服务器的认证、签名、加密技术的私有通信,可提供对服务器的认证,根据服务器的选项,还可提供对客户端的认证。SSL 协议可运行在任何一种可靠的传输协议之上,如 TCP,但它并不依赖于 TCP,并能够运行在 HTTP、FTP、Telnet 等应用协议之下,为其提供安全的通信。SSL 协议使用 X.509 V3 认证标准,RSA、diffie-Hellman 和 Fortezza-KEA 算法作为其公钥算法,使用 RC4-128、RC-128、DES、3 层 DWS 或 IDEA 作为其数据加密算法。PCT 提供了比 SSL 更加丰富的认证方案、加密算法,并在某些协议细节上做了改进。

13. 尽量少在聊天室里或使用 OICQ 聊天

当你在聊天室里或者用 OICQ 与一些朋友轻松聊天的同时,恶意破坏者们也会利用网上聊天的一些漏洞,从中获取用户的个人信息,如用户所在计算机的 IP 地址、姓名等。然后他们利用这些个人信息对用户进行一些恶意的攻击,如在聊天室里,他们常常发给大家一个足以让用户的计算机死机的 HTML 语句。因为这些 HTML 语句是不会在聊天室显示出来的,所以当用户遭受攻击可能还不知道。

防范的办法是,在浏览器中预先关闭 Java 脚本。具体操作方法是:首先用鼠标单击菜单栏中的"工具"菜单项,并从下拉菜单中选择"Internet 选项"命令;接着在选项设置框中选中"安全"选项卡,并单击选项卡中的"自定义级别"按钮;同时在打开的"安全设置"对话框中找到

关于 Java 的设置,然后选择"禁用"或"提示"。另外在网上有一种工具只要用户在网上,输入用户的 ICQ 号,就可以知道用户的 IP 地址。防范的办法是,在上网后,把 ICQ 状态设置为隐藏状态,这样破坏者就不会知道用户在网上。

14.即时更新系统安全漏洞补丁

2001 年,当"红色代码"(Code Red)出现的时候,它攻击的一个漏洞是 Microsoft 在 9 个月前就提供了免费补丁以便用户修补的。但是,该蠕虫仍然快速和大面积地蔓延,原因是用户没有下载和安装这个补丁。今天,从一个新的漏洞被发现开始,到新的大规模攻击工具问世为止,两者间隔时间已经缩短了许多。在厂商发布安全补丁时,IT 管理员需要做出快速响应。Microsoft、Apple 以及其他许多组织基本上每个月提供一次安全补丁。

所以用户应养成及时下载并安装最新系统安全漏洞补丁的良好习惯,从根源上杜绝利用系统漏洞攻击用户计算机的病毒。

15.即时更新防病毒系统

各个杀毒软件厂商都提供了自动签名更新的功能。只要用户将计算机连在 Internet 上,它们就能在一个新的安全威胁被发现后的数小时内下载并自动升级病毒库,并能即时更新杀毒软件。不能连接 Internet 时,用户应及时手动升级杀毒软件及其病毒库。

为保证系统安全,用户应定期对计算机进行病毒查杀,上网时开启杀毒软件的全部实时监控功能。

16.网上银行、在线交易的安全防范

在登录电子银行实施网上查询交易时,尽量选择安全性相对较高的 USB 证书认证方式。不要在公共场所,如网吧,登录网上银行等一些金融机构的网站,防止重要信息被盗。网上购物时也要选择注册时间相对较长、信用度较高的店铺。

不要随便点击不安全的陌生网站,如果遇到银行系统升级要求更改用户密码或输入用户密码等要求,一定要提前确认。如果用户不幸感染了病毒,除了用相应的措施查杀病毒外,也要及时和银行联系,冻结账户,并向公安机关报案,把损失减少到最低。

在登录一些金融机构,如银行、证券类的网站时,应直接输入其域名,不要通过其他网站提供的链接进入,因为这些链接可能会导入虚假的银行网站。

17.安全的系统设置和管理

定期做好重要资料的备份,以免造成重大损失。

设置网络共享账号及密码时,尽量不要使用空密码和常见字符串,如 guest、user、administrator 等。密码设置应超过 8 位,尽量复杂化,如设置为字母、数字和特殊字符的组合。

禁用系统的自动播放功能,防止病毒从移动介质(如 U 盘、移动硬盘、MP3 等)设备进入计算机。禁用 Windows 系统的自动播放功能的方法:在运行中输入 gpedit. msc 后回车,打开组策略编辑器,依次点击"计算机配置"→"管理模板"→"系统"→"关闭自动播放"→"已启用"→"所有驱动器"→"确定"。

18.禁止访问非法网站

上网浏览时,不随意点击非法网站或不安全的陌生网站,有些网站植入了恶意代码,一旦用户打开其页面,可能会被植入木马或病毒。

接收不明来历的邮件时,请不要随意打开其中的链接和附件,以免中毒。在打开通过局域网共享及共享软件下载的文件或软件程序之前,建议先查杀病毒。

19. 入侵检测技术检测网络攻击

入侵检测技术是指通过从计算机系统的关键点收集信息并进行分析,从中发现网络或系统中是否有违反安全策略的行为和被攻击的迹象。它的主要任务是监视、分析用户及系统活动、系统构造和弱点的审计,识别已知攻击的活动模式并向相关人员报警。对异常行为模式进行统计分析,评估重要系统和数据文件的完整性,对操作系统进行审计跟踪管理,并识别用户违反安全策略的行为等。

20. 身份识别和数字签名技术

身份识别和数字签名技术是网络中进行身份证明以确保数据真实性、完整性的一种重要手段。现在身份认证的方式有三种:①利用本身特征进行认证,如人类生物学提供的指纹、声音、面部鉴别等;②利用所设定的事件进行认证,如口令等;③利用物品进行认证,如使用智能卡等。

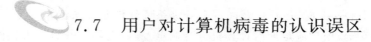

7.7 用户对计算机病毒的认识误区

随着计算机反病毒技术的不断发展,广大用户对计算机病毒的了解也越来越深,不过许多用户对病毒的认识还存在着一定的误区,如认为"自己已经购买了正版的杀毒软件,因而再也不会受到病毒的困扰了"、"病毒不感染数据文件"等。这些错误认识在一定程度上影响了用户对病毒的正确处理(如曾有不少被 CIH 病毒感染的计算机中都安装有反病毒软件,只不过由于用户没有及时升级杀毒软件的病毒代码才导致了感染中毒)。为此,特将用户的这些错误认识列举如下,希望对大家今后的操作有所帮助。

错误认识 1:对感染病毒的软盘进行浏览就会导致硬盘被感染。

我们在使用资源管理器或 DIR 命令浏览软盘时,系统不会执行任何额外的程序,我们只要保证操作系统本身干净无毒,那么无论是使用 Windows 98 资源管理器还是使用 DOS 的 DIR 命令浏览软盘都不会引起任何病毒感染的问题。

错误认识 2:将文件改为只读方式可免受病毒的感染。

某些人认为通过将文件的属性设置为只读就可以有效地抵御病毒。其实修改一个文件的属性只需要调用几个 DOS 中断就可以了,这对病毒来说绝对是"小菜一碟"。我们甚至可以说,通过将文件设置为只读属性对于阻止病毒的感染及传播几乎是没什么用的。

错误认识 3:病毒能感染处于写保护状态的磁盘。

前面我们谈到,病毒可感染只读文件,不少人由此认为病毒也能修改那些提供了写保护功能的磁盘上的文件,而事实却并非如此。一般来说,磁盘驱动器可以判断磁盘是否写保护、是否应该对其进行写操作等,这一切都是由硬件来实现的,必须靠手工进行打开或关闭开关的操作,而不能通过软件的形式修改某个属性来实现。用户虽然能物理地解除磁盘驱动器的写保护传感器,却不能通过软件来达到这一目的。所以当磁盘处于写保护状态时,驱动设备只能读取文件,而不能写入或更新文件资料,从而使得病毒不能感染该磁盘。

错误认识 4:反病毒软件能够清除所有已知病毒。

由于病毒的感染方式很多,其中有些病毒会强行利用自身代码覆盖源程序中的部分内容(以达到不改变被感染文件长度的目的)。当应用程序被这样的病毒感染之后,程序中被覆盖的代码是无法复原的,因此这种病毒是无法安全清除的(病毒虽然可以清除,但用户原有的应用程序却不能恢复)。

错误认识 5:使用杀毒软件可以免受病毒的侵扰。

现在网络上出现的病毒的变种和类型越来越多,目前市场上出售的杀毒软件都只能在病毒传播之后才"一展身手",不能保证系统免受病毒的侵害,从而使得在杀毒之前病毒已经造成了工作的延误、数据的破坏或其他更为严重的后果。因此广大用户应该选择一套完善的反毒系统,它不仅应包括常见的查、杀病毒功能,还应该同时包括有实时防毒功能,能实时地监测、跟踪对文件的各种操作,一旦发现病毒,立即报警,只有这样才能最大限度地减少被病毒感染的机会。

错误认识 6:磁盘文件损坏多为病毒所为。

磁盘文件的损坏有多种原因,如电源电压波动、掉电、磁化、磁盘质量低劣、硬件错误、其他软件中的错误、灰尘、烟灰、茶水,甚至一个喷嚏都可能导致数据丢失(对保存在软盘上的数据而言)。所有这些对文件造成的损坏比病毒造成的损失更常见、更严重,这点务必引起广大用户的注意。

错误认识 7:如果做备份的时候系统就已经感染了病毒,那么这些含有病毒的备份将是无用的。

尽管用户所做的备份感染了病毒后会带来很多麻烦,但这绝对不至于使备份失效,可根据备份感染病毒的情况分别加以处理:若备份的软盘中含有引导型病毒,那么只要不用这张盘启动计算机就不会传染病毒;如果备份的可执行文件中传染了病毒,那么可执行文件备份就没有效果了,但是备份的数据文件一般都是可用的(除 Word 之类的文件外,其他数据文件一般不会感染病毒)。

错误认识 8:反病毒软件可以随时随地防范任何病毒。

很显然,这种反病毒软件是不存在的。随着各种新病毒的不断出现,反病毒软件必须快速升级才能达到清除病毒的目的。具体来说,我们在对抗病毒时需要的是一种安全策略和一个完善的反病毒系统,用备份作为防病毒的第一道防线,将反病毒软件作为第二道防线。而及时升级反病毒软件的病毒代码则是加固第二道防线的唯一方法。所以应把杀毒软件的自动更新功能打开,并且每次使用计算机时,都保持网络连通,以便于杀毒软件能够随时进行更新。

错误认识 9:病毒不能从一种类型计算机向另一种类型计算机蔓延。

目前的宏病毒能够传染运行 Word 或 Excel 的多种平台,如 Windows 9X、Windows NT、Macintosh 等。

错误认识 10:病毒不感染数据文件。

通常病毒是一段程序,而数据文件与一般的文本文件、图片文件等是不包含程序代码的,所以某些人认为是不会感染病毒的。不过有些病毒是专门破坏系统里的各种文件的,如宏病毒可以感染包含可执行代码的 MS-Office 数据文件(如 Word、Excel 等),这点务必要引起广大用户的注意。

错误认识 11:病毒能隐藏在计算机的 CMOS 存储器里。

这是错误的认识,因为 CMOS 中的数据不是可执行的,尽管某些病毒可以改变 CMOS 数据的数值(结果就是致使系统不能引导),但病毒本身并不能在 CMOS 中蔓延或藏身其中。

错误认识 12:Cache 中能隐藏病毒。

这是错误的认识,因为 Cache 中的数据在关机后会消失,病毒无法长期藏身其中。

错误认识 13:正版软件不可能带病毒,可以安全使用。

一些非正版的软件确实是计算机病毒传播的主要途径之一,但是在实际使用中,一些正版软件在出厂前也存在没有严格进行杀毒,以至于带有病毒的问题。所以,在使用正版软件时也不可掉以轻心,甚至新购买的计算机包括原装计算机,在使用前都要进行病毒检测。如确实由于原版软件带有病毒而造成重大损失,应寻求法律保护。

 习　　题

1.简述 Internet 的安全隐患是什么。

2.为什么说电子邮件为计算机病毒的传播提供了途径?

3.如何对恶意代码做有效处理?

4.你对加强系统安全有什么切身体会?

第8章
即时通信病毒和移动通信病毒分析

 8.1 即时通信病毒背景介绍

8.1.1 什么是即时通信

即时通信(Instant Messaging,IM),是一个实时通信系统,允许两人或多人使用网络实时地传递文字消息、文件、语音及进行视频交流。即时通信与电子邮件等传统互联网通信方式的不同之处在于其交流的实时性,除了允许用户实时地交流文本图片等信息外,多数即时通信服务还为用户提供状态信息服务,如显示联系人名单及其在线状态等。

基于 Internet 的即时通信方式的起源可以追溯到 20 世纪 80 年代,芬兰人雅克·欧卡里能(Jarkko Oikarinen)于 1988 年 8 月提出了 IRC(Internet Relay Chat)协议,并据此开发了基于服务器中继的 Internet 在线聊天工具。IRC 是一种基于 TCP 协议和 SSL 协议的公开网络协议,IRC 用户通过客户端软件和服务器相连,绝大多数 IRC 服务器不需要用户注册和登录,只需要在连接服务器之前设置好用户的昵称即可。多个 IRC 服务器之间可以通过网络互联扩展为一个 IRC 网络。IRC 主要用于群体在线聊天,但同样也支持一对一的聊天。

1996 年 11 月,位于以色列特拉维夫的 Mirabilis 公司推出了一款在线聊天工具称为 ICQ,该软件名字是 I Seek You 的谐音字母,其中文含义是:我找你。ICQ 推出后仅半年时间,注册用户人数即突破了 100 万。两年后当 ICQ 注册用户数突破 1 200 万时,被美国在线以 2.87 亿美元的价格收购,在当时堪称互联网商业奇迹。

伴随着 ICQ 的商业成功,即时通信方式开始普及,随后涌现出一大批在互联网上广受欢迎的即时通信服务产品,如微软推出的 Windows Messenger,美国在线推出的 AOL Instant Messenger,腾讯公司推出的 QQ 工具,以及雅虎公司推出的 Yahoo! Messenger 等。

8.1.2 主流即时通信软件简介

1. ICQ

ICQ 是英文 I Seek You 的谐音字母,是以色列 Mirabilis 公司的产品。该公司创建于 1996 年,创始人是 4 个平均年龄不到 30 岁的年轻人(YairGoldfinger、Arik Vardi、Sefi Vigiser、Amnon Aimr)。1996 年 11 月 ,第一版 ICQ 产品在互联网上发布,随即受到了用户的追捧。据统计,在第一版 ICQ 发布一年半时,在线注册人数已经突破了 1 000 万人,其中有大约 600 万人同时在线,每天新增注册人数为 6 万人。1998 年 6 月,美国在线(AOL)花费 2.87 亿美元收购 Mirabilis 公司,从而将 ICQ 产品收入囊中,堪称天价收购。

2. Windows Messenger

Windows Messenger 是微软公司于 1999 年推出的即时通信客户端软件,2006 年更名为

Windows Live Messenger。作为微软服务网络（Microsoft Service Network，MSN）的核心软件产品，Windows Live Messenger 能够帮助用户更有效地利用网络资源（特别是微软提供的网络服务如聊天、对话、收发邮件、视频会议等）。近年来，随着移动互联网技术的普及，微软更进一步突出强化了 Messenger 的移动社交服务功能，如手机即时通信、必应移动搜索、Windows Live 在线社区等创新服务，从而进一步满足了用户在移动互联网时代的沟通、社交、娱乐等需求，目前该产品在国内拥有稳定的用户群。

3. 腾讯 QQ

深圳市腾讯计算机系统有限公司创建于 1998 年 11 月 12 日，该公司创始人为马化腾，腾讯 QQ 的前身称为 OICQ，意为 Open ICQ，即免费的（中文版）即时通信软件。腾讯公司成立之初的主要业务是为寻呼台建立网上寻呼系统，随着 OICQ 在网民中迅速普及，该公司的业务在 1999 年迅速转向纯粹基于互联网的即时通信服务，2004 年 6 月 16 日，腾讯公司在香港联交所主板公开上市。凭借 QQ 即时通信工具的成功，腾讯进而拥有了门户网站腾讯网（www.qq.com）、QQ 游戏以及拍拍网等网络平台。目前，腾讯网已经成为了中国浏览量第一的综合门户网站，电子商务平台拍拍网也已经成为了中国第二大电子商务交易平台，腾讯推出的 QQ 空间服务（Qzone）中集成了博客、照片分享和微博等社交网络特色服务，是中国最大的个人网络空间。由此，围绕即时通信产品 QQ，腾讯构建起了中国规模最大的网络社区。2010 年 3 月 5 日 19 时 52 分 58 秒，腾讯 QQ 同时在线用户数突破 1 亿，这在中国互联网发展史上是一个里程碑，也是人类进入互联网时代以来，全世界首次单一应用同时在线人数突破 1 亿。

4. AOL Instant Messenger

AOL Instant Messenger（AIM）是美国在线（American Online，AOL）公司推出的即时通信软件，其中文官方名称为 AIM 即时通，其官方网站是 http://www.aim.com。AIM 诞生于 1997 年 5 月，曾内置于 Netscape 浏览器中，后来被 Netscape Instant Messenger 所取代，从而走上了独立发展的产品道路。由于目前 AOL 拥有 AIM 和 ICQ 两套即时通信软件，因此在 AIM 和 ICQ 之间可以互相发送信息和进行语音通话。AIM 本身内置多种服务，在最新的 AIM7 中更是添加了类似 Twitter 的"微博客"形式，并采取了类似 QQ 空间的形式给 AIM 用户一个展示、表达自我的平台。AIM 在北美地区拥有广泛的用户基础，用户人数超过排名第二和第三的 Yahoo! Messenger 和 MSN，但在全球其他地区却没有得到广泛使用，这与美国在线在全球的业务分布有关。

8.1.3　即时通信软件的基本工作原理

关于即时通信软件的基本形式，IETF 即时通信与状态展示协议工作组（Instant Messaging and Presence Protocol Working Group，IMPP）提出了一个指导文件，称为《即时通信基本规范》（Common Profile for Instant Messaging，CPIM）。该规范指出了即时通信软件应具备如下两个基本服务功能，即状态展示服务功能和即时通信服务功能。因此一个即时通信软件系统又被称为"状态展示与即时通信系统"（Presence and instant messaging system，PIMS）。

所谓状态展示服务（Presence Service），是指 PIMS 能够向用户提供查询或订阅其他 IM 用户当前状态信息的服务能力。该服务的内容和形式包含如下几个方面。

（1）方法（Means）：如用户采用何种客户端进行通信。

（2）状态信息（Status）：用户当前使用 IM 服务的状态，如在线或离线（online/offline）。

（3）可用性（Availability）：当用户在线时，描述用户是否有能力（资源）或意愿与其他 IM 用户进行即时通信交流，如用户是否拥有网络摄像头，用户当前是否忙碌等。

（4）位置信息（Location）：用户的登录位置信息。

所谓即时通信服务（Instant Messaging Service，IMS），是指 PIMS 能够向用户提供即时通信服务支持，即时地将用户发送的消息传递给在线的目标对象。该服务具有如下特点。

（1）实时性：PIMS 通过一定的机制确保用户发送的消息及时地到达接收方一端，从而使通信双方保持一种近似"实时"的交流状态。

（2）文本交互：在 PIMS 框架下，用户双方的交互信息是以文本形式传递的，这种交流方式既有别于口语交流（用户思考方式不同，且交流信息易于存储，便于查阅），又与传统书信和电子邮件交流方式有所不同（交互性更强）。

（3）异步通信：一方面，PIMS 用户可以向离线目标对象发送消息，由系统确保对方在登录后能够及时收到消息；另一方面，PIMS 用户在等待对方回应期间，或者在收到对方消息后暂不处理，稍后再进行回复。由此可以支持用户的多任务行为，如同时与多人聊天，或者在聊天过程中同时处理其他事务等。

为充分描述和定义这两种服务，IETF 的 IMPP 工作组提出了一项专门草案（RFC 2778），称为《状态展示与即时通信模型》（A Model for Presence and Instant Messaging），其中分别定义了状态展示服务模型和即时通信服务模型，通过这两个服务模型，进而完整定义了即时通信软件的基本模型。接下来结合 RFC 2778 草案，简要介绍 IM 软件的基本工作原理。

1. 状态展示服务模型（Presence Service Model）

状态展示服务的客户端可以从逻辑上分为两组，一组称为"展示者"（Presentities），负责向模型（系统）提供个人用户的状态信息，用于存储和发布；另一组称为"观众"（Watchers），负责从模型（系统）获取其他用户发布的状态信息。注意这种逻辑划分只是从功能定义的角度而言的，在实际系统中，通常展示者和观众的角色是统一的。状态展示服务模型的基本结构如图 8-1 所示。

状态展示服务模型中的观众可以进一步细分为两类，一类称为请求者（Fetchers），一类称为订阅者（Subscribers）。请求者通过模型提供的服务获取目标对象的状态信息的当前值，而订阅者则要求服务模型对目标对象（将来）的状态变化进行通知。在请求者中有一些特殊的个体，他们定期发起状态查询，称为"轮询者"（Poller）。

图 8-1　状态展示服务模型基本结构示意图

当用户状态发生更新时，状态展示服务模型（系统）将此类状态变更信息以"通知"（Notifications）的方式发布给所有相关的订阅者，图 8-2 以图示的方式给出了在一次用户状态由 P1 迁移到 P2 的过程中，状态信息传递的流程。

2. 即时消息服务

即时消息服务（Instant Message Service）的客户端同样可以从逻辑上分为两组，一组称为"发送者"（Senders）；另一组称为"收件箱"（Instant Inboxes）。发送者负责向即时消息服务模型提供用于分发的信息，每条消息都指向某个特定的收件箱地址，交由即时消息服务模型尝试将其投递到指定的收件箱中。该服务模型的功能示意图如图 8-3 所示。

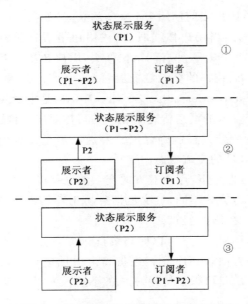

图 8-2　状态展示服务模型的状态变迁图

3. 即时通信系统模型

即时通信系统由两部分要素构成，一是通信协议（Protocols），二是通信主体（Principals）。

图 8-3　即时消息服务模型示意图

通信协议包括两部分：状态展示协议（Presence Protocol）定义了状态展示服务、展示者和观众之间的交互关系，状态展示信息采用状态展示协议进行封装（有关状态展示协议的建议格式详情参见 RFC 2778 草案）。即时消息协议（Instant Message Protocol）定义了即时消息服务、发送者与收件箱之间的交互关系，用户的即时消息采用该协议进行封装和传递。有关即时通信协议具体格式和规范由 IMPP 工作组负责制定。

为了描述及时通信系统模型的工作方式，需要引进通信主体的概念。所谓通信主体是指现实世界中使用及时通信系统进行通信和交互的个人、组织或软件。RFC 2778 草案规定，上述通信主体采用用户代理机制（User Agents）与及时通信系统模型进行交互。图 8-4 和图 8-5 分别给出了状态展示服务系统模型和即时通信系统模型的工作方式示意。

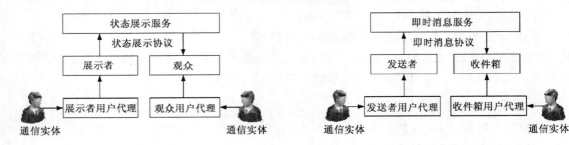

图 8-4　状态展示系统　　　　　　　　　　　　　图 8-5　即时通信系统

8.2　即时通信病毒的特点及危害

由于大多数服务提供商均采用专有的即时通信协议,对其进行逆向工程的难度较高,这种情况给黑客攻击即时通信系统造成了一定的难度,因此在过去很长的一段时间内,即时通信并不是计算机病毒黑客攻击的主要主要目标,黑客将目光投向了更容易攻击的系统,如采用简单邮件传输协议的(Simple Mail Transfer Protocol,SMTP)的电子邮件系统。然而随着近年来的形势发展,一方面邮件服务提供商和邮件用户对于邮件病毒的警惕性和查杀手段不断提高,另一方面由于即时通信软件的日益广泛普及应用,黑客们逐渐将注意力转向了即时通信。与此同时,随着即时通信软件的日趋复杂(功能不断拓展和增加),即时通信系统开始变得越来越复杂,系统的脆弱性也逐渐暴露出来。

即时通信系统作为一个快捷方便的联网信息传输手段,同样存在与电子邮件系统类似的安全漏洞问题。例如当用户点击即时信息上的不可信的超链接,从而打开一个商业钓鱼网站的链接时,就有可能泄露他的个人隐私信息(如银行账号、密码、身份证号、手机号码等),从而使攻击者有可能非法地利用或出售这些个人隐私信息牟利。又比如,一些即时通信客户端软件提供给用户以对等网络方式传输文件和消息的功能,从而使得被传输的文件绕过了服务商安全网关的病毒扫描,当即时通信用户无意中接收并打开一个被感染的文件时,就有可能遭受到其他类型的病毒攻击。此外,许多即时通信用户(包括公司、政府机构等组织)的安全意识较差,当他们(的员工)在网络上随意下载、传播并安装流行的即时通信工具时,就给了黑客以可乘之机,将经过篡改的染毒程序扩散开来。

常见的即时通信病毒主要以特洛伊木马和蠕虫病毒等方式存在。木马病毒可以让攻击者劫持受害者的即时通信软件客户端,而蠕虫病毒则通过获取受害者的联系人列表,主动向其发送包含染毒附件的文件或钓鱼网站超链接。由于这些欺诈信息表面上看来自受害者本身,所以很容易蒙蔽消息接受者,使他们误以为打开这些染毒文件或点击消息中的超链接是安全的。

随着互联网技术的快速发展,即时通信软件的商业价值被不断发掘出来,由于目前对其自身安全性的研究尚不充分,使得即时通信应用有可能成为继电子邮件应用之后的又一个主要的病毒传染媒介。由于即时通信应用的用户群十分庞大,由此而造成的危害也会十分严重。

8.3　即时通信病毒发作现象及处理方法

随着使用即时通信工具的网民数量不断增长,一些专门针对 QQ、Windows Live Messenger 等热门即时通信软件的病毒也在不断涌现。以下将给出一些具有代表性的病毒实例,以帮助了解即时通信病毒的发作现象,并对病毒处理方法进行总结。

早在 2002 年 8 月 25 日,瑞星全球病毒监控中心就截获了一份传染能力极强的恶性 QQ 病毒,称为"爱情森林病毒"(Trojan. sckiss)。该病毒是第一个利用 QQ 进行传播的恶性木马病毒,它在用户不知情的情况下,利用本机 QQ 向用户的好友发送如下消息:"http://sckiss. yeah. net 这个你去看看! 很好看的"。如果目标用户收到此消息后点击该链接,则会打开一个包含攻击代码的恶意网页,该网页用 JavaScript 语言编写,通过利用 Java Exploit 漏洞,可以不经用户允许自动下载"爱情森林"病毒邮件(s.eml)并执行。然后该恶意网页会破坏受害主机的系统注册表,修改用户的 IE 默认首页指向 http://sckiss.yeah.net,并将其加入到注册表中的 RUN 自启动项中,如此一来,无论用户重启机器或是启动 IE 浏览器,都会自动链接到该恶意网页。当爱情森林病毒通过 QQ 向本机好友列表发送完信息后,即转入对本机的破坏操作。首先病毒将自己更名为 EXPLORER.EXE,并自我复制到 Windows 的系统目录(SYSTEM32)下,然后该病毒修改系统注册表,在 RUN 的自启动项中增加一个 EXPLORER 键,并指定键值为病毒路径,由此实现病毒的反复发作和感染。

在爱情森林病毒爆发后不久,有关部门及时封闭了病毒网页,在杀毒软件厂商和用户的共同努力下,该病毒的泛滥势头得到了遏制。然而很快病毒的发布者又想出了新的办法,并推出了升级版的"爱情森林病毒 II"(Trojan.sckiss.b),新病毒仍然通过 QQ 和恶意网页结合的方式进行传播,与第一代病毒的不同之处在于它的破坏力更强,手段更隐蔽。该病毒发作时的表现较为复杂隐蔽,一方面将自己复制多份到 Windows 的系统目录,另一方面会对系统注册表进行多项修改,如将病毒路径加入到系统自启动项,修改注册表中与.EXE 文件相关联的键值等。此外,病毒还会弹出对话框,当用户双击执行任何一个.EXE 文件时,病毒会根据该文件的文件名弹出一个对话框:"***文件发现引导区病毒,请到 dos 下面用 A 盘!",如果用户选择"确定"关闭该对话框,相应的.EXE 文件会被病毒删除,从而对用户的系统造成直接破坏。为防御杀毒软件的查杀,该病毒还会修改中毒主机的 hosts 文件,以阻止用户登录一些知名的反病毒网站,从而使用户无法及时更新自己的杀毒软件病毒库。由于感染机制复杂,所以对普通用户而言,手工清除该病毒十分困难。

无独有偶,当"爱情森林病毒"在 QQ 聊天系统中肆虐的同时,2002 年 10 月 9 日,金山杀毒软件公司的反病毒紧急处理中心发表声明,称截获了一例通过 Windows MSN Messenger 传播的蠕虫病毒 Worm.GFleming.53248,事后证实,这也是世界上首例通过微软的 MSN Messenger 进行大规模传播的蠕虫病毒。GFleming 蠕虫病毒采用 VB 6.0 编写,大小约 53KB,传播方式为定期查看染毒主机的 MSN Messenger 是否处于登录状态,如果用户已登录,则 GFleming 蠕虫会通过 MSN Messenger 软件向用户好友列表中的所有联系人发送一条包含超链接的文本消息,如果收到该消息的用户不小心点击了该链接,则网页上蠕虫程序将被执行,从而感染目标主机。接下来,GFleming 蠕虫将在被感染的目标主机上继续执行相同的操作,从而导致病毒被快速传播。

在 QQ 爱情森林病毒和 MSN GFleming 病毒出现之后,各种新型即时通信病毒纷纷涌现,根据中国互联网络信息中心(CNNIC)发布的《中国即时通信市场调查报告》显示,截至 2006 年,超过 80% 的即时通信工具用户曾经收到过即时通信病毒产生的骚扰信息,其中将近 60% 的用户曾经感染过即时通信病毒。

近年来知名的即时通信病毒包括:2004 年 10 月 10 日,江民反病毒中心截获的"MSN 小丑"蠕虫病毒(I-Worm/MsnFunny),该病毒会将自身装扮成系统文件自动运行,运行后会主动向用户的 MSN 好友发送消息和病毒程序,并通过修改%SystemDir%\drivers\etc\hosts 文件,将大约 900 多个常用网站重定向到病毒网站。2005 年 8 月爆发的凯温蠕虫病毒(Worm.IM.Kelvi)是另一种专门针对 MSN 用户的蠕虫病毒,若用户主机已经感染,该蠕虫病毒就会借助宿主主机的 MSN Messenger 软件向用户的好友发送大量的垃圾信息,从而耗费大量系统资源,导致宿主主机运行缓慢。在凯温蠕虫之后,相继出现了很多该蠕虫的变体,由于借助

MSN Messenger 系统进行传播十分迅速,每一次凯温蠕虫变体的爆发都给社会和中毒主机造成了不小的损失。2007 年 6 月 1 日,江民科技反病毒监测中心检测到"MSN 性感相册"病毒(Worm/MSN.SendPhoto)大规模爆发,该病毒会自动搜索宿主主机上的 MSN 联系人列表,并向所有联系人主动发送带有诱惑性的英文消息,同时试图传送给对方一个名为 photos.zip 的压缩文件,一旦对方同意接收并对收到的 photos.zip 文件进行解压缩,则会被感染中毒。该病毒隐蔽性极强,一方面病毒产生的文本消息是动态生成的,因此不利于用户根据文字特征判断其是否为病毒,另一方面,受害计算机在中毒后并无异常表现,而病毒会在后台继续秘密地向其他联系人发送含病毒的压缩文件。

　　通过对现有的即时通信病毒进行综合分析可以得出,即时通信病毒感染的症状有如下特点:多数即时通信病毒会获取宿主主机的好友列表,并自动向其发送文字消息或文件,从而造成本机系统和网络资源被大量占用,导致系统瘫痪或性能降低。病毒会在自动发送的聊天信息中附带一个恶意链接,一旦接受者点击该链接,就有可能受到恶意代码攻击。病毒发送的消息附件往往包含病毒,一旦被接受者运行,则会释放出木马或后门病毒,从而使攻击者获得远程控制受害主机的权限。

　　针对上述特点,可以总结出应对即时通信病毒的处理方法。首先,为应对层出不穷的即时通信病毒,即时通信产品用户应随时保持警惕性,务必不要随意点击好友发来的不明链接,对于好友发来的可执行程序,在弄清楚其来源的可靠性之前,不可贸然解压和执行。其次,应当安装可靠的杀毒软件,定期更新病毒库,并且开启即时通信软件设置中的自动进行文件传输病毒扫描选项。

8.4　防范即时通信病毒的安全建议

　　从 2005 年起,即时通信病毒问题开始大规模爆发,从即时通信病毒的发展趋势来看,呈逐年增快速增长趋势。病毒的攻击点主要集中在两个方面:一方面是攻击即时通信软件本身(目的是盗取账号、密码等用户个人信息);另一个方面则是将即时通信软件作为进入用户个人计算机的通道和跳板,通过植入病毒的方式窃取用户的社交关系网络和隐私信息。之所以出现这种情况,是因为随着即时通信应用的快速普及和用户数量的不断增长,即时通信已成为最重要的互联网主流应用之一,通过即时通信病毒非法获取手机用户信息谋取黑色利益,成为国内外病毒制造者攻击即时通信系统的主要驱动力,而即时通信软件本身存在的安全漏洞和用户对于即时通信安全的忽视,则给不法分子提供了可乘之机。据金山毒霸全球反病毒监测中心数据显示,目前 QQ、MSN 等即时通信工具已经成为仅次于电子邮件的第二大病毒传播渠道。那么如何才能有效地避免即时通信病毒的攻击呢?迄今为止,对付即时通信病毒并没有一个完美的解决方案,因为解决即时通信的安全问题涉及多方面的问题,需要即时通信服务提供商、网络安全厂商和用户共同努力。即时通信服务提供商应进一步努力减少软件的设计漏洞,提高软件的安全性;安全厂商应迅速捕获病毒的发展动态,及时更新杀毒引擎和病毒库以应对新病毒的挑战,切实提高产品自身的病毒查杀能力;而个人用户则要养成及时安装系统补丁和定时升级杀毒软件的习惯,不要点击不明链接和下载可疑文件。

　　总体说来,即时通信服务提供商在服务器端所做的努力,和杀毒厂商在更新查杀手段方面做出的努力一样,均属于事后补救措施,要想切实保证用户的通信安全,个人用户必须切实提高自身的防范意识。然而对于用户来说,即时通信领域的安全还是一个新兴的领域,对如何安全使用即时通信还缺乏必要的知识,还没有形成全面的安全意识和自我保护的习惯。为此,微软公司结合自身的产品发展经验和教训,联合三大国内安全厂家(瑞星、金山、江民),共同提出了如下 6 项即时通信安全行为准则,以帮助用户建立起自我保护、自我防范的网络安全意识,形成正确的网络安全行为习惯,进而从源头上杜绝即时通信安全隐患,有效防范隐私泄漏和病毒入侵。这 6 项准则如下。

(1)不在任何未经认证的第三方网站或软件中泄漏所使用的即时通信工具的用户名和密码,也不要将用户名和密码泄露给第三方厂商或个人。

(2)不在第三方网站登录网页版即时通信工具,防止用户名和密码被记录和盗用。

(3)定期修改用户密码,防止账户信息被盗用。

(4)谨慎使用(或最好不用)第三方插件,防止用户名和密码被盗。

(5)安装可靠的杀毒软件,并确保在即时通信软件的设置中开启自动进行文件传输病毒扫描选项,定期更新系统,及时打补丁和升级病毒库。

(6)不接收来历不明的文件,不点击他人发布的可疑链接。

在现有条件下,要想实现安全的即时通信并非不可能,除了即时通信服务提供商及杀毒软件厂商的共同努力外,最关键的因素就在于用户自我安全意识的增强,用户安全的使用行为是避免即时通信病毒威胁的前提和根本保证。只要广大用户能够切实遵守上述 6 项即时通信安全行为准则,就能够避免因即时通信病毒的攻击而遭受损失。

8.5　移动通信病毒背景介绍

随着无线通信技术的不断发展进步,手机的功能日新月异,从打电话、发短信到手机上网,手机在不断带给人们方便的生活体验的同时,也悄然改变着人类的生活方式。然而,就在手机功能越来越多、越来越强大的背后,一种看不见的危险正在威胁手机的安全。

根据中国互联网络信息中心(CNNIC)发布的统计数据显示,截至 2010 年底,我国网民规模达到 4.57 亿人,其中手机网民的规模达到了 3.03 亿人,手机网民在总体网民中的比例上升至 66.2%。预计到 2012 年底,全球移动互联网的用户规模将超过单纯使用个人计算机上网的传统互联网用户规模。与此同时,随着第三代移动通信技术和移动智能终端(智能手机)的普及,移动通信病毒的发展也呈现出爆发式增长的势头。

根据我国的移动安全服务企业网秦天下科技有限公司发布的《2010 年中国大陆地区手机安全报告》显示,截至 2010 年 11 月,全球范围内新增手机病毒 1 513 个,累积病毒数量达 2 357 个,较上年同期相比增长 193%。监控数据显示,2010 年我国受到病毒感染的手机数量已超过 800 万部,其中我国的广东地区以 21% 的感染比例位居首位,北京、上海、福建、江苏等地区的用户感染比例紧随其后。报告还公布了 2010 年度的十大手机病毒,其中"手机僵尸病毒"由于变种众多,且累计感染手机数量众多而成为当年度的手机"毒王"。

在众多类型的移动通信病毒中,恶意"扣费"类的手机病毒(以下简称扣费类病毒)是影响用户手机使用安全的主要威胁。统计数据表明,2010 年,扣费类病毒的种类迅速增长,由前一年的 171 个增长到 968 个,受到该类型病毒影响的手机数量累计高达 250 万部以上。当此类病毒感染用户手机后,45% 的病毒会采用恶意订购服务的方式帮助移动运营商或内容服务提供商扣取用户的手机话费,21% 的病毒将采用后台发送短信的方式消耗用户的手机话费,16%

的病毒则以主动联网消耗用户上网流量的方式达到扣费目的,剩余18％的扣费类病毒则以彩信、后台自动拨号等各种其他方式来恶意消耗用户话费。

移动通信病毒已经对用户的移动通信安全构成了现实的严重威胁,可以预见,对移动通信病毒的研究和防范将成为今后一段时间内移动通信安全领域的工作重点。

8.5.1 移动通信病毒的基本原理

当前主流的智能手机操作系统主要包括苹果公司为 iPhone 开发的 iOS 操作系统、诺基亚公司旗下的塞班(Symbian)操作系统、谷歌公司研发的安卓(Android)操作系统以及微软公司推出的 Windows Mobile 操作系统等,此外,Palm OS 和 Linux 等操作系统也占据着一定的市场份额。随着智能手机的推广普及,为了吸引更多的开发者加入,提高产品的多样化和竞争性,手机操作系统提供商陆续向公众开放自身的 API 并提供开发指南,以便第三方基于该手机操作系统平台开发自身的应用程序。然而开放 API 的行为不仅有利于调动第三方力量编写应用程序以方便手机的用户,也给病毒制造者发现和利用系统漏洞提供了可乘之机。

与计算机病毒类似,移动通信病毒也是一段人为编制的计算机程序代码,通常不是以可执行程序的方式单独存在的,而是需要附着在某些具有"正常功能"的程序之上进行传播,具有传染性、隐蔽性、潜伏性、可触发性和破坏性。移动通信病毒的传播同样需要具备三个基本要素,即:传染源、传染途径(介质)和传染目标。

与常见计算机病毒的区别在于,移动通信病毒是以用户的智能手机为攻击目标和感染对象,通过移动通信网络和移动互联网络进行传播。移动通信病毒通常隐藏在正常的应用程序或文件中,当用户下载安装并运行了带有病毒的软件、插件、游戏等程序,接收或下载了带有病毒的铃音、图片等文件时,一旦病毒的激活条件得到满足,病毒就会被激活。当病毒被激活后,在用户正常使用操作系统或应用程序时,病毒会通过创建新进程或新线程的方式使自身的含毒代码得到执行,从而实现对宿主主机的攻击(复制转播自身和对宿主主机进行破坏性操作)。常见的攻击行为通常是通过调用操作系统提供的服务资源(如短信服务、网络通信服务等)来实现的,如攻击智能手机的软硬件系统导致用户的手机工作异常,损毁用户的手机芯片或SIM 卡,造成手机异常开关机或死机,恶意窃取甚至删除用户手机上存储的文件资料及隐私信息,恶意发送垃圾短信、垃圾邮件,或恶意自动拨打收费电话,以及恶意订购手机业务套餐或恶意登录网站造成用户的流量损失等。

8.5.2 移动通信病毒的传播途径

移动通信病毒主要以智能手机(及其操作系统)为载体,通过移动通信网络和移动互联网络进行传播。现有的移动通信病毒主要通过如下三种途径进行传播。

(1)早期的移动通信病毒主要通过短信方式进行传播,主要的原因是因为短信业务是当前最普及的手机数据交换业务之一。短信的本质是数据传输交换,由于早期的短信网关和用户的移动终端大多不配备病毒查杀软件,所以可以轻易地被病毒设计者利用,通过将病毒代码附着在短信中,实现对目标主机的攻击。该类病毒主要是利用普通手机芯片中一些固化程序存在的缺陷,通过向这些有缺陷的手机发送经过特殊编辑的短信,当用户查看这些短信时就会导致手机的固化程序异常,从而产生诸如关机、重启、删除资料等中毒现象。

(2)移动通信病毒的第二种传播途径是通过染毒应用程序方式进行传播。随着智能手机的普及和智能手机操作系统逐步开放 API 供开发者使用，一些病毒开发者开始利用这些操作系统开放的 API 编写功能更强的病毒，并将其附着在一些正常的手机应用程序上（如记事本、小游戏、电子书、彩铃铃音等），然后利用社会工程学方法达到扩散传播的目的（常见的方式是利用热门软件伪装自身，诱骗用户下载安装）。这也是手机病毒目前最常用的攻击方式。由于这一类型的病毒能够利用智能手机操作系统开放的 API 接口调用多种系统服务，因此造成的危害性更大，除了能够导致用户的移动终端死机、异常开关机和用户文档资料被删除外，还可能导致用户的话费损失、隐私泄露、手机损坏等更为严重的后果。

（3）随着智能手机的普及和手机上网包月费用的不断降低，手机上网逐渐被广大手机用户所接受。在人们尽情享受通过智能手机进行网上冲浪的乐趣的同时，网络上无处不在的计算机病毒也趁机大行其道。移动通信病毒的第三种传播途径就是通过移动互联网中服务器和客户端的系统漏洞进行传播，病毒攻击的系统漏洞既可以是移动终端的操作系统漏洞（如通过手机浏览器的安全漏洞向用户手机注入病毒），也可能是移动通信网关服务器端的系统漏洞（例如通过攻击服务器植入病毒以感染更多的移动终端）。由于现有的移动智能终端大多不配备病毒查杀软件，而且移动用户缺乏定时更新操作系统（打安全补丁）的意识和习惯，所以这类漏洞型病毒传播起来十分迅速，而要想消除病毒的影响所需付出的代价也较大。攻击移动通信网关的病毒造成的危害则更为巨大。网关是连接不同网段的枢纽，一旦网关服务器被感染，则网段内所有的通信节点均会受到影响。如果病毒开发者能够发现并利用移动通信网络中的网关服务器漏洞，攻击得手后将会对相应的移动通信网络造成致命性影响，例如大量发送垃圾短信或导致网络瘫痪等。综上，与前两种病毒传播方式相比较，漏洞型病毒不仅影响面更广，而且危害性更大。可以预见，随着 3G 手机上网方式的日益普及，漏洞型病毒将成为主要传播的病毒之一，代表了未来移动通信病毒的发展趋势。

根据移动通信安全厂商网秦公司发表的《2010 年中国大陆地区手机安全报告》显示，当前移动通信病毒发展的一个新趋势是以"手机僵尸"为代表的资费消耗行为和强制开通移动运营商提供的增值服务等恶意扣费类手机病毒，已经成为手机用户面临的最大安全威胁。数据表明，当前存在恶意扣费行为的手机病毒种类从去年的 171 个，快速增长到 968 个，占当前已知手机病毒总数的比例为 32%。2010 年，该类病毒累积感染手机 250 万部以上，使其成为影响用户手机安全的主要威胁。而在传播途径方面，病毒受害者通过手机访问 WAP 网站和 WWW 网站而感染病毒的比率高达 75%，通过短信、彩信等方式而感染病毒的比率为 14%，通过蓝牙传输方式感染病毒的比率约占 6%，而通过存储卡等途径感染病毒的比率约占 3%。其中联网感染病毒的几率最大，成为用户面临的最主要威胁。

8.5.3　移动通信病毒的危害

要全面了解移动通信病毒的危害性，首先应当对移动通信病毒可能攻击的目标对象有个完整认识。移动通信病毒对移动通信系统的攻击及其危害可以归纳为如下几类。

1.直接攻击用户使用的移动终端

这也是目前移动通信病毒的主要攻击方式。一旦用户的手机被这类病毒所感染，病毒将会利用手机芯片中固化程序存在的漏洞或者利用手机操作系统提供的系统服务接口，通过各种方式对系统进行破坏（如破坏系统的可用性、消耗用户的上网流量或短信通信费等）。

2.攻击移动通信网络的服务器

利用接入服务器或移动通信网关的系统漏洞向手机发送大量垃圾信息。

3.攻击为手机提供上网服务的互联网内容服务器

通过向服务内容中植入病毒达到对用户手机进行间接攻击的目的。

4.攻击 WAP 服务器

WAP 是无线应用通信协议(Wireless Application Protocol)的首字母缩写,它是实现数字移动电话和互联网进行通信的全球性开放标准,因其运行只需要设置专门的 WAP 代理服务器,而不需要对现有的移动通信网络协议做任何改动,所以能够广泛应用于 GSM、CDMA、TDMA、3G 等多种网络。由于 WAP 服务器在手机上网中所扮演的关键性角色,一旦 WAP 服务器的安全漏洞被病毒制造者发现并利用,将对移动用户的上网业务造成灾难性后果。

8.5.4　移动通信病毒的类型

1.按照操作系统分类

按照移动通信病毒依赖的操作系统系统平台的不同,可以将其分为:Symbian 系统平台病毒、Windows Mobil 系统平台病毒、Android 系统平台病毒、iOS 系统平台病毒、J2ME 系统平台病毒和 Palm 系统平台病毒等类型。统计数据显示,过去几年来 Symbian 系统受到的病毒攻击最多,这与 Nokia 手机在智能手机市场领先的市场占有量直接相关。然而近年来随着 Android 系统的崛起和 Windows Mobil 系统的市场竞争力的不断增强,针对这两个平台的病毒种类和染毒手机数量都呈现出加速增长的态势,可以预见在今后一段时间内,这 3 个操作系统平台将成为病毒制造者的主要攻击目标。与之形成对照的是同样占据智能手机重要市场份额的苹果公司,其 iOS 操作系统目前受到的攻击较少,主要的原因是苹果公司在向用户提供 iOS 操作系统的 API 方面十分保守,因而暴露出的系统漏洞也相对少一些。

2. 按照传播途径分类

按照移动通信病毒的传播途径的不同,可以将其分为:短信病毒、蓝牙病毒、电子邮件病毒、网络病毒、MMS 病毒、红外病毒等几种类型。短信病毒是最早出现的移动通信病毒类型,早期的病毒制造者利用某些手机芯片程序存在的漏洞,通过在短信中嵌入特殊字符的方式对其实施攻击;蓝牙病毒借助手机的蓝牙功能实现病毒传播,该类型的病毒通常会主动调用宿主主机的蓝牙模块的功能,通过不间断地扫描搜索蓝牙通信范围内的蓝牙手机目标主动实施传播感染。随着 3G 网络技术和智能手机的普及,手机上网的方式逐渐为广大手机用户所接受,作为传统互联网环境下的杀手级应用,电子邮件服务在移动互联网环境下得到了迅速推广普及,由于电子邮件服务的便捷性和内在缺陷,多数病毒制造者都习惯于利用电子邮件附件作为病毒传播的载体,因此当越来越多的手机用户开始使用智能手机收发邮件时,越来越多的病毒制造者也瞄准了这个可乘之机,利用手机邮件附件传播病毒的方式已经成为了当前病毒传播的主要方式之一。除了电子邮件外,病毒制造者还利用移动互联网用户对于手机病毒的危害认识不足的情况,采用各种社会工程学方法利用网络散布病毒,当用户从网络上下载手机铃音、图片、应用软件、游戏、系统补丁等时,如果不小心下载了病毒制造者精心制作的染毒程序,就有可能感染病毒。除了上述几类主要的传播途径外,近年来还出现了一些新型的移动计算

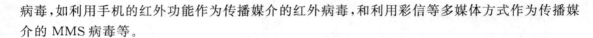

病毒,如利用手机的红外功能作为传播媒介的红外病毒,和利用彩信等多媒体方式作为传播媒介的 MMS 病毒等。

3. 按照危害方式分类

按照移动通信病毒对用户造成的危害方式的不同,可以将其分为:系统破坏类病毒、数据破坏类病毒、资源消耗类病毒、隐私窃取类病毒、恶意扣费类病毒、恶意传播类病毒、诱骗欺诈类病毒以及混合型病毒等类型。从趋势上看,在移动通信病毒发展的早期阶段,是以系统破坏和资源消耗等类型为主的,主要的目的是恶作剧和炫耀病毒制造者的技能。然而随着移动互联网的推广普及,追逐经济利益逐渐成为了病毒制造者的主要目标,表现在病毒的主要危害方式上就是恶意扣费和诱骗欺诈这两种类型的病毒成为当前危害最大的种类。

 8.6 移动通信病毒的发作现象

针对当前移动通信病毒已经对用户的个人通信安全构成严重威胁的现实情况,可以对手机病毒的发作后的表现归纳总结如下。

8.6.1 破坏操作系统

例如针对塞班操作系统(Symbian OS)的 Skulls 系列病毒(又称为骷髅头病毒),通常伪装成 Extended theme. sis 主题文件的形式以诱使用户主动下载和安装。一旦用户执行该文件,该病毒程序会自动安装到手机的系统目录下,并提示用户重启操作系统。重启后病毒会将所有应用程序图标都替换成骷髅头标志,并且删除图标与应用程序之间的程序关联,从而导致应用程序失效。又如,针对安装有. NET Compact Framework 2.0 及其以上版本的 Windows Mobile 操作系统的 Wince. MAL_DRPR-3 病毒,该病毒文件使用卡巴斯基杀毒软件图标来迷惑用户下载并安装,一旦染毒程序被运行,会感染并破坏手机上运行的所有系统进程,当用户随后使用系统进程(如查看系统资源)时,病毒程序将被激活,手机操作系统将自动执行关机任务,同时关键文件被删除,导致系统无法重启。

8.6.2 破坏用户数据

针对塞班操作系统(Symbian OS)的 DD. ClearLog 病毒,同样以恶意插件的方式与正常的卡巴斯基杀毒软件打包在一起,当用户下载并安装这种染毒的杀毒软件时,会同时安装软件携带的恶意插件,该恶意插件将首先在后台联网传送用户的隐私信息,然后自动删除用户保存在手机上的短信和通信录信息,造成用户的数据丢失和隐私泄露。

8.6.3 消耗系统资源

著名的 Cabir 系列病毒通过蓝牙通信方式进行自身复制和传播,一旦被激活,将不间断地搜索周围开启了蓝牙服务的设备,造成手机电池电量的迅速消耗。又如,肆虐 Symbian 操作系统平台的 Commwarrior 系列病毒(又称为武士病毒),是全球第一个通过移动多媒体消息服务(MMS)传播的病毒,通过伪装成 MP3 文件诱使用户下载安装并执行。Commwarrior 类型的病毒会在被感染的手机上复制数份拷贝,并通过手机中的通信录利用 MMS 方式将病毒的拷贝发送给机主的联系人,同时会像 Cabir 型病毒那样通过蓝牙不断搜寻附近的其他蓝牙设备,伺机进行感染。通过 MMS 和蓝牙配合传播,意味着该病毒可以在极短时间内传遍全球。由于 Commwarrior 型病毒会大量发送经过伪装的 MP3 文件,同时不断扫描周围的蓝牙设备,因此会导致手机电源被严重消耗,严重影响手机的正常使用。

8.6.4　窃取用户隐私

肆虐于移动通信网络的 LanPackage. A 病毒给我国许多使用塞班操作系统的手机用户造成了不小的损失。该病毒通过多媒体短信服务(Multimedia Messaging Service,MMS)方式进行传播,一旦用户打开接收到的图片信息(通常为一个骷髅头标记的图片),图片内嵌的链接就会被激活,引导用户登录一个名为 http://transdin. com 的网站(该网站已被查封),并自动下载一个名为 lanpackage. sisx 的软件安装包,该安装包谎称自己是一个"系统中文语言包"以诱骗用户安装(事实上安装的是一个木马程序)。完成安装后病毒会立即启动并在后台运行,首先自动联网下载新的病毒程序,并通过病毒程序窃取用户短信上传到网络服务器端,然后以受害者的隐私为诱饵,通过随机发送彩信的方式诱骗其他手机用户访问"挂马"网站,实施新一轮攻击。该病毒还具备了一定的防御机制,不但会使得 Activefile、TaskSpy 等常用的第三方文件管理工具失效,导致用户无法手动终止病毒进程,而且会进一步关闭系统程序管理进程,导致用户无法正常卸载病毒程序。

"QQ 盗号手"(AT. QQStealer)系列病毒是影响范围较为广泛的隐私窃取类病毒,该病毒针对庞大的手机 QQ 用户群体,通过将自身伪装成"QQ 花园助理"和"刷 Q 币工具"之类的实用工具诱骗用户下载安装。用户的手机一旦中毒,屏幕上将显示 QQ 登录界面,一旦用户输入自己的 QQ 账号和密码,病毒就会将其记录下来,并通过短信方式发送到一个以 159 开头的特定手机号上,从而导致用户的账号和密码丢失。

Android. Lightdd 病毒是流行于 Android 手机操作系统平台的一类隐私窃取类病毒,该病毒以木马方式植入到一款下载量较高的手机游戏 Hot Girls 3 中,当用户下载并安装该游戏时,病毒被同时安装。该病毒被设置为由用户的通话行为激活,并以系统服务的方式在后台运行。病毒被激活后启动一个定时器,当激活时间达到 10 小时后,病毒开始采集用户手机的 IMEI、IMSI、国家、语言、系统版本等隐私信息,连同用户手机中安装的所有应用程序列表一同上传到病毒配置文件指定的远程服务器上。

8.6.5　恶意扣取费用

MSO. Optimiz 病毒通过将自身伪装成"手机优化大师"的形式,诱骗用户下载安装,软件安装过程中会强行安装两款恶意插件,并通过恶意插件在后台自动联网上传用户隐私数据,同时大量向程序内预置的多组号码发送短信以达到骗费目的(已知的短信外发目标号码包括 10669539 和 15810403648 等)。此外,该恶意插件还能够在用户不知情的情况下主动向移动运营商订购高额的服务项目,从而使用户遭受严重的经济损失。因而该病毒也被称为"扣费大师"病毒。

2010 年 9 月 3 日,病毒厂商卡巴斯基官方网站宣布检测到第一个运行于 Android 手机操作系统的恶意程序 Trojan-SMS. AndroidOS. FakeFlayer. a,该木马程序通过将自身伪装成一个正常的手机媒体播放器程序(APK 文件)诱使用户下载安装,安装过程中会要求用户允许其获得短信发送权限,一旦用户选择确认,该木马程序将在后台发送大量付费短信到指定号码,从而达到恶意扣取用户话费的目的。

更有甚者,2011 年 9 月爆发的 Android. Hack. RomAtatistic. a 病毒是一款针对 Android 手机操作系统平台的后门窃听病毒,该病毒是一款寄生在手机的 ROM(固态半导体存储器)中的恶意扣费病毒,一旦被置入手机平台,则会自动发送扣费代码到指定的手机号码,达到扣取用户手机费用的目的。该病毒通过服务器及短信来控制手机的扣费代码发送时间,并能将扣费短信的发送记录通过网络和短信上传至病毒服务器。

2011 年 5 月,常州市警方破获了一起利用手机娱乐程序内置病毒私自订阅高额 SP 服务牟利的商业欺诈案件,这也是我国警方破获的全国首例"手机病毒恶意扣费"案。该案件的涉案公司管理层为扭转经营困局,雇佣专业从事恶意软件设计的程序员设计了一款名为"娱乐伴侣"的手机应用程序,该程序表面上看起来是一个正常的 SP 服务应用程序,用户可以通过"娱乐伴侣"从服务器下载各种彩铃铃音、手机电子小说和手机小游戏等,然而背地里这款应用程序能够通过内置的病毒代码在用户不知情的情况下,以短信方式从移动运营商处订购高额的服务项目,从而达到的非法扣取用户手机费而牟利的目的。

8.6.6　远程控制用户手机

2004 年 8 月爆发的针对 Windows CE 操作系统的 Backdoor. Wince. Brador. a 病毒是全球范围内发现的第一个可以让攻击者远程控制被感染手机的手机木马病毒,该病毒会在染毒手机中开设后门,攻击者不但可以利用后门窃取受害者手机中存放的号码簿和电子邮件等隐私信息,而且可以通过后门远程控制该手机,运行多种有危害的指令。

自从 Brador 病毒出现以来,各种以远程控制受害者手机为目标的手机病毒变体不断出现,而且手段更加隐蔽,功能更为强大。例如,2011 年 2 月,我国国家计算机病毒应急处理中心监测到一款名为"X 卧底"(Spy. Flexispy)的手机病毒,该病毒不但可以监控用户收发短信和通话记录,还可远程开启手机听筒,监听手机周围声音,实时监听部分用户的通话,并且利用 GPS 功能监测手机用户所在位置,给用户安全隐私造成极大的威胁。

8.6.7　其他表现方式

除了上述几种典型的发作现象外,移动通信病毒还有其他一些特殊的表现形式,如恶意传播类病毒以复制传播自身为目的,通常会综合利用手机的各种通信方式实现在移动通信网络中的扩散和蔓延;诱骗欺诈类病毒通过将自身伪装成合法软件或通过在网站挂载恶意软件等方式引诱用户下载安装,进而实现其记录和窃取用户隐私信息的目的;流氓行为类病毒通常以后台服务方式工作在用户手机上,在用户不知情的情况下,利用用户手机操作系统提供的系统服务接口完成某些恶意动作(如订购收费服务、窃听用户通话内容等)。

 ## 8.7　典型移动通信病毒分析

8.7.1　移动通信病毒发展过程

移动通信病毒出现的历史并不长,世界上最早出现的与移动通信直接相关的病毒可以追溯到 2000 年在西班牙发现的 Script. VBS. TimoFonica 病毒,该病毒并不直接攻击用户的手机,而是通过攻击西班牙首席电信和移动电话运营商 Telefonica 公司的短信平台网络系统,实现对用户手机的间接攻击。该病毒以 Windows Visual Basic Script 脚本语言编写,通过电子邮件的附件进行传播,一旦收件人打开染毒的附件文件,该病毒将会被激活。激活后的病毒程序会读取用户计算机内存储的通信录,并向所有的联系人发送标题为 TimoFonica 的电子邮件,并附加文件名为 TimoFonica.txt.vbs 的病毒脚本,从而实现病毒的传播。如果通信录中的联系人有手机号,则该病毒会利用移动运营商提供的"电子邮件转短消息"服务向该手机号发送一条批评辱骂 Telefonica 公司的文本短信息,该短信并不会对接收者的手机造成直接破坏(Timo 在西班牙语中有"恶作剧"和"恶搞"之意)。

TimoFonica 病毒是首次以短信方式攻击移动通信平台的病毒,因此被视为第一个移动通信病毒。然而相对于后来出现的专门以手机作为攻击对象的病毒而言,TimoFonica 病毒还不能算作真正意义上的手机病毒。世界上第一个公认的手机病毒直到 2004 年 6 月才出现,它就是著名的 Symbian.Cabir.A 病毒。该病毒借助诺基亚 S60 系列手机的蓝牙设备进行传播,当用户通过蓝牙或网络下载方式接收该文件到手机并选择安装之后,病毒被激活,在手机屏幕上显示 Cabir 字样,并打开被感染手机的蓝牙接口,持续扫描通信范围内的蓝牙设备,从而使手机的待机时间大幅缩短。一旦扫描到周围有开启了蓝牙功能的诺基亚 S60 系列手机,该病毒会主动发起蓝牙连接,并向对方发送自身的安装文件副本,从而造成病毒传染。通常 Cabir 病毒被视为一个概念性病毒,因为它的传播需要接收方确认蓝牙设备的配对消息,而一般用户不会盲目接收陌生的蓝牙连接,可以很容易地拒绝接收染毒文件,因此病毒传播的条件并不充分。然而 Cabir 病毒的出现却向人们传递了一个非常危险的信号,因为这个病毒一方面有着类似网络蠕虫的传播模式,另一方面又具备类似于恶性计算机病毒的隐蔽性和破坏性。此后一些通信病毒的发展事实也证明,Cabir 病毒开启了移动通信安全的潘多拉盒子,先是出现了一系列 Cabir 病毒的变体,之后各种手机病毒开始泛滥并且愈演愈烈。

随着移动通信技术和网络基础设施的发展,使用手机上网的用户越来越多,人们充分享受着移动网络生活的乐趣。然而相伴而行的还有移动通信病毒技术的发展,各种类型手机病毒的出现,已经严重地威胁到了手机的使用安全。自 2010 年以来,手机病毒日趋活跃,呈现出愈演愈烈的趋势,从"X 卧底"和"手机骷髅",再到"短信海盗"和"终极密盗",短短数月间,多种恶性手机病毒相继爆发,给中国手机用户造成了重大的经济损失。从发展趋势看,移动通信病毒的发展经历了从干扰手机操作系统、破坏用户数据、消耗手机系统资源等恶作剧功能为主的初级阶段,到以恶意套取用户资费、窃取用户隐私牟利的第二阶段,现在已经发展到了远程控制用户手机,以盗窃更多类型的用户个人身份信息(主要是网银支付账号和密码)为目的的第三阶段,在这一阶段,移动通信病毒制造者已经不再是单打独斗的个体,而是与一些缺乏道德观念和社会责任感的商业企业相勾结,形成了一条黑色的产业链。例如,在 2010 年披露出来的国产山寨手机通过内置恶意软件对购买者实施"恶意吸费"侵权行为的系列案件中,其背后的黑色产业链据保守估计年收入超过 10 亿元人民币。在巨额经济利益的诱惑下,移动通信病毒制造者变得更加疯狂和肆无忌惮,各种类型病毒推陈出新的速度明显加快,同时病毒的功能也在不断融合和提升,由此带来的一个新特点就是,近期出现的移动通信病毒往往兼具前面归纳总结的多种类型病毒的功能,呈现出混合型的发作特征。归根结底,病毒的发展还是受到背后的经济利益的驱动,因此当前病毒的突出特征是大多具备如下两个基本特征,即窃取用户的隐私信息(特别是与网银支付相关的用户账号和密码信息)和恶意套取用户的通信资费。

智能手机的普及和移动互联网的发展使得移动通信病毒的制造者有利可图,经过多年的发展,移动网络背后的黑色产业链已经初步形成并且在迅速发展壮大当中,2010 年全球范围内几次较大规模的手机病毒事件已经给广大手机用户造成了较大的经济损失,移动通信病毒的对于用户通信安全的威胁已经成为了不争的事实。市场调研公司 Gartner 指出,2010 年第三季度全球智能手机销售量超过 8 100 万部,与 2009 年同期相比增长了 96％,占 2010 年第三季度手机销售总量的 19.3％。随着智能手机的迅猛发展,手机病毒也出现了"井喷"的态势。据中科院发布的市场调研结果显示,截至 2010 年 5 月,我国手机安全市场已发现的病毒达1 600 种以上,2010 年上半年即有超过 500 种新增病毒出现。手机病毒的威胁也在不断升级,从一开始通过制造黑屏、死机、增加手机电量消耗等破坏手机运行的方式,升级为窃取话费、上传隐私和盗取用户手机中的网银、证券账号和密码等。如今随着移动互联网的兴起,不法厂商和个人通过手机远程控制类病毒恶意扣取用户话费和流量成为新的发展趋势。当用户在被手机木马病毒侵袭后将成为"移动肉鸡",一旦手机的联网功能开启,木马病毒将自动联网,通过发送虚假短消息和下载其他病毒程序等方式恣意消耗用户的上网流量和通信资费。预计2012 年,移动通信病毒将进入高发期,手机安全市场也将因此而进入高速成长期。

8.7.2　典型手机病毒 Cabir

　　Cabir 病毒是首例可以在手机之间传播的移动通信病毒,该病毒是 2004 年 6 月由俄罗斯著名的杀毒软件供应商"卡斯佩尔斯基实验室"中一个代号为"29A"的病毒编写小组开发出来的,目的是验证这种新型移动通信蠕虫病毒传播方式的可能性,因此该病毒实质上是一个概念验证型病毒。由于该病毒的设计目的是进行概念验证(proof-of-concept),因此在病毒体中并不包含有效的攻击载荷。病毒发作时会在手机上显示"Caribe-VZ/29a"字样。

　　Cabir 病毒是针对诺基亚 Series 60 平台的塞班操作系统设计的,病毒程序以.sis 文件的形式进行传播,受到感染的手机会自动搜索周边的蓝牙设备(Bluetooth),并主动向搜索到的设备发起连接请求和自动发送该蠕虫病毒文件,一旦受害人接收并打开包含蠕虫病毒程序的.sis文件,Cabir 蠕虫程序将被安装到系统的 apps 目录下,同时病毒被激活,同样按照"扫描蓝牙设备-发起连接-发送染毒文件"的顺序进行动作,从而开始下一轮传播操作。

　　由于 Cabir 病毒的主体程序中并不包含任何攻击载荷,因此该病毒的危害性主要是由其"副作用"造成的,即由于病毒通过持续扫描蓝牙设备来复制和传播自身,会造成宿主手机的电池寿命大幅缩减。下面将对该病毒进行具体分析。

1. 病毒别名
- Worm,Symbian.Cabir.a(Kaspersky 公司定义的病毒名称)
- Symbian/Cabir(McAfee 公司定义的病毒名称)
- Bluetooth-Worm；SymbOS/Cabir(F-Secure 公司定义的病毒名称)
- Symb/Cabir-A(Sophos 公司定义的病毒名称)

2. 病毒类型
- 蓝牙蠕虫(Bluetooth-Worm)

3. 病毒文件长度
- 15 104B(病毒传播文件:caribe.sis)
- 11 944B(病毒主程序文件:caribe.app)

- 11 498B(病毒系统识别文件：flo. mdl)
- 44B(病毒资源定义文件：caribe. rsc)

4. 受该病毒影响的手机平台

- Nokia Series 60(Developer1. 0)：7610/6620/6600/X700
- Nokia Series 60(Developer2. 0)：Nokia7650/3650/3600/3601/3620/N-Gage
- Siemens SX1
- SendoX

注意：Cabir 病毒仅对上述易感平台中开启了蓝牙服务的个体产生影响。

5. 不受该病毒影响的操作系统平台

- Windows 系列：DOS/3. x/95/98/ME/NT/2000/XP/ 7/Server2003
- UNIX，Macintosh，Novell Netware，Linux

6. 病毒传播方式

Cabir 病毒的传播方式是将自身伪装成诺基亚手机的应用软件，以名为 caribe. sis 的文件形式通过蓝牙文件共享方式进行传播。当感染了 Cabir 蠕虫的手机搜索到目标设备时，将主动发起连接，从而开启病毒的新一轮传播，其详细过程描述如下。

(1)当蠕虫发起蓝牙连接时，目标设备的用户会接收到一条如下格式的通知消息：

Receive message via Bluetooth from ＜devicename＞?

其中的 devicename 为蠕虫宿主手机的蓝牙设备名。

(2)若目标用户不小心选择了接收该文件，操作系统会提示用户：

Application is untrusted and may have problems. Install only if you trust provider.

该信息的意思是告诉用户该文件的来源不可信(没有合法的数字签名)，如果需要安装该应用软件，应首先对其来源进行核实(确定是否为恶意软件)。

(3)若目标用户忽略上述警告消息而选择运行该软件，则操作系统会发出如图 8-6 所示的警告信息，提醒用户无法确认该软件的开发商(可信性)，要求用户选择是否继续安装。

(4)若用户选择 Yes，操作系统会给出一条正常的安装提示，如图 8-7 所示。

图 8-6　操作系统对病毒文件的
来源给出警告信息

图 8-7　操作系统在安装病毒
文件前给出的提示信息

（5）如果用户选择 Yes，则 Cabir 蠕虫病毒被安装并激活，对于多数 Nokia S60 平台的手机而言，病毒程序安装完成后会显示如图 8-8 所示的界面，图中"Caribe-VZ/29a"的字样是告知用户该病毒的名称为 Caribe，其开发团队是一个国际化病毒编写小组 29a。对于少数基于 S60 平台的诺基亚手机（如 Nokia 6600），病毒安装完后也可能不显示任何信息。

图 8-8　病毒程序安装结束后
给出的提示信息

当 caribe.sis 被用户允许安装时，将复制如下可执行的蠕虫文件到指定位置：

- c:\system\apps\caribe\caribe.app
- c:\system\apps\caribe\caribe.rsc
- c:\system\apps\caribe\flo.mdl

（6）蠕虫病毒安装完成后被激活（自动运行 caribe.app），caribe.app 将首先对病毒文件进行复制，以便生成新的传播文件（目的是对抗用户安装后删除安装文件的行为）。caribe.app 分别将 caribe.app、caribe.rsc 和 flo.mdl 等病毒组件安装到如下指定位置：

- c:\system\symbiansecuredata\caribesecuritymanager\caribe.app
- c:\system\symbiansecuredata\caribesecuritymanager\caribe.rsc
- c:\system\recogs\flo.mdl

（7）蠕虫病毒主程序 caribe.app 根据上述病毒组件副本重建 caribe.sis 文件，同时开始扫描周边的蓝牙设备寻找下一个入侵目标，寻机发送 caribe.sis 文件给对方。

（8）caribe.app 被设置为自动运行，每当用户重启手机时，该病毒程序即得到执行。

7. 病毒发作症状

对周边的蓝牙设备进行持续搜索，一旦发现开放的蓝牙设备端口即自动进行连接，并主动向对方传送包含病毒程序的.sis 文件。由于 Cabir 持续扫描蓝牙设备，会造成宿主主机的电池电量迅速被耗尽，由此可能会影响设备的全部使用性能。

8. Cabir 病毒的手工查杀方法

安装文件管理软件，手工删除手机操作系统中的如下文件：

- c:\system\apps\caribe\caribe.app
- c:\system\apps\caribe\caribe.rsc
- c:\system\apps\caribe\flo.mdl
- c:\system\recogs\flo.mdl
- c:\system\symbiansecuredata\caribesecuritymanager\caribe.app
- c:\system\symbiansecuredata\caribesecuritymanager\caribe.rsc

注意：如果 caribe.rsc 文件无法删除，表明病毒程序当前正在运行，可以首先删除上述列表中的其他文件，然后重启手机操作系统，这时就可以删除 caribe.rsc 了。

9. 如何防范 Cabir 病毒侵袭

由于 Cabir 病毒通过搜索蓝牙设备来寻找传播对象，因此用户可以通过关闭蓝牙设备的方式来避免被染毒手机搜索到。如果用户确实需要使用手机的蓝牙功能,则应确保该设备的可见性被设置为"隐藏"(Hidden),这样也可以避免自身被其他恶意设备搜索到,如图 8-9 所示。

当使用完手机的蓝牙功能后,应及时将其关闭,如果有必要保持蓝牙开启状态,则应将所有已配对设备设置为"未被授权"(Unauthorized)状态,该状态要求用户对每个设备的连接请求均需要授权确认。用户在确认设备连接之前,一定要认真仔细地确认请求连接的设备身份(是否是你希望连接的对象),同时,对于从可靠性差的环境接收得到的应用文件要保持高度警惕性(最好是不要接收未知来源发来的文件),如果没有合法的数字签名,切忌出于好奇打开它。事实上 2004 年 10 月在我国上海发现的首例 Cabir 手机病毒案例的传染原因就是因为受害人出于好奇接收并运行了未知来源手机传来的应用程序。据受害人描述,当时他使用的手机型号是诺基亚 7650,由于错误地认为通过蓝牙

图 8-9　设置手机蓝牙可见性为"隐藏"

接收到的陌生文件是拼图游戏(从图标的形状草率判定),所以在手机上运行了一下,后来发现没有任何游戏程序被安装,于是将收到的文件删除。但当其再次开启手机时,屏幕上出现了 "Caribe"字样的病毒提示语句,同时手机电量被迅速耗尽(因为病毒在后台不停地搜索周围的蓝牙设备)。

 ## 8.8　防范移动通信病毒的安全建议

与计算机病毒类似,手机病毒也是一种程序,由一组计算机指令构成。手机病毒也具备传染性、潜伏性和破坏性。在传染性方面,手机病毒可以利用短信、铃音、邮件、软件等方式,实现手机到手机、手机到手机网络、手机网络到互联网的传播;在潜伏性方面,一些手机病毒在感染目标手机后并不会即时发作,而是会潜伏在宿主主机系统中,等待某些预设的条件满足的情况下才会被激活;在破坏性方面,手机病毒也有类似于计算机病毒的破坏性,可能造成的危害包括损毁手机芯片和 SIM 卡等硬件设备、破坏手机操作系统和用户数据、恶意消耗系统资源、窃取用户隐私和恶意扣费等。在攻击手段上,手机病毒也与计算机病毒十分相似,主要是通过社会工程学手段实现传播(如伪装成热门软件诱骗用户下载,通过垃圾邮件附件的形式进行散播等),也有一部分是利用系统漏洞等技术手段进行传播的。

解决移动互联网安全危机要从三个方面入手:技术能力、政策法规与行业服务。技术能力上,需要安全厂商提供从网络到终端的安全防护技术,而同时也要有配套的政策法规来进行移动互联网的安全保障,从行业服务角度来看,手机互联网应该提供"延伸到人"的安全服务体系。然而,移动互联网的安全绝不是能靠一个厂商或者一家机构就可以进行解决的,需要所有移动互联网的参与人共同来解决这些问题,从缺陷手机召回机制、手机安全管理、构建手机用户的维权通道、手机操作系统的补丁推送、应用软件的检测机制、成立移动互联网监测平台、完善被感染手机处理方法等几方面共同努力来解决移动互联网上的安全危机。

手机的安全需要联合运营商、设备提供商、安全软件提供商和手机用户等多方面的力量来构建。从目前来看,政府和产业界应该联手加快标准和法律的研究,完善相关标准和法律体系。产业界还应该联手加强手机安全关键技术的研究和突破,为后续发展提供技术支撑。移动运营商则应当下大力气做好行业自律工作,同时应着力强化对旗下的 WAP 服务器和无线接入设备(网关)等的安全防护工作,这是防范手机病毒很关键的一步。

对于广大手机用户,需要掌握以下防范移动通信病毒的基本知识。

(1)安装经过国家权威部门认证的专业手机杀毒软件,定期更新病毒库,定期扫描手机系统中安装的应用软件,确保其无毒无害、工作正常。

(2)手机用户在网上下载软件时,要选择具有安全验证机制的正规手机软件下载网站。切勿轻信"破解版"、"完美修正版"等经过二次加工的手机软件、手机游戏、电子书,以及音乐、视频文件等,需防范其中有可能嵌入手机病毒。用户从网上下载手机程序前,最好用杀毒软件进行扫描,确认无毒后再运行。

(3)提高手机使用时的安全意识,不要随意接听和查看带乱码的来电、短信和彩信,不要随意在网站上登记自己的手机号码,尽量不要浏览黑客、色情网站。

(4)对于带蓝牙功能的手机,可将蓝牙功能属性设为"隐藏",以避免被恶意程序搜索到成为感染目标。当利用无线传输功能(如蓝牙、红外等方式)收发信息时,要注意选择安全可靠的信息传输对象,如果有陌生设备搜索请求连接最好不要接受。

(5)定期备份手机上的重要数据(如通信录、电子邮件和重要短信),以避免因病毒感染而造成数据丢失。

(6)若不慎中毒,应立即终止病毒进程,并删除病毒应用程序。如果无法彻底清除病毒,则应立刻关机,取出 SIM 卡,将手机送到专业维修公司进行杀毒和系统恢复。

 习 题

1.即时通信病毒的基本特点是什么?

2.即时通信病毒的传播特性是什么?

3.简述即时通信病毒的主要危害,以及如何防范即时通信病毒。

4.简述移动通信病毒的基本原理和主要传播途径。

5.结合移动通信病毒的类型和发作现象,思考病毒间的内在关联是什么?

6.通过文献调研了解移动通信病毒的新发展和新趋势。

第9章
操作系统漏洞攻击和网络钓鱼概述

 9.1 操作系统漏洞

操作系统漏洞是指计算机操作系统本身所存在的问题或技术缺陷,操作系统产品提供商通常会定期对已知漏洞发布补丁程序提供修复服务。操作系统漏洞产生的原因:人为因素、客观因素和硬件因素。漏洞是在硬件、软件、协议的具体实现或系统安全策略上存在的缺陷,从而可以使攻击者能够在未授权的情况下访问或破坏系统。即某个程序(包括操作系统)在设计时未考虑周全,当程序遇到一个看似合理,但实际无法处理的问题时,引发的不可预见的错误。它不是安装的时候的结果也不是永久后的结果,而是编程人员的人为因素,在程序编写过程中,为实现不可告人的目的,在程序代码的隐蔽处保留后门,或编程人员受能力、经验和当时安全技术所限,在程序中难免会有不足之处,轻则影响程序效率,重则导致非授权用户的权限提升等。

9.2 Windows 操作系统漏洞

造成 Windows 操作系统存在安全隐患的主要原因包括:操作系统的代码过于庞大复杂,代码重用现象严重,盲目追求易用性和兼容性等,这些都会引入和放大安全隐患。

常见的漏洞分析如下。

1. UPnP 服务漏洞

由于 UPnP 技术的简单性和坚持开放标准,UPnP 技术已经得到了众多设备厂商的采纳。Windows XP 率先实现了对 UPnP 技术的支持,但是,它存在一些安全漏洞,攻击者可以利用这些漏洞减慢计算机的运行速度,或者,攻击者可以使自己在被攻击系统中的权限提升。Windows XP 自身就附带了一个 Internet 连接防火墙,安装该防火墙能够保护免遭 Internet 攻击者的攻击。UPnP 中的这个安全性漏洞已经得到了修补。

第一个缺陷是对缓冲区(Buffer)的使用没有进行检查和限制。外部的攻击者,可以通过缓冲区取得整个系统的控制特权。由于 UPnP 功能必须使用计算机的端口来进行工作,取得控制权的攻击者,还有可能利用这些端口,达到攻击的目的。

第二个缺陷就与 UPnP 的工作机理有关系,该缺陷存在于 UPnP 工作时的"设备发现"阶段。发现设备可以分为两种情况:如果某个具备 UPnP 功能的计算机引导成功并连接到网络上,就会立刻向网络发出"广播",向网络上的 UPnP 设备通知自己已经准备就绪,在程序设计这一级别上看,该广播内容就是一个 M-SEARCH(消息)指示。该广播将被"声音所及"范围之内的所有设备所"听到",并向该计算机反馈自己的有关信息,以备随后进行控制之用。

如果某个设备刚刚连接到网络上,也会向网络发出"通知",表示自己准备就绪,可以接受

来自网络的控制,在程序设计这一级别上看,该通知就是一个 NOTIFY(消息)指示,也将被"声音所及"范围之内的所有计算机接受。计算机将"感知"该设备已经向自己"报到"。实际上,NOTIFY(消息)指示也不是单单发送给计算机听的,别的网络设备也可以听到。如果黑客向某个用户系统发送一个 NOTIFY(消息)指示,该用户系统就会收到这个 NOTIFY(消息)指示并在其指示下,连接到一个特定服务器上,接着向相应的服务器请求下载服务,下载将要执行的服务内容。服务器当然会响应这个请求。UPnP 服务系统将解释这个设备的描述部分,请求发送更多的文件,服务器又需要响应这些请求。这样,就构成一个"请求-响应"的循环,大量占用系统资源,造成 UPnP 系统服务速度变慢甚至停止。这个缺陷将导致"拒绝服务"攻击成为可能。

2. 升级程序漏洞

将 Windows XP 升级至 Windows XP pro,IE 6.0 即会重新安装,以前的补丁程序将被全部清除。Windows XP pro 的升级程序不仅会删除 IE 的补丁文件,还会导致微软的升级服务器无法正确识别 IE 是否存在缺陷,Windows XP pro 系统存在两个潜在威胁:某些网页或 HTML 邮件的脚本可自动调用 Windows 的程序;可通过 IE 漏洞窥视用户的计算机文件。

3. 帮助和支持中心漏洞

删除用户系统的文件,帮助和支持中心提供集成工具,用户通过该工具获取针对各种主题的帮助和支持。在 Windows XP 帮助和支持中心存在漏洞,该漏洞使攻击者可跳过特殊的网页(在打开该网页时,调用错误的函数,并将存在的文件或文件夹的名字作为参数传送)来使上传文件或文件夹的操作失败,随后该网页可在网站上公布,以攻击访问该网站的用户或被作为邮件传播来攻击。该漏洞除使攻击者可删除文件外,不会赋予其他权利,攻击者既无法获取系统管理员的权限,也无法读取或修改文件。

4. 压缩文件夹漏洞

Windows XP 压缩文件夹可按攻击者的选择运行代码。在安装 Plus! 包的 Windows XP 系统中,"压缩文件夹"功能允许将 Zip 文件作为普通文件夹处理。"压缩文件夹"功能存在两个漏洞:在解压缩 Zip 文件时会有未经检查的缓冲存在于程序中以存放被解压文件,可能导致浏览器崩溃或攻击者的代码被运行;解压缩功能在非用户指定目录中放置文件,可使攻击者在用户系统的已知位置中放置文件。

5. 服务拒绝漏洞

Windows XP 支持点对点的协议(PPTP),是作为远程访问服务实现的虚拟专用网技术,由于在控制用于建立、维护和拆开 PPTP 连接的代码段中存在未经检查的缓存,导致 Windows XP 的实现中存在漏洞。通过向一台存在该漏洞的服务器发送不正确地 PPTP 控制数据,攻击者可损坏核心内存并导致系统失效,中断所有系统中正在运行的进程。该漏洞可攻击任何一台提供 PPTP 服务的服务器,对于 PPTP 客户端的工作站,攻击者只需激活 PPTP 会话即可进行攻击。对任何遭到攻击的系统,可通过重启来恢复正常操作。

6. Windows Media Player 漏洞

Windows Media Player 漏洞可能导致用户信息的泄漏、脚本调用、缓存路径泄漏。Windows Media Player 漏洞主要产生两个问题:一是信息泄漏漏洞,它给攻击者提供了一种可在用户系统上运行代码的方法,微软对其定义的严重级别为"严重"。二是脚本执行漏洞,当用户选择播放一个特殊的媒体文件,接着又浏览一个特殊建造的网页后,攻击者就可利用该漏洞运行脚本。由于该漏洞有特别的时序要求,因此利用该漏洞进行攻击相对就比较困难,它的严重级别也就比较低。

7. 远程桌面漏洞(RDP 漏洞)

Microsoft Windows 远程桌面协议(RDP)允许用户在桌面机器上创建虚拟会话,这样就可以从其他机器访问桌面计算机上的所有数据和应用程序。远程桌面协议的实现在处理畸形请求时存在漏洞,可导致受拒绝服务攻击影响,使主机崩溃重启。起因是服务没有正确地处理畸形的远程桌面请求。攻击者可以向有漏洞的机器发送特制的远程桌面请求导致拒绝服务。但攻击者无法利用这个漏洞控制受影响的系统,信息泄露并拒绝服务。Windows 操作系统通过 RDP(Remote Data Protocol)为客户端提供远程终端会话。RDP 协议将终端会话的相关硬件信息传送至远程客户端,其漏洞如下所述。

(1)与某些 RDP 版本的会话加密实现有关的漏洞。所有 RDP 实现均允许对 RDP 会话中的数据进行加密,然而在 Windows 2000 和 Windows XP 版本中,纯文本会话数据的校验在发送前并未经过加密,窃听并记录 RDP 会话的攻击者可对该校验密码分析攻击并覆盖该会话传输。

(2)与 Windows XP 中的 RDP 实现对某些特殊的数据包处理方法有关的漏洞。当接收这些数据包时,远程桌面服务将会失效,同时也会导致操作系统失效。攻击者向一个已受影响的系统发送这类数据包时,并不需经过系统验证。

8. VM 漏洞

可能造成信息泄露,并执行攻击者的代码。攻击者可通过向 JDBC 类传送无效的参数使宿主应用程序崩溃,攻击者需在网站上拥有恶意的 Java Applet 并引诱用户访问该站点。恶意用户可在用户机器上安装任意 DLL,并执行任意的本机代码,潜在地破坏或读取内存数据。

9. "自注销"漏洞(热键漏洞)

设置热键后,由于 Windows XP 的自注销功能,可使系统"假注销",其他用户即可通过热键调用程序。热键功能是系统提供的服务,当用户离开计算机后,该计算机即处于未保护情况下,此时 Windows XP 会自动实施"自注销",虽然无法进入桌面,但由于热键服务还未停止,仍可使用热键启动应用程序。

10. 微软 MS08-067 漏洞

微软 MS08-067 漏洞的影响范围非常广泛,几乎所有的 Windows 操作系统用户都面临被攻击的威胁。黑客一旦发起攻击,不但可以远程控制用户计算机,展开一系列的非法行为,如盗取用户的机密文件、盗取用户的网游、网银账号、密码等信息,更严重的是该攻击可导致用户程序崩溃,甚至系统崩溃。

利用微软 MS08-067 漏洞的攻击原型模拟如下。

(1)黑客在自己的机器上与被害人的机器建立远程连接。

(2)黑客运行一个事先编写好的、利用此漏洞传播的攻击程序 die.exe 之后,此恶意程序开始攻击用户的机器。

(3)通过执行此恶意程序,可以造成攻击目标程序的崩溃,甚至系统崩溃。

设想一下,此示例中的恶意代码只是造成目标程序的崩溃,实际上,黑客已经通过此类恶意软件获得了目标用户系统的控制权,基本上可以为所欲为。

11. 快速用户切换漏洞

Windows XP 包含快速用户切换功能,允许多用户并发登录系统,但只允许一个用户在某一时间与系统交互。然而该功能存在漏洞,当单击"开始"→注销"切换用户"启动快速用户切换功能,在传统登录方法下重试登录一个用户名时,系统会误认为有暴力猜解攻击,因而会锁定全部非管理员账号。快速用户切换功能由于存在设计问题,允许某一前管理组用户的成员仍旧可以查看其他用户进程。当用户是管理组成员时可以查看其他用户进程,通过快速用户切换功能当用户从管理组上被删除后也能继续查看其他用户进程信息。这样本地攻击者就可以利用这个漏洞来查看其他的用户进程内容。

12. Stuxnet 蠕虫

Stuxnet 蠕虫利用了微软操作系统的下列漏洞:RPC 远程执行漏洞(MS08-067),快捷方式文件解析漏洞(MS10-046),打印机后台程序服务漏洞(MS10-061),尚未公开的一个提升权限漏洞。后三个漏洞都是在 Stuxnet 中首次被使用,是真正的"零日漏洞"。"零日漏洞"(zero-day)又叫零时差攻击,是指被发现后立即被恶意利用的安全漏洞。通俗地讲,即安全补丁与瑕疵曝光的同一日内,相关的恶意程序就出现。这种攻击往往具有很大的突发性与破坏性。如此大规模的使用多种零日漏洞,并不多见。从蠕虫的传播方式来看,每一种漏洞都发挥了独特的作用。比如基于自动播放功能的 U 盘病毒在绝大部分杀毒软件防御的现状下,就使用快捷方式漏洞实现 U 盘传播。

鉴于最近利用系统漏洞的新病毒有大幅度增加的趋势,为了能够及时有效地防范病毒,建议用户在升级杀毒软件的同时还应该密切关注系统安全信息,及时做系统更新。

9.3　Linux 操作系统的已知漏洞分析

与 Windows 相比,Linux 被认为具有更好的安全性和其他扩展性能。这些特性使得 Linux 在操作系统领域异军突起,得到越来越多的重视。随着 Linux 应用量的增加,其安全性也逐渐受到了公众甚或黑客的关注。

Linux 内核精短、稳定性高、可扩展性好、硬件需求低、免费、网络功能丰富、适用于多种 CPU 等特性,使之在操作系统领域异军突起。其独特的魅力使它不仅在个人计算机上占据一定的份额,而且越来越多地被使用在各种嵌入式设备中,并被当作专业的路由器、防火墙,或者高端的服务器 OS 来使用。讨论 Linux 系统安全都是从 Linux 安全配置的角度或者 Linux 的安全特性等方面来讨论的,下面从 Linux 系统内核中存在的几类非常有特点的漏洞来讨论 Linux 系统的安全性。

1. 权限提升类漏洞

利用系统上一些程序的逻辑缺陷或缓冲区溢出的手段,攻击者很容易在本地获得 Linux 服务器上管理员权限 root。在一些远程的情况下,攻击者会利用一些以 root 身份执行的有缺陷的系统守护进程来取得 root 权限,或利用有缺陷的服务进程漏洞来取得普通用户权限用以远程登录服务器。目前很多 Linux 服务器都用关闭各种不需要的服务和进程的方式来提升自身的安全性,但是只要这个服务器上运行着某些服务,攻击者就可以找到权限提升的途径。

do_brk()边界检查不充分漏洞在 2003 年 9 月被 Linux 内核开发人员发现,并在 9 月底发布的 Linux kernel 2.6.0-test6 中对其进行了修补。但是 Linux 内核开发人员并没有意识到此漏洞的威胁,所以没有做任何通报,一些安全专家与黑客却看到了此漏洞蕴涵的巨大威力。在 2003 年 11 月,黑客利用 rsync 中一个未公开的堆溢出与此漏洞配合,成功地攻击了多台 Debian 与 Gentoo Linux 的服务器。

do_brk()边界检查不充分漏洞被发现于 brk 系统调用中。brk 系统调用可以对用户进程的堆的大小进行操作,使堆扩展或者缩小。brk 内部就是直接使用 do_brk()函数来做具体的操作,do_brk()函数在调整进程堆的大小时既没有对参数 len 进行任何检查(不检查大小也不检查正负),也没有对 addr+len 是否超过 TASK_SIZE 做检查。这样就可以向它提交任意大小的参数 len,使用户进程的大小任意改变以至于可以超过 TASK_SIZE 的限制,使系统认为内核范围的内存空间也是可以被用户访问的,使普通用户就可以访问到内核的内存区域。通过一定的操作,攻击者就可以获得管理员权限。这个漏洞极其危险,利用这个漏洞可以使攻击者直接对内核区域操作,可以绕过很多 Linux 系统下的安全保护模块。

此漏洞的发现提出了一种新的漏洞概念,即通过扩展用户的内存空间到系统内核的内存空间来提升权限。当发现这种漏洞时,通过研究认为内核中一定还会存在类似的漏洞,果然几个月后黑客们又在 Linux 内核中发现与 brk 相似的漏洞。通过这次成功的预测,更证实了对这种新型的概念型漏洞进行研究很有助于安全人员在系统中发现新的漏洞。

2. 拒绝服务类漏洞(DoS)

拒绝服务攻击是目前比较流行的攻击方式,它并不取得服务器权限,而是使服务器崩溃或失去响应。对 Linux 的拒绝服务大多数都无须登录即可对系统发起拒绝服务攻击,使系统或相关的应用程序崩溃或失去响应能力,这种方式属于利用系统本身漏洞或其守护进程缺陷及不正确的设置进行攻击。

另外一种情况,攻击者登录到 Linux 系统后,利用这类漏洞,也可以使系统本身或应用程序崩溃。这种漏洞主要由程序对意外情况的处理失误引起,如写临时文件之前不检查文件是否存在,盲目跟随链接等。

对 Linux 在处理 intel IA386 CPU 中的寄存器时发生错误而产生的拒绝服务漏洞的分析表明,该漏洞是因为 IA386 多媒体指令使用的寄存器 MXCSR 的特性导致的。由于 IA386 CPU 规定 MXCSR 寄存器的高 16 位不能有任何位被置位,否则 CPU 就会报错导致系统崩溃。为了保证系统正常运转,在 Linux 系统中有一段代码专门对 MXCSR 的这个特性做处理,而这一段代码在特定的情况下会出现错误,导致 MXCSR 中的高 16 位没有被清零,使系统崩溃。如果攻击者制造了这种"极限"的内存情况就会对系统产生 DoS 效果。

攻击者通过调用 get_fpxregs 函数可以读取多媒体寄存器至用户空间,这样用户就可以取得 MXCSR 寄存器的值。调用 set_fpxregs 函数可以使用用户空间提供的数据对 MXCSR 寄存器进行赋值。通过对 MXCSR 的高 16 位进行清零,就保证了 IA386 CPU 的这个特性。如果产生一种极限效果使程序跳过这一行,使 MXCSR 寄存器的高 16 位没有被清零,一旦 MX-CSR 寄存器的高 16 位有任何位被置位,系统就会立即崩溃!

因为利用这个漏洞攻击者还需要登录到系统,这个漏洞也不能使攻击者提升权限,只能达到 DoS 的效果,所以这个漏洞的危害还是比较小的。由分析这个漏洞可以看出:Linux 内核开发成员对这种内存复制时出现错误的情况没有进行考虑,以至于造成了这个漏洞。分析了解了这个漏洞后,在漏洞挖掘方面也出现了一种新的类型,在以后的开发中可以尽量避免这种情况。

下面来看一种 Linux 内核算法上出现的漏洞。当 Linux 系统接收到攻击者经过特殊构造的包后,会引起 hash(散列)表产生冲突导致服务器资源被耗尽。这里所说的 hash 冲突就是指:许多数值经过某种 hash 算法运算以后得出的值相同,并且这些值都被储存在同一个 hash 槽内,这就使 hash 表变成了一个单向链表。而对此 hash 表的插入操作会从原来的复杂度 $O(n)$ 变为 $O(n * n)$。这样就会导致系统消耗巨大的 CPU 资源,从而产生了 DoS 攻击效果。在 Linux 中使用的 hash 算法用在对 Linux route catch 的索引与分片重组的操作中。由 Rice University 计算机科学系的 Scott A. Crosby 与 Dan S. Wallach 提出了一种新的低带宽的 DoS 攻击方法,即针对应用程序所使用的 hash 算法的脆弱性进行攻击。如果应用程序使用的 hash 算法存在弱点,也就是说 hash 算法不能有效地把数据进行散列,攻击者就可以通过构造特殊的值使 hash 算法产生冲突而引起 DoS 攻击。有关代码如下:

```
202
203 static __inline__ unsigned rt_hash_code(u32 daddr,u32 saddr,u8 tos)
204 {
205 unsigned hash =  ((daddr & 0xF0F0F0F0) > > 4) |
206 ((daddr & 0x0F0F0F0F) < < 4);
207 hash ^=  saddr ^ tos;
208 hash ^=  (hash > > 16);
209 return (hash ^ (hash > > 8)) & rt_hash_mask;
210 }
```

以上的代码就是 Linux 对 IP 包进行路由或者重组时使用的算法。此算法由于过于简单而不能把 route 缓存进行有效的散列,从而产生了 DoS 漏洞。

203 行为此函数的函数名与入口参数,u32 daddr 为 32 位的目的地址,而 u32 saddr 为 32 位的原地址,tos 为协议。

205～206 行是把目标地址前后字节进行转换。

207 行把原地址与 tos 进行异或后再与 hash 异或,然后再赋值给 hash。

208 行把 hash 的值向右移 16 位,然后与 hash 异或再赋值给 hash。

209 行是此函数返回 hash 与它本身向右移 8 位的值异或,然后再跟 rt_hash_mask 进行与操作的值。

这种攻击利用了系统本身的算法中的漏洞。该漏洞也代表了一种新的漏洞发掘的方向,就是针对应用软件或者系统使用的 hash 算法进行漏洞挖掘。因此,这种针对 hash 表攻击的方法不仅对 Linux,而且会对很多应用软件产生影响。比如说 Perl5 在这个 Perl 的版本中使用的 hash 算法就容易使攻击者利用精心筛选的数据,使用 Perl5 进行编程的应用程序使用的 hash 表产生 hash 冲突,包括一些代理服务器软件,甚至一些 IDS 软件、防火墙等,因使用的是 Linux 内核都会被此种攻击影响。

3. Linux 内核中的整数溢出漏洞

Linux Kernel 2.4 NFSv3 XDR 处理器例程远程拒绝服务漏洞在 2003 年 7 月 29 日公布，影响 Linux Kernel 2.4.21 以下的所有 Linux 内核版本。

该漏洞存在于 XDR 处理器例程中，相关内核源代码文件为 nfs3xdr.c。此漏洞是由于一个整型漏洞引起的（正数/负数不匹配）。攻击者可以构造一个特殊的 XDR 头（通过设置变量 int size 为负数）发送给 Linux 系统即可触发此漏洞。当 Linux 系统的 NFSv3 XDR 处理程序收到这个被特殊构造的包时，程序中的检测语句会错误地判断包的大小，从而在内核中复制巨大的内存，导致内核数据被破坏，致使 Linux 系统崩溃。

漏洞代码如下：

```
static inline u32 *
decode_fh(u32 * p,struct svc_fh * fhp)
{
int size;
fh_init(fhp,NFS3_FHSIZE);
size = ntohl(* p++ );
if (size > NFS3_FHSIZE)
return NULL;
memcpy(&fhp- > fh_handle.fh_base,p,size); fhp- > fh_handle.fh_size = size;
return p + XDR_QUADLEN(size);
}
```

因为此内存复制是在内核内存区域中进行的，会破坏内核中的数据导致内核崩溃，所以此漏洞并没有证实可以用来远程获取权限。

通过这个漏洞的特点来寻找此种类型的漏洞并更好地修补它。该漏洞是一个非常典型的整数溢出漏洞，如果在内核中存在这样的漏洞是非常危险的。所以 Linux 的内核开发人员对 Linux 内核中关于数据大小的变量都做了处理（使用了 unsigned int），这样就可避免再次出现这种典型的整数溢出。

4. IP 地址欺骗类漏洞

由于 TCP/IP 本身的缺陷，导致很多操作系统都存在 TCP/IP 堆栈漏洞，使攻击者进行 IP 地址欺骗非常容易实现，Linux 也不例外。虽然 IP 地址欺骗不会对 Linux 服务器本身造成很严重的影响，但是对很多利用 Linux 为操作系统的防火墙和 IDS 产品来说，这个漏洞却是致命的。

IP 地址欺骗是很多攻击的基础，是因为 IP 自身的缺点。IP 协议依据 IP 头中的目的地址项来发送 IP 数据包。如果目的地址是本地网络内的地址，该 IP 包就被直接发送到目的地。如果目的地址不在本地网络内，该 IP 包就会被发送到网关，再由网关决定将其发送到何处。IP 路由 IP 包时对 IP 头中提供的 IP 源地址不做任何检查，认为 IP 头中的 IP 源地址即为发送该包的机器的 IP 地址。当接收到该包的目的主机要与源主机进行通信时，它以接收到的 IP 包的 IP 头中 IP 源地址作为其发送的 IP 包的目的地址，来与源主机进行数据通信。IP 的这种数据通信方式虽然非常简单和高效，但它同时也是 IP 的一个安全隐患，很多网络安全事故都是由 IP 的这个缺点而引发的。

黑客或入侵者利用伪造的 IP 发送地址产生虚假的数据分组,乔装成来自内部站的分组过滤器。关于涉及的分组真正是内部的,还是外部的分组被包装得看起来像内部分组的种种迹象都已丧失殆尽。只要系统发现发送地址在自己的范围之内,就把该分组按内部通信对待并让其通过。

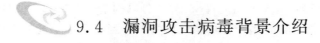

9.4 漏洞攻击病毒背景介绍

1. 什么是安全漏洞

安全漏洞是在硬件、软件、协议的具体实现或系统安全策略上存在的缺陷,从而可以使攻击者能够在未授权的情况下访问或破坏系统。具体举例来说,在 Intel Pentium 芯片中存在的逻辑错误,在 Sendmail 早期版本中的编程错误,在 NFS 协议中认证方式上的弱点,在 UNIX 系统管理员设置匿名 FTP 服务时配置不当的问题都可能被攻击者使用,威胁到系统的安全。因而这些都可以被认为是系统中存在的安全漏洞。

漏洞与具体系统环境之间的关系及其时间相关特性如下:

漏洞会影响到很大范围的软硬件设备,包括作系统本身及其支撑软件、网络客户和服务器软件、网络路由器和安全防火墙等。换而言之,在这些不同的软硬件设备中都可能存在不同的安全漏洞问题。在不同种类的软、硬件设备,同种设备的不同版本之间,由不同设备构成的不同系统之间,以及同种系统在不同的设置条件下,都会存在各自不同的安全漏洞问题。

漏洞问题是与时间紧密相关的。一个系统从发布的那一天起,随着用户的深入使用,系统中存在的漏洞会被不断暴露出来,这些早先被发现的漏洞也会不断被系统供应商发布的补丁软件修补,或在以后发布的新版系统中得以纠正。而在新版系统纠正了旧版本中具有漏洞的同时,也会引入一些新的漏洞和错误。因而随着时间的推移,旧的漏洞会不断消失,新的漏洞会不断出现,漏洞问题也会长期存在。

因而脱离具体的时间和具体的系统环境来讨论漏洞问题是毫无意义的。只能针对目标系统的系统版本、其上运行的软件版本以及服务运行设置等实际环境来具体谈论其中可能存在的漏洞及其可行的解决办法。

同时,对漏洞问题的研究必须要跟踪当前最新的计算机系统及其安全问题的最新发展动态。这一点与对计算机病毒发展问题的研究相似。如果在工作中不能保持对新技术的跟踪,就没有谈论系统安全漏洞问题的发言权,既使是以前所做的工作也会逐渐失去价值。

2. 漏洞与计算机系统的关系

漏洞问题与不同安全级别计算机系统之间的关系。目前计算机系统安全的分级标准一般都是依据“橘皮书”中的定义。橘皮书正式名称是“受信任计算机系统评量基准”(Trusted Computer System Evaluation Criteria)。橘皮书中对可信任系统的定义是:一个由完整的硬件及软件所组成的系统,在不违反访问权限的情况下,它能同时服务于不限定个数的用户,并处理从一般机密到最高机密等不同范围的信息。

橘皮书将一个计算机系统可接受的信任程度加以分级,凡符合某些安全条件、基准规则的系统即可归类为某种安全等级。橘皮书将计算机系统的安全性能由高而低划分为 A、B、C、D 4 级。其中:

D 级——最低保护(Minimal Protection)，凡没有通过其他安全等级测试项目的系统即属于该级，如 Dos、Windows 个人计算机系统。

　　C 级——自主访问控制(Discretionary Protection)，该等级的安全特点在于系统的客体(如文件、目录)可由该系统主体(如系统管理员、用户、应用程序)自主定义访问权。例如：管理员可以决定系统中任意文件的权限。当前 UNIX、Linux、Windows NT 等操作系统都为此安全等级。

　　B 级——强制访问控制(Mandatory Protection)，该等级的安全特点在于由系统强制对客体进行安全保护，在该级安全系统中，每个系统客体(如文件、目录等资源)及主体(如系统管理员、用户、应用程序)都有自己的安全标签(Security Label)，系统依据用户的安全等级赋予其对各个对象不同的访问权限。

　　A 级——可验证访问控制(Verified Protection)，而其特点在于该等级的系统拥有正式的分析及数学式方法可完全证明该系统的安全策略及安全规格的完整性与一致性。

　　根据定义，系统的安全级别越高，理论上该系统也越安全。可以说，系统安全级别是一种理论上的安全保证机制，是指在正常情况下，在某个系统根据理论得以正确实现时，系统应该可以达到的安全程度。

　　系统安全漏洞是指可以用来对系统安全造成危害、系统本身具有的或设置上存在的缺陷。总之，漏洞是系统在具体实现中的错误。比如在建立安全机制中规划考虑上的缺陷、操作系统和其他软件编程中的错误，以及在使用该系统提供的安全机制时人为的配置错误等。

　　安全漏洞的出现，是因为人们在对安全机制理论的具体实现中发生了错误，是意外出现的非正常情况。而在一切由人类实现的系统中都会不同程度地存在实现和设置上的各种潜在错误。因而在所有系统中必定存在某些安全漏洞，无论这些漏洞是否已被发现，也无论该系统的理论安全级别如何。

　　在一定程度上，安全漏洞问题是独立于作系统本身的理论安全级别而存在的。并不是说系统所属的安全级别越高，该系统中存在的安全漏洞就越少。当系统中存在的某些漏洞被入侵者利用，使入侵者得以绕过系统中的一部分安全机制并获得对系统一定程度的访问权限后，在安全性较高的系统当中，入侵者如果希望进一步获得特权或对系统造成较大的破坏，必须要克服更大的障碍。

9.5　漏洞攻击病毒分析

　　2001 年 7 月 16 日"红色代码"(CodeRed)病毒爆发，入侵微软 IIS 网页服务器，并发动拒绝服务，使全球网络瘫痪，成为史上第一个攻击系统漏洞的混合式病毒，也为互联网的重大灾害史揭开序幕；同年 9 月又有 Nimda 借助于电子邮件、网络资源分享及微软 IIS 服务器漏洞三种途径入侵使用者计算机；接着 SQL Slammer 利用微软 SQL Sever 2000 系统漏洞进行攻击，造成全球损失约为 20 亿美元。solaris 蠕虫是利用 telnet 服务的一项漏洞进行攻击的。该漏洞允许黑客使用简单的文本字符串命令对计算机进行 root 访问。随后，微软 Windows 快捷方式(.lnk)自动执行文件 0day 漏洞刚刚被发现，就被黑客利用，对 U 盘用户造成严重安全影响。

　　随着微软操作系统越来越庞大，越来越复杂，漏洞也随之越来越多。微软漏洞已经不仅仅是黑客们攻击网络的秘密通道，而且会被越来越多的病毒编写者利用，成为病毒滋生的温床。

黑客利用漏洞往往只做有目的的攻击,病毒利用了漏洞就会造成比黑客大得多的破坏。病毒是自动执行的程序,它可以不分昼夜地扫描网络,不停地攻击网络中的计算机,然后对这些计算机进行有目的的破坏,给整个互联网带来灾难。

9.5.1　"冲击波"病毒

冲击波(Worm. Blaster)病毒是利用微软公司公布的 RPC 漏洞进行传播的,只要是计算机上有 RPC 服务并且没有打安全补丁的计算机都存在有 RPC 漏洞,涉及的操作系统有:Windows 2000/XP/Server 2003。病毒感染系统后,会使计算机出现下列现象:系统资源被大量占用,有时会弹出 RPC 服务终止的对话框,并且系统反复重启,不能收发邮件,不能正常复制文件,无法正常浏览网页,复制粘贴等操作受到严重破坏,甚至不能复制粘贴。

所有"冲击波"变种都利用了微软 Windows 操作系统的一种漏洞。"冲击波"及其几个变种借助网络传播。被"冲击波"病毒感染的机器,最常见的现象就是系统在启动 1 分钟后就反复重启。简单的杀毒的方法如下。

(1) 病毒通过微软的 RPC 漏洞传播,应给系统打上 RPC 补丁。

(2) 病毒在内存中建立一个名为 enbiei. exe 的进程,用任务管理器可以终止病毒进程。

(3) 病毒运行时会将自身复制为%systemdir%\enbiei. exe,可以删除该病毒文件。%systemdir%是一个变量,是操作系统安装目录中的系统目录,默认是C:\Windows\system或:c:\Winnt\system32。

(4) 病毒修改注册表的 HKEY_LOCAL_MACHINE\SOFTWARE\Microsoft\Windows\CurrentVersion\Run 项,清除它的键值。

(5) 病毒用到 tcp/135、udp/69 等端口,使用防火墙软件禁止这些端口。

"冲击波"在星期二通过网络传播。该病毒运行时会不停地利用 IP 扫描技术寻找网络上系统为 Windows 2 000 或 XP 的计算机,找到后就利用 DCOMRPC 缓冲区漏洞攻击该系统,一旦攻击成功,病毒体将会被传送到对方计算机中进行感染,使系统操作异常,不停地重启,甚至导致系统崩溃。另外,该病毒还会对微软的一个升级网站进行拒绝服务攻击,导致网站堵塞,使用户无法通过该网站升级系统。病毒的现象如下。

(1) 病毒运行时会将自身复制到 Window 目录下,并命名为 msblast. exe。

(2) 病毒运行时会在系统中建立一个名为 BILLY 的互斥量。

(3) 病毒运行时会在内存中建立一个名为 msblast. exe 的进程,是活的病毒体。

(4) 病毒修改注册表,在 HKEY_LOCAL_MACHINE\SOFTWARE\Microsoft\Windows\CurrentVersion\Run 中添加以下键值:"windows auto update"="msblast. exe",每次启动系统时,病毒都会运行。

(5) 病毒体内隐藏有一段文本信息:

I just want to say LOVE YOU SAN!!

billy gates why do you make this possible ? Stop making money and fix your software!!

(6) 病毒以 20 秒为间隔,每 20 秒检测一次网络状态,当网络可用时,病毒会在本地的 UDP/69 端口上建立一个 TFTP 服务器,并启动一个攻击传播线程,不断地随机生成攻击地址,进行攻击,病毒攻击时首先搜索子网的 IP 地址。

(7) 当病毒扫描到计算机后,向目标计算机的 TCP/135 端口发送攻击数据。

(8) 当病毒攻击成功后,监听目标计算机的 TCP/4444 端口作为后门,并绑定 cmd.exe。蠕虫连接到这个端口,发送 TFTP 命令,回连到发起进攻的主机,将 msblast.exe 传到目标计算机上并运行。

(9) 当病毒攻击失败时,可能会造成没有打补丁的 Windows 系统 RPC 服务崩溃,Windows 系统会自动重启。

(10) 病毒检测到当前系统月份是 8 月之后或者日期是 15 日之后,就会向微软的更新站点发动拒绝服务攻击,使微软网站的更新站点无法为用户提供服务。

9.5.2　"振荡波"病毒

振荡波病毒在本地开辟后门,监听 TCP 5554 端口,作为 FTP 服务器等待远程控制命令。病毒以 FTP 的形式提供文件传送。黑客可以通过这个端口偷窃用户计算机的文件和其他信息。病毒开辟 128 个扫描线程,以本地 IP 地址为基础,取随机 IP 地址,试探连接 445 端口,利用 Windows 目录下的 Lsass.exe 中存在一个缓冲区溢出漏洞进行攻击,一旦攻击成功会导致对方计算机感染此病毒并进行下一轮的传播,攻击失败也会造成对方计算机的缓冲区溢出,导致对方计算机程序非法操作、系统异常等。

自动搜索系统有漏洞的计算机,并直接引导这些计算机下载病毒文件并执行,整个传播和发作过程不需要人为干预。只要这些用户的计算机没有安装补丁程序并接入互联网,就有可能被感染。感染后的系统将开启上百个线程去攻击其他网上的用户,造成计算机运行缓慢、网络堵塞,并让系统不停地进行倒计时重启。该病毒会通过 FTP 的 5554 端口攻击计算机,一旦攻击失败会使系统文件崩溃,造成计算机反复重启;攻击成功,病毒会将文件自身传到对方机器并执行病毒程序,然后在 C:\WINDOWS 目录下产生名为 avserve.exe 的病毒体,继续攻击下一个目标。

"振荡波"病毒会随机扫描 IP 地址,对存在有漏洞的计算机进行攻击,打开 FTP 的 5554 端口,用来上传病毒文件,该病毒还会在注册表 HKEY_LOCAL_MACHINE\SOFTWARE\Microsoft\Windows\CurrentVersion\Run 中建立 avserve.exe＝％windows％\avserve.exe 的病毒键值进行自启动。病毒会使"安全认证子系统"进程——LSASS.exe 崩溃,出现系统反复重启的现象,并且使跟安全认证有关的程序出现严重运行错误。病毒利用 Windows 平台的 LSASS 漏洞进行传播,可造成机器运行缓慢、网络堵塞,并让系统不停地重启。

"振荡波家族"已经有了 6 个变种病毒。

第一代振荡波(病毒 A 型)运行时会在内存中产生名为 avserve.exe 的进程,在系统目录中产生名为 avserve.exe 的病毒文件。

病毒 B 型将产生 avserve2.1.exe 进程,会导致无法打开网页。

病毒 C 型产生 avserve2.exe 进程,将导致防火墙端口无法启动。

病毒 D 型和 E 型两种病毒分别产生 skynetave.exe 和 lsasss.exe 两种进程。

F 型变种将病毒进程伪装成 napatch.exe,不会出现系统重启或关机的特征感染现象,但当它侦测到被感染计算机成功连接到其他计算机上时,就疯狂地将病毒传播给更多计算机。

感染了振荡波病毒的系统,总是倒计时重启;任务管理器里有一个叫 avserve.exe、avserve2.exe 或者 skynetave.exe 的进程在运行;在系统目录下,产生一个名为 avserve.exe、avserve2.exe、skynetave.exe 的病毒文件;系统速度极慢,CPU 占用 100％。振荡波病毒的现象如下:

（1）出现系统错误对话框：如果病毒攻击失败，用户的计算机会出现 LSA Shell 服务异常框，接着出现一分钟后重启计算机的"系统关机"提示窗口。

（2）系统日志中出现相应记录：运行事件查看器程序，查看其中系统日志，如果出现有相关的日志记录，则证明已经中毒。

（3）系统资源被大量占用：病毒攻击成功，会占用大量系统资源，使 CPU 占用率达到100%，出现计算机运行异常缓慢的现象。

（4）内存中出现名为 avserve 的进程：攻击成功会在内存中产生名为 avserve.exe 的进程，用户可以用 Ctrl＋Shift＋Del 的方式调用"任务管理器"，然后查看内存里是否存在上述病毒进程。

（5）系统目录中出现名为 avserve.exe 的病毒文件：病毒如果攻击成功，会在系统安装目录（默认为 C:\winnt）下产生一个名为 avserve.exe 的病毒文件。

（6）注册表中出现病毒键值：攻击成功，会在注册表的 HKEY_LOCAL_MACHINE\SOFTWARE\Microsoft\Windows\Current Uersion\Run 中建立 avserve.exe＝％windows％\avserve.exe 的病毒键值。

9.5.3 "振荡波"与"冲击波"病毒横向对比与分析

"冲击波"（Worm.Blaster）病毒 2003 年 8 月 12 日全球爆发，利用系统漏洞进行传播，没有打补丁的计算机用户都会感染该病毒，从而使计算机出现系统重启、无法正常上网等现象。"振荡波"（Worm.Sasser）病毒 2004 年 5 月 1 日在网络出现，通过系统漏洞进行传播，感染了病毒的计算机会出现系统反复重启、机器运行缓慢、出现系统异常的提示窗口等现象。

"冲击波"和"振荡波"两大恶性病毒有如下 4 个区别。

（1）利用的漏洞不同：冲击波病毒利用的是系统的 RPC 漏洞，病毒攻击系统时会使 RPC服务崩溃；振荡波病毒利用的是系统的 LSASS 服务，该服务是操作系统的使用的本地安全认证子系统服务。

（2）产生的文件不同："冲击波"运行时在内存中产生 msblast.exe 进程，在系统目录中产生 msblast.exe 病毒文件；"振荡波"运行时在内存中产生 avserve.exe 进程，在系统目录中产生 avserve.exe 病毒文件。

（3）利用的端口不同："冲击波"监听端口 69，模拟出一个 TFTP 服务器，并启动一个攻击传播线程，不断地随机生成攻击地址，尝试用有 RPC 漏洞的 135 端口进行传播；"振荡波"在本地开辟后门，监听 TCP 的 5554 端口，然后作为 FTP 服务器等待远程控制命令，并试探连接445 端口。

（4）攻击目标不同："冲击波"攻击所有存在有 RPC 漏洞的计算机和微软升级网站；"振荡波"攻击所有存在 LSASS 漏洞的计算机。

9.5.4 "红色代码"病毒

"红色代码"病毒通过微软公司 IIS 系统漏洞进行感染，它使 IIS 服务程序处理请求数据包时溢出，导致把此"数据包"当作代码运行，病毒驻留后再次通过此漏洞感染其他服务器。"红色代码"病毒采用了一种叫做"缓存区溢出"的黑客技术，利用网络上使用微软 IIS 系统的服务器来进行病毒传播。这个蠕虫病毒使用服务器的端口 80 进行传播，而这个端口正是 Web 服务器与浏览器进行信息交流的渠道。与其他病毒不同的是，"红色代码"不同于以往的文件型病毒和引导型病毒，并不将病毒信息写入被攻击服务器的硬盘，它只存在于内存，传染时不通过文件这一常规载体，而是借助这个服务器的网络连接攻击其他的服务器，直接从一台计算机内存传到另一台计算机内存。当本地 IIS 服务程序收到某个来自"红色代码"发送的请求数据包时，由于存在漏洞，导致处理函数的堆栈溢出。当函数返回时，原返回地址已被病毒数据包覆盖，程序运行线跑到病毒数据包中，此时病毒被激活，并运行在 IIS 服务程序的堆栈中。

"红色代码 II"是"红色代码"的变种病毒，该病毒代码首先会判断内存中是否已注册了一个名为 CodeRedII 的 Atom（系统用于对象识别），如果已存在此对象，表示此机器已被感染，病毒进入无限休眠状态；未感染则注册 Atom 并创建 300 个病毒线程，当判断到系统默认的语言 ID 是中华人民共和国或中国台湾时，线程数猛增到 600 个，创建完毕后初始化病毒体内的一个随机数发生器，此发生器产生用于病毒感染的目标计算机 IP 地址。每个病毒线程每 100 毫秒就会向一随机地址的 80 端口发送一长度为 3 818B 的病毒传染数据包。巨大的病毒数据包使网络陷于瘫痪。

"红色代码 II"病毒体内还包含一个木马程序，这意味着计算机黑客可以对受到入侵的计算机实施全程遥控，并使得"红色代码 II"拥有前身无法比拟的可扩充性，只要病毒作者愿意，随时可更换此程序来达到不同的目的。

"红色代码"病毒又名为 W32/Bady. worm。该蠕虫病毒感染运行 Microsoft Index Server 2.0 的系统，或是在 Windows 2000、IIS 中启用了 Indexing Service（索引服务）的系统。该蠕虫利用了一个缓冲区溢出漏洞进行传播（未加限制的 Index Server ISAPI Extension 缓冲区使 Web 服务器变的不安全）。

蠕虫的传播是通过 TCP/IP 协议和端口 80，利用上述漏洞蠕虫将自己作为一个 TCP/IP 流直接发送到染毒系统的缓冲区，蠕虫依次扫描 Web，以便能够感染其他的系统。一旦感染了当前的系统，蠕虫会检测硬盘中是否存在 c:\notwcrm，如果该文件存在，蠕虫将停止感染其他主机。

在迅速传播的过程中，"红色代码"蠕虫能够造成大范围的访问速度下降甚至阻断。它所造成的破坏主要是篡改网页，对网络上的其他服务器进行攻击，被攻击的服务器又可以继续攻击其他服务器。在每月的 20～27 日，向特定 IP 地址 198.137.240.91（www. whitehouse. gov）发动攻击。病毒最初于 7 月 19 日首次爆发，7 月 31 日该病毒再度爆发，但由于大多数计算机用户都提前安装了修补软件，所以该病毒第二次爆发的破坏程度明显减弱。

"红色代码"主要有如下特征：入侵 IIS 服务器，code red 会将 WWW 英文站点改写为 "Hello! Welcome to www. Worm. com! Hacked by Chinese!"。

9.5.5　solaris 蠕虫

solaris 蠕虫是利用 Telnet 服务的一项漏洞进行攻击的。该漏洞允许黑客使用简单的文本字符串命令对计算机进行 root 访问。人们是在一些运行 solaris 的法国计算机上发现该蠕虫的。这些蠕虫扫描网络寻找易受攻击的计算机的时候被 arbor 网络的网络观察员发现了。一旦系统感染了被称为 froot 或 wanuk 的病毒，受感染的计算机就会向本地网络上的其他计算机发送 ASCII 码的图像，内容是一只火鸡的图像以及"蠕虫对抗核杀手"的标语，作者自称是"无聊的 SUN 开发者 casper"。可以在 sophos 网站上找到这些图片。SUN 的主流 UNIX

配置中的那些最新版本,如 sparc 和 c86 版本的 solaris 10 都存在 Telnet 漏洞。SUN 已经发布了删除脚本用以清除这种蠕虫。

莫里斯蠕虫的编写者是美国康乃尔大学一年级研究生罗特·莫里斯。这个程序只有 99 行,利用了 UNIX 系统中的缺点,用 Finger 命令查联机用户名单,然后破译用户口令,用 Mail 系统复制、传播本身的源程序,再编译生成代码。最初的网络蠕虫设计目的是当网络空闲时,程序就在计算机间"游荡"而不带来任何损害。当有机器负荷过重时,该程序可以从空闲计算机"借取资源"而达到网络的负载平衡。而莫里斯蠕虫不是"借取资源",而是"耗尽所有资源"。

9.5.6 "震网"病毒

2010 年,一种名为"震网"(Stuxnet)的病毒疯狂感染互联网的媒体,事发后不久,由于伊朗是重灾区,所以有很多人认为它是专门针对伊朗核计划的。实际上,这个病毒能感染任何一台基于 Windows NT 核心的计算机系统。震网病毒不是简单的间谍软件,而是一个针对基础设施专门破坏的病毒。针对这一特性,更不会是一个公司或个人所为,因为,它不能带来任何回报,而只有破坏。震网病毒之所以早期被误认为是专门针对西门子系统,因为它攻击所依赖的漏洞中有两个是西门子 SIMATIC WinCC 系统,而实际上攻击的漏洞还包含 5 个最新的微软操作系统病毒。这对国内垄断行业的冲击可能会使他们尽早改变使用操作系统。如果没有任何措施,那么清一色 Windows 系统的国内垄断行业如果遭遇美国"黑名单"或者战争的威胁,后果可想而知。

相比以往的安全事件,震网的病毒攻击呈现出许多新的手段和特点,专门攻击工业系统。震网病毒的攻击目标直指西门子公司的 SIMATIC WinCC 系统。这是一款数据采集与监视控制(SCADA)系统,被广泛用于钢铁、汽车、电力、运输、水利、化工、石油等核心工业领域,特别是国家基础设施工程。它运行于 Windows 平台,常被部署在与外界隔离的专用局域网中。一般情况下,蠕虫的攻击价值在于其传播范围的广阔性、攻击目标的普遍性。此次攻击与此截然相反,最终目标既不在开放主机之上,也不是通用软件。无论是要渗透到内部网络,还是挖掘大型专用软件的漏洞,都非寻常攻击所能做到。

震网病毒利用了微软操作系统的下列漏洞。

(1) RPC 远程执行漏洞(MS08-067)。

(2) 快捷方式文件解析漏洞(MS10-046)。

(3) 打印机后台程序服务漏洞(MS10-061)。

(4) 尚未公开的一个提升权限漏洞。

后 3 个漏洞都是在"震网"病毒中首次被使用,是真正的零日漏洞。如此大规模的使用多种零日漏洞,并不多见。从蠕虫的传播方式来看,每一种漏洞都发挥了独特的作用。比如基于自动播放功的 U 盘病毒被绝大部分杀毒软件防御的现状下,就使用快捷方式漏洞实现 U 盘传播。

使用数字签名,"震网"病毒在运行后,释放两个驱动文件:
System32%\drivers\mrxcls.sys 和%System32%\drivers\mrxnet.sys。

这两个驱动文件伪装 RealTek 的数字签名以躲避杀毒软件的查杀。

1. 样本典型行为分析

运行环境,"震网"病毒在 Windows NT 核心操作系统中可以激活运行,当它发现自己运行在非 Windows NT 系列操作系统中,即刻退出。被攻击的软件系统包括 SIMATIC WinCC 7.0 和 SIMATIC WinCC 6.2,不排除其他版本存在这一问题的可能。

2. 本地行为

样本被激活后,样本首先判断当前操作系统类型,如果是 Windows 9X/ME,就直接退出。加载一个主要的 DLL 模块,后续的行为都将在这个 DLL 中进行。为了躲避查杀,样本并不将 DLL 模块释放为磁盘文件然后加载,而是直接复制到内存中,然后模拟 DLL 的加载过程。

具体而言,样本先申请足够的内存空间,然后 Hook ntdll.dll 导出的 6 个系统函数:Zw-MapViewOfSection, ZwCreateSection, ZwOpenFile, ZwClose, ZwQueryAttributesFile, ZwQuerySection。为此,样本先修改 ntdll.dll 文件内存映像中 PE 头的保护属性,然后将偏移 0x40 处的无用数据改写为跳转代码,用以实现 hook。样本可以使用 ZwCreateSection 在内存空间中创建一个新的 PE 节,并将要加载的 DLL 模块复制到其中,最后使用 LoadLibraryW 来获取模块句柄。样本跳转到被加载的 DLL 中执行,衍生文件:%System32%\drivers\mrxcls. sys %System32%\drivers\mrxnet. sys%Windir%\inf\oem7A. PNF%Windir%\inf\mdmer-ic3. PNF %Windir%\inf\mdmcpq3. PNF%Windir%\inf\oem6C. PNF。其中有两个驱动程序 mrxcls. sys 和 mrxnet. sys,分别被注册成名为 MRXCLS 和 MRXNET 的系统服务,实现开机自启动。这两个驱动程序都使用了 Rootkit 技术,并有数字签名。mrxcls. sys 负责查找主机中安装的 WinCC 系统,并进行攻击。具体地说,它监控系统进程的镜像加载操作,将存储在 %Windir%\inf\oem7A. PNF 中的一个模块注入到 services. exe、S7tgtopx. exe、CCProject-Mgr. exe 三个进程中,后两者是 WinCC 系统运行时的进程。mrxnet. sys 通过修改一些内核调用来隐藏被复制到 U 盘的 lnk 文件和 DLL 文件。

3. 传播方式

震网病毒的攻击目标是 SIMATIC WinCC 软件。后者主要用于工业控制系统的数据采集与监控,一般部署在专用的内部局域网中,并与外部互联网实行物理上的隔离。为了实现攻击,震网病毒采取多种手段进行渗透和传播,整体的传播思路是:首先感染外部主机;然后感染 U 盘,利用快捷方式文件解析漏洞,传播到内部网络;在内网中,通过快捷方式解析漏洞、RPC 远程执行漏洞、打印机后台程序服务漏洞,实现联网主机之间的传播;最后抵达安装了 WinCC 软件的主机,展开攻击。

(1) 快捷方式文件解析漏洞(MS10-046):这个漏洞利用 Windows 在解析快捷方式文件(例如.lnk 文件)时的系统机制缺陷,使系统加载攻击者指定的 DLL 文件,从而触发攻击行为。具体而言,Windows 在显示快捷方式文件时,会根据文件中的信息寻找它所需的图标资源,并将其作为文件的图标展现给用户。如果图标资源在一个 DLL 文件中,系统就会加载这个 DLL 文件。攻击者可以构造这样一个快捷方式文件,使系统加载指定的 DLL 文件,从而执行其中的恶意代码。快捷方式文件的显示是系统自动执行,无需用户交互,因此漏洞的利用效果很好。"震网"病毒搜索计算机中的可移动存储设备。一旦发现,就将快捷方式文件和 DLL 文件复制到其中。如果用户将这个设备再插入到内部网络中的计算机上使用,就会触发漏洞,从而实现所谓的"摆渡"攻击,即利用移动存储设备对物理隔离网络的渗入。查找 U 盘,复制到 U 盘的 DLL 文件有两个:~wtr4132. tmp 和~wt-4141. tmp。后者 Hook 了 kernel32. dll 和 ntdll. dll 中 的 下 列 导 出 函 数:FindFirstFileW　FindNextFileW, FindFirstFile-

ExWNtQueryDirectoryFile ZwQueryDirectoryFile 实现对 U 盘中 lnk 文件和 DLL 文件的隐藏。因此,"震网"病毒一共使用了两种措施(内核态驱动程序、用户态 Hook API)来实现对 U 盘文件的隐藏,使攻击过程很难被用户发觉,也能一定程度上躲避杀毒软件的扫描。

(2) RPC 远程执行漏洞(MS08-067)与提升权限漏洞:这是 2008 年爆发的最严重的一个微软操作系统漏洞,具有利用简单、波及范围广、危害程度高等特点。存在此漏洞的系统收到精心构造的 RPC 请求时,可能允许远程执行代码。在 Windows 2000、Windows XP 和 Windows Server 2003 系统中,利用这一漏洞,攻击者可以通过恶意构造的网络包直接发起攻击,无需通过认证地运行任意代码,并且获取完整的权限。因此该漏洞常被蠕虫用于大规模的传播和攻击。震网病毒利用这个漏洞实现在内部局域网中的传播。利用这一漏洞时,如果权限不够导致失败,还会使用另一个漏洞来提升自身权限,然后再次尝试攻击。

(3) 打印机后台程序服务漏洞(MS10-061):这是一个"零日漏洞",首先发现于"震网"病毒中。Windows 打印后台程序没有合理地设置用户权限。攻击者可以通过提交精心构造的打印请求,将文件发送到暴露了打印后台程序接口的主机的%System32%目录中。成功利用这个漏洞可以以系统权限执行任意代码,从而实现传播和攻击。"震网"病毒利用这个漏洞实现在内部局域网中的传播。它向目标主机发送两个文件:winsta. exe、sysnullevnt. mof。后者是微软的一种托管对象格式(MOF)文件,在一些特定事件驱动下,它将驱使 winsta. exe 被执行。

(4)攻击行为:"震网"病毒查询两个注册表键来判断主机中是否安装 WinCC 系统:HKLM\SOFTWARE\SIEMENS\WinCC\Setup HKLM\SOFTWARE\SIEMENS\STEP7,判断是否安装 WinCC,发现 WinCC 系统,就利用其中的两个漏洞展开攻击:一是 WinCC 系统中存在一个硬编码漏洞,保存了访问数据库的默认账户名和密码,"震网"病毒利用这一漏洞尝试访问该系统的 SQL 数据库;二是在 WinCC 需要使用的 Step7 工程中,在打开工程文件时,存在 DLL 加载策略上的缺陷,从而导致一种类似于"DLL 预加载攻击"的利用方式。最终,"震网"病毒通过替换 Step7 软件中的 s7otbxdx. dll,实现对一些查询、读取函数的 hook。

(5)样本文件的衍生关系:样本的来源有多种可能。对原始样本、通过 RPC 漏洞或打印服务漏洞传播的样本,都是 exe 文件,它在自己的. stud 节中隐形加载模块,名为"kernel32. dll. aslr. <随机数字>. dll"。对 U 盘传播的样本,当系统显示快捷方式文件时触发漏洞,加载~wtr4141. tmp 文件,后者加载一个名为"shell32. dll. aslr. <随机数字>. dll"的模块,这个模块将另一个文件~wtr4132. tmp 加载为"kernel32. dll. aslr. <随机数字>. dll"。

模块"kernel32. dll. aslr. <随机数字>. dll"将启动后续的大部分操作,它导出了 22 个函数来完成恶意代码的主要功能。在其资源节中,包含了一些要衍生的文件,它们以加密的形式被保存。其中,第 16 号导出函数用于衍生本地文件,包括资源编号 201 的 mrxcls. sys 和编号 242 的 mrxnet. sys 两个驱动程序,以及 4 个. pnf 文件。第 17 号导出函数用于攻击 WinCC 系统的第二个漏洞,它释放一个 s7otbxdx. dll,而将 WinCC 系统中的同名文件修改为 s7otbxsx. dll,并对这个文件的导出函数进行一次封装,从而实现 hook。第 19 号导出函数负责利用快捷方式解析漏洞进行传播。它释放多个 lnk 文件和两个扩展名为 tmp 的文件。第 22 号导出函数负责利用 RPC 漏洞和打印服务漏洞进行传播。它释放的文件中,资源编号 221 的文件用于 RPC 攻击、编号 222 的文件用于打印服务攻击、编号 250 的文件用于提高权限。

9.6　针对 ARP 协议安全漏洞的网络攻击

在实现 TCP/IP 协议的网络环境下,当 IP 包到达该网络后,只有机器的硬件 MAC 地址和该 IP 包中的硬件 MAC 地址相同的机器才会应答这个 IP 包,因为在网络中,每一台主机都会有发送 IP 包的时候,在每台主机的内存中,都有一个 arp→硬件 MAC 的转换表。通常是动态的转换表(该 ARP 表可以手工添加静态条目)。也就是说,该对应表会被主机在一定的时间间隔后刷新。这个时间间隔就是 ARP 高速缓存的超时时间。通常主机在发送一个 IP 包之前,它要到该转换表中寻找和 IP 包对应的硬件 MAC 地址,如果没有找到,该主机就发送一个 ARP 广播包,于是,主机刷新自己的 ARP 缓存。然后发出该 IP 包。

9.6.1　同网段 ARP 欺骗分析

3 台主机的 IP 地址和 MAC 地址分布如下:

A:IP 地址 192.168.0.1 硬件地址 AA:AA:AA:AA:AA:AA。

B:IP 地址 192.168.0.2 硬件地址 BB:BB:BB:BB:BB:BB。

C:IP 地址 192.168.0.3 硬件地址 CC:CC:CC:CC:CC:CC。

一个位于主机 B 的入侵者想非法进入主机 A,可是这台主机上安装有防火墙。通过收集资料他知道这台主机 A 的防火墙只对主机 C 有信任关系(开放 23 端口(Telnet))。而他必须要使用 Telnet 来进入主机 A,入侵者必须让主机 A 相信主机 B 就是主机 C,如果主机 A 和主机 C 之间的信任关系是建立在 IP 地址之上的。如果单单把主机 B 的 IP 地址改的和主机 C 的一样,那是不能工作的,至少不能可靠地工作。如果你告诉以太网卡设备驱动程序,自己 IP 是 192.168.0.3,那么这只是一种纯粹的竞争关系,并不能达到目标。我们可以先研究 C 这台机器,如果能让这台机器暂时宕掉,竞争关系就可以解除,这个还是有可能实现的。在机器 C 宕掉的同时,将机器 B 的 IP 地址改为 192.168.0.3,这样就可以成功地通过 23 端口 Telnet 到机器 A 上面,从而成功的绕过防火墙的限制。上面的这种想法在下面的情况下是没有作用的,如果主机 A 和主机 C 之间的信任关系是建立在硬件地址的基础上。这个时候还需要用 ARP 欺骗的手段,让主机 A 把自己的 ARP 缓存中的关于 192.168.0.3 映射的硬件地址改为主机 B 的硬件地址。可以人为地制造一个 arp_reply 的响应包,发送给想要欺骗的主机,因为协议并没有规定必须在接收到 arp_echo 后才可以发送响应包。可以直接用 Wireshark 抓一个 ARP 响应包,然后进行修改。可以指定 ARP 包中的源 IP、目标 IP、源 MAC 地址、目标 MAC 地址。这样就可以通过虚假的 ARP 响应包来修改主机 A 上的动态 ARP 缓存达到欺骗的目的。下面是具体的步骤。

(1)研究 192.168.0.3 这台主机,发现这台主机的漏洞。

(2)根据发现的漏洞使主机 C 宕掉,暂时停止工作。

(3)这段时间里,入侵者把自己的 IP 改成 192.168.0.3。

(4)用工具发一个源 IP 地址为 192.168.0.3 源 MAC 地址为 BB:BB:BB:BB:BB:BB 的包给主机 A,要求主机 A 更新自己的 ARP 转换表。

(5)主机更新了 ARP 表中关于主机 C 的 IP→MAC 对应关系。

(6)防火墙失效了,入侵的 IP 变成合法的 MAC 地址,可以 Telnet 了。

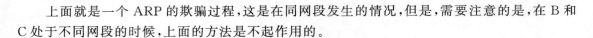

上面就是一个 ARP 的欺骗过程,这是在同网段发生的情况,但是,需要注意的是,在 B 和 C 处于不同网段的时候,上面的方法是不起作用的。

9.6.2　不同网段 ARP 欺骗分析

假设 A、C 位于同一网段而主机 B 位于另一网段,3 台机器的 IP 地址和硬件地址如下:

A:IP 地址 192.168.0.1 硬件地址 AA:AA:AA:AA:AA:AA。

B:IP 地址 192.168.1.2 硬件地址 BB:BB:BB:BB:BB:BB。

C:IP 地址 192.168.0.3 硬件地址 CC:CC:CC:CC:CC:CC。

在现在的情况下,位于 192.168.1 网段的主机 B 如何冒充主机 C 欺骗主机 A 呢? 显然用上面的办法的话,即使欺骗成功,那么由主机 B 和主机 A 之间也无法建立 Telnet 会话,因为路由器不会把主机 A 发给主机 B 的包向外转发,路由器会发现地址在 192.168.0 这个网段之内。现在就涉及另外一种欺骗方式——ICMP 重定向。把 ARP 欺骗和 ICMP 重定向结合在一起就可以基本实现跨网段欺骗的目的。

ICMP 重定向报文是 ICMP 控制报文中的一种。在特定的情况下,当路由器检测到一台机器使用非优化路由的时候,它会向该主机发送一个 ICMP 重定向报文,请求主机改变路由。路由器也会把初始数据报向它的目的地转发。可以利用 ICMP 重定向报文达到欺骗的目的。下面是结合 ARP 欺骗和 ICMP 重定向进行攻击的步骤。

(1)为了使自己发出的非法 IP 包能在网络上能够存活长久一点,开始修改 IP 包的生存时间 TTL 为下面的过程中可能带来的问题做准备。把 TTL 改成 255(TTL 定义一个 IP 包如果在网络上到不了主机后,在网络上能存活的时间,改长一点有利于做充足的广播)。

(2)下载一个可以自由制作各种包的工具(如 hping2)。

(3)寻找主机 C 的漏洞按照这个漏洞宕掉主机 C。

(4)在该网络的主机找不到原来的 192.0.0.3 后,将更新自己的 ARP 对应表。于是发送一个原 IP 地址为 192.168.0.3 硬件地址为 BB:BB:BB:BB:BB:BB 的 ARP 响应包。

(5)现在每台主机都知道了,一个新的 MAC 地址对应 192.0.0.3,一个 ARP 欺骗完成了。但是,每台主机都只会在局域网中找这个地址而根本就不会把发送给 192.0.0.3 的 IP 包丢给路由。于是还得构造一个 ICMP 的重定向广播。

(6)自己定制一个 ICMP 重定向包告诉网络中的主机:"到 192.0.0.3 的路由最短路径不是局域网,而是路由,请主机重定向你们的路由路径,把所有到 192.0.0.3 的 IP 包丢给路由。"

(7)主机 A 接收这个合理的 ICMP 重定向,于是修改自己的路由路径,把对 192.0.0.3 的通信都丢给路由器。

(8)入侵者终于可以在路由外收到来自路由内的主机的 IP 包了,他可以开始 Telnet 到主机的 23 口。

其实上面的想法只是一种理想化的情况,主机许可接收的 ICMP 重定向包其实有很多的限制条件,这些条件使 ICMP 重定向变得非常困难。

TCP/IP 协议实现中关于主机接收 ICMP 重定向报文主要有下面几条限制。

(1)新路由必须是直达的。

(2)重定向包必须来自去往目标的当前路由。

(3)重定向包不能通知主机用自己做路由。

（4）被改变的路由必须是一条间接路由。

由于有这些限制，所以 ICMP 欺骗实际上很难实现。但是我们也可以主动地根据上面的思维寻找一些其他的方法。

9.6.3　ARP 欺骗的防御原则

我们给出如下一些初步的防御方法。

（1）不要把网络安全信任关系建立在 IP 地址的基础上或硬件 MAC 地址基础上，（RARP 同样存在欺骗的问题），理想的关系应该建立在 IP＋MAC 基础上。

（2）设置静态的 MAC→IP 对应表，不要让主机刷新设定好的转换表。

（3）除非很有必要，否则停止使用 ARP，将 ARP 作为永久条目保存在对应表中。在 Linux 下用 ifconfig-arp 可以使网卡驱动程序停止使用 ARP。

（4）使用代理网关发送外出的通信。

（5）修改系统拒收 ICMP 重定向报文。在 Linux 下可以通过在防火墙上拒绝 ICMP 重定向报文或者是修改内核选项重新编译内核来拒绝接收 ICMP 重定向报文。在 Windows 2000 下可以通过防火墙和 IP 策略拒绝接收 ICMP 报文。

9.7　操作系统漏洞攻击病毒的安全建议

2011 年，微软公司已证实 Windows 操作系统 MHTML 协议中存在一个高危"零日漏洞"，可能导致用户计算机中的常用密码、电子邮件等重要信息泄露，此问题将影响全球 9 亿 IE 浏览器用户，为此微软官方已紧急提供临时补丁。

无论使用的操作系统是什么，总有一些通用的加强系统安全的建议可以参考。如果想加固你的系统来阻止未经授权的访问和不幸的灾难的发生，以下预防措施肯定会有很大帮助。

1. 使用安全系数高的密码

提高安全性的最简单有效的方法之一就是使用一个不会轻易被暴力攻击所猜到的密码。什么是暴力攻击？攻击者使用一个自动化系统来尽可能快地猜测密码，以希望不久可以发现正确的密码。使用包含特殊字符和空格，同时使用大小写字母，避免使用从字典中能找到的单词，不要使用纯数字密码，这种密码破解起来比使用你母亲的名字或你的生日作为密码要困难得多。另外，每使密码长度增加一位，就会以倍数级别增加由密码字符所构成的组合。一般来说，小于 8 个字符的密码被认为是很容易被破解的。可以用 10 个、12 个字符作为密码，16 个当然更好了。在不会因为过长而难于键入的情况下，让密码尽可能的更长会更加安全。

2. 做好边界防护

并不是所有的安全问题都发生在系统桌面上。使用外部防火墙/路由器来帮助保护你的计算机是一个好想法。如果从低端考虑，可以购买一个宽带路由器设备，例如从网上就可以购买到的路由器等。如果从高端考虑，可以使用企业级厂商的可网管交换机、路由器和防火墙等安全设备。当然，也可以使用预先封装的防火墙/路由器安装程序，来自己动手打造自己的防护设备。代理服务器、防病毒网关和垃圾邮件过滤网关也都有助于实现非常强大的边界安全。

请记住,通常来说,在安全性方面,可网管交换机比集线器强,而具有地址转换的路由器要比交换机强,而硬件防火墙是第一选择。

3. 升级软件

在很多情况下,在安装部署生产性应用软件之前,对系统进行补丁测试工作是至关重要的,最终安全补丁必须安装到运行的系统中。如果很长时间没有进行安全升级,可能会导致你使用的计算机非常容易成为不道德黑客的攻击目标。因此,不要把软件安装在长期没有进行安全补丁更新的计算机上。同样的情况也适用于任何基于特征码的恶意软件保护工具,诸如防病毒应用程序,如果它不进行及时的更新,从而不能得到当前的恶意软件特征定义,防护效果会大打折扣。

4. 关闭没有使用的服务

多数情况下,很多计算机用户甚至不知道他们的系统上运行着哪些可以通过网络访问的服务,这是一个非常危险的情况。Telnet 和 FTP 是两个常见的问题服务,如果计算机不需要运行它们的话,请立即关闭它们。确保了解每一个运行在计算机上的每一个服务究竟是做什么的,并且知道为什么它要运行。在某些情况下,这可能要求了解哪些服务是非常重要的,这样才不会犯下诸如在一个微软 Windows 计算机上关闭 RPC 服务这样的错误。不过,关闭实际不用的服务总是一个正确的想法。

5. 使用数据加密

对于那些有安全意识的计算机用户或系统管理员来说,有不同级别的数据加密范围可以使用,根据需要选择正确级别的加密通常是根据具体情况来决定的。

数据加密的范围很广,从使用密码工具来逐一对文件进行加密,到文件系统加密,最后到整个磁盘加密。通常来说,这些加密级别都不会包括对 boot 分区进行加密,因为那样需要来自专门硬件的解密帮助,但是如果秘密足够重要而值得花费这部分钱的话,也可以实现这种对整个系统的加密。除了 boot 分区加密之外,还有许多种解决方案可以满足每一个加密级别的需要,这其中既包括商业化的专有系统,也包括可以在每一个主流桌面操作系统上进行整盘加密的开源系统。

6. 通过备份保护你的数据

备份数据是用户保护自己在面对灾难的时候把损失降到最低的重要方法之一。数据冗余策略既可以包括简单、基本的定期复制数据到 CD 上,也包括复杂的定期自动备份到一个服务器上。

7. 加密敏感通信

用于保护通信免遭窃听的密码系统是非常常见的。针对电子邮件的支持 OpenPGP 协议的软件,针对即时通信客户端的 Off The Record 插件,还有使用诸如 SSH 和 SSL 等安全协议维持通信的加密通道软件,以及许多其他工具,都可以被用来轻松的确保数据在传输过程中不会被威胁。当然,在个人对个人的通信中,有时候很难说服另一方来使用加密软件来保护通信,但是有的时候,这种保护是非常重要的。

8. 不要信任外部网络

在一个开放的无线网络中,例如本地具有无线网络的咖啡店中,这个理念是非常重要的。

如果对安全非常谨慎和足够警惕的话,没有理由说在一个咖啡店或一些其他非信任的外部网络中,就不能使用这个无线网络。但是,关键是必须通过自己的系统来确保安全,不要认为外部网络和自己的私有网络一样安全。

举个例子来说,在一个开放的无线网络中,使用加密措施来保护敏感通信是非常必要的,包括在连接到一个网站时,可能会使用一个登录会话 cookie 来自动进行认证,或者输入一个用户名和密码进行认证。还有,确信不要运行那些不是必需的网络服务,因为如果存在未修补的漏洞的话,它们就可以被利用来威胁你的系统。这个原则适用于诸如 NFS 或微软的 CIFS 之类的网络文件系统软件、SSH 服务器、活动目录服务和其他许多可能地服务。从内部和外部两方面入手检查你的系统,判断有什么机会可以被恶意安全破坏者利用来威胁你的计算机的安全,确保这些切入点要尽可能地被关闭。在某些方面,这只是关闭不需要的服务和加密敏感通信这两种安全建议的延伸,在使用外部网络的时候,需要更加谨慎。很多时候,要想在一个外部非信任网络中保护自己,实际上会要求对系统的安全配置重新设定。

9. 使用不间断电源支持

UPS 可以在停电的时候不丢失文件,更重要的原因,例如功率调节和避免文件系统损坏。由于这种原因,确保操作系统能够提醒你它什么时候将关闭,以免当电源用尽的时候还要确保一个提供功率调节和电池备份的 UPS。一个简单的浪涌保护器还不足以保护你的系统免遭"脏电"的毁坏。记住,对于保护硬件和数据,UPS 都起着非常关键的作用。

10. 监控系统的安全是否被威胁和侵入

应该搭建起一些类型的监控程序来确保可疑事件可以迅速引起注意,并能够允许跟踪判断是安全入侵还是安全威胁。我们不仅要监控本地网络,还要进行完整性审核,以及使用一些其他本地系统安全监视技术。

根据使用的操作系统不同,还有很多其他的安全预防措施。有的操作系统因为设计的原因,存在的安全问题要大一些。而有的操作系统可以让有经验的系统管理员大大提高系统安全性。不过,无论使用的是微软的 Windows 和苹果的 Mac OSX,还是使用的是 Linux、FreeBSD 等开源操作系统,当在加固它们的安全的时候,以上建议都是必须牢记心头的。

9.8 "网络钓鱼"背景介绍

"网络钓鱼"(Phishing)一词,是"Fishing"和"Phone"的综合体,由于黑客始祖起初是以电话作案,所以用"Ph"来取代"F",创造了"Phishing"。Phishing 发音与 Fishing 相同。"网络钓鱼"就其本身来说,称不上是一种独立的攻击手段,更多的只是诈骗方法,就像现实社会中的一些诈骗一样。

攻击者利用欺骗性的电子邮件和伪造的 Web 站点来进行诈骗活动,诱骗访问者提供一些个人信息,如信用卡号、账户用和口令、社保编号等内容(通常主要是那些和财务、账号有关的信息,以获取不正当利益),受骗者往往会泄露自己的财务数据。

诈骗者通常会将自己伪装成知名银行、在线零售商和信用卡公司等可信的品牌,因此来说,"网络钓鱼"的受害者往往也都是那些和电子商务有关的服务商和使用者。

现在"网络钓鱼"的技术手段越来越复杂,如隐藏在图片中的恶意代码、键盘记录程序,当然还有和合法网站外观完全一样的虚假网站,这些虚假网站甚至连浏览器下方的锁形安全标记都能显示出来。"网络钓鱼"的手段越来越狡猾,这里首先介绍一下"网络钓鱼"的工作流程,如图 9-1所示。

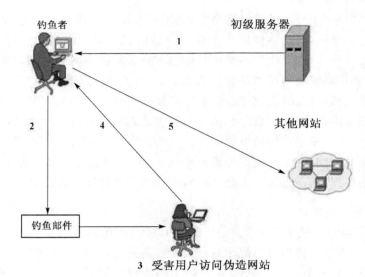

图 9-1 "网络钓鱼"的工作原理

1. "钓鱼"者入侵初级服务器,窃取用户的名字和邮件地址

早期的"网络钓鱼"者利用垃圾邮件将受害者引向伪造的互联网站点,这些站点由他们自己设计,看上去和合法的商业网站极其相似。很多人都曾收到过来自"网络钓鱼"者的所谓"紧急邮件",他们自称是某个购物网站的客户代表,威胁说如果用户不登录他们所提供的某个伪造的网站并提供自己的个人信息,这位用户在购物网站的账号就有可能被封掉。当然很多用户都能识破这种骗局。现在"网络钓鱼"者往往通过远程攻击一些防护薄弱的服务器,获取客户名称的数据库,然后通过"钓鱼"邮件投送给明确的目标。

2. "钓鱼"者发送有针对性的邮件

现在"钓鱼"者发送的"钓鱼"邮件不是随机的垃圾邮件。他们在邮件中会写出用户名称,而不是以往的"尊敬的客户"之类,这样就更加有欺骗性,容易获取客户的信任。这种针对性很强的攻击更加有效地利用了社会工程学原理。

很多用户已经能够识破普通的以垃圾邮件形式出现的"钓鱼"邮件,但是仍然可能上这种邮件的当,因为他们往往没有料到这种邮件会专门针对自己公司或者组织。根据来自 IBM 全球安全指南(Global Security Index)的报告,被截获的"钓鱼"事件一直呈现爆炸式的增长态势。

3. 受害用户访问假冒网址

受害用户被"钓鱼"邮件引导访问假冒网址。主要手段如下。

(1)IP 地址欺骗。主要是利用一串十进制格式的,不知所云的数字麻痹用户,如 IP 地址202.106.185.75,将这个 IP 地址换算成十进制后就是 3395991883,Ping 这个数字,我们会发现,居然可以 Ping 通,这就是十进制 IP 地址的解析,它们是等价的。

(2)链接文字欺骗。链接文字本身并不要求与实际网址相同,那么你可不能只看链接的文字,而应该多注意一下浏览器状态栏的实际网址。如果该网页屏蔽了在状态栏提示的实际网址,可以在链接上右击,再查看链接的"属性"。

(3) Unicode 编码欺骗。Unicode 编码有安全性的漏洞,这种编码本身也给识别网址带来了不便,面对"％21％32"这样的天书,很少有人能看出它真正的内容。

4. 受害用户提供秘密和用户信息被"钓鱼"者取得

一旦受害用户被"钓鱼"邮件引导访问假冒网址,"钓鱼"者可以通过技术手段让不知情的用户输入自己的 User Name 和 Password,然后,通过表单机制,让用户输入姓名、城市等一般信息。填写完毕后要用户填写信用卡信息和密码。一旦获得用户的账户信息,攻击者就会找个理由来欺骗用户说"您的信息更新成功!",让用户感觉很"心满意足"。

这是比较常见的一种欺骗方式,有些攻击者甚至编造公司信息和认证标志,其隐蔽性更强。一般来说,默认情况下所使用的 HTTP 协议是没有任何加密措施的。不过,现在所有的消息全部都是以明文形式在网络上传送的,恶意的攻击者可以通过安装监听程序来获得和服务器之间的通信内容。

5. "钓鱼"者使用受害用户的身份进入其他网络服务器

"钓鱼"者会使用受害用户的身份进入其他网络服务器(如购物网站)进行消费或者在网络上发送不正当的、黄色信息。

 ## 9.9 "网络钓鱼"的手段及危害

"钓鱼"网站通常是指伪装成银行及电子商务等网站,主要危害是窃取用户提交的银行账号、密码等私密信息。"网络钓鱼"是通过大量发送声称来自于银行或其他知名机构的欺骗性垃圾邮件,意图引诱收信人给出敏感信息(如用户名、口令、账号 ID、ATM PIN 码或信用卡详细信息)的一种攻击方式。最典型的"网络钓鱼"攻击将收信人引诱到一个通过精心设计与目标组织的网站非常相似的"钓鱼"网站上,并获取收信人在此网站上输入的个人敏感信息,通常这个攻击过程不会让受害者警觉。这些个人信息对黑客们具有非常大的吸引力,因为这些信息使得他们可以假冒受害者进行欺诈性金融交易,从而获得经济利益。受害者经常遭受经济损失或全部个人信息被窃取并用于犯罪的目的。攻击者不断地进行技术创新和发展,目前也有新的"网络钓鱼"技术已经在开发中,甚至已被使用。

现在的"网络钓鱼"将重点放在了伪造与正规机构极度相似的网页以骗取网民点击,并收集用户的要害信息,如与财务相关、个人身份相关的信息,我国的互联网中"钓鱼"网站多伪装为知名的电子商务网站或干脆乔装为网上银行的模样,直接危及广大网民的财产!

9.9.1 利用电子邮件"钓鱼"

像垃圾邮件一样,"钓鱼"邮件是一种未经允许的电子邮件形式。尽管一些垃圾邮件可能只不过是讨厌的广告,而"钓鱼"邮件则是试图从用户手中进行诈骗。"钓鱼"邮件是指用电子邮件作"鱼饵",从而骗取访问金融账户必需信息的一种手段。通常,"钓鱼"电子邮件看起来像来自一家合法公司。它试图诱惑用户把账号和相关密码给它们。电子邮件经常解释说,公司记录需要更新,或者正在修改一个安全程序,要求用户确认账户,以便继续使用。

从表面上看很难辨别这封电子邮件是否是诈骗。像垃圾邮件一样,来自"钓鱼"黑客的电子邮件通常在电子邮件地址中包含伪造的"发件人"或者"回复"标题,使电子邮件看起来像来自一家合法公司。除了欺骗的"发件人"或者"回复"地址之外,伪造子邮件通常基于 HTML,第一眼可能看起来像真的一样。电子邮件经常包含真正的商标,看起来拥有真正公司的网站地址,建议用户"小心"保管密码。电子邮件的所有的表象和措词都使它看起来像是真的。然而,当用户查看 HTML 时,可以看到网站地址是伪造的,点击链接实际上会把你带到另一个位置,它经常会把你带到一个看起来一样的外国网站。这些网站只是暂时开放,设计得跟真的一模一样,从而诱惑你输入你的登录信息和密码。一旦他们获得信息,就会试图从用户的账户中汇钱出去,或者收取费用。"钓鱼"邮件的一种常见做法是在电子邮件中包含一个表格,供收件人填写自己的姓名、账号、密码或者 PIN 号。

9.9.2 利用木马程序"钓鱼"

用户只要被植入木马,不管是使用支付宝还是快钱等支付平台,在网银付款时都容易被篡改收款方。因此影响面非常广泛,此前,支付宝等第三方支付公司发出公告,提醒用户注意网络支付安全问题。但由于木马式"网络钓鱼"比此前的"网络钓鱼"更为隐蔽,还是有不少用户频频受骗。

9.9.3 利用虚假网址"钓鱼"

"钓鱼"网站通常是指伪装成银行及电子商务等网站,主要危害是窃取用户提交的银行账号、密码等私密信息。

"网络钓鱼"是通过大量发送声称来自于银行或其他知名机构的欺骗性垃圾邮件,意图引诱收信人给出敏感信息(如用户名、口令、账号 ID、ATM PIN 码或信用卡详细信息)的一种攻击方式。

"钓鱼"网站通常伪装成为银行网站,窃取访问者提交的账号和密码信息。它一般通过电子邮件传播,此类邮件中一个经过伪装的链接将收件人连到"钓鱼"网站。"钓鱼"网站的页面与真实网站界面完全一致,要求访问者提交账号和密码。一般来说"钓鱼"网站结构很简单,只有一个或几个页面,URL 和真实网站有细微差别,如真实的工行网站为 www.icbc.com.cn,而针对工行的"钓鱼"网站则有可能为 www.1cbc.com.cn。

9.9.4 假冒知名网站"钓鱼"

假冒网购类的"钓鱼网站"数量迅速增加,这些网站往往模仿航空公司官网、知名购物网站,甚至网银官网等,用户单从页面特征上很难加以辨别,建议安装专业的全功能安全软件加以全面防护。曾经被挂马网站包括教育、购物、订票和各大网银等网站。部分官方网站的部分页面也曾被黑客挂马,黑客利用微软 IE 最新漏洞和服务器不安全设置进行入侵。

9.9.5 其他"钓鱼"方式

通过技术手段伪造与常用的网购站点 100% 相似的页面,欺骗网民点击付款或直接输入个人信息进行诈骗!使用几可乱真的淘宝网页面已经成为"网络钓鱼"的主要手段之一。

 ## 9.10　防范"网络钓鱼"的安全建议

1. 细心的区分真假域名

应该注意的就是区别真假域名,这是十分有效地防止"网络钓鱼"的手段。那么如何辨别一个域名的真假呢,我们经常遇到的"网络钓鱼"域名类型有 http://Taobao.abc.com 、http://abc.taobaoc.com 等。注意细节,第一个域名中虽然具备了 taobao 一词,但事实上它指向的网站其实是 abc.com。第二个域名则是最为常用的利用相似度高的域名来欺骗网民,其域名为 taobaoc 而并非 taobao。

2. 不点击任何外来链接

不要点击其他网页中的网店或网银地址,尤其是通过垃圾邮件、QQ、MSN 等通信工具发送的链接。因为通过伪装,你或许并不能发现其真实链接究竟指向哪里。

3. 使用能够有效保护计算机的安全软件,并且养成良好的上网习惯

日益增多的挂马网页伙同"网络钓鱼"同时进行,使网民保卫自己的财产越发艰难。选用有效、易用的安全软件能够从根本上解决木马带来的困扰,以最快的速度清除木马,也能大大增加财产的安全系数。

9.10.1　对金融机构应采取的网上安全防范措施建议

1. 被忽略的内网安全

提到金融网络安全防范,人们会一下子想到通过网络防火墙、外部入侵控制、访问控制来解决金融外网所带来的安全威胁,实际上,银行外网是非常安全的,甚至可以说是攻不可破的。而来自银行内部的报告显示,目前由金融内部网隐患所引发的安全问题却被常常忽略。

就目前银行内部网络安全防范现状来看,主要表现出以下特点。

(1)银行对于内部网安全防范主要是采取加强管理、完善制度管理以及检查监督等方式。然而单纯依靠管理制度,不足以遏制内部案件的发生。

(2)银行有一些常见的内网安全防范手段,如采取简单的 VLAN 划分、ACL、NAT,这些方式仅仅实现了安全架构中的安全保护部分,不能提供对内网安全有效的保证。而在另一方面还可能因为信赖了不完善的防范措施,造成管理上的松懈,使得隐患加剧。

(3)内网安全意识有待加强。

2. 家贼难防

(1)从银行的技术人员来看,在银行内部进行网络建设、维护的都是同一批人,这样,银行的网络安全屏障对于他们就形同虚设。另外,银行技术人员的频繁流动也是造成泄密的隐患之一。

(2)从柜台业务来看,每个柜员都有独立的操作号和密码或者柜员磁卡,然而由于对自身的操作号和密码保密不严或互相借用,为内部人员盗用他人名义作案创造了机会。

(3)在行政职能部门,拥有相应部门权限的人员可以访问相应的业务流程。他们还可以通过在内网修改自身的 IP 地址访问其他业务,越权操作,形成安全隐患。

（4）一旦出现技术人员与业务人员协同作案，那么银行的内部网络等于大门敞开。技术人员可以通过地址分配、授权等方式很方便地进行非法操作。

3. 隐患

目前银行常用的内网安全防范方法仍存在很多不足。

（1）VLAN 划分：技术屏障低，很容易被攻破。

（2）通过 MAC 地址、端口绑定：对于内部技术人员没有任何限制屏障，形同虚设。

（3）网管、身份识别：假如内部人员盗用他人 IP 进行操作，此时网管只知道有人在访问、操作业务系统，但是无法识别、控制，只能做基本的管理。

（4）IDS 事后监督：IDS 系统只能在案件发生后提供相应的事后报告，没有前期预警，没有事中监督，无法防止案件的发生。

所以，真正的安全隐患存在于内部。有效的安全风险防范，应该依靠整套完善的技术方案。

4. 解决之道

安全来自全部公开，而不是依靠人员之间的保密。要实现安全，需要做到以下几点。

（1）需要通过技术实现操作人员只能通过自己的账号、密码，在规定的时间、指定的设备上，通过固定交换机端口，进行一定范围内的业务操作。

（2）技术实现方式有：通过时间控制；通过 VLAN 划分，实现局域网隔离；通过对用户账号、MAC 地址、用户 IP 地址、交换机端口、交换机 IP 地址、VLAN ID 同时实现绑定，实现对访问用户的身份进行唯一识别，从而充分保证访问用户身份的真实性。同时，对访问用户在内部网中的操作行为进行全程跟踪，当访问用户出现非法操作时，系统会立刻进行记录，并启动安全策略。

（3）除了在技术上要对内网安全进行全面保障外，还需建立起相应的管理制度，并严格执行。只有通过技术、管理的有效结合，才能够真正有效地防范内网安全风险。

9.10.2 对于个人用户的安全建议

（1）千万不要响应要求个人金融信息的邮件。"钓鱼"邮件通常包括虚假的但"令人感动"的消息（如："紧急：你的账户有可能被窃！"），其目的是为了得到你的当即响应。信誉好的公司在电子邮件中并不向其客户要求口令或账户细节。在电子邮件中打开附件和下载文件时，一定要当心，不管其来自何处。

（2）通过在浏览器地址栏键入域名或 IP 地址等方式访问银行站点。钓鱼者经常通过其邮件中的链接将受害人指引到一个欺诈站点，这个站点通常类似于一个银行的域名，如以 my-bankonline.com 代替 mybank.com，这招称为鱼目混珠。在单击时，显示在地址栏中假冒的 URL 可能看起来没有问题，不过它的骗术有多种方法，最终目的都是将你带到欺诈网站。如果你怀疑来自银行或在线金融公司的邮件是假冒的，就不要打开包含在邮件中的任何链接。

（3）经常检查账户。最好经常登录到在线的账户，并且查看其状态。如果你看到任何可疑的事项或交易，要立即向银行或信用卡供应商报告。

（4）检查你所访问的站点是否安全。在提交你的银行卡细节或其他的敏感信息之前，最好做一系列检查以确保所访问的站点能够使用加密技术保护你的个人数据安全，主要是检查地址栏中的地址。如果你访问的站点是一个安全的站点，它应当以"https://"开头，而不是通常的"http://"。

（5）还可以查找浏览器状态栏上的一个锁状图标。你甚至可以检查其加密水平。即使站点使用了加密，这并不意味着此站点是合法的。它只是告诉你数据正以加密的形式发送。

(6)谨慎对待邮件和个人数据。多数银行在其站点上都拥有一个安全网页,主要关注安全交易的信息,以及与个人数据相关的一些建议:绝不要让任何人知道你的 PINS 或口令,也不要将其写在纸上,而且不要为所有的上网账号使用相同的口令。避免打开或应答垃圾邮件,因为这会给发送者这样一种信息:这个地址是一个活动的地址,或者说是可用的地址。在阅读邮件时要具有判断力。如果某事看起来难以置信,那就不要相信它!

(7)保障计算机的安全。一些钓鱼邮件或其他的垃圾邮件可能包含能够记录用户的互联网活动(间谍软件)的信息,或者打开一个"后门"以便于黑客访问你的计算机(特洛伊木马)。安装一个可靠的反病毒软件并保持其及时更新可有助于检测和对付恶意软件,而使用反垃圾软件又可以阻止"钓鱼"邮件到达你的计算机。对于宽带用户而言,安装一个防火墙也是很重要的。这有助于保证计算机上信息的安全,同时又阻止了与非法数据源的通信。确保能够及时更新并下载浏览器的最新安全补丁。如果并没有安装任何补丁,就应当访问浏览器的站点,查找安全更新信息。

对个人用户的建议如下。

(1)提高警惕,不登录不熟悉的网站,键入网站地址的时候要校对,以防输入错误误入狼窝,细心就可以发现一些破绽。

(2)不要打开陌生人的电子邮件,更不要轻信他人说教,特别是即时通信工具上的传来的消息,很有可能是病毒发出的。

(3)安装杀毒软件并及时升级病毒知识库和操作系统(如 Windows)补丁。

(4)将敏感信息输入隐私保护,打开个人防火墙。

(5)收到不明电子邮件时不要点击其中的任何链接。登录银行网站前,要留意浏览器地址栏,如果发现网页地址不能修改,最小化 IE 窗口后仍可看到浮在桌面上的网页地址等现象,请立即关闭 IE 窗口,以免账号密码被盗。

(6)"钓鱼"邮件在大多数情况下是关于你的银行账号、密码、信用卡资料、社会保障卡号以及你的电子货币账户信息,关于用户的 paypal、yahoo 邮件、gmail 及其他免费邮件服务。要记住上述那些正式公司绝不会通过电子邮件让你提供任何信息。如果你收到类似要求,让你提供资料,或者在邮件中带有指向网站的链接,那么它一定是"网络钓鱼"诈骗。

(7)在查找信息时,应该特别小心由不规范的字母数字组成的 CN 类网址,最好禁止浏览器运行 JavaScript 和 ActiveX 代码,不要上一些不太了解的网站。

(8)从不点击电子邮件中的链接来输入你的登录信息或者密码。相反,如果你认为电子邮件可能是合法的,那么用你的 Internet 浏览器或者 Netscape 浏览器直接访问公司网站(不要从一封可疑的电子邮件中复制、粘贴 url 地址)。

(9)总是使用公司的官方网站来提交个人信息。如果在线发送信息,那么应该使用一个安全服务器在公司的官方网站上操作。

(10)如果还是怀疑电子邮件所说的,就给相关公司打个电话。

(11)总是在你的手机或者笔记本电脑中保存你经常打交道的公司的正确联系电话号码,并且只使用你保存的那个号码。例如,如果你在汇丰银行有一个账户,那么保存正确联系号码,并且只使用那个号码。永远也不要相信邮件中的电话号码。

(12)像电话号码一样,总是在你的收藏夹中保存正确的网站地址,并且使用它们做与其公司有关的任何事情,永远也不要相信电子邮件中的网站链接。

第10章
常用反病毒软件

 10.1 反病毒行业发展历史与现状

10.1.1 反病毒软件行业的发展历程

1. 最早的反计算机病毒程序

20 世纪 70 年代早期,专门用来对付"爬行者"病毒的一种叫做"收割者"(Reeper)的程序与该病毒的对抗,可能就是计算机病毒和反计算机病毒的第一次战争。

2. DOS 时期

防计算机病毒卡是非常具有中国特色的一种反计算机病毒技术,国外一直没有出现一个真正的防计算机病毒卡市场,反计算机病毒技术一直是以软件的形式存在的。

Doctor Soloman 创建的 Doctor Soloman 公司曾经是欧洲最大的反病毒企业,所罗门公司的反计算机病毒工具(Doctors Solomon's Anti-virus Toolkit)成为当时最强大的反计算机病毒软件,后来被 McAfee 兼并,成为最为庞大的安全托拉斯 NAI 的一部分。1989 年,Eugene Kaspersky 开始研究计算机病毒现象,从 1991~1997 年,他在俄罗斯大型计算机公司 KAMI 的信息技术中心,带领一批助手研发出了 AVP 反病毒程序;Kaspersky Lab 于 1997 年成立,Eugene Kaspersky 是创始人之一。2000 年 11 月,AVP 更名为 Kaspersky Anti—Virus。

赛门铁克(Symantec)和中心点(Central Point)公司也出了自己的杀毒软件。赛门铁克公司以"诺顿"工具软件而闻名,其中以"诺顿磁盘医生"(Norton Disk Doctor)知名度最高。中心点公司以产品"个人计算机工具集"(PCTools)而知名。

1992 年 7 月,第一个计算机病毒构造工具集(Virus Construction Sets)——计算机病毒创建库(Virus Create Library)开发成功,这是一个非常著名的计算机病毒制造工具。

1993 年春天,微软公司发行了自己的反计算机病毒软件——微软反计算机病毒软件(MSAV)。

1994 年春天,最早的杀毒软件厂商的领导者之一,中心点公司结束了自己的运作,被赛门铁克公司收购,赛门铁克公司在这段时间内收购了大量的杀毒软件厂商,包括皮特·诺顿计算(Peter Norton Computing)、第五代系统(Fifth Generation Systems)等公司。

McAfee 和网络将军公司完成合并,新成立的公司成为一家信息安全服务和产品的提供商,新公司的名称是网盟(NAI)。

3. Internet 时代

1997 年,出现了计算机病毒防火墙技术。实际上计算机病毒防火墙是一个通俗的名称,按真正严格的方法应该把这种技术叫做"文件系统实时监视技术"。1998 年 3 月,赛门铁克和 IBM 公司宣布合并他们的反计算机病毒业务部门。随着技术的发展,出现了文件系统通知消息——防火墙技术的雏形,如基于 VxD 的防火墙技术、Windows NT 和 Windows 2000/XP 操作系统下的计算机病毒防火墙、Netware 系统下的计算机病毒防火墙等。

反计算机病毒软件本质上是一种亡羊补牢的软件,只有某一段代码被编制出来之后,才能断定这段代码是不是计算机病毒,才能谈到去检测或者清除这种计算机病毒。那么,未知计算机病毒能够防范吗? 如果纯粹从理论的意义上说,未知计算机病毒是不可能完全被防范的,计算机如果做到能够防范未知计算机病毒,那么人工智能的水平肯定已经远远超过了通过图灵试验的程度。但从另一方面来说,防范未知计算机病毒又是可能的。虚拟执行技术,又叫做启发式扫描技术,是防范未知计算机病毒的基础。杀毒软件通常都会声称自己能够发现百分之多少的未知计算机病毒,虽然操作起来非常困难,但是实际上所声称的这个比例从某种意义上说是可以检验的。

4.综合"免疫系统"

1999 年夏末,IBM 公司与赛门铁克公司合作,准备推出一项包括数字免疫系统在内的防计算机病毒计划。怀特预测说:"这是朝着综合免疫系统的开发迈出的第一步,该系统能以远比计算机病毒本身快得多的扩展速度运作。一旦发现计算机病毒,就立刻在全球范围内迅速遏制和根除这种计算机病毒的蔓延。"直到今天为止,这种雄心勃勃的计划仍然只是一个理想而已。IBM 公司的专家们还在努力寻找具有另外一些免疫机理模拟特征的方式。从生物学来讲,一个受感染的细胞会发出化学信号,警告相邻的细胞赶快设置障碍以阻止病毒扩散。于是,当免疫系统准备好了反击"入侵者"的方法后,它就能迅速出击,一举击溃病毒的进攻。"应该说,不断开发的数字式抗体会使系统工作更加精确,越来越类似生物学,但这种模拟研究极其困难。"这种反病毒技术成功的程度将依赖于人工智能发展的速度。

5."数字免疫"存在于将来

"因为程序和操作系统通常在设计时无法将安全因素同时融入进去,抗计算机病毒程序将始终落后于程序和系统的开发而处于被动,尽管理想的数字免疫系统仍是雾里看花,谁也说不准会以什么形式运作,但只有锲而不舍地去尝试,因为这是唯一的选择。20 世纪 90 年代初期刚刚兴起 Internet 时,计算机安全问题就已十分突出,而现在已演化到令人谈虎色变的境地。"现兼任《计算机安全》杂志首席编辑的杰乔迪亚说,程序设计人员在人们开始使用最新版本的软件之前,就应致力于计算机病毒的研究。"在设计计算机系统和程序时养成一种必须加入安全保密技术的主观意识,这是极其重要的关键步骤。"迄今仍没有十分成熟的技术足以保护日益密切相连的计算机系统的安全。诸如数字免疫系统这样的新安全武器在短时间内不太可能达到实用的程度,现在还是必须依赖独立的杀毒软件、良好的安全习惯和不断的软件升级来对抗计算机病毒的入侵。

10.1.2　国内外反病毒软件行业所面临的严峻形势

这两年来,基于 Internet 进行传播的计算机病毒出现了许多新的种类,如包含恶意 ActiveX Control 和 Java Applets 的网页病毒、电子邮件病毒、蠕虫病毒、黑客程序等。而且,最近甚至出现了专门针对手机和掌上计算机的病毒。

在网络安全事件中,危害性极大的恶意代码增长迅速。例如,2007 年网页恶意代码事件超出 2006 年总数 2.6 倍,而 2007 年我国大陆地区被植入恶意代码的主机 IP 增长数量就是

2006 年的 22 倍。此外,地下黑色产业链、计算机犯罪人员及极少数国内外敌对势力,为恶意代码的大量生产和广泛传播提供了十分便利的条件。美国每年因计算机病毒等恶意代码安全事件造成的经济损失高达 200 亿美元,而我国因此而造成的直接经济损失也高达数 10 亿元,而且正以每年 30%～40% 的速度递增。以病毒、木马及蠕虫等为代表的恶意代码已成为互联网的最大危害之一。

同时,计算机病毒的数量急剧增加,据瑞星等杀毒厂商的统计,现在每天有成千上万的新计算机病毒出现,因此每年就有近千万种左右的新计算机病毒及变种出现,这个数目远远超过了截至 1997 年世界上计算机病毒的总数。因此,病毒对于计算机的威胁越来越大。

1. 国际动态

安全专家表示,2011 年上半年已侦测出 500 余万种新病毒、蠕虫及木马和变种,由此可见,计算机病毒没有任何成为过往云烟的迹象。撰写恶意程序的作者比以前更活跃,2011 年还出现了许多计算机病毒及垃圾邮件的发展模式,这些发展透露出未来若干年计算机病毒行业所面临的几个形势。

(1)各国执法动作更多,但仍缺乏计算机病毒与垃圾邮件的制裁机制。

除逮捕 Sven Jaschan 之外,2004 年还有好几件逮捕病毒制造者案例。窃取超过 200 万英镑的澳洲电子邮件欺诈者 Nick Marinellis 被关入狱;巴西政府对特洛伊网络"钓鱼"骗术的逮捕案例超过 50 件;英国国家高科技犯罪调查组也有几宗有关网络"钓鱼"骗术的逮捕案例。

值得忧虑的是,目前还缺乏一个正式的机制,以便让不满的计算机用户能轻松制裁病毒与垃圾邮件制造者。现在收到中毒及垃圾邮件的计算机用户,需要下载并打印一张表格,亲手填写后再通过邮差慢慢寄出。而英国国家高科技犯罪调查组因资源不足,无法及时处理中毒案例,只有必须在嫌犯被捕之后,才能通过防毒厂商向受害者收集资料。

(2)Windows 32 计算机病毒仍占据 2010 年排行榜。

2010 年前十大计算机病毒全部都是 Windows 32 计算机病毒。这些计算机病毒只影响微软用户,并利用电子邮件或 Internet 四处扩散。基于将其恶意程序尽可能传播的更广更远的想法,2011 年以后,计算机病毒作者仍会以无所不在的微软程序及其用户为目标。

(3)新一波网络银行抢劫风。

许多英国金融机构仍会是网络"钓鱼"骗术的目标,英国 NatWest 银行为了抵制网络攻击,而甚至暂停了几项网络金融服务。有一个趋势也令人担心:网络"钓鱼"诈骗者开始招募走私者,帮他们将窃来的金钱送往国外。2004 年还出现一种新的网络"钓鱼"骗术攻击模式,网络"钓鱼"诈骗者并不利用电子邮件,而是指引无辜的计算机用户连接上假冒的金融机构网站,以此撷取个人机密资料。新一波做法是利用"特洛伊"程序藏身计算机中,等到计算机用户连接上真的金融机构网站时,再暗中监视与秘密记录用户登录的流程。

(4)垃圾邮件发送者不断运用新的伎俩,垃圾邮件无减退迹象。

尽管垃圾邮件发送者被逮捕与判刑的案例增多,垃圾邮件的问题似乎还不会消失。垃圾邮件发送者仍将利用被入侵的无辜计算机传送垃圾邮件,并利用不同的伪装方式,设法蒙骗计算机用户造访他们的网站。

在 2010 年,欧洲产生垃圾邮件的速度超过了北美、南美及亚太地区,因此被称为"垃圾邮件盛产地"。根据趋势科技 2010 年上半年的威胁报告,垃圾邮件在 2010 年 1～6 月基本上一直在持续增加。与常规看法不同的是,色情邮件仅占所有垃圾邮件的 4%。商业、诈骗和保健医疗类的邮件占全世界垃圾邮件的 65%,而 HTML 垃圾邮件是垃圾邮件发送者最常用的一种方法。

此外,越来越多的垃圾邮件假冒发自网络商店,宣称计算机用户已使用信用卡付款购买产品,并请用户点击某一链接以了解详情,结果用户却发现链接的网站上出现广告。

(5)手机病毒增加,智能手机平台成为未来黑客与病毒肆虐的场所。

随着安卓系统的盛行,安卓系统的手机数量从 2010 年初开始迅速增长,基于安卓系统的病毒也随之迅猛增加。在极短的时间内,安卓病毒数量就占据了整体病毒数量的 20%。由于安卓系统的应用与原有的塞班系统不同,导致两个平台的手机病毒有极大不同。

安卓病毒的 66.14% 是流氓程序,主要通过与其他安卓应用捆绑来侵入用户手机;而窃取隐私的病毒占据了总体数量的 10.61%。而塞班病毒则主要窃取用户隐私和通过传播、耗费电池来危害用户手机。之所以产生此类不同,是因为安卓系统更加开放,应用在安卓系统上可以实现更多的功能,从而导致泄露隐私的机会增加。

2011 年 7 月,首个窃取手机短信的后门病毒 Android. Troj. Zbot. a 被截获。该木马运行在安卓手机操作系统上,木马运行后会将中毒手机收到的所有短信自动转发到远程服务器,从而导致手机隐私信息严重泄露。

(6)恶作剧计算机病毒及连锁电子邮件仍造成混乱并堵塞电子邮件系统。

2004 年,有个 Hotmail 连锁信要求收入件将其转寄给其他 10 位 Hotmail 用户,是散布最广的连锁邮件之一,占安全公司统计总数的 20%,它成为年度恶作剧计算机病毒。

2. 国内现状

国内信息安全厂商瑞星公司发布的《瑞星 2010 年度安全报告》,相关内容显示了 2010 年影响中国内地计算机用户的若干种主要恶性计算机病毒,并指出了 2010 年以来,新计算机病毒的发展趋势和安全防御建议。

该报告主要数据来自瑞星公司技术服务部、网络部、研发部及相关市场研究部门,统计表明,在 ADSL 等宽带不断普及、网络应用和网络游戏等网上娱乐迅速发展的情况下,计算机病毒疫情和危害的特点在中国呈现出新的发展形势。

(1)病毒数量有所下降,单个病毒感染计算机次数下降(病毒的传播范围减小)。

2010 年,瑞星公司截获病毒 750 万个,比去年下降 56%,受害网民 7.03 亿人次。根据调查结果,2010 年的受害网民中,约有 97% 的网民遇到的是"低烈度病毒侵害"。所谓低烈度病毒侵害,就是被广告点击器(adware 类)、木马下载器、脚本病毒(修改和锁定 IE 首页)等侵扰,由于此类病毒通常只在后台点击广告,诱骗网民进行网络购物等,表面上看不出任何异常,普通网民很难发觉自己中毒。

报告指出,漏洞、邮件病毒是目前威胁用户的主要因素,随着网络应用的深入,宽带用户的增加,个人计算机用户也越来越多地面临着邮件与漏洞这两类计算机病毒的侵扰。从数量上说,木马、后门和蠕虫病毒已经占据新计算机病毒排名的前三位。

反计算机病毒工程师表示,目前各大门户网站都推出了自己的即时通信工具,这预示着利用即时通信工具的病毒将会越来越多。

(2)计算机病毒遭遇商业利益驱动成为它发展的新趋向。

根据对截获的计算机病毒进行统计和分析,反计算机病毒工程师发现,目前出现的新计算机病毒越来越多的带有商业目的。在利益驱使下,以盗窃个人资料、虚拟财产以及其他的商业目的为主要危害的计算机病毒将越来越多。

总体说来,这些"贪婪"的新计算机病毒可以分为以下几类:

①窃贼型计算机病毒,主要是那些以盗窃用户银行卡、各种付费账号和网络游戏装备为目的的木马病毒。根据瑞星公司提供的资料,某种针对"传奇"游戏的木马病毒,产生了多达数百个变种,这些变种改头换面躲避杀毒软件的追杀,目的只有一个——盗取玩家昂贵的虚拟财产。

②恶意网页病毒,这类计算机病毒往往和具有商业目的的非法网站联系紧密,特别是某些黄色网站,为了在被查封前赚取利益,不惜利用网页病毒作为传播工具,以此在短时间获得较大的用户流量。

③蠕虫病毒和垃圾邮件狼狈为奸,用计算机病毒来发送商业垃圾邮件。某些商业垃圾邮件发送者将垃圾邮件和计算机病毒结合起来,被感染的计算机用户不光自己接收到垃圾邮件,同时计算机系统在病毒的作用下还会成为新的垃圾邮件发送源。

更有甚者,已被公安机关查封的若干个贩卖计算机病毒的黑客网站曾公开宣布为那些带有非法目的的网友定制计算机病毒,并且收取不菲的费用。这就好比是为罪犯提供犯罪工具,这类计算机病毒不会大范围传播,而是具有直接的盗窃功能,比如某个病毒可以帮助拥有者窃取整个网吧的"传奇"玩家的账号和密码。

非法商业目的和利益驱动将成为未来计算机病毒发展的新趋势,用户的各种有价个人资料和虚拟财产的保护也将成为计算机安全防范的重点。

(3)安全策略的调整:防火墙将承担起更多的反计算机病毒重任。

各种现象表明,漏洞、邮件病毒已经成为用户的首要安全威胁;即时通信工具与盗密码病毒增长迅速,木马、后门病毒将成为今后计算机病毒的主流。

随着计算机病毒发展的新趋势,计算机安全防护必须重视整体防御,特别是防火墙的使用。

目前反计算机病毒软件的核心技术还都是特征码技术,多年的反计算机病毒经验证明,特征码技术是目前最成熟的反计算机病毒技术,它由于速度快、占用资源少而得到了广泛应用。而在 Windows 时代,由特征码技术延伸出来的计算机病毒监控技术,由于可以实时监控计算机系统的染毒状况、使计算机病毒无法激活的优点得到了广泛应用和不断发展。另外,一些不依靠特征码的未知计算机病毒检测技术也在不断发展中。

随着 ADSL 等宽带用户的增加,网络应用必将向纵深发展,这时计算机病毒也将由传统的以系统破坏为目的,而转向以网络破坏为目的,这种新形势将会使个人防火墙技术得到更加深入的应用,成为反计算机病毒的第三大应用技术。

跟随网络环境的发展,各个厂商的个人防火墙产品都在不断优化,并且已经逐步被赋予许多专门的防毒和反黑功能。如针对网络游戏防盗的问题,瑞星个人防火墙已经集成了专门的"网络游戏保护"模块,该模块可以确保玩家在游戏过程中,不被相应的木马病毒窃取个人账号和游戏装备。

无论对于个人还是企业级用户来说,单纯的反毒和防黑都无法较好地防范计算机病毒的攻击。在人们通常的观念里,防火墙主要是防御黑客的,但是随着窃取资料、网络攻击等计算机病毒新趋势的出现,单一使用杀毒软件已经无法满足计算机用户的安全需求,必须同个人防火墙结合起来,在查杀计算机病毒的同时,确保个人资料不被窃取。

（4）网民的真实损失急剧上升。

2010 年，单单被媒体曝出的网银资金被窃、浏览钓鱼网站被骗走钱款的案例就有 1 000 多宗，涉案金额数百万元。

以前黑客们编写病毒主要为了窃取网游账号、QQ 号，但窃取几十万个 QQ 号，也许仅能获利几万元。现在黑客普遍改成了主要瞄准网银用户。这样，要获取同样的经济利益，以前要让几千人中毒，而现在只要偷或者骗一个支付宝账号就行。

以"网银超级木马"为例，在某地的受害用户中，甚至有人一次被骗走 60 余万元。此前"熊猫烧香"病毒感染数百万台计算机，其作者最终获取的利益不过 14.5 万元，两者相比风险和收益相差巨大。

在这种情况下，网民也许会产生"以前几个月中毒一次，现在好久没中毒，比较安全"的错觉。但实际上，黑客产业链的总体效益不断增加，有点"三年不开张，开张吃三年"的特点。

据瑞星"云安全"系统的统计数字，在 2010 年中，遇到过网游网银被窃、计算机系统被破坏无法启动等严重病毒问题的网民，约占中毒网民的 2%。但他们遭到的经济损失，却占了所有网民的 70% 以上。

以直接经济损失计算，中国网民因为病毒破坏计算机、木马窃取网银网游等带来的损失，估计在 10 亿～20 亿元（参考全国的磁盘修复产业产值、计算机维修业产值、公安机关公布的网民报案案值推算出来）；由于木马、钓鱼网站对于电子商务的威胁，很多人对使用网络购物存在疑虑，由此带来的间接损失无法估计。

（5）钓鱼网站数量疯狂上升。

2010 年，瑞星截获钓鱼网站 175 万个（以 URL 计算），比前一年同期增加 1186%。受害网民 4 411 万人次，间接损失超过 200 亿元。

 ## 10.2　使用反病毒软件的一般性原则

10.2.1　反病毒软件选用准则

反计算机病毒工具可以防止计算机病毒带来的感染和破坏，检测计算机病毒是否存在，治疗被计算机病毒感染了的程序。反计算机病毒工具按照工作形态不同可分为静态检查工具和动态监视工具。静态检查工具主要用来检测程序是否染毒。这类工具要求具有以下特点。

1. 能检测尽可能多的计算机病毒种类

静态检测工具能识别的计算机病毒种类越多，实用价值越大。通常，该类工具采用特征代码检测法，所以有误报的可能。

2. 误报率低

误报可能会引起用户的恐慌，或者导致本不必要的对程序的删除。

3. 自身安全

由于反计算机病毒工具自身也是程序，如果它自身存在安全隐患，那么它也是计算机病毒感染的目标。用染毒的反计算机病毒工具来反计算机病毒，可能非但不能起到反计算机病毒的作用,反而造成计算机病毒的传播。对于常驻内存的反计算机病毒工具程序,无力保护自身代码不受攻击。

4.检测速度快

检查计算机病毒有时间开销。一般用户只能感觉到检查速度的快慢,对工具的安全程度难以直接辨别。所以,如果以牺牲工具的安全度来换取速度,实属下策。由于磁盘数目增多、磁盘容量增大、用户存储数据量增多,对工具检查计算机病毒的速度要求高也是自然的。因此,在不降低工具安全度的前提下,快速、准确地检测计算机病毒是作为一个高品质的检测工具必须满足的条件。

5.易于升级

反病毒软件升级方便、快捷、简单。

10.2.2 使用反病毒软件注意要点

使用杀毒工具要谨慎。查计算机病毒是安全操作,而杀计算机病毒是危险操作。查计算机病毒工具打开被查文件,在其中搜索计算机病毒特征。工具对被检查程序不做任何写入动作。即使出现误报警或者有毒未报警,被查文件不会因为查毒操作受损。而杀毒工具在清除计算机病毒时,必须对对象程序做写入动作。

如果有下述情况存在:杀毒工具自身有错;错判了计算机病毒种类;错判了计算机病毒变种;遇到新变种。那么,杀毒工具就可能将错误代码写入对象文件或写入对象文件的错误位置,非但不能维护程序的正常,反而损坏程序。如果是在清除硬盘系统区的引导型病毒,这种失误可能会导致硬盘丢失,即计算机识别不了硬盘。这样存储在硬盘上的所有数据将"全军覆没"。

使用杀毒工具时,应该注意以下几点。

(1) 工具自身不能染毒。

(2) 工具运行的操作系统环境是无计算机病毒感染的环境。

(3) 计算机病毒不能进驻内存。

(4) 杀毒操作不一定都能正确清除计算机病毒。

(5) 杀引导型病毒,事先应对硬盘主引导和 BOOT 扇区做备份。

(6) 杀文件型病毒,应对染毒程序先备份,后杀毒。

如果计算机通过硬盘启动,而硬盘上的启动系统已经感染计算机病毒,这时,计算机病毒可能已进驻内存。在计算机病毒常驻内存的场合下,进行计算机病毒检测,在隐蔽计算机病毒的干扰下,不能得到正确的结果。因为计算机病毒先于 Windows 对染毒文件的长度、日期上做"手脚",或者摘除病毒文件中的病毒代码,使扫描病毒代码或者校验和都查不出计算机病毒。所以,检查计算机病毒时,必须用无病毒感染的系统启动,确保检测时在无毒环境下进行,以获得正确的结果。

10.2.3 理想的反计算机病毒工具应具有的功能

理想的反计算机病毒工具应具有如下功能。

(1)工具自身具有自诊断、自保护的能力。

(2)具有查毒、杀毒、实时监控多种功能。

（3）兼容性好。

（4）界面友好，报告内容醒目、明确，操作简单。

（5）提供最新计算机病毒库的实时在线升级。

（6）对非破坏性计算机病毒的感染有良好的杀毒能力。

由于计算机病毒的快速发展，势必要求反计算机病毒厂商跟上时代的步伐，以保证 Internet 时代的信息系统安全。所以，作为新一代的反计算机病毒软件，必须做到以下几点：

（1）全面地与 Internet 结合，不仅有传统的手动查杀与文件监控，还必须对网络层、邮件客户端进行实时监控，防止计算机病毒入侵。

（2）快速反应的计算机病毒检测网，在计算机病毒爆发的第一时间即能提供解决方案。

（3）完善的在线升级服务，使用户随时拥有最新的防计算机病毒能力。

（4）对计算机病毒经常攻击的应用程序提供重点保护（如 Office、Outlook、IE、ICQ、QQ 等），如 Norton 的 Script Blocking 和金山毒霸的"嵌入式"技术等。

（5）提供完整、即时的反计算机病毒咨询，提高用户的反计算机病毒意识与警觉性，尽快让用户了解到新计算机病毒的特点和解决方案。

 ## 10.3　常用反计算机病毒工具

由于反计算机病毒产品在提供的功能方面具有相似性，同时产品更新较快，所以以下对常用反计算机病毒工具进行讲解时，仅对它们的主要功能做简单介绍。如果想要详细了解这些功能，可以参考其官方网站中的相关内容。

10.3.1　诺顿网络安全特警

诺顿网络安全特警（Norton Internet Security，NIS）是一个由赛门铁克公司研发的综合个人计算机信息安全软件，集中提供一个全面的互联网保护。软件提供了恶意软件防护及移除，并使用病毒库及启发式技术识别病毒；其他功能包括个人防火墙、网络钓鱼的防护及垃圾邮件过滤，界面如图 10-1 所示。

1. 主要功能

（1）全球智能云防护可以即时检查文件的来源和已停留的时间，因此其识别和阻止犯罪软件的速度比其他功能欠佳的安全软件更快。诺顿全防护系统是通过组合使用多个重叠式防护层来阻止病毒、间谍软件和其他网络攻击的。

（2）下载智能分析在文件或应用程序下载安装或运行前及时提醒该文件的安全性。

（3）文件智能分析为计算机上的文件提供详细信息说明，包括文件的来源（网站 URL）及是否可信。

（4）脉动更新技术每 5～15 分钟在后台完成一次小规模更新，从而可防御最新的在线威胁。

（5）SONAR2 主动防护技术可以监控计算机上的可疑行为，快速检测新的网络威胁。

（6）电子邮件和即时消息监控技术可以扫描电子邮件和即时消息中的恶意链接和存在潜在风险的附件。

图 10-1 诺顿网络安全特警 2011 版界面

（7）智能防火墙可以阻止黑客侵入计算机窃取个人信息。

（8）网络映射和监控功能可以让用户查看所有家庭网络上连接的设备，这样，用户就可以轻松发现不请自来的访客使用无线互联网连接在用户上网时进行窃听。

（9）启动恢复工具是用来创建应急 CD/DVD/USB 的，当计算机因感染威胁而无法启动时，帮助其恢复正常运行状态。

（10）漏洞防护技术可以防止网络罪犯利用应用程序中的安全漏洞偷偷将病毒或间谍软件植入用户的计算机上。

（11）专业级垃圾邮件阻止功能可以使用户的邮箱免受不需要的、危险、欺诈性电子邮件的影响。

（12）僵尸网络检测技术可以发现并阻止一些自动执行程序，网络罪犯常用这些程序控制用户的计算机，访问用户的隐私信息及通过发送垃圾邮件来攻击其他计算机。

（13）反蠕虫技术可以帮助用户的计算机防御快速传播的互联网蠕虫，防止意外将它们发送给他人。

（14）Rootkit 恶意软件检测技术可以查找并删除顽固性犯罪软件，这些软件可能隐藏其他威胁，或被网络罪犯利用来控制计算机。

（15）为用户提供强大的防护功能，让用户既能防御病毒和间谍软件，又不会减慢运行速度。

2. 相关网址

如果需要获得更多关于赛门铁克公司信息安全产品及服务的信息，可访问赛门铁克公司的网站 http://cn.norton.com/index.jsp。

10.3.2　McAfee VirusScan

迈克菲(McAfee)是一家从事杀毒和计算机安全的美国公司,创始人为 John McAfee,总部坐落于美国加利福尼亚州的圣塔克拉拉市。1998 年收购欧洲第一大反病毒厂商 Dr. Solo-mon。目前与赛门铁克、趋势科技并称为美国最大的三家安全软件公司。2010 年 8 月 19 日,英特尔宣布以 76.8 亿美元收购 McAfee 为全资子公司,并于 2011 年 2 月 28 日完成交易。

McAfee 公司的安全产品在美国拥有超过 50 000 家组织机构用户,有 97％的《财富》1000家组织机构选用了 McAfee 产品。根据 IDC 统计,McAfee 公司已经连续 6 年占据企业级杀毒市场的第一名,并且占据硬件杀毒产品市场第一名。

1. 主要功能

(1)独有的迈克菲主动保护技术。迈克菲主动保护技术可立即在数毫秒内分析并阻止新涌现的威胁,从而提供近乎不间断的保护。与竞争产品不同,威胁将在数毫秒内被分析和阻止,因此用户不必等待进行定期更新。

(2)防病毒/防间谍软件加双向防火墙。检测、阻止和删除病毒、间谍软件、广告软件甚至Rootkit(即旨在篡改用户 PC 的潜伏程序),并阻止外部人员攻入用户的计算机。

(3)迈克菲网站顾问。帮助用户在单击之前了解网站是否有风险,从而阻止恶意软件的威胁。如果网站可能企图窃取用户的身份信息或者访问用户的财务信息,高级网络钓鱼防护会警告用户。在 22 个常见搜索引擎中提供站点评级。

(4)迈克菲快速清理器。可安全地删除会降低计算机运行速度的垃圾文件。

(5)迈克菲文件粉碎机。以数字方式销毁不再需要的敏感文件,从而防止任何人访问这些文件。

(6)磁盘碎片整理程序。快速访问以合并有碎片的文件和文件夹。

(7)迈克菲在线备份。使用户无需劳心费神地手动备份最宝贵的数字文件。在安装之后,备份过程即可完全自动完成。用户的文件将被加密并存储到安全的远程在线服务器上。附带1GB 的在线备份容量,还可选择升级为无限制容量。

2. 相关网址

如果需要获得更多关于迈克菲信息安全产品及服务的信息,可访问迈克菲的网站 http://www.mcafee.com/cn。

10.3.3　PC-cillin

PC-cillin 是趋势科技推出的防毒及网络安全软件,现时最新版本为 PC-cillin 2011 云端版。PC-cillin 是台湾研发的老牌防毒软件之一,采用目前全球防御效果最佳的主动式的云端截毒技术,此技术的特点就是将原本需要储存在用户系统中的防病毒软件,转移 80％到云端上的截毒服务器,用系统中只需要存放约 20％的防病毒软件,以便在没有网络服务的情况下提供系统基本的防御能力。简单来说,一般传统防毒软件必须要每天更新完整的防病毒软件,万一漏了更新就会有相当大的中毒风险,而云端技术只要使用者保持网络连线,即可由云端服务器提供及时防护。

1. 主要功能

(1)间谍程序清除功能。间谍程序清除功能用于检测并去除间谍程序、广告软件等。

(2)家庭网络管理功能。家庭网络控制管理功能可以让用户通过单台计算机集中管理、更新和设置家庭网络中所有安装 PC-cillin 2005 网络安全版的计算机,并能随时管理检查这些计算机的上网活动。

(3)反垃圾邮件功能。反垃圾邮件功能用于过滤垃圾邮件。

(4)无线网络计算机终端侦测功能。无线网络计算机终端侦测功能可以主动对无线网络中的所有计算机进行扫描,并可封锁隔离不受用户欢迎的计算机。

(5)个人防火墙。个人防火墙用于阻挡黑客入侵和异常网络攻击,并且对网络计算机病毒进行侦测。"主动防护激活装置"可以自动检查网络环境并设置最佳防火墙安全等级。

(6)系统漏洞检测功能。系统漏洞检测功能帮助用户检查并修复当前计算机系统上存在的漏洞和不安全设置,减少安全隐患。

(7)私密资料防护功能。私密资料防护功能用于封锁和拦截对外发送的个人隐私数据(如密码、电话号码、银行账号等)。

(8)网页信誉技术(即网页云)和文件信誉技术(文件云)。软件原使用的病毒特征码已改为使用云客户端病毒码。现在趋势云技术已经启用了文件信誉服务。不但会用文件索引去查询云端数据,还会用上传文件 CRC 值、文件名、路径给到云端分析,这样又能提供数据给云端,又不会泄露最终用户的资料给趋势云。

2. 相关网址

如果需要获得更多关于趋势科技公司信息安全产品及服务的信息,可访问趋势科技的网站 http://www.trendmicro.com.cn/pccillin/index.html。

10.3.4　卡巴斯基安全部队

Kaspersky Internet Security(KIS),中文官方名称为卡巴斯基安全部队(2010 年之前称"卡巴斯基全功能安全软件"),是一款由来自于俄罗斯的卡巴斯基实验室(Kaspersky Lab)研发的兼有杀毒软件和防火墙功能的安全软件,如图 10-2 所示。

1. 主要功能

(1)网上银行和在线购物安全。针对潜在钓鱼攻击和危险网站,卡巴斯基安全部队会向用户发出警告,确保用户隐私数据(如登录证书、信用卡信息等)安全,保证用户安全无忧地享受在线购物和网上银行的便利。

(2)针对未知威胁的有效保护。卡巴斯基安全部队将系统监控、主动防御和云保护相结合,可有效检测应用程序和系统活动中的恶意软件行为模式,确保在未知威胁产生实际破坏之前,进行阻止。

(3)安全访问社交网络。卡巴斯基安全部队实时监控用户的网络流量,确保用户在使用社交网络时,免受恶意软件或钓鱼网站的侵害,有效保护用户的账户信息、图片和其他个人信息安全。

(4)针对新生威胁的实时保护。云安全技术,通过卡巴斯基安全网络(KSN)——卡巴斯基实验室全球分布式威胁监控网络,从全球数以百万计的用户计算机中获取新生威胁的相关信息,以有效保护用户计算机免受最新威胁的侵害。

图 10-2　卡巴斯基安全部队 2011 版界面

（5）回滚恶意软件操作。安全撤销恶意软件操作，减少恶意软件对系统的损害。

（6）复合式保护。无论何时何地使用计算机或互联网，卡巴斯基复合式保护通过将云端最新威胁信息与安装在本机的反病毒组件相结合，时刻保护计算机和隐私数据安全。

（7）保护隐私数据不受钓鱼攻击。卡巴斯基安全部队中的反钓鱼技术，通过将已知钓鱼网站列表、前摄式反钓鱼技术和云端最新信息相结合，可有效保护用户的隐私数据不被犯罪分子窃取。

（8）染毒文件备份。在清除或者删除染毒文件前，为其创建一个备份存放在备份区域。如果它包含有用的数据或者需要重建感染模块时，可以用这个备份进行恢复。

（9）高级上网管理。管理青少年访问互联网的时间和方式，设置允许访问的游戏、网站和应用程序。另外，用户还可以限定孩子即时通信和社交网络中的联系人，并可设置通信内容规则，确保青少年上网安全。

卡巴斯基安全部队能够为用户的计算机提供稳固的核心安全保护，实时保护计算机不受最新恶意软件和病毒的侵害。它的后台运行智能扫描、快速更新、主动防御，确保计算机免遭已知和新生互联网威胁的侵害，享受核心安全保护。

2. 相关网址

如果需要获得更多关于卡巴斯基公司信息安全产品及服务的信息，可访问卡巴斯基公司的网站 http://www.kaspersky.com.cn。

10.3.5　江民杀毒软件 KV2011

江民新科技有限公司（简称江民科技）是国内著名的信息安全技术开发商与服务提供商。江民科技的信息安全产品涉及单机、网络版反计算机病毒软件；单机、网络版黑客防火墙；邮件服务器防计算机病毒软件等系列。

江民杀毒软件的 KV 系列产品已经从 Pentium 286、386 时代的 KV100,发展到现在的 KV2010、KV2011 版杀毒软件,如图 10-3 所示。

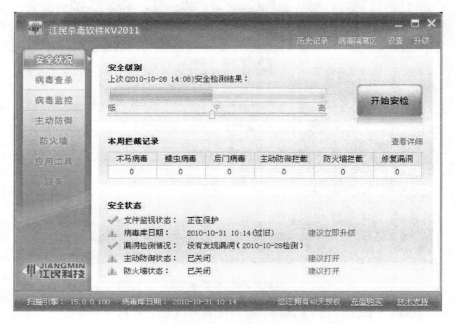

图 10-3　江民杀毒软件 KV2011 版界面

1. 主要功能

(1)增强启发式扫描功能。江民杀毒软件 KV2011 在 KV2010 启发式扫描引擎的基础上进行了增强,不但可以在病毒行动正在触发的状态下进行动态启发扫描,而且可以针对病毒的静态特征进行静态启发扫描,大大增强了杀毒软件对未知病毒的识别和拦截成功率。动态启发加静态启发识别和拦截未知病毒成功率在 99% 以上。

(2)易用、实用、简洁。江民杀毒软件 KV2011 首页直接展现用户计算机的安全状态并判断用户的计算机安全等级,同时也实时记录杀毒软件拦截的病毒数和工作成果。让用户对自己的安全状态一目了然,并时刻提醒用户注意开启核心安全防护功能,避免计算机系统被病毒有机可乘。

(3)杀毒速度更快,占用系统资源低。扫描时采用了指纹加速技术,在首次扫描后的正常文件中加入指纹识别功能,下次再扫描时忽略不扫,大大加快了扫描速度和效率。江民杀毒软件 KV2011 采用了哈希定位技术,能够迅速判断和定位病毒文件,大大减少了系统资源占用。

(4)增强智能主动防御沙盒模式,增强虚拟机脱壳,未知病毒克星。采用沙盒模式的智能主动防御,能够接管未知病毒的所有可疑动作,在确认为系病毒行为后执行回滚操作,彻底消除病毒留下的所有痕迹。

增强虚拟机脱壳技术,能够对各种主流壳以及疑难的"花指令壳"、"生僻壳"病毒进行脱壳扫描。

(5)整合江民黑客防火墙。江杀毒软件 KV2011 整合全新三层防火墙,实时监控网络数据流,创新三层规则防范黑客,将传统防火墙从应用层、协议层两层黑客防范,扩展至系统内核层三层防范。应用层防黑客利用系统、第三方软件漏洞远程攻击,协议层防范基于各种网络协议的异常数据攻击(如 DDOS),预先设置上百种安全规则,避免各种来自网络的异常扫描、嗅探、入侵、开启后门,网络包捕获监视和处理端口异常数据包,确保网络畅通。

内核层监视并防范异常恶意驱动程序调用 API,发现有异常行为即报警并阻断动作,避免黑客利用底层驱动绕开防火墙的阻拦,入侵或远程控制目标计算机。

(6)增强云安全防毒系统,海量可疑文件数据处理中心,搜集病毒样本更多,升级速度更快。能够监测并捕获更多的可疑文件或病毒样本,江民病毒自动分析系统自动分析可疑文件并自动入库,数据处理能力更强大,病毒库更新速度更快。

(7)增强网页防马墙功能,动态更新网页挂马规则库。基于木马行为规则的江民网页防马墙,能够监控和阻断更多的未知恶意网页和木马入侵,网页挂马规则库动态更新,与恶意网址库构成对恶意网页的双重安全保障,确保用户安全浏览网页。

(8)增强系统漏洞管理功能,自动扫描、修复系统漏洞,新增第三方软件漏洞扫描、自动修复功能。系统漏洞管理功能能够自动扫描、修复微软操作系统以及 Office 漏洞,新增第三方软件漏洞扫描和自动修复,可以自动修复 Flash、RealPlayer、Adobe PDF 等黑客常用的第三方软件漏洞,避免病毒通过漏洞入侵计算机。

(9)智能主动防御 2.0。江民杀毒软件 KV2011 进一步增强了智能主动防御能力,系统增强了自学习功能,通过系统智能库识别程序的行为,进一步提高了智能主动防御识别病毒的准确率,对于网络恶意行为拦截的更加精准和全面。

江民杀毒软件 KV2011 秉承了江民一贯的尖端杀毒技术,更在易用性、人性化、资源占用方面取得了突破性进展。具有九大特色功能和三大创新安全防护,可以有效防御各种已知和未知病毒、黑客木马,保障计算机用户网上银行、网上证券、网上购物等网上财产的安全,杜绝各种木马病毒窃取用户账号、密码。

2. 相关网址

如果需要获得更多关于江民信息安全产品及服务的信息,可访问江民科技公司的网站 http://www.jiangmin.com。

10.3.6　瑞星杀毒软件 2011 版

北京瑞星科技股份有限公司也是国内著名的信息安全技术开发商与服务提供商。其信息安全产品涉及计算机反计算机病毒产品、网络安全产品和"黑客"防治产品,能够为个人、企业和政府机构提供全面的信息安全解决方案。

瑞星杀毒软件 2011 版是瑞星公司针对目前流行的网络计算机病毒和黑客攻击研制开发的全新产品。针对互联网上大量出现的恶意病毒、挂马网站和钓鱼网站等,瑞星"智能云安全"系统可自动收集、分析、处理,完美阻截木马攻击、黑客入侵及网络诈骗,为用户上网提供智能化的整体上网安全解决方案。

1. 主要功能

(1)系统内核加固。通过瑞星"智能云安全"对病毒行为的深度分析,借助人工智能,实时检测、监控、拦截各种病毒行为,加固系统内核。

(2)木马防御。基于瑞星虚拟化引擎和"智能云安全",在操作系统内核运用瑞星动态行为分析技术,实时拦截特种未知木马、后门、病毒等恶意程序。

（3）U 盘防护。在插入 U 盘、移动硬盘、智能手机等移动设备时，自动拦截并查杀木马、后门、病毒等，防止其通过移动设备入侵用户系统。

（4）浏览器防护。主动为 IE、Firefox 等浏览器进行内核加固，实时阻止特种未知木马、后门、蠕虫等病毒利用漏洞入侵计算机。自动扫描计算机中的多款浏览器，防止恶意程序通过浏览器入侵用户系统，满足个性化需求。

（5）办公软件防护。在使用 Office、WPS、PDF 等办公软件时，实时阻止特种未知木马、后门、蠕虫等利用漏洞入侵计算机。防止感染型病毒通过 Office、WPS 等办公软件入侵用户系统，有效保护用户文档数据安全，如图 10-4 所示。

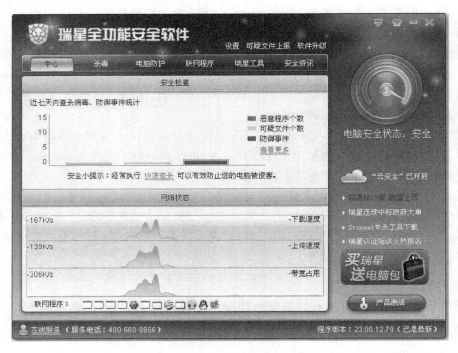

图 10-4　瑞星全功能安全软件界面

2. 主要特点

（1）智能虚拟化引擎。基于瑞星核心虚拟化技术，杀毒速度提升 3 倍，通常情况下，扫描 120GB 数据文件只需 10 分钟。

（2）智能杀毒。基于瑞星智能虚拟化引擎，瑞星 2011 版对木马、后门、蠕虫等的查杀率提升至 99%。智能化操作，无需用户参与，一键杀毒。资源占用减少，同时确保对病毒的快速响应以及查杀率。

（3）资源占用。全面应用智能虚拟化引擎，使病毒查杀时的资源占用下降 80%。

（4）游戏零打扰。优化用户体验，游戏时默认不提示，使玩家免受提示打扰。

瑞星杀毒软件是一款基于瑞星"云安全"系统设计的新一代杀毒软件。其"整体防御系统"可将所有互联网威胁拦截在用户计算机以外。深度应用"云安全"的全新木马引擎、"木马行为分析"和"启发式扫描"等技术保证将病毒彻底拦截和查杀。再结合"云安全"系统的自动分析处理病毒流程，能第一时间极速将未知病毒的解决方案实时提供给用户。

3.相关网址

如果需要获得更多关于瑞星信息安全产品及服务的信息,可访问瑞星科技公司的网站 http://www.rising.com.cn。

10.3.7 金山毒霸 2011

金山毒霸是中国金山网络开发的杀毒软件系列,于 1999 年 4 月发布其第一个测试版本,目前的稳定版本是金山毒霸 2011,如图 10-5 所示。2010 年 11 月 10 日金山安全公司和可牛公司合并,并且宣布金山毒霸永久免费,之前金山毒霸一直是一款收费软件。

图 10-5　金山毒霸 2011 界面

1.主要功能

(1)黑客防火墙。金山网购保镖作为个人网络防火墙,根据个人上网的不同需要,设定安全级别,有效地提供网络流量监控、网络状态监控、IP 规则编辑、应用程序访问网络权限控制、黑客、木马攻击拦截和监测等功能。

(2)集成金山清理专家。金山毒霸 2011 杀毒套装集成金山清理专家,联合对系统进行诊断,给用户更为准确的系统健康指数,作为系统是否安全的权威参考。此外,金山清理专家还为用户提供方便实用的漏洞修补、自动运行管理、文件粉碎器、历史文件清理、垃圾文件清理和 LSP 修复等多款小工具。

(3)系统安全增强计划。对系统中潜在的危险程序或具有可疑行为的执行程序,进行分析并做出相应的处理策略。更迅速地应对未知危险程序,增强用户系统的安全性。

(4)网页防挂马。在用户浏览网页的时候,网页防挂马将监控网页行为并阻止通过网页漏洞下载的木马程序威胁用户的系统安全。

(5)主动漏洞修补。根据微软每月发布的补丁,第一时间提供最新漏洞库,通过自动升级后自动帮助用户打上新发布的补丁。

(6)主动拦截恶意行为。对具有恶意行为的已知或未知威胁进行主动拦截,有效地保护系统安全。

(7)主动实时升级。主动实时升级每天自动帮助用户及时更新病毒库,让计算机能防范最新的病毒和木马等威胁。

(8)查杀病毒、木马、恶意软件。使用数据流、脱壳等一系列先进查杀技术,打造强大的病毒、木马、恶意软件查杀功能,将藏身于系统中的病毒、木马、恶意软件等威胁一网打尽,保障用户系统的安全。

(9)双杀软兼容。一直以来,一台计算机只能安装一种杀毒软件,如需试用其他品牌的杀软则需要卸载当前安装的产品。这个成了杀毒软件里的“潜规则”。金山毒霸率先解决了与其他杀毒软件并存的难题,提供了兼容模式,让用户在试用其他产品的同时仍能享受毒霸的安全保护。如用户的计算机已经安装了其他杀毒软件,在安装金山毒霸时,安装完成后打开监控防御一右侧会显示会已启动双杀软兼容。双杀软兼容模式可与已有杀软兼容、不冲突,同时,查杀防御功能效果不变。

被命名为“猎豹”的金山毒霸2012,以快速为其特点。加上“网购敢赔”模式可以看到金山安全对金山毒霸的信心。作为一款革命性杀毒体系,秒杀全新病毒,具有难以置信的轻巧快速、30核云引擎、超越30倍的查杀能力,并且携带99秒云鉴定,比传统杀毒软件快60倍的鉴定速度,轻巧快速,让计算机不再卡机。

2. 相关网址

如果需要获得更多关于金山信息安全产品及服务的信息,可访问金山软件公司的网站http://www.ijinshan.com。

10.3.8　微点杀毒软件

北京东方微点信息技术有限责任公司,简称东方微点(Micropoint),为创始于2005年1月,是中国一家反病毒软件公司。创始人刘旭为原北京瑞星科技股份有限公司总经理兼总工程师。根据微点官方网站上的介绍,刘旭与其团队“采用‘程序行为自主分析判定’技术,于2005年3月,研制成功微点主动防御软件”。微点主动防御软件是北京奥运会开闭幕式运营中心唯一使用的反病毒软件,如图10-6所示。

微点官方声称其“主动防御”技术通过分析程序行为判断病毒,一改过去反病毒软件依据“特征码”判断病毒因而具有的“滞后性”,在防范病毒变种及未知病毒方面具有革命性优势。微点是国际上唯一一款不经升级即能防范“熊猫烧香”病毒的杀毒软件。

1. 主要功能

(1)无需扫描,不依赖升级,简单易用,安全省心。反病毒技术的更新换代,使得反病毒软件的使用习惯也发生了翻天覆地的变化。微点主动防御软件令用户感受到前所未有的安全体验,摒弃传统使用观念,无需扫描,不依赖升级,简单易用,更安全、更省心。

(2)主动防杀未知病毒。动态仿真反病毒专家系统,有效解决传统技术先中毒后杀毒的弊端,对未知病毒实现自主识别、明确报出、自动清除。

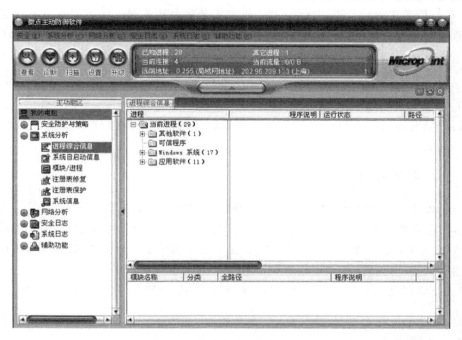

图 10-6　微点主动防御软件界面

（3）全面保护信息资产。严密防范黑客、病毒、木马、间谍软件和蠕虫等攻击。全面保护用户的信息资产，如账号密码、网络财产、重要文件等。

（4）智能病毒分析技术。动态仿真反病毒专家系统分析识别出未知病毒后，能够自动提取该病毒的特征值，自动升级本地病毒特征值库，实现对未知病毒"捕获、分析、升级"的智能化。

（5）强大的病毒清除能力。驱动级清除病毒机制，具有强大的清除病毒能力，可有效解决抗清除性病毒，克服传统杀毒软件能够发现但无法彻底清除此类病毒的问题。

（6）强大的自我保护机制。驱动级安全保护机制，避免自身被病毒破坏而丧失对计算机系统的保护作用。

（7）智能防火墙。集成的智能防火墙有效抵御外界的攻击。智能防火墙不同于其他的传统防火墙，并不是每个进程访问网络都要询问用户是否放行。对于正常程序和准确判定病毒的程序，智能防火墙不会询问用户，只有不可确定的进程有网络访问行为时，才请求用户协助。有效克服了传统防火墙技术频繁报警询问，给用户带来困惑以及用户难以自行判断，导致误判、造成危害产生或正常程序无法运行的缺陷。

（8）强大的溢出攻击防护能力。即使在 Windows 系统漏洞未进行修复的情况下，依然能够有效检测到黑客利用系统漏洞进行的溢出攻击和入侵，实时保护计算机的安全。避免因为用户不便安装系统补丁而带来的安全隐患。

（9）准确定位攻击源。拦截远程攻击时，同步准确记录远程计算机的 IP 地址，协助用户迅速准确锁定攻击源，并能够提供攻击计算机准确的地理位置，实现攻击源的全球定位。

（10）专业系统诊断工具。除提供便于普通用户使用的可疑程序诊断等一键式智能分析功能外，同时提供了专业的系统分析平台，记录程序生成、进程启动和退出，并动态显示网络连接、远端地址、所用协议、端口等实时信息，轻轻松松全面掌控系统的运行状态。

(11)详尽的系统运行日志记录,提供了强大的系统分析工具。实时监控并记录进程的动作行为,提供完整的、丰富的系统信息,用户可通过分析程序生成关系、模块调用、注册表修改、进程启动情况等信息,能够直观掌握当前系统中进程的运行状况,能够自行分析判断系统的安全性。

2.相关网址

如果需要获得更多关于微点主动防御软件及服务的信息,可访问东方微点公司的网站 http://www.micropoint.com.cn/。

10.3.9　360 杀毒软件

360 杀毒软件是完全免费的杀毒软件,它创新性地整合了五大防杀引擎,包括国际知名的 BitDefender 病毒查杀引擎、Avira(小红伞)病毒查杀引擎、360 云查杀引擎、360 主动防御引擎、360QVM 人工智能引擎。4 个引擎智能调度为用户提供全时全面的病毒防护,不但查杀能力出色,而且能第一时间防御新出现的病毒木马。

如果需要获得更多关于 360 杀毒软件及服务的信息,可访问 360 软件公司的网站 http://sd.360.cn/。

10.3.10　小红伞个人免费版

小红伞个人免费版的特点:优化扫描(Optimized Scan)、家长控制(Parental control enable)、分段式杀毒(AntiVir stops)、Rookit 查杀(AntiRootkit)、网页防护(WebGuard)、免费、英文、启发式杀毒。

来自德国的小红伞,虽然有免费版,但是鉴于功能较少,此次评测采用了收费版也就是 Avira AntiVir Premium 。Avira AntiVir Premium 以其高效的病毒查杀引擎不仅获得了多个国际奖项,而且受到了国内不少用户的好评。Avira Premium 比免费版额外增设了 6 个安全层。它不只是等着病毒进入用户计算机后才进行杀毒,而是在病毒通过互联网进入用户计算机之前就将其阻止。

10.3.11　ESET NOD32 杀毒软件

ESET NOD32 杀毒软件的特点:SysInspector、SysRescue、智能扫描、智能优化特征。ESET NOD32 防病毒软件一贯坚持为用户提供快速高效的网络安全防护。智能主动防护时刻为用户拦截已知病毒及其变种,速度领先他人一步。快速、轻巧、安静的软件,充分考虑用户的在线体验而绝不会拖慢系统运行。

10.3.12　BitDefender 杀毒软件

BitDefender(比特梵德)是罗马尼亚出品的一款老牌杀毒软件,在国际知名网站 toptenreviews 连续 9 年排名第一。BitDefender Internet Security 包含反病毒系统、网络防火墙、反垃圾邮件、反间谍软件、家长控制中心 5 个安全模块,提供用户所需的所有计算机安全防护,使用户免受各种已知和未知病毒、黑客、垃圾邮件、间谍软件、恶意网页以及其他 Internet 威胁,支持在线更新,全面保护家庭上网安全。它包括永久的防病毒保护,后台扫描与网络防火墙,保密控制,自动快速升级模块,创建计划任务,病毒隔离区。BitDefender 2010 独家拥有世界领先 Active Virus Control(AVC)技术,结合 B-HAVE 应用环境,精确判断可疑行为,清除潜伏恶意程序,最大限度地保护计算机安全。全面兼容 Windows 7,防止个人信息通过电子邮件泄露,网页或即时消息软件利用行业领先的技术防止病毒和其他恶意软件。更多保护:BitDefender2010 采用了尖端的安全系统,主动病毒控制,24 小时监控计算机上的所有进程,阻止任何的恶意行为,防止造成任何损失。更快的速度:更快速的扫描以应对大量新的病毒。BitDefender 优化扫描过程,避免扫描已知安全文件。更方便的使用:同时满足新手用户、中级用户和专业用户的不同需求,人性化的定义不同模式下的不同组件,快速修改组件配置,使用最合适最优化的用户体验和操作。改进的家长控制:家长控制模块的新特点在于新增加的报告制度,可以让家长直接了解他们的孩子具体访问的网站地址。此外,家长还可以设置孩子可以打开网页或者使用某些应用软件的具体时间。

"三分技术,七分管理"是网络安全领域的一句至理名言,也就是说:网络安全中的 30% 依靠计算机系统信息安全设备和技术保障,而 70% 则依靠用户安全管理意识的提高以及管理模式的更新。具体到网络版杀毒软件来说,三分靠杀毒技术,七分靠网络集中管理。或许上述说法可能不太准确,但却能借以强调网络集中管理来强调网络杀毒系统的重要性。从原则上来讲,计算机病毒和杀毒软件是"矛"与"盾"一样的关系,杀毒技术是伴随着计算机病毒在形式上的不断更新而更新的。也就是说,网络版杀毒软件的出现,是伴随着网络病毒的出现而出现的。病毒从出现之日起就给 IT 行业带来了巨大的损伤,随着 IT 技术的不断发展和网络技术的更新,病毒在感染性、流行性、欺骗性、危害性、潜伏性和顽固性等几个方面也越来越强。计算机病毒的发展日益猖獗,也正因为"矛"越来越锋利,我们的"盾"的防护能力也越来越强大,除了要采用先进的技术,还要在网络杀毒软件产品的可管理性、安全性、兼容性、易用性 4 个方面进行有机的整合,以满足不同用户的使用需要。

习　　题

1. 计算机病毒是否只会感染运行 Microsoft 操作系统的计算机系统?
2. 计算机病毒是否只能感染计算机软件,而不能感染硬件?
3. 计算机病毒是否可以篡改"隐藏"和"只读"属性的文件?
4. 通常情况下,如果要清除驻留在内存中的计算机病毒,应该如何处理?
5. 列举出计算机病毒可以采取的传播途径,看看分别应该采取什么样的反毒措施。
6. 选择一个反计算机病毒工具进行使用,体会反计算机病毒任务的行为过程。如果反计算机病毒工具支持系统漏洞检测功能,尝试使用该功能,看看计算机系统上存在什么安全隐患,思考应采取哪些应对措施。

参 考 文 献

曹国钧.1997.计算机病毒防治、检测与清除.成都:电子科技大学出版社

陈宝贤.1998.计算机病毒防治教程.北京:中国商业出版社

陈辉.1999.电脑上网与网络安全.上海:华东理工大学出版社

傅建明,彭国军,张焕国.2004.计算机病毒分析与对抗.武汉:武汉大学出版社

韩莜卿.2006.计算机病毒分析与防范大全.北京:电子工业出版社

何建波.1995.计算机病毒原理与反病毒工具.北京:科学技术文献出版社

胡存生.1994.计算机反病毒实用技术.北京:人民邮电出版社

黄宁宁,周正峰.1997.电脑病毒的防治.北京:人民邮电出版社

凯恩.1990.计算机病毒防护.毋笃强,杨福缘译.北京:兵器工业出版社

李勇.1998.反病毒专家速成.成都:电子科技大学出版社

刘清波,等.1995.计算机病毒的检测与防治.北京:警官教育出版社

刘远生.2006.计算机网络安全.北京:清华大学出版社

刘真.1994.计算机病毒分析与防治技术.北京:电子工业出版社

鲁沐浴.1996.计算机病毒大全.北京:电子工业出版社

梅筱琴,蒲韵,廖凯生.2001.计算机病毒防治与网络安全手册.北京:海洋出版社

潘名莲,等.2000.微型计算机原理.北京:电子工业出版社

宋运康.1998.计算机病毒档案.成都:电子科技大学出版社

苏玉梅,王立焕.2008.计算机应用基础.天津:天津大学出版社

谭卓英.1996.计算机反病毒原理与应用技术基础.长沙:中南工业大学出版社

唐常杰,胡军.1990.计算机反病毒技术.北京:电子工业出版社

王爱民,徐久成.2008.大学计算机基础.北京:高等教育出版社

吴世忠,马芳.2001.网络信息安全的真相.北京:机械工业出版社

吴欣茹.2008.计算机应用基础教程.西安:西北工业大学出版社

张汉亭.1998.计算机病毒与反病毒技术.北京:清华大学出版社

赵小林.2002.网络安全技术教程.北京:国防工业出版社

朱传靖.2002.知者无畏:一个真实的病毒世界.北京:金城出版社

左志刚,等.2002.跟我学网络病毒防治.北京:机械工业出版社

Chen Z,Gao L,Kwiat K.2003.Modeling the spread of active worms. Proceedings of IEEE INFOCOM 2003

Harley D.2002.计算机病毒揭密.朱代祥,等译.北京:人民邮电出版社

Hethcote H W.2000. The mathematics of infectious diseases. SIAM Review,42;599 - 653

Moore D,Shannon C,Brown J.2002.Code-red: a case study on the spread and victims of an internet worm. Proceedings of the ACM SIGCOMM/USENIX Internet Measurement Workshop

Moore D,et al.2003.Internet quarantine: requirements for containing self-propagating code. INFOCOM

Wang C,Knight J C,Elder M C.2000. On computer viral infection and the effect of immunization. ACSAC:

Wang Y, Wang C. 2003. Modelling the effects of timing parameters on virus propagation. Proceedings of the ACM CCS Workshop on Rapid Malcode (WORM'03)

Weaver N, et al. 2003. A taxonomy of computer worms. First Workshop on Rapid Malcode (WORM)

Whalley I, et al. 2000. An environment for controlled worm replication and analysis. Proceedings of the Virus Bulletin Conference

Zou C C, Gong W, Towsley D. 2002. Code red worm propagation modeling and analysis. Proceedings of the 9th ACM conference on Computer and communications security: 138 - 147

Zou C C, Gong W, Towsley D. 2003. Worm propagation modeling and analysis under dynamic quarantine defense. Proceedings of the ACM CCS Workshop on Rapid Malcode (WORM'03)

Zou C C, et al. 2003. Monitoring and early warning for internet worms. Proceedings of 10th ACM Conference on Computer and Communications Security (CCS): 190-199

Zou C C, Towsley D, Gong W. 2003. Email virus propagation modeling and analysis. Technical Report TR-CSE-03-04